新形态教材

高等院校技能应用型教材 · 数字媒体系列

U1014001

Maya 三维动画制作案例教程（第3版）（慕课版）

王威 / 著

电子工业出版社
Publishing House of Electronics Industry
北京 · BEIJING

内 容 简 介

本书采用案例的形式，循序渐进地对三维软件 Maya 进行了详细介绍，同时也剖析了 Maya 使用者在实践过程中遇到的及关心的问题。本书从 Maya 的基本操作入手，结合大量的可操作性实例，全面而深入地阐述了 Maya 在建模、灯光、材质、动画、角色绑定、表情控制、渲染等方面的技术。本书还向读者展示了如何运用 Maya 结合 Arnold（阿诺德）渲染器进行角色、游戏、影视、动画和特效等渲染。

本书配备了视频教程，读者可以登录腾讯课堂学习、观看，还可以扫描书中的二维码，在移动设备中浏览。本书提供了教学大纲、PPT、完整的案例素材和源文件，读者可登录华信教育资源网（www.hxedu.com.cn）注册后免费下载。

本书可作为高等院校、高等职业院校动画设计、影视制作、游戏设计、图形图像设计等专业的教材及培训用书，也可作为动画爱好者，以及从事电影特技、影视广告、游戏制作等工作的专业人员的参考书。

图书在版编目（CIP）数据

Maya 三维动画制作案例教程：慕课版 / 王威著. —3 版. —北京：电子工业出版社，2021.12

ISBN 978-7-121-42425-0

Ⅰ. ①M… Ⅱ. ①王… Ⅲ. ①三维动画软件—教材 Ⅳ. ①TP391.414

中国版本图书馆 CIP 数据核字（2021）第 242383 号

责任编辑：薛华强　　　　特约编辑：田学清
印　　刷：北京瑞禾彩色印刷有限公司
装　　订：北京瑞禾彩色印刷有限公司
出版发行：电子工业出版社
　　　　　北京市海淀区万寿路 173 信箱　　邮编：100036
开　　本：787×1 092　1/16　印张：18　字数：508 千字
版　　次：2011 年 5 月第 1 版
　　　　　2021 年 12 月第 3 版
印　　次：2025 年 5 月第 9 次印刷
定　　价：79.80 元

凡所购买电子工业出版社图书有缺损问题，请向购买书店调换。若书店售缺，请与本社发行部联系，联系及邮购电话：（010）88254888，88258888。

质量投诉请发邮件至 zlts@phei.com.cn，盗版侵权举报请发邮件至 dbqq@phei.com.cn。

本书咨询联系方式：（010）88254569，xuehq@phei.com.cn，QQ1140210769。

前言

随着数字技术的兴起，三维动画也成为热点，《大圣归来》《白蛇》《哪吒之魔童降世》等三维动画电影的热映，也使国内形成了三维动画学习的热潮。目前，在国内绝大多数高校的三维动画专业课程设置中，Maya 几乎是必须学习的三维动画制作软件之一，可以说，Maya 极大地促进了动画的发展。

我们一直在探索三维动画制作这门课程的教学方法，直到 2020 年年初，由于疫情的影响，开始了线上视频教学，忽然发现，视频教学的形式效率极高。

传统意义上的教学，老师上课讲，学生课下练，学生遇到课上没听明白的或不会的内容只能自己探索。而线上的视频教学，老师已经把整个案例的制作过程以视频的形式录制好，并发布在网络上，学生可以随时随地反复观看，极大地提高了学习效率。

于是我们精心录制了全套视频教学内容，绝大多数案例都展示了完整的制作过程，在大型创作案例中，还特意加入了创作的思路、流程等内容，更有利于学生全方位地掌握三维动画的制作。

本书中的实例都是在实践和教学过程中使用过的，适合 Maya 动画制作人员学习、掌握。在理论的讲解过程中，由于 Maya 中的命令极为庞大，所以我们放弃了大部分在实战中应用不到或应用较少的命令，只对常用命令进行集中讲解，这样可以使学生把精力集中在重要命令上，利用它们可快速掌握 Maya 的操作流程。

本书配备了视频教程，读者可以登录腾讯课堂和中国大学慕课平台学习、观看，还可以扫描书中的二维码，在移动设备中浏览。本书提供了教学大纲、PPT、完整的案例素材和源文件，读者可登录华信教育资源网（www.hxedu.com.cn）注册后免费下载。

在本书的编写过程中，得到了郑州轻工业大学的领导和老师们的支持，也得到了老同学和学生们的帮助，特别感谢郑州轻工业大学动画系 18 级李欣蔚同学帮忙整理了全书大多数图片。

希望本书能够让更多的人实现自己的动画梦。由于作者水平有限，书中难免有不妥之处，恳请广大读者批评指正。

王　威

2021 年 2 月于郑州

目录

第1章 三维动画概述

1.1 关于 CG

视频教程

想象力和人类的历史一样古老。

从人类诞生的那一刻起，人类对这个世界的想象就从未停止。

如图 1-1 所示，这块距今 5000 多年的“含山玉版”向我们展示了，中国的先人们在极原始的条件下，用手工雕刻的方式，将他们脑海中“天圆地方”的世界观念以抽象的方式表现出来。

随着人类文明不断发展及科学技术的进步，人们逐渐使用快干性的植物油调和颜料，用写实图画的方式表达对这个世界的想象。

如图 1-2 所示，这幅创作于 500 多年前的油画作品《圣礼的争议》反映了画家拉斐尔对“天堂”的想象。

图 1-1

图 1-2

1851 年，柯罗淀底版的诞生为影视艺术奠定了技术基础。

1895 年 12 月 28 日，在法国巴黎卡普辛路 14 号的大咖啡馆地下室内，卢米埃尔兄弟首次公开放映《火车进站》（见图 1-3）等影片，标志着电影艺术的诞生。

图 1-3

自此，人类开始使用动态影像的形式表达对世界的想象。

纵观历史，从远古时期到 19 世纪，再到 21 世纪，人类想象力的表现方法经历了绘画、摄影技术、计算机图形图像技术等，我们能够感觉到，想象力的表现方法变得越来越多样化。

计算机图形图像是一项新兴的技术种类，全称为“Computer Graphics”，简称“CG”，它的普及是近些年才开始的。

随着计算机技术的飞速发展，CG 已经具有了虚拟现实、超越现实的独特表现力，其技术正越来越广泛地被应用于制造业、信息产业、广告业和影视娱乐业等传统及新兴产业领域。在全球 100 部卖座的电影中，有 7 部电影是计算机图像影片。种种迹象表明，CG 是一个前途无限、充满希望的新兴行业。

最早大规模使用 CG 技术的作品是科幻电影《星球大战》，导演乔治·卢卡斯与 ILM 公司（工业光魔公司，著名的电影特效制作公司）密切合作，创作出无与伦比的电影特效画面，如图 1-4 所示。

图 1-4

个人计算机的出现，在很大程度上降低了计算机进入普通家庭的门槛。DOS 向图形界面的 Windows 的转变，使很多普通人开始并学会使用计算机。而一些简单的图形软件，如 Adobe 公司的 Photoshop 的普及，也使得很多人越来越钟情于使用计算机来进行艺术创作。

随着 CG 技术不断进步，这个领域也逐渐变成了数字艺术门类，它的分类很多，可以是漫画、动画，也可以是游戏、软件界面，还可以是平面设计、工业设计、建筑和室内设计、服装设计等。

CG 技术真正改变世界的，是它在动画、电影方面的表现。随着《星球大战》《侏罗纪公园》《魔戒》《黑客帝国》《纳尼亚传奇》等魔幻巨作的出现，人类的想象力达到一个全新的高度，越来越多的人为之疯狂，如图 1-5 所示。

对动画行业而言，随着 CG 技术的发展，其制作流程由原来的手工作业逐渐转变为无纸化作业。尤其是三维技术的出现，使动画拥有了一种新的表现手段。

三维技术使动画的表现效果有了质的飞跃，极为逼真的人物和场景，使画面的可信度越来越高。2009 年年底，由著名导演詹姆斯·卡梅隆执导、二十世纪福克斯出品、耗资超过 5 亿美元的科幻电影《阿凡达》（Avatar）上映。该片为三维动画技术带来历史性的突破，大量的动作捕捉技术和合成技术的运用，使实拍镜头与三维动画完美结合，并使三维动画技术完美创造出另外一个真实可信的世界，如图 1-6 所示。

图 1-5

图 1-6

近年来，中国的 CG 制作水平不断提高。2019 年，科幻电影《流浪地球》上映，它用实拍和三维动画合成的制作技术，向世界展示了中国人对未来世界的想象，如图 1-7 所示。2019 年，三维动画电影《哪吒之魔童降世》上映，其用三维动画制作技术向世界展示了中国人对神话世界的想象，如图 1-8 所示。

图 1-7

图 1-8

三维动画和二维动画只有一字之差，它们的区别究竟在哪里？

说得浅显一点，二维动画只能进行上下、左右两个维度的运动，即沿着 X 轴、Y 轴方向运动。而三维动画在这个基础上还可以进行前后维度的运动，即沿着 Z 轴运动。

三维动画使动画的空间感更真实，也使动画制作人员从动辄成千上万张画中解脱出来。三维动画的出现，颠覆性地改变了动画的制作流程，也使越来越多的人走入动画制作行业。

1.2 三维动画的制作流程

1.2.1 动画前期设定

无论是三维动画、二维动画还是摆拍动画，前期的流程都是一样的：先创建剧本，再根据剧本制作文字分镜或画面分镜，以及角色设计、场景设计、道具设计等，如图 1-9 所示。

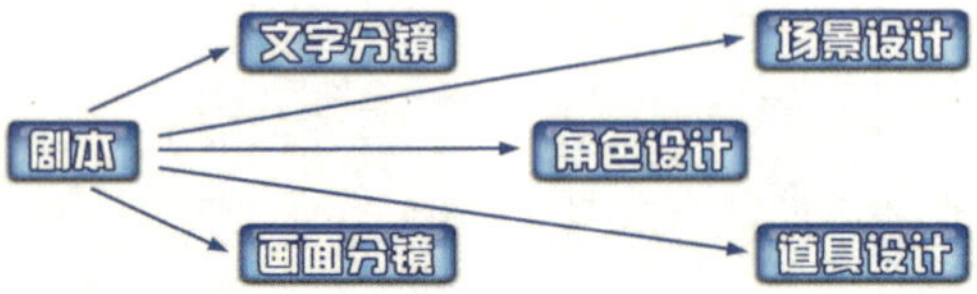

图 1-9

1. 剧本

剧本包含整部动画的故事情节，如果是一般的动画创作，则需要有故事梗概、发展主线、故事情节等。故事梗概要求用最少的文字将故事讲述出来；发展主线是将故事发展的转折点标注出来；故事情节则是完整的讲述。下面是一个简单的动画剧本：

> 一个 14 岁的小男孩，与进城打工的父亲一起，在城市中的生活
>
> 主线：
>
> 进城→入校被拒→在家帮助父亲分担家务→进民工子弟学校→上春晚
>
> 心情变化主线：
>
> 新奇、害怕→被人歧视→从无所事事到渴望读书→坚强、自立、刻苦→骄傲
>
> 故事情节：
>
> 14 岁那年，我随打工的父亲，第一次来到这个陌生又繁华的城市，第一次看到汽车，第一次看到高楼大厦，第一次看到红绿灯。一切都是那么新奇，我忽然发现我的眼睛不够用了。
>
> 父亲在外面打工，他告诉我要上进，要上学，这样才能出人头地，才不会被人看不起。在某一天的清晨，我被屋外的吵闹声惊醒，出去一看，是父亲在向一个衣冠楚楚的胖老板请假，胖老板不断地摆手，转身要走，父亲追上去，不断地点头哈腰，终于，那个胖老板点头了……

2. 文字分镜

文字分镜使用文字描述的方式将动画分镜头写出来。工期比较紧张的动画制作，由于

没有时间绘制分镜，所以用文字的方式来表达。文字分镜的要求是：语言准确，一般不带有任何修饰性词汇，例如，“天气好得让人心旷神怡”，这样的表达就让制作人员无从下手，正确的表达应该是“蓝色的天空中飘着几朵白云，风把几片树叶轻轻地吹了起来”，这样制作人员就知道如何绘制了，如表 1-1 所示。

表 1-1　一个简单的动画文字分镜

序　号	镜　头	描　述	对白/声音
01	中景转特写	空荡的房子，一个女孩蜷缩在角落，瑟瑟发抖，镜头上移至女孩背后的相框，照片上的父母由彩色渐变成黑白色，字幕出：奢侈的幸福	争吵声，摔门声，瞬间变寂静
02	远景转中景	画面淡出，两栋楼的剪影，女孩站在两栋楼中间的路上，过路的情侣和伙伴从她身边走过	嘈杂声，说笑声，背景音乐起
03	特写	手机屏幕，电话本显示为空	
04	远景	女孩渐渐由彩色变成黑白色	
05	中景	女孩站在咖啡店门口，躲雨，男孩站在旁边	雨声
06	特写	雨水从女孩的发梢滑落，眼泪也从脸颊滴落	
07	特写	一滴眼泪滴落，眼泪由少变多	有节奏的泪水滴落声
以下略			

3．画面分镜

使用绘画的方式将每个动画镜头绘制出来，一般的动画对画面要求不高，能够表达清楚拍摄角度、摄影机的运动、人物的前后顺序、场景与人物的关系就基本可以，还可以绘制出光线的变化和表情变化等，如图 1-10 所示为三维动画电影《超人总动员》的画面分镜。

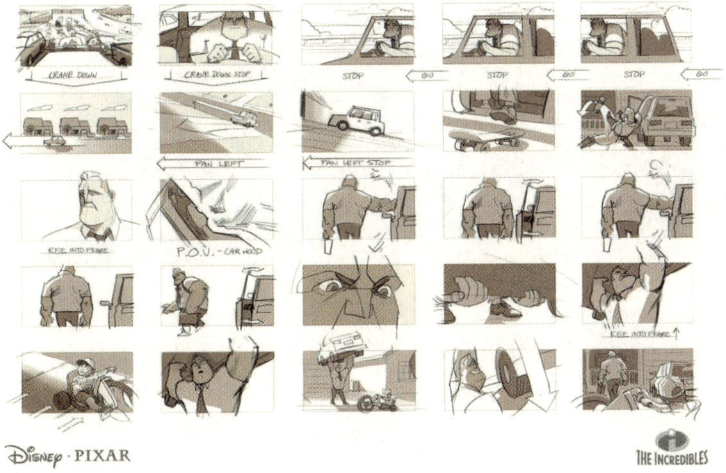

图 1-10

4．角色设计

角色设计包括前期的性格和行为设定，根据角色特性进行绘制，要求有正面、侧面、背面的三视图，甚至还要求有 1/2 侧视图、俯视图等。如果有多个角色，则需要绘制一张总表，将所有角色放进去，并把身高差异显示清楚，如图 1-11 所示为三维动画电影《超能陆战队》中的角色设计。

图 1-11

5. 场景设计

场景设计是指根据情节绘制不同的场景。如果是一般的动画创作，绘制一张分图层的场景即可；如果是较复杂的场景，则需要绘制场景的不同角度，如图 1-12 所示为 52 集电视动画系列片《哈普一家》中主场景的设计图。

图 1-12

以上制作流程都能通过计算机完成，剧本和文字分镜使用的是 Word、WPS、Page 等文字处理软件，其余部分都需要通过 CG 完成。目前经常使用的软件有 Adobe 公司的 Photoshop、Illustrator，以及 Corel 公司的 Coreldraw、Painter 等。

1.2.2 三维动画制作

视频教程

三维动画制作一般的流程是建模、材质、骨骼（绑定）、动画、灯光、渲染、后期（合成），如图 1-13 所示。

图 1-13

在这些流程中，除了后期（合成）要用到视频编辑软件，其他都需要在三维软件中完成。

1. 建模

建模是根据前期的人物设定和场景设定，在三维软件中制作相应的模型。这个工种要对人体结构、肌肉分布有较深入的了解，最好有一定的雕塑基础。另外，建模并不仅仅是把模型制作出来，还有很多细节的要求，例如，有的手机游戏要求模型的面数在 10000 个以内，这样的模型被称为简模，但其绝对不是粗糙的模型，而是用最少的线做出高模的效果，如图 1-14 所示模型的面数有 8000 个左右，作者是郑州轻工业大学动画系 17 级的刘祖煜，该作品在“腾讯游戏第六届高校美术创意大赛”中获奖并进入复赛阶段。

图 1-14

既然有简模，就肯定有高模。高精度模型对细节要求极严格，包括脸上的皱纹甚至皮肤的纹理，如图 1-15 所示模型的面数高达 15 万个。

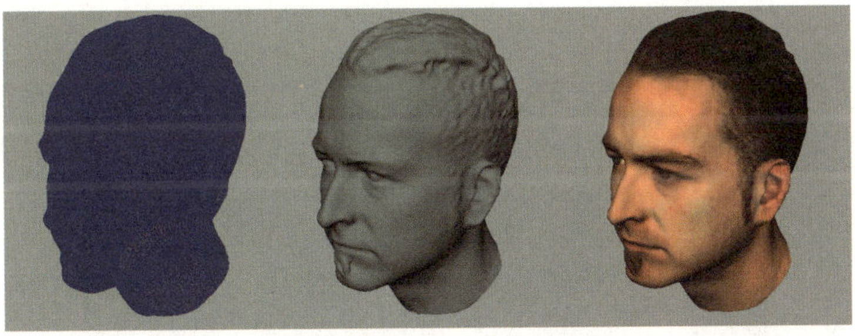

图 1-15

2. 材质

为制作好的模型绘制皮肤、服饰的贴图，以及设定场景、道具和各物体的质感效果，要求对色彩和质感较敏感，有较强的美术功底，可以直接绘制贴图。如图 1-16 所示为郑州轻工业大学艺术设计学院动画系 15 级的胡宇为自己创作的动画短片《末日追寻》中的动画角色制作的材质，该动画短片入围“2019 新光奖国际原创动漫大赛”的最佳动画短片奖。

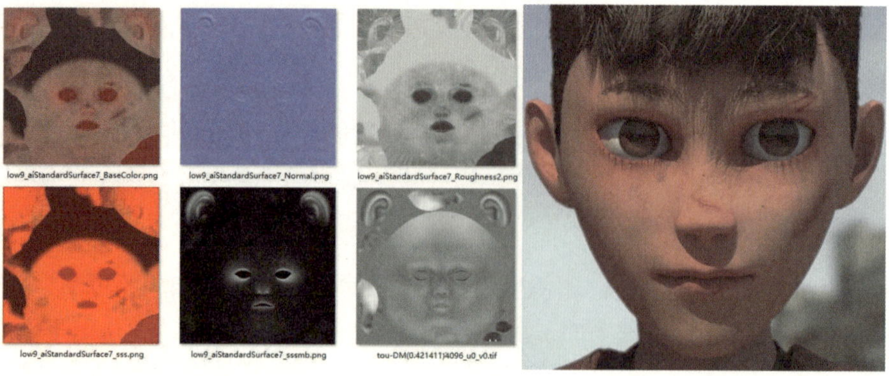

图 1-16

3. 骨骼

为角色的模型装配骨骼系统，包括 IK、FK，以及控制器、驱动关键帧等，这需要有较强的逻辑思维能力，如图 1-17 所示。

图 1-17

4. 动画

调整角色的骨骼，使角色根据剧情的需要做出不同的动作和表情，要求对角色的运动规律有较深了解，使动作真实可信，或者在原基础上进行夸张甚至变形。如图 1-18 所示为郑州轻工业大学动画系 12 级的周岚为动画短片《天下第一》中的角色创作的动画，该动画短片获得“第 23 届河南之星设计艺术大赛”学生组金奖。

图 1-18

5. 灯光

根据环境气氛调节出适当的光影效果，要求对摄影技术有一定了解，而且要对光影的变化很敏感，如图 1-19 所示。

图 1-19

6. 渲染

使用默认或外部的渲染器，对场景进行渲染，输出序列图片，要求具备一定的计算机编程知识。

7. 后期

先使用视频特效或合成软件将镜头合成，并进行一些特效制作和校色工作，最后输出完整的动画短片。

视频教程

1.3 关于 Autodesk Maya

Maya 是原来的 Alias 公司在 Power Animator 的基础上开发的新一代 3D 动画软件，最终命名为“Maya”，这个词来自梵语，是“迷失的世界”的意思。2005 年，Autodesk 公司以 1.82 亿美元收购了 Alias 公司，Maya 也成为 Autodesk 公司旗下的软件，如图 1-20 所示为 Maya 的界面。

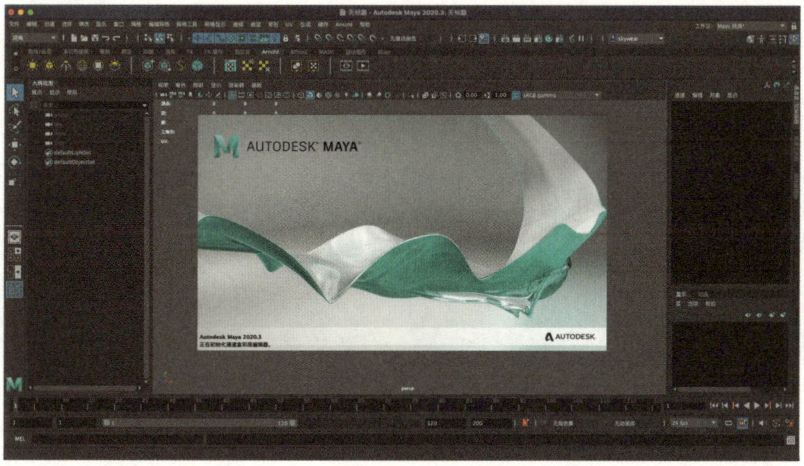

图 1-20

Maya 的定位是影视动画，特别是高端的电影制作。在大家熟悉的《黑客帝国三部曲》《指环王三部曲》《哈利・波特》《精灵鼠小弟》《决战中途岛》《复仇者联盟》中，Maya 都发挥了重要作用，如图 1-21 所示。

图 1-21

例如，在影片《精灵鼠小弟》中，不仅要表现一只活灵活现的小白鼠，而且要使这只小白鼠很好地融在实拍的影片之中，这对光线的把握和处理是非常严格的，而 Maya 对这方面的处理相当出色。另外一个技术难点就是小白鼠身上一根一根的鼠毛，这也大量应用到了 Maya 的毛发技术，使每根毛发都与周围的景色和谐，这项技术也被应用在《怪物公司》中的大毛怪的制作过程中，如图 1-22 所示。

图 1-22

另外，一些三维艺术家也使用 Maya，并做出了很多让人惊叹的作品，如图 1-23 所示。

图 1-23

本章小结

本章介绍了三维动画软件的历史和特点，这些内容可能难以满足大家的需要，建议读者课后登录一些专业网站，欣赏高手们创作的作品，开阔自己的眼界。

作　业

1．学习 1.2 节后，请读者结合自己的需要，围绕一部三维动画片开展前期设定，为后续制作三维动画打下基础。

2．上网浏览不同风格的三维动画短片，寻找一部动画短片作为制作目标。

3．在了解三维动画的同时，请思考自己未来希望从事的职业和工种，以便明确学习目标，增加学习动力。

第2章

Maya 的基本操作

Maya 是一款极其庞大又复杂的软件，它的命令多达上万条，许多初学者看到它复杂的界面（见图 2-1）就打起了退堂鼓。

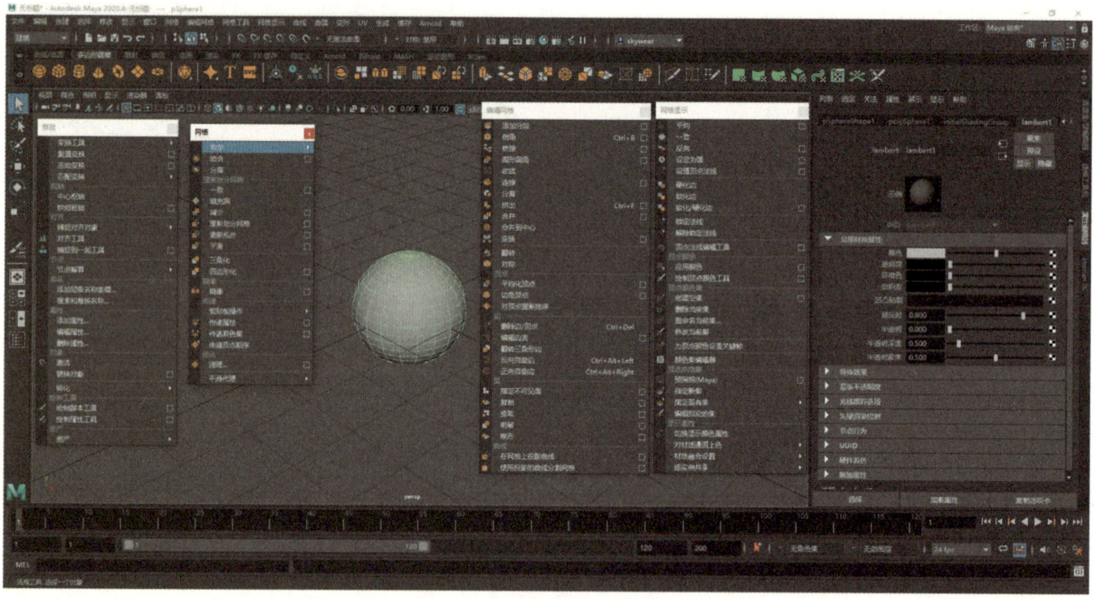

图 2-1

实际上，Maya 中的很多命令我们可能用不到，读者只要掌握一定数量的常用命令，能够应对平时的工作和创作即可，例如，建模组只需掌握几十条命令就可以完成一个漂亮的模型。

视频教程

2.1 Maya 的界面

Maya 的主界面如图 2-2 所示。

图 2-2

菜单栏分为通用菜单和模块菜单两大类，当模块改变时，模块菜单也会发生相应改变，如图 2-3 和图 2-4 所示。

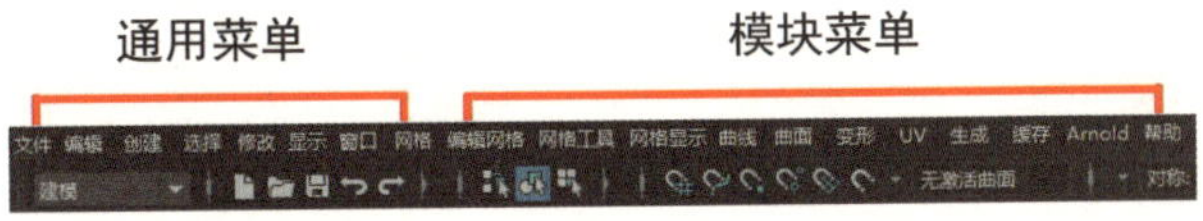

图 2-3

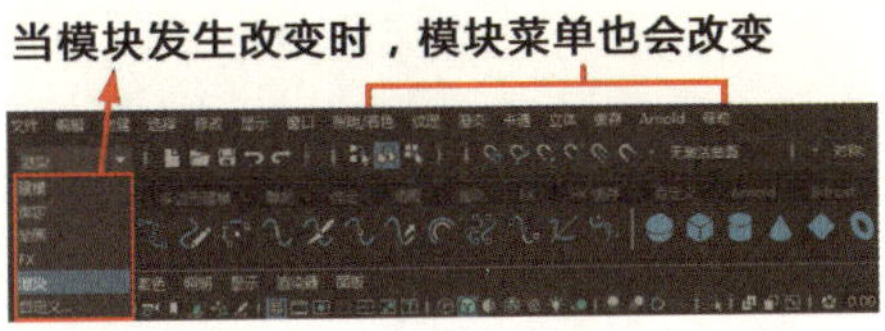

图 2-4

状态栏位于主界面的上方，主要用于显示与工作区操作相关的图标、按钮或其他选项，也用于在物体的各选择元素之间进行切换。

- 模块菜单：主要包括六个默认的工作模块，分别对应 Maya 中不同的工作内容。在模块选择器中选择不同的模块，Maya 的菜单也会发生相应改变。这六个工作模块分别是建模、绑定、动画、FX、渲染和自定义。
- 文件操作按钮：包括新建文件、打开文件和保存文件三个命令。
- 选择模式：分别为选择层级、选择物体和选择物体的子级别三种。
- 控制对象：用于指定物体、组成元素或层级可以被选择的类型。
- 锁定：锁定对象，使其无法移动、旋转和缩放，仅仅对工作空间中处于选择状态的物体或项目起作用。
- 捕捉模式：在场景中，用于精确移动物体。在移动时，可以使物体始终捕捉在相关项目上。捕捉模式主要有捕捉到栅格、捕捉到曲线、捕捉到点等。
- 构建历史：关闭或打开物体的构建历史记录，构建历史包括应用于物体的参数、修改器和建模操作等。
- 渲染：可以根据操作需要选用不同的渲染方式，分别为显示渲染图像、渲染当前帧和 IPR 渲染当前帧。
- 渲染设置：单击该按钮可以打开 Maya 的渲染设置窗口，对渲染的各项参数做进一步调整，如图 2-5 所示。

常用工具栏提供了使用率较高的工具，主要包括选择、移动、旋转、缩放等工具，如图 2-6 所示。

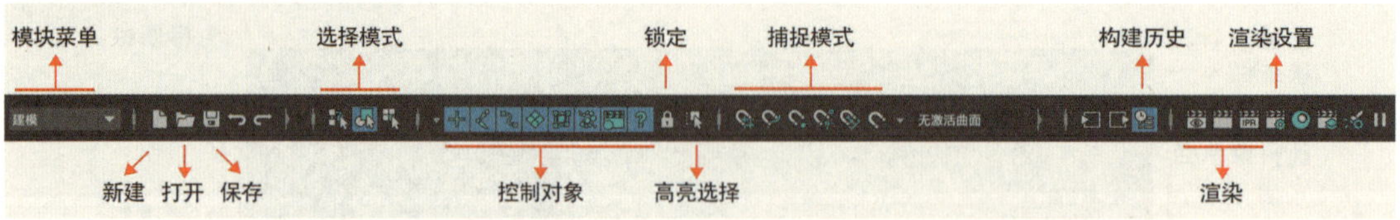

图 2-5

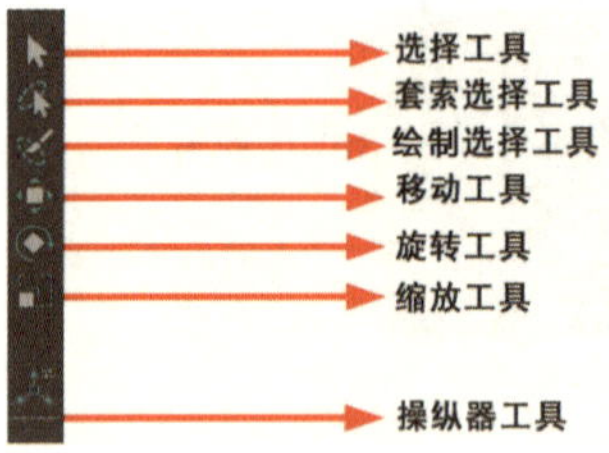

图 2-6

- 选择工具：用于选择物体，位于常用工具栏的顶端，快捷键是 Q 键。先单击选择此工具，然后在要选择的点、线或面上单击即可。
- 套索选择工具：用于选择不规则的物体。先单击选择此工具，然后在视图中通过拖曳鼠标形成选择区域，以选择物体。
- 绘制选择工具：选择物体的另一种形式。使用该工具时，鼠标会变为一支画笔，所绘制的区域就会被选择。
- 移动工具：用于移动物体。选择物体后会显示出三个带有箭头的坐标轴，可以使物体沿三个坐标轴所指示的方向任意移动。快捷键是 W 键。
- 旋转工具：用于旋转物体。单击选择此工具，被选择物体会出现不同轴向的旋转轴，物体可任意旋转。快捷键是 E 键。
- 缩放工具：改变物体的大小和比例。缩放可以按比例进行，也可以不按比例进行。单击选择此工具，被选择物体会出现三个方向的缩放轴，可对物体在任意方向上放大、缩小。快捷键是 R 键。

2.2 Maya 的视图操作

视频教程

视图操作虽然看似简单，但使用频率最高，绘图时都要对视图进行操作。如果不熟悉视图的相关功能，就会降低工作效率。因此，读者必须掌握这部分内容。

一般的三维软件提供四个视图，作图时可以从不同角度观看和检查，它们分别是 Front（前视图）、Top（顶视图）、Side（侧视图）和 Persp（透视图），如图 2-7 所示。

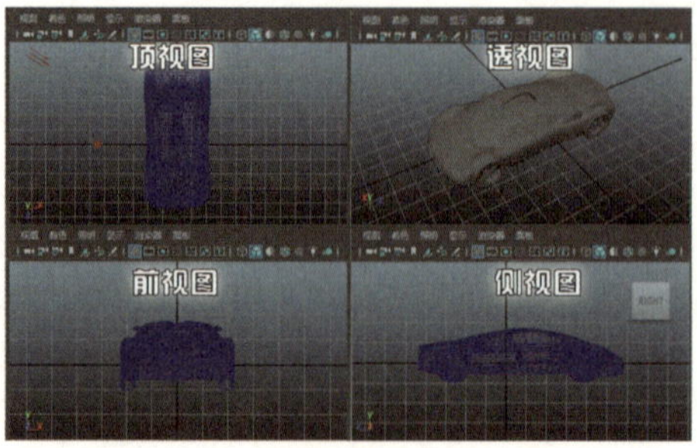

图 2-7

这四个视图一般都可以最大化显示，便于进一步观察。Maya 的视图最大化的快捷键是空格键，可以先把鼠标放在想要最大化的视图上，再快速地按空格键。请注意，必须快速地按空格键，否则就会弹出菜单的悬浮面板。当视图最大化时，如果想切回四视图方式，可以再在视图上快速地按空格键，如图 2-8 所示。

先将鼠标指针移到视图中，按住空格键不放，然后把鼠标指针移到弹出的浮动菜单的中央，即被方框框住的“Maya”位置，右击后弹出切换的视图，移动鼠标指针，并选择想切换的视图，在其上面释放鼠标右键，即可对视图进行切换，如图 2-9 所示。

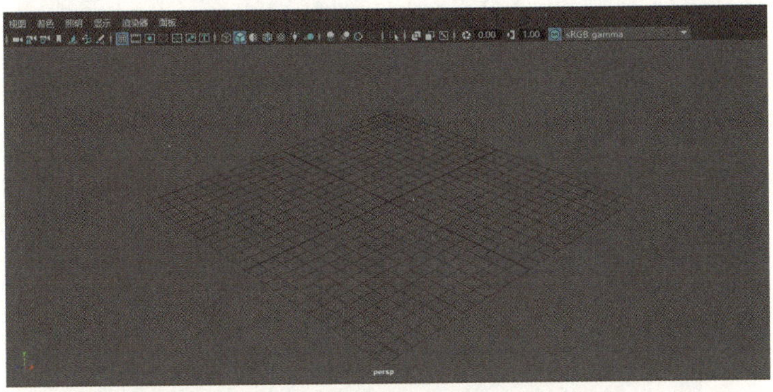

图 2-8

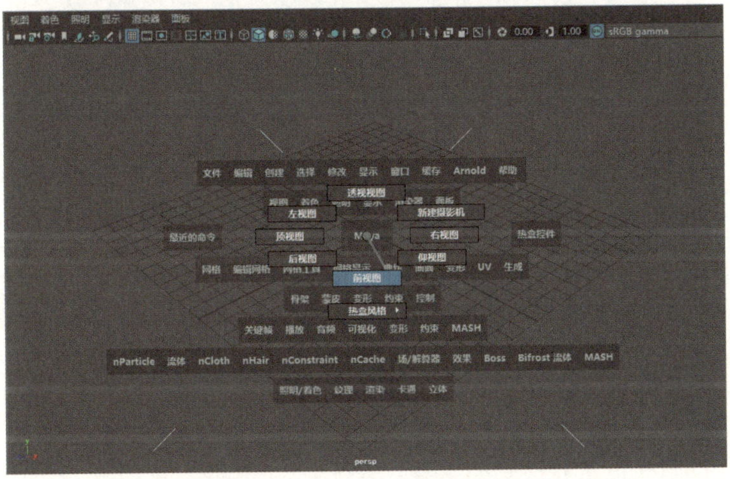

图 2-9

按“Alt+鼠标左键”组合键，可以操作视图进行旋转；按“Alt+鼠标中键”组合键，可以操作视图进行平移；按“Alt+鼠标右键”组合键，可以操作视图进行缩放。旋转视图只能在透视图中进行，其他三个视图不支持旋转操作，如图 2-10 所示。

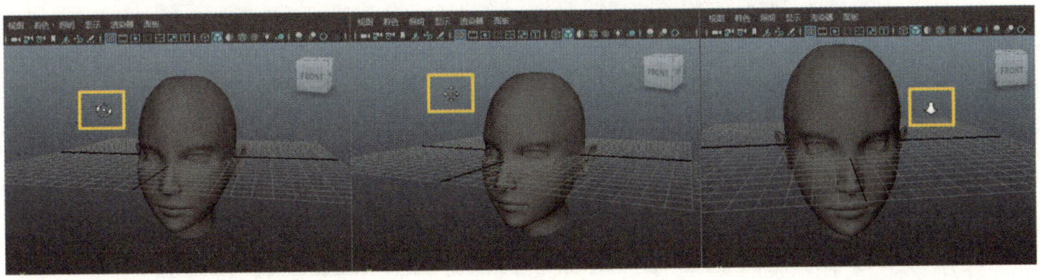

图 2-10

对于多边形模型，在视图中按 4 键打开线框显示模式；按 5 键打开实体显示模式；按 6 键打开贴图显示模式；按 7 键打开灯光显示模式，如图 2-11 所示。

图 2-11

在场景中选中模型，在视图中按 1 键打开该模型的一级（精度）显示模式；按 2 键打开该模型的二级（精度）显示模式；按 3 键打开该模型的三级（精度）显示模式，如图 2-12 所示。

图 2-12

2.3 示范实例——利用笔刷工具制作大自然场景

视频教程

熟悉了 Maya 的基本操作方法后，我们开始制作第一幅 CG 作品，最终效果如图 2-13 所示。

在本节中，我们利用之前提到的工具，并配合一些简单的操作，展示一件 CG 作品的制作流程。

图 2-13

在本实例中，我们主要用到 Maya 的 Paint Effects，即笔刷工具，它可以像画笔一样直接在场景中画出花、草、树甚至楼房等复杂模型，使用方法非常简单。

视频教程

2.3.1　创建模型

（1）打开 Maya，在顶部的工具栏中，进入“曲线/曲面”工具栏，单击第一个圆形图标，鼠标指针由箭头变为十字光标，如图 2-14 所示。

（2）在场景里双击，创建出一条圆形曲线，在视图中选中该曲线，按 R 键切换到缩放工具，将圆形曲线放大，如图 2-15 所示。

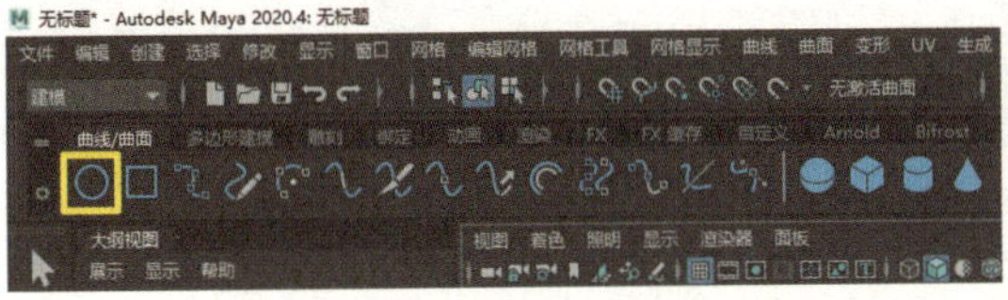

图 2-14

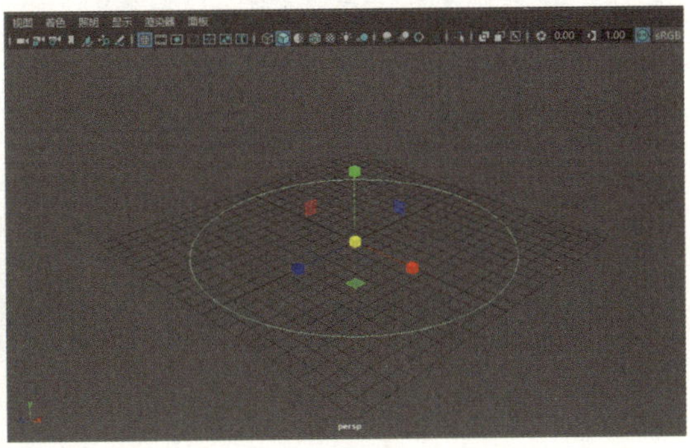

图 2-15

（3）执行菜单的“窗口”→“常规编辑器”→“内容浏览器”命令，如图 2-16 所示。

（4）打开“内容浏览器”窗口，单击左侧树形结构中的“Grasses”文件夹，右侧窗口会显示所有草的笔刷。下方的“grassWindNarrow.mel”笔刷就是本节要使用的草笔刷，如图 2-17 所示。

（5）在场景中单击步骤（2）中创建的圆形曲线，按住 Shift 键不放，单击“内容浏览器”窗口中的“grassWindNarrow.mel”草笔刷，使曲线和笔刷都被选中。在“建模”模块下，执行菜单的“生成”→“曲线工具”→“将笔刷附加到曲线”命令，如图 2-18 所示。

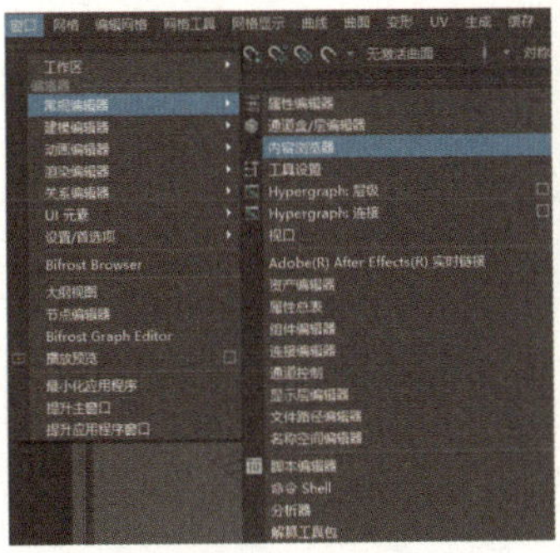

图 2-16

图 2-17

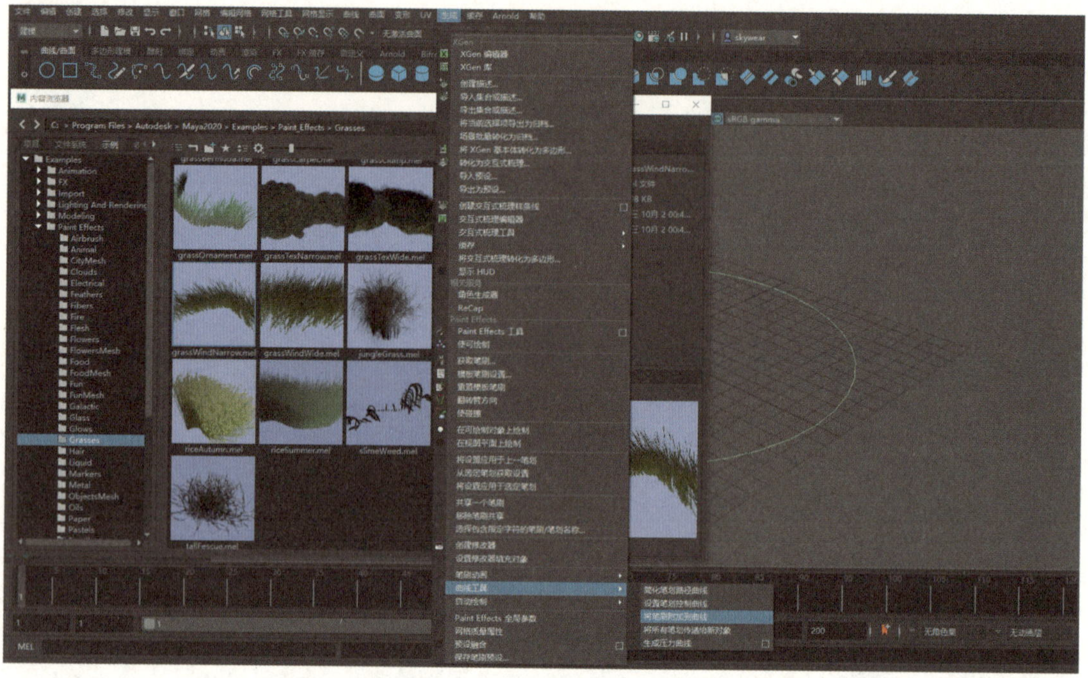

图 2-18

（6）这时我们会发现，曲线上面已经有草生长出来了。按 5 键，使模型处于着色显示模式，会发现制作的草是平着生长的，如图 2-19 所示。

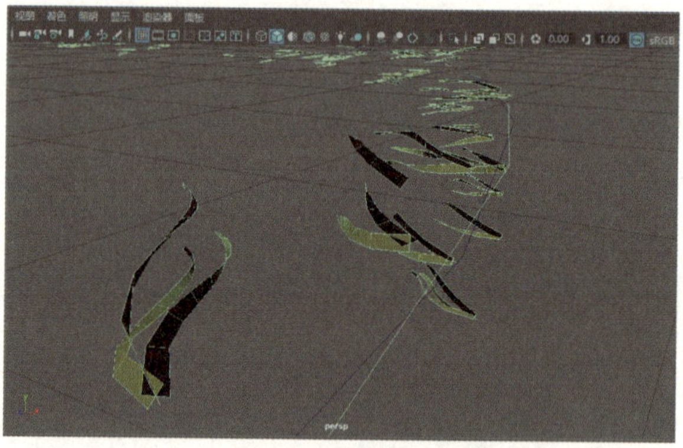

图 2-19

（7）选中草模型，进入右侧的“属性编辑器”面板，打开“法线方向”卷轴栏，勾选“使用法线”复选框，视图中的草已经向上直立起来了，如图 2-20 所示。

（8）按 A 键，可以将场景中的所有模型最大化，这时会看到草的模型太矮小了。进入“属性编辑器”中的“grassWindNarrow1”面板，其上面有一个“全局比例”参数，这是用来调整笔刷物体的大小的。调节“全局比例”参数为 36，草变大了，而且原本低垂的草也直立起来了，如图 2-21 所示。

（9）现在，场景中草的模型是聚集在一起的，有点像鸟窝，因此需要扩大草的覆盖范围。调整“笔刷轮廓”卷轴栏下面的“笔刷宽度”参数为 24，草的覆盖面积变大了，如图 2-22 所示。

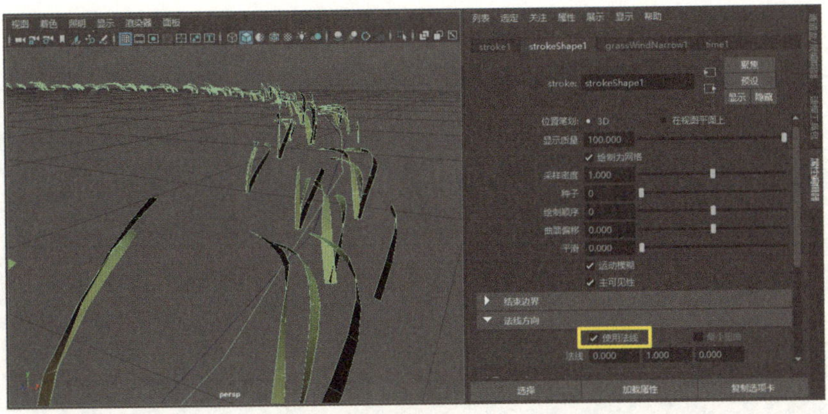

图 2-20

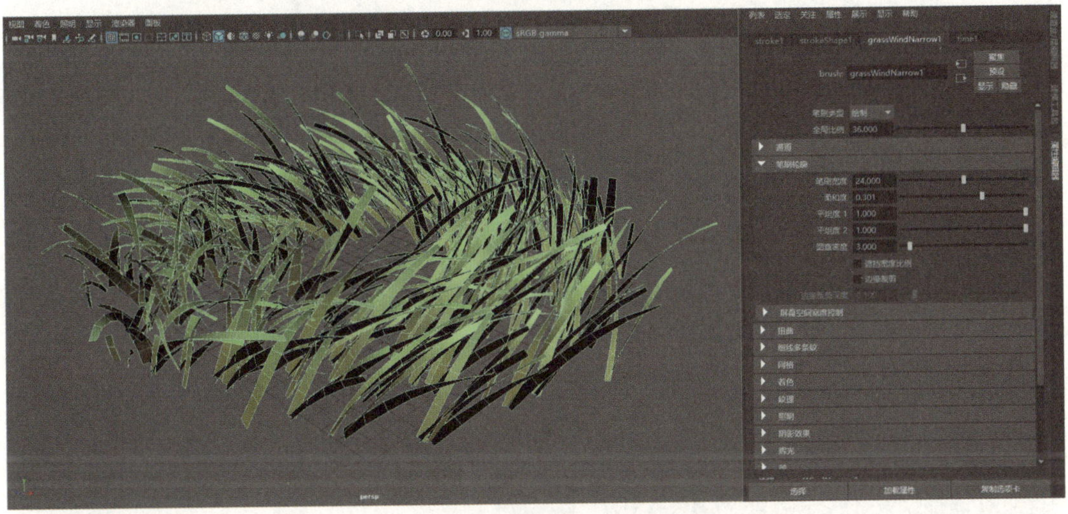

图 2-21

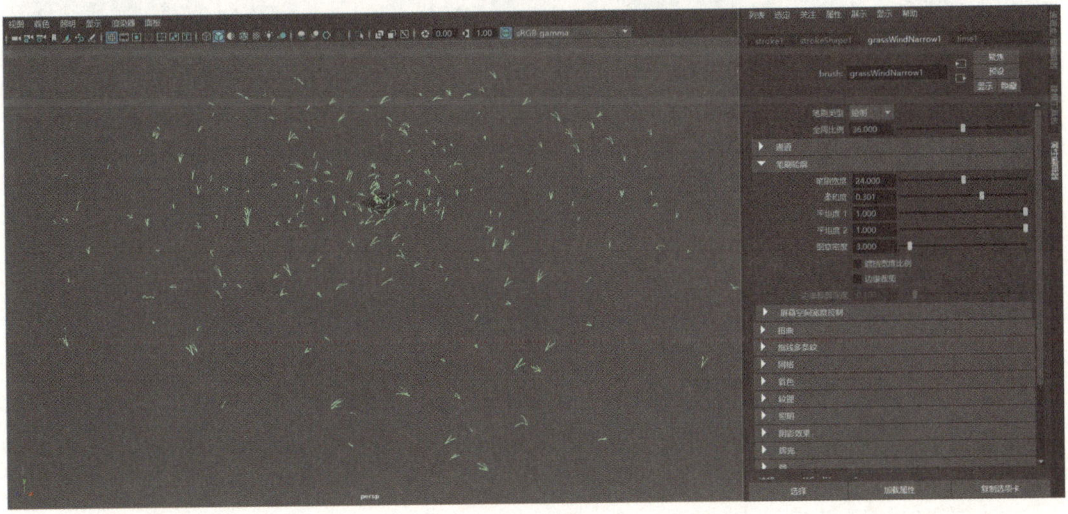

图 2-22

（10）草过于稀疏了，进入“strokeShape1”面板，调整“采样密度”参数为 60，将草的密度提高，场景中的草就初具规模了，形成了一片草地，如图 2-23 所示。

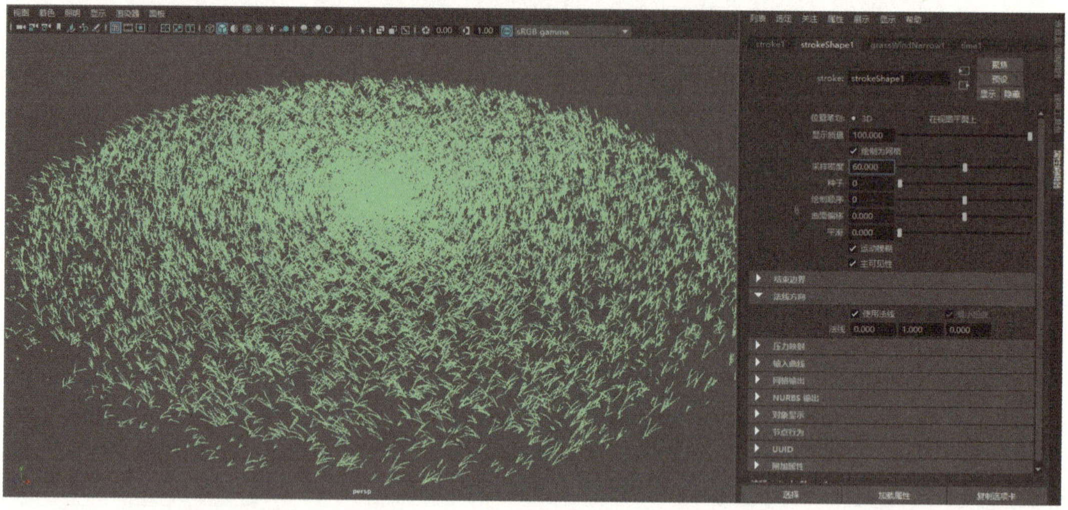

图 2-23

（11）草地制作好以后，需要再制作一棵树作为场景的主体物。因为只需制作一棵树，所以就没必要绘制曲线了。打开“内容浏览器”，单击左侧树形结构中的“Trees”文件夹，选中“keyakiPark.mel”笔刷，在场景中单击后按住鼠标左键不放并拖曳鼠标，就能创建出一棵树的模型，如图 2-24 所示。

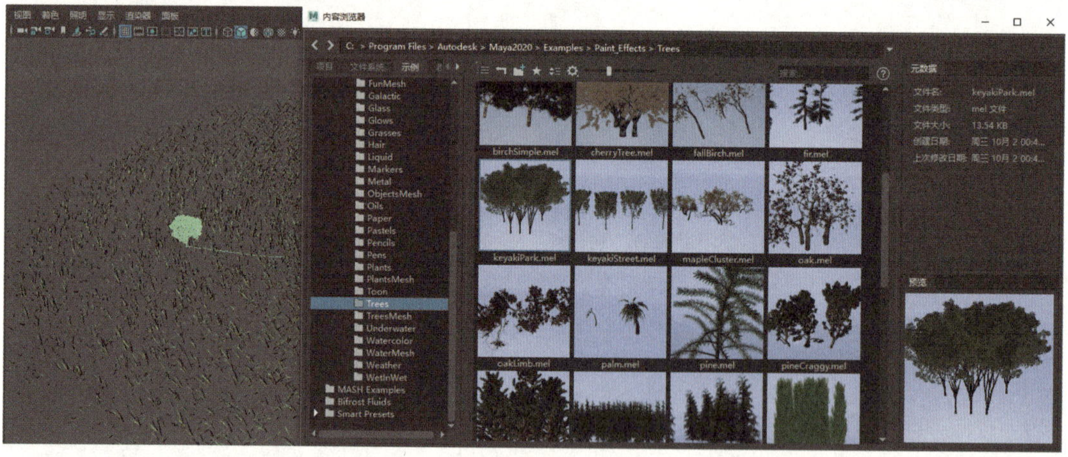

图 2-24

（12）选中树的模型，进入“属性编辑器”中的“keyakiPark1”面板，调整“全局比例”参数为 100，让树变得高大起来，如图 2-25 所示。

（13）因为要制作的是一张 CG 图片，所以需要提前对画面进行定位和构图。执行主菜单的“创建”→“摄影机”→“摄影机”命令，在场景中创建一台摄影机，如图 2-26 所示。

（14）创建摄影机后，直接按 R 键，切换到缩放工具，将摄影机在视图中放大，方便观看及操作。执行视图菜单的“面板”→“透视”→“camera1”命令，将视图由透视图切换到摄影机视图，如图 2-27 所示。

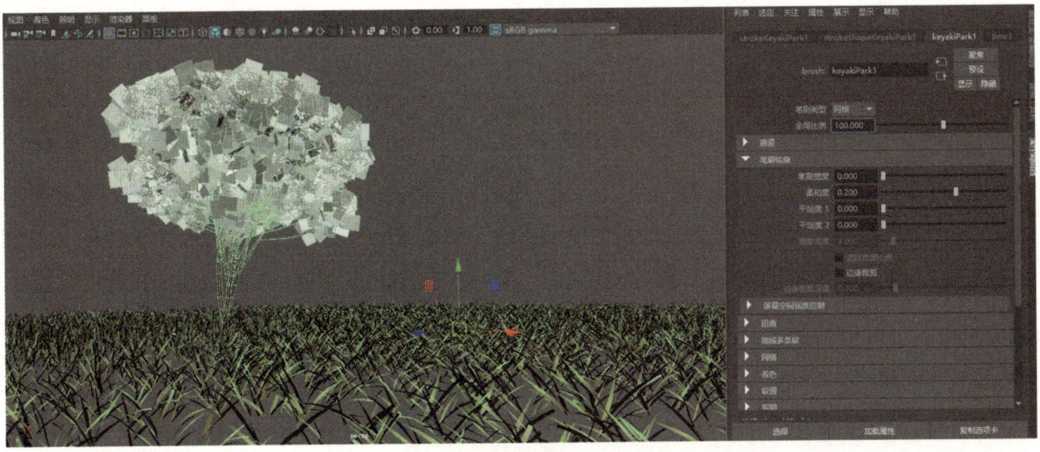

图 2-25

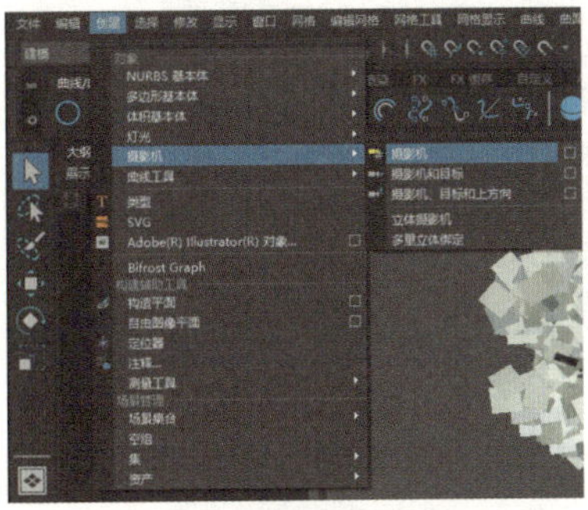

图 2-26

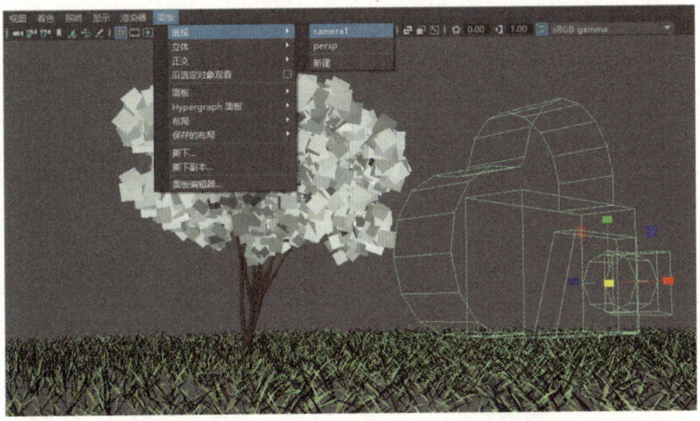

图 2-27

（15）构图之前，先设置渲染出来的图片尺寸。打开“渲染设置”窗口，在“图像大小”卷轴栏下，设置“预设”为“HD_1080”，即宽度为 1920 像素，高度为 1080 像素，如果需要设置竖屏或其他尺寸，也可以在下面的“宽度”和“高度”属性后面直接输入参数，按 Enter 键确定，如图 2-28 所示。

（16）执行视图菜单的“视图”→“摄影机设置”→“分辨率门”命令，这时视图会清晰地显示出被渲染的区域，如图 2-29 所示。

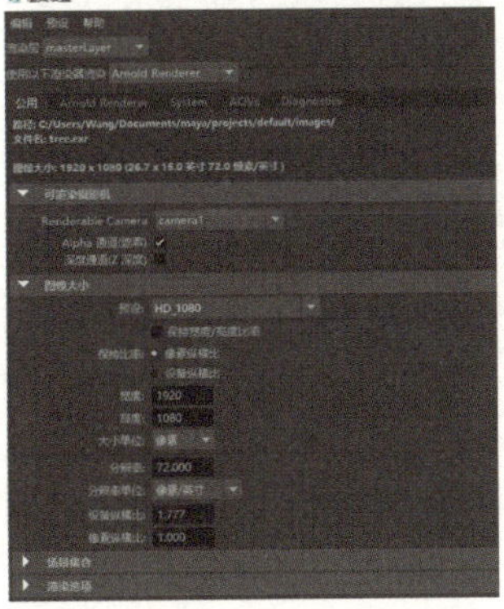

图 2-28

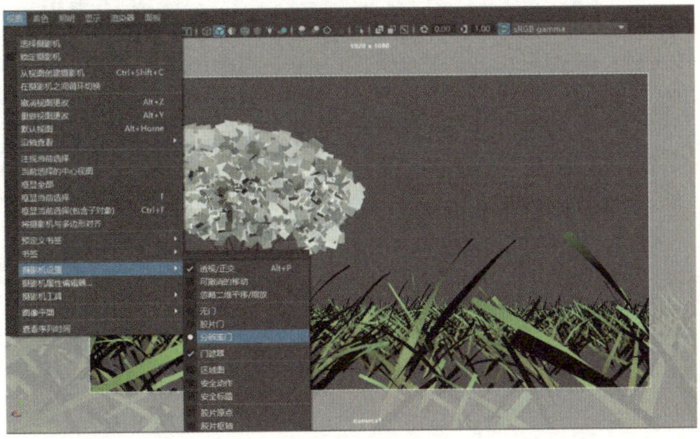

图 2-29

2.3.2 灯光和材质

视频教程

（1）进行灯光的创建。在顶部的工具栏中，进入“渲染”工具栏，单击第四个按钮，即“聚光灯”按钮，在场景的中心位置就会创建出一盏聚光灯，如图 2-30 所示。

图 2-30

（2）当前所显示的聚光灯很小，但这并不妨碍对它的位置进行调整。依然保持对聚光灯的选择，执行视图菜单的“面板”→“沿选定对象观看”命令，进入聚光灯视图。这时，在视图的下方，视图名称由“persp”变为“spotLight1”（聚光灯视图），如图 2-31 所示。

图 2-31

（3）在聚光灯视图中，中心位置有一个圆圈，这就是聚光灯的照射范围，在圆圈内的物体才能被聚光灯照射到。

使用平移视图（快捷方式为“Alt 键+鼠标中键”）和放缩视图（快捷方式为“Alt 键+鼠标右键”），将聚光灯调整到场景的斜上方，保证场景中的所有物体都在中心位置的圆圈内，即都在聚光灯的照射范围内，如图 2-32 所示。

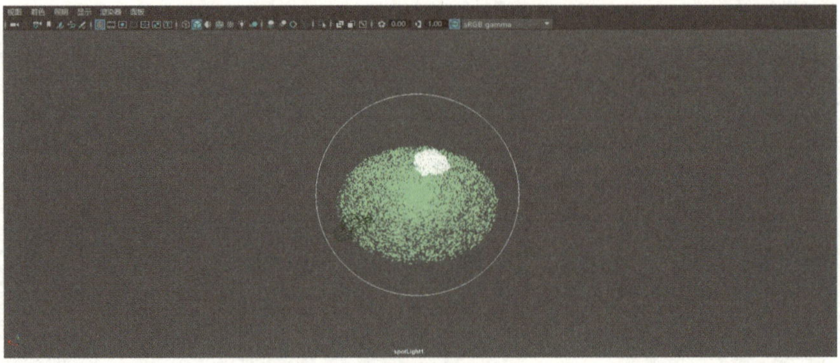

图 2-32

（4）调整好聚光灯视角以后，执行视图菜单的“面板”→“透视”→“camera1”命令，将视图切换回摄影机视图。

保持对聚光灯的选择，进入聚光灯的“属性编辑器”面板，修改“强度”为 6，使场景更亮，如图 2-33 所示。

图 2-33

（5）为场景添加阴影效果。打开聚光灯的“属性编辑器”面板的“阴影”卷轴栏，勾选“使用深度贴图阴影”复选框，并对场景进行渲染，如图 2-34 所示。

图 2-34

（6）渲染后会发现：场景中虽然有了阴影，但树的背光面漆黑一片，这是阴影太黑的缘故，需要对阴影的颜色进行调整。

在“阴影”卷轴栏中，单击“阴影颜色”右侧的色块，在弹出的颜色调节面板中，设置阴影的颜色为深一些的黄绿色，再次渲染，树和草的背光面都被提亮了，如图 2-35 所示。

（7）现在的背景是黑色的，这是因为在 Maya 中，没有任何物体的空白区域，会以黑色的背景色显示，为了方便观察，可以将摄影机视图的背景色设置为浅蓝色。

图 2-35

按 F6 键，将主菜单切换为“渲染”模块，执行“卡通”→“设置摄影机背景色”→“camera1”命令，在弹出的“颜色调节”面板中，设置颜色为蓝色，单击“完成”按钮。渲染后可发现，背景色已经变成了蓝色，如图 2-36 所示。

图 2-36

（8）在顶部的工具栏中，进入“多边形建模”工具栏，单击第六个按钮，在场景中创建一个平面模型，并使用缩放工具将它拉大，作为整个场景的地面。

在右侧的“属性编辑器”面板中，找到“lambert1”面板，单击“颜色”右侧的色块，将地面的颜色设置为深黄色，如图 2-37 所示。

（9）现在的场景有些单调，按照之前制作草地的方法，打开“内容浏览器”，把“Flowers”文件夹中的“flowerTallRed.mel”笔刷放置在场景中，并调整相关参数，让草地上长出红色的花，点缀整个场景，如图 2-38 所示。

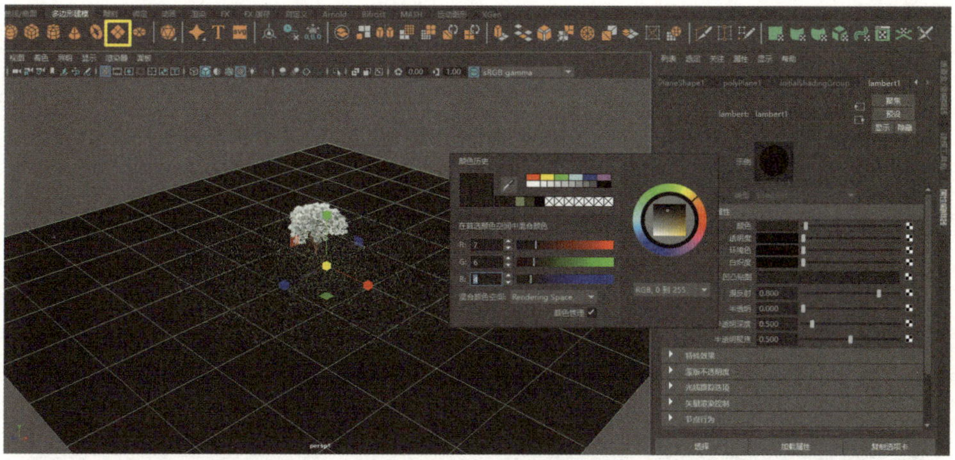

图 2-37

图 2-38

（10）仔细观察场景，发现远处的地平线太单调了，按照同样的方法，从“内容浏览器”的“TreesMesh”文件夹中，将“oakForest.mel”笔刷放置在场景的地平线位置，并调整相关参数，让整个画面由前景的草、中景的树和远处的树林组成，增加画面的细节和纵深感，如图 2-39 所示。

图 2-39

2.3.3 渲染和后期合成

视频教程

（1）Maya 的摄影机也有一些效果可以添加，执行视图菜单的“视图”→“选择摄影机”命令，在右侧的“属性编辑器”面板中，勾选“景深”卷轴栏下面的“景深”复选框，整个场景都变模糊了，如图 2-40 所示。

图 2-40

景深（Depth of Field）是摄影学中的术语，是指摄影机聚焦完成后，在焦点前后的范围内所呈现的清晰图像的距离，这一前一后的范围，被称为景深。

现在，整个场景都变模糊了，这是因为 Maya 中的摄影机没有聚焦到相应位置。

在整个场景中，树无疑是主体物，所以需要将摄影机的对焦点放在这棵树上。

（2）因为 Maya 的摄影机不能直接设置对焦点，所以需要测量摄影机和主体物之间的距离。执行主菜单的“创建”→“测量工具”→“距离工具”命令，在顶视图中，分别单击摄影机和树，在场景中就会显示两者之间的距离是 263.468171，如图 2-41 所示。

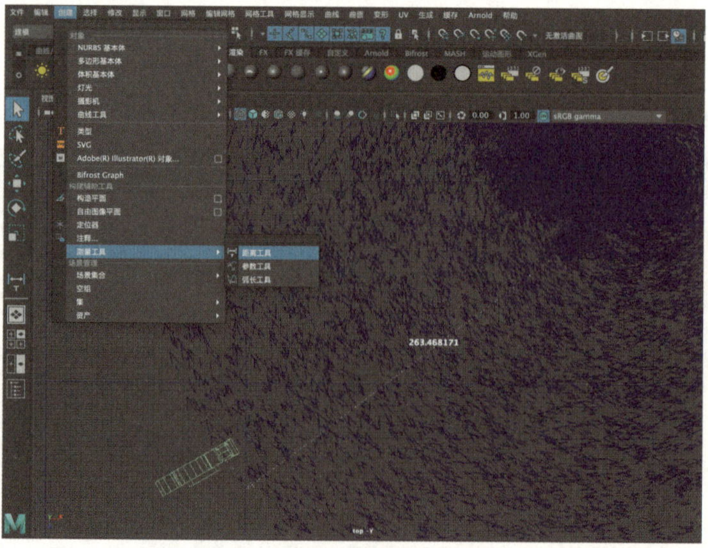

图 2-41

（3）切换回摄影机视图，执行视图菜单的“视图”→“选择摄影机”命令，设置“属性编辑器”面板中的“聚焦距离”为 260，并调整“F 制光圈”为 7.2，这时场景中近景的草就会模糊，而主体物——树依然清晰，如图 2-42 所示。

图 2-42

“F 制光圈”数值越高，景深效果越弱；“F 制光圈”数值越低，景深效果越强。需要注意的是，每个场景需要调整的参数不一样，本书中的参数仅适用于该场景。

（4）进行最后的渲染，打开“渲染设置”窗口，在“使用以下渲染器渲染”下拉菜单中选择“Maya 软件”选项，进入“Maya 软件”的设置面板，将“质量”设置为“产品级质量”，这样就能得到最精细的渲染效果，如图 2-43 所示。

（5）单击“渲染”按钮进行渲染。渲染完毕后，执行“渲染视图”窗口的“文件”→“保存图像”命令，如图 2-44 所示，在弹出的“保存图像”对话框中，将“文件类型”设置为“PNG”格式，设置好保存路径和文件名后，单击“保存”按钮。

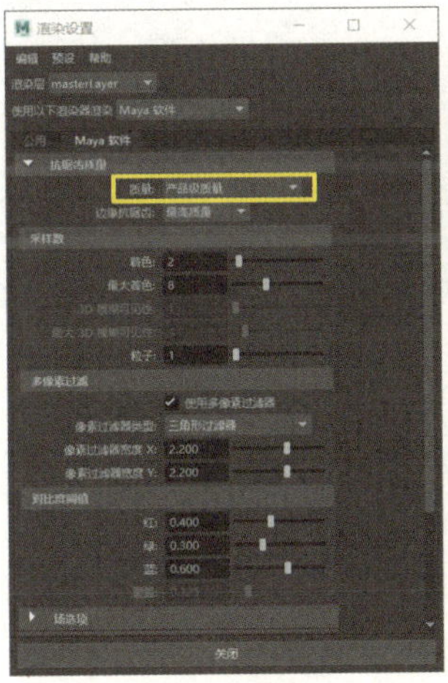

图 2-43

图 2-44

（6）之所以将图像保存为 PNG 格式，是因为 PNG 格式能够保存图像中的 Alpha 通道，即透明背景。将保存好的图像在图形处理软件 Photoshop 中打开，会看到图像中的背景部分是透明的。再找一张清晰度较高、角度比较合适的天空图片，就能直接进行合成处理了，如图 2-45 所示。

图 2-45

（7）将天空图片放在渲染图的图层下方，按 Ctrl+T 组合键，调整天空背景的大小和位置，使两张图片的比例对应。选中天空图层，按 Ctrl+U 组合键，将“明度”提高，使两张图片很好地融合在一起，如图 2-46 所示。

图 2-46

最终完成的文件是配套资源中的 2-3-painteffects-OK.mb 文件。

本章小结

本章对 Maya 的常用命令进行了介绍，由于篇幅有限，只介绍了一个简单的实例，读者可能无法牢记这些命令，因此建议读者在后续学习过程中经常回顾本章内容，以便进一步掌握。

作 业

1．在自己的计算机上安装 Maya，结合本章介绍的内容，在 Maya 中进行简单操作。

2．通过本章的实例，读者对 Maya 的工作流程有了基本认识。希望读者使用掌握的命令，运用“内容浏览器”中的各项笔刷效果制作一个简单的场景。

3．将制作出来的场景进行渲染输出，并在 Photoshop 中进行拼合、调整，完成最后的作品。

如图 2-47 所示为郑州轻工业大学动画系 18 级的同学们学习完本章内容后创作的作品，创作时间为一天。

图 2-47

第3章 Maya的基础建模

过去，在相当长的一段时间内，电影级别的三维动画都是用 NURBS 建模的形式完成的，这是因为欧美绝大多数的动画电影公司都使用 Pixar（皮克斯）动画公司的 Renderman 渲染器进行最后的渲染输出。

Renderman 渲染器的优点是渲染质量出色，并且能对 NURBS 模型进行特殊的优化处理，比多边形模型更节省渲染时间。众所周知，对三维动画而言，渲染是极度消耗时间的一个环节，Renderman 的这一特性使动画的制作周期大大缩短，因此 NURBS 模型曾风靡一时。

现在，随着硬件不断更新，渲染速度已经大大加快，NURBS 模型渲染速度快的优点已经可以忽略不计了。软件方面的变化更是日新月异，Vray、Brasil、Final Render、海龟、Mental Ray、Arnold 等优秀渲染器的出现，使得 Renderman 不再是唯一的选择，因此，NURBS 模型的光环已经逐渐消失。

随着 NURBS 模型优势的丧失，它的缺点也逐渐引起人们的重视，其中之一就是 NURBS 模型的复杂性，它所需的命令较多，完全掌握这些命令需要一定时间，对于制作角色来说，NURBS 模型的制作周期相当于多边形模型制作周期的数倍。

而 NURBS 模型致命的缺点则体现在建模结束后的后期工作，贴图坐标的设定、蒙皮及权重的绘制、动画效果的制作，都要比多边形模型需要更长的时间。

于是多边形模型逐渐成为建模的主流。它的突出优点就是易掌握、便于后期制作。作者在几年的 Maya 教学过程中，发现初学者对多边形建模方法的掌握速度是极快的，可以毫不夸张地说，对于多边形建模，初学者只要掌握十几个命令，再加上一些美术功底，就可以开始制作电影级别的模型。

目前，大多数三维动画也是用多边形模型进行建模的。如图 3-1～图 3-3 所示为动画电影《最终幻想》的角色模型和多边形线框图。

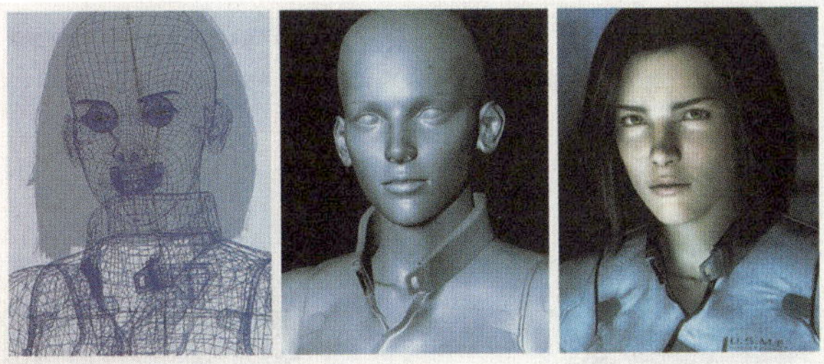

图 3-1

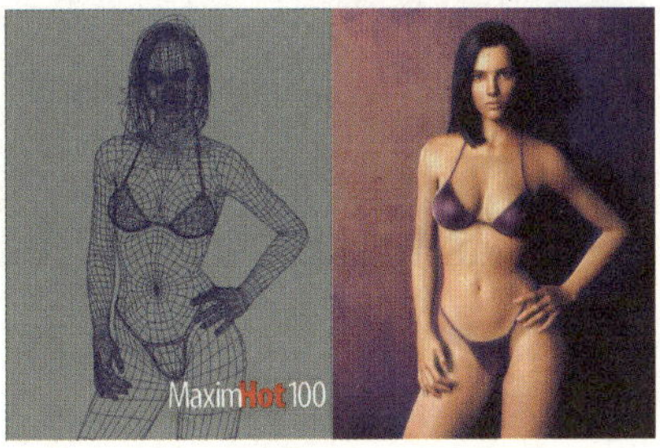

图 3-2

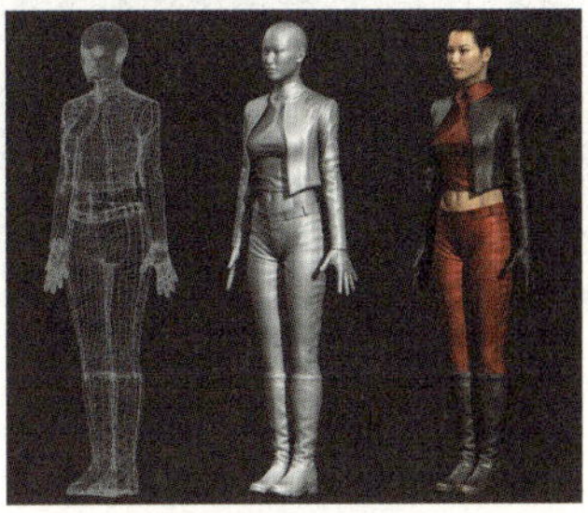

图 3-3

3.1　多边形模型概述

视频教程

多边形（Polygon）模型，顾名思义，是由多条边组成的模型。它可以简单地分为点、线、面三个子级别，也可以这么说：多边形建模就是通过调整点、线、面来达到最终的模型效果的。

在 Maya 视图中新建一个多边形模型，把鼠标指针放在模型上，右击并按住鼠标右键不放，这时会弹出浮动面板，其中就有点（顶点）级别、线（边）级别和面级别，如图 3-4 所示。

在浮动面板中分别选择点级别、线级别、面级别，可以进入模型相应的子级别，并且可以选中一些点、线、面，使用移动、旋转、缩放工具可以对它们进行操作，从而进行模型的修改，如图 3-5 所示。

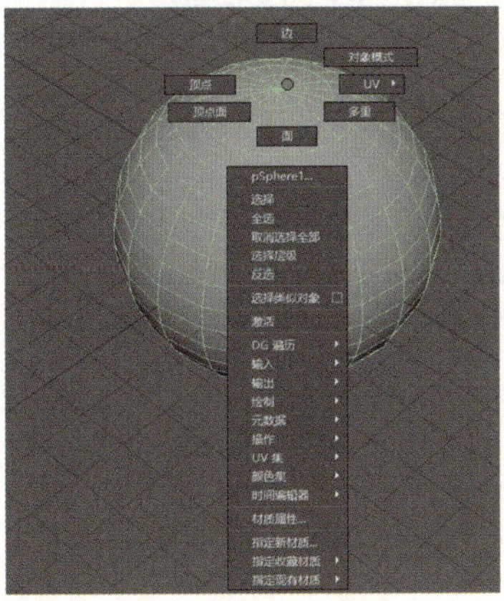

图 3-4

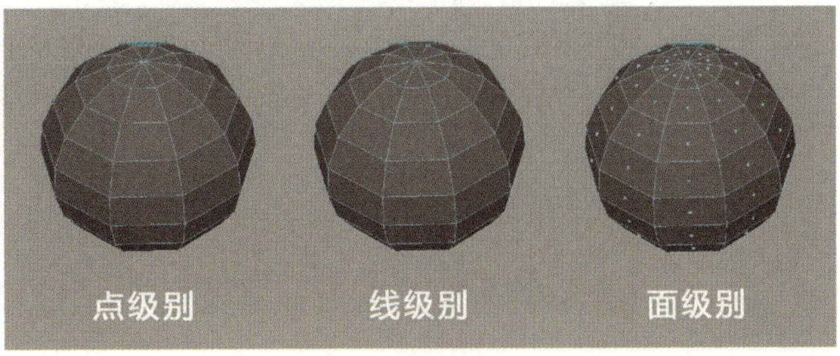

图 3-5

此外，还可以通过顶部的菜单栏进入各级别，具体操作如图 3-6 所示。

几乎所有的多边形命令都和点、线、面有关。下面我们介绍一些常用命令。

1. 制作皮克斯台灯

首先，我们引入实例——制作皮克斯台灯（见图 3-7），在此过程中会用到多边形命令。

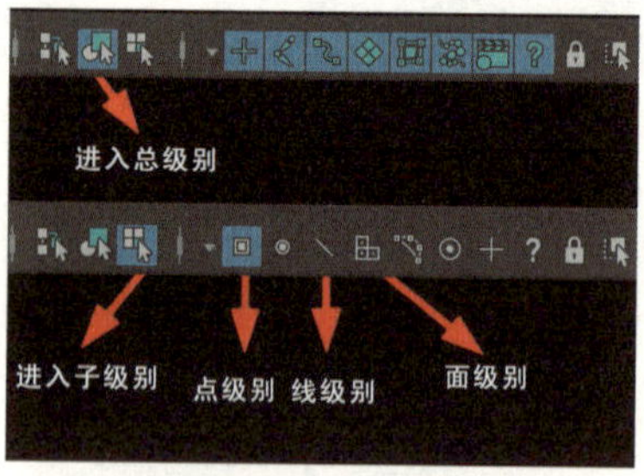

图 3-6

图 3-7

（1）创建多边形：可以直接在视图中绘制一个平面多边形，如图 3-8 所示。

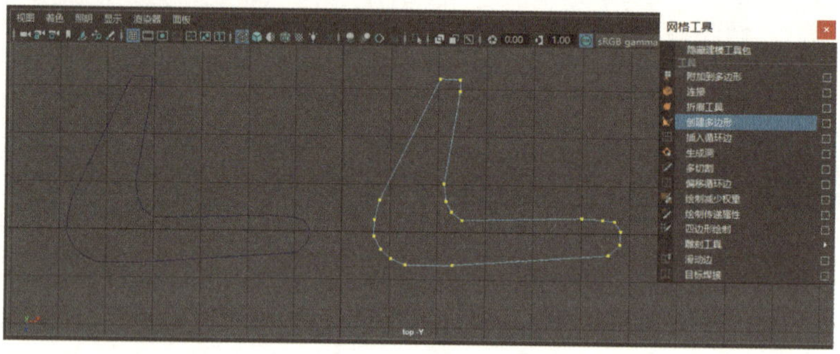

图 3-8

（2）挤出：可以将模型上的一个平面、一条线段甚至一个点，挤压出一段多边形模型，如图 3-9 所示。

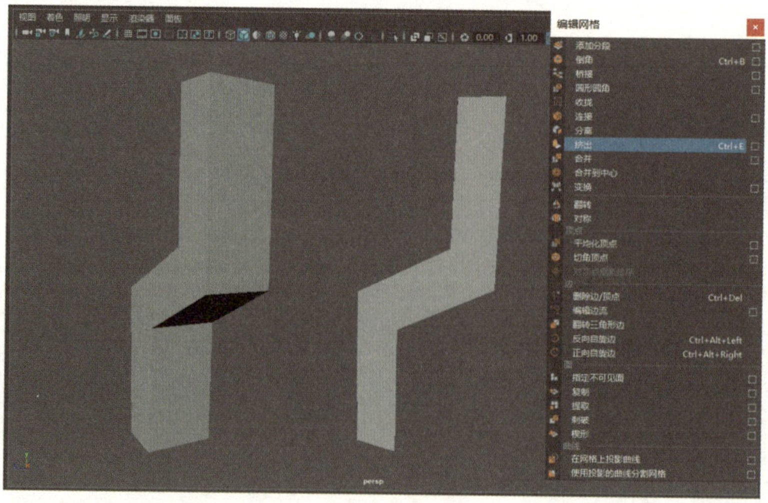

图 3-9

（3）倒角：可以在模型边缘生成一个较小的转折面，从而使模型边缘的过渡变得柔和，也会在打灯光时使模型的轮廓线更加清晰、体积感更强，如图 3-10 所示。

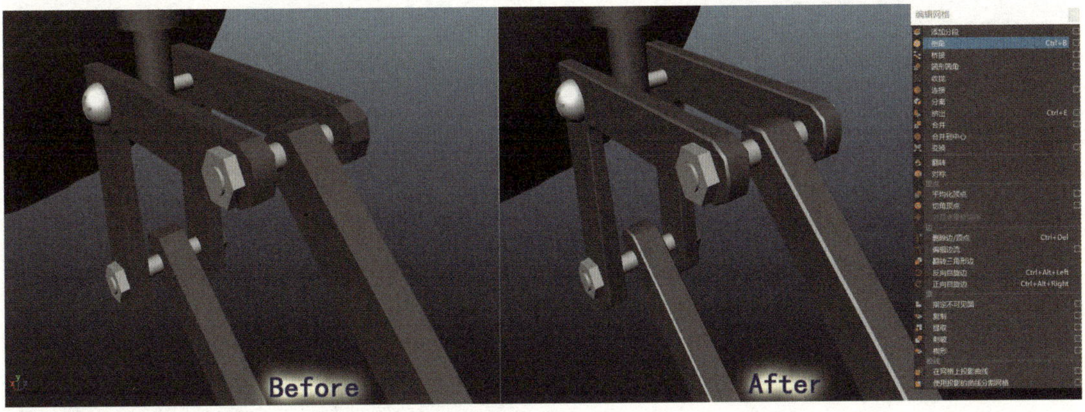

图 3-10

（4）布尔：有三种不同的运算方法，分别为并集、差集和交集。这是针对两个以上多边形模型进行的运算方法，并集是将不同的模型合并为一个模型的运算，差集是其中一个模型减去另一个模型的运算，交集则是取模型相交部分的运算，如图 3-11 所示。

这些就是制作皮克斯台灯用到的多边形命令，再加上前面学过的一些命令就足够了。

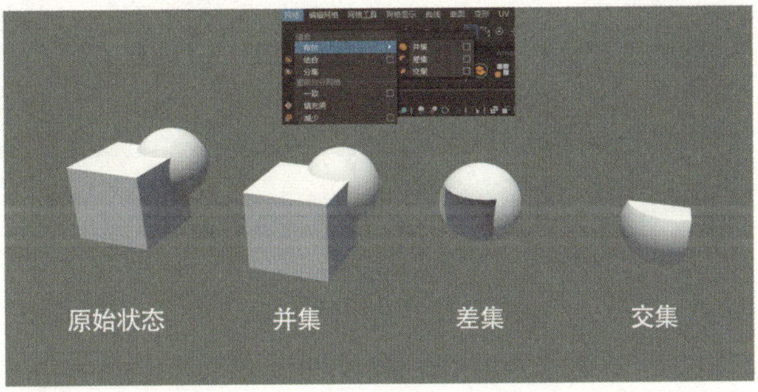

图 3-11

下面，我们介绍制作一个角色模型需要用到的命令，用到的与制作皮克斯台灯相同的命令不再赘述。

2．制作角色模型

（1）多切割：用线在多边形的表面进行划分，从而得出更多的点、线、面，便于调整细节，这是在角色建模中使用次数最多的命令，如图 3-12 所示。

（2）插入循环边：这个命令和“多切割”命令的作用是一样的，不同的是它可以同时在多个面进行划分，但只限于相邻且面数相同的面，最好为四边面。在面数太多的情况下，使用该命令容易出问题，需要结合“多切割”命令来使用，如图 3-13 所示。

（3）细分曲面代理：这个命令最大的作用不是在建模上，而是在建模过程中，通过它实现模型细分，可以让建模人员在制作低精度模型的时候，同步地看到模型光滑后的效果，如图 3-14 所示。

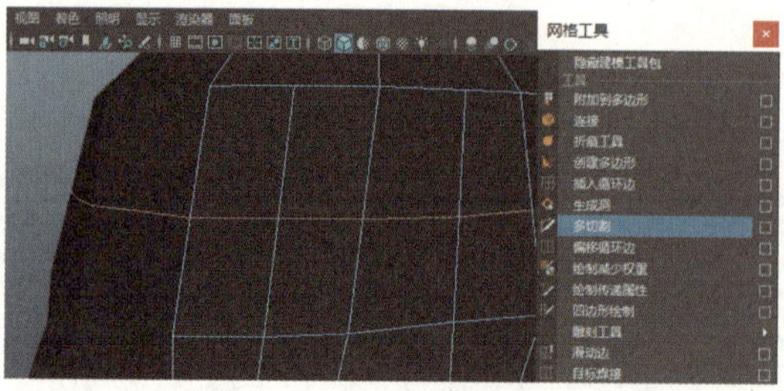

图 3-12

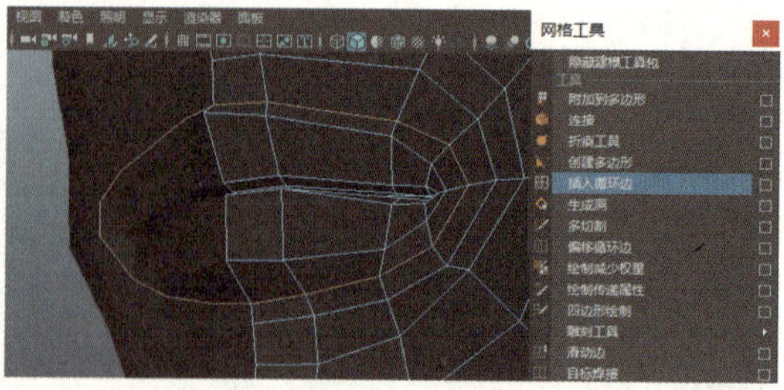

图 3-13

（4）合并：这个命令可以让模型的多个点、线、面等子级别合并为一个子级别，如图 3-15 所示。

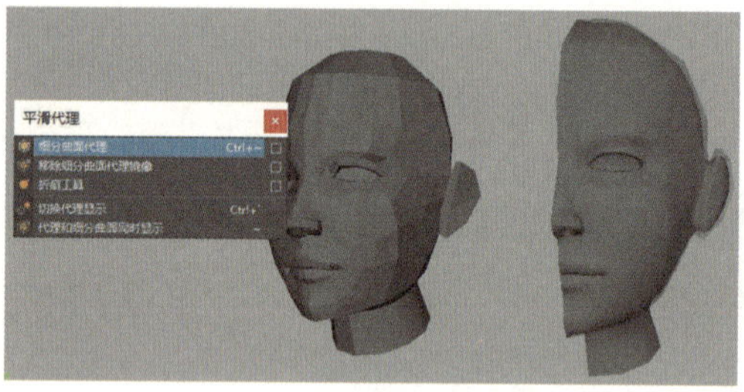

图 3-14

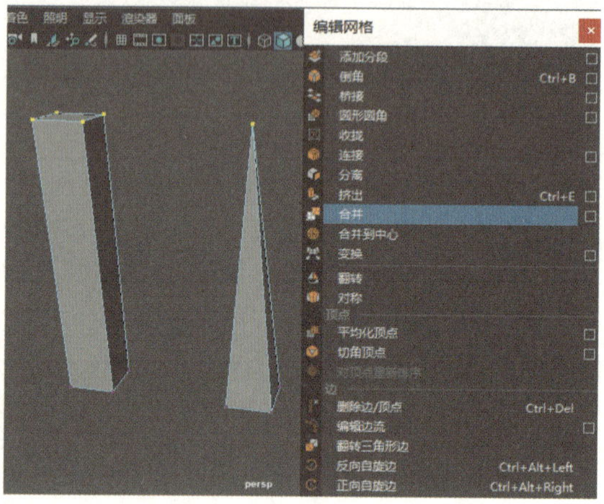

图 3-15

（5）结合：它可以使多个独立的多边形模型结合为一个独立的多边形模型，如图 3-16 所示。

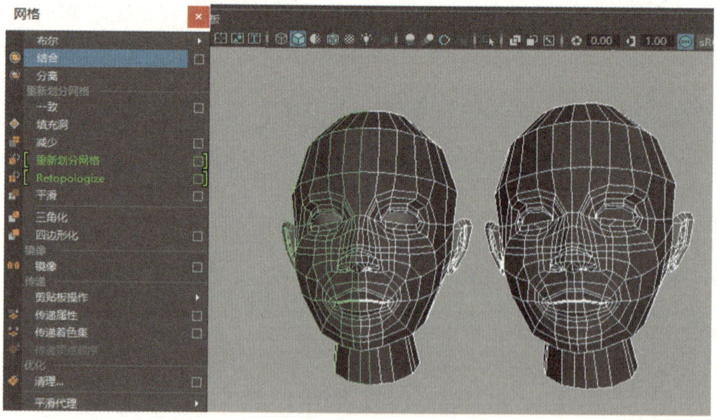

图 3-16

（6）填充洞：这个命令没有按照它的英文意思来翻译，实际上它的作用就是补面。在多边形模型出现缺口时，使用这个命令可以为缺口补多个面，使缺口合拢，如图 3-17 所示。

（7）平滑：制作完低精度模型后，可以使用该命令使模型的面数成倍增加，从而达到使模型光滑的目的，如图 3-18 所示。

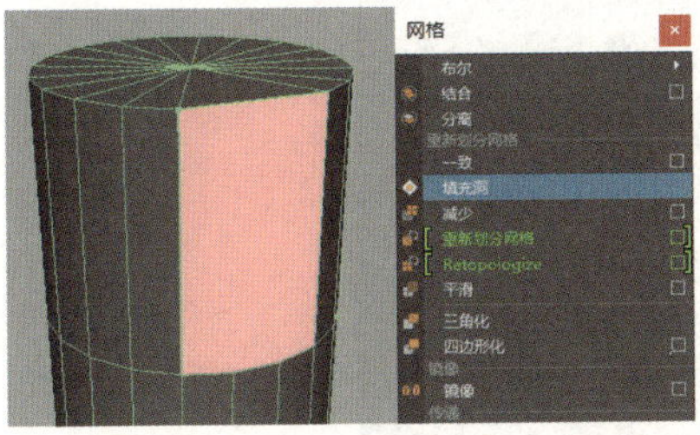

图 3-17

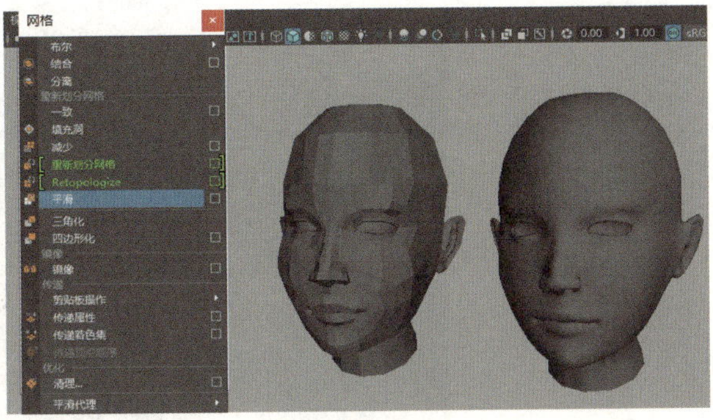

图 3-18

（8）雕刻几何体工具：该命令是 Maya 的特色工具，可以使用雕刻工具，像雕塑油泥一样，使模型完成局部的凹凸和光滑效果，如图 3-19 所示。

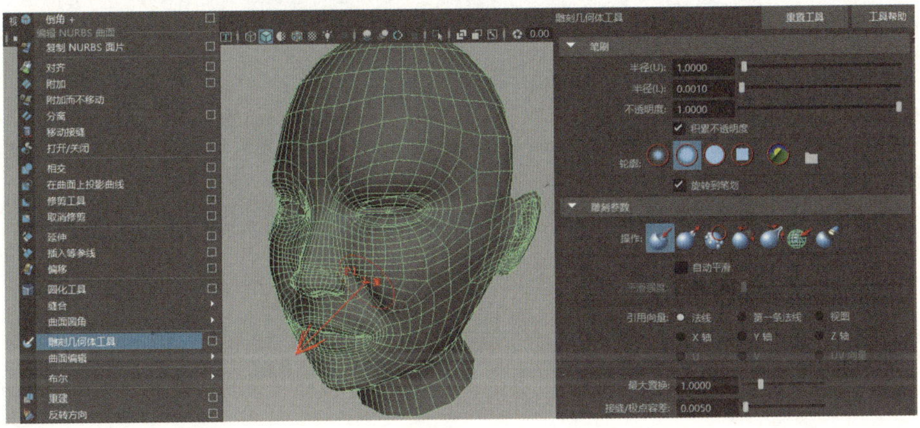

图 3-19

以上两个实例涉及了大部分关于多边形的命令。如果读者能够认真地完成这两个实例，并充分理解相关命令的用法，就基本可以构建大多数模型了。

视频教程

3.2　示范实例——皮克斯台灯的建模

即使有的读者不知道 Pixar 动画公司，但笔者相信，大部分读者应该看过该公司创作的动画电影，如《玩具总动员》《海底总动员》《超人总动员》《料理鼠王》《怪物公司》《WALL・E》等，如图 3-20 所示，这些作品家喻户晓，体现了 Pixar 动画公司的强大实力。

有人认为，Pixar 动画公司是继迪斯尼公司之后，对动画电影有重要影响的公司。几乎每部 Pixar 动画公司制作的动画片的片头，都会出现一个蹦蹦跳跳、可爱的小台灯，这也是 Pixar 动画公司的标志，如图 3-21 所示。

图 3-20

图 3-21

下面就一起在 Maya 中制作这个小台灯，向 Pixar 动画公司致敬！

3.2.1 灯头、灯泡和灯座的创建

视频教程

对于灯头和灯座，使用旋转成型命令是最合适的。

（1）使用曲线工具，沿着中轴线绘制出灯头的剖面，注意起始点和结束点要分开，不要结合在一起，如图 3-22 所示。

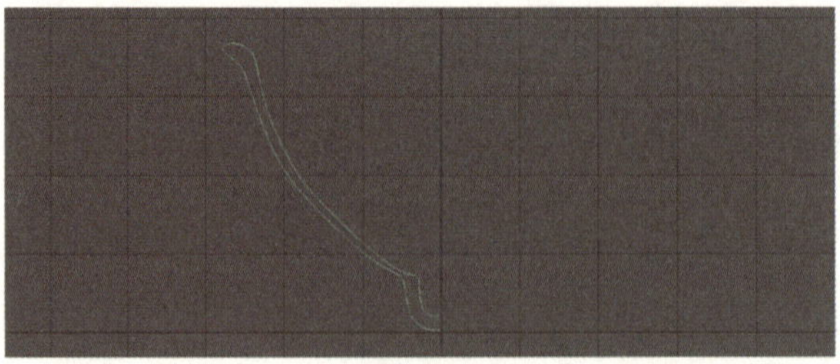

图 3-22

（2）选中曲线，在“建模”模块中，执行菜单中的“曲面”→“旋转”命令，将曲线旋转成型。如果发现有问题，则选中原始曲线，进入点级别进行修改，修改完毕的模型如图 3-23 所示。

（3）使用同样的方法制作灯座，需要注意的是，在灯座的上方要留有一个小凹槽，便

于后面连接灯座时插入，如图 3-24 所示。

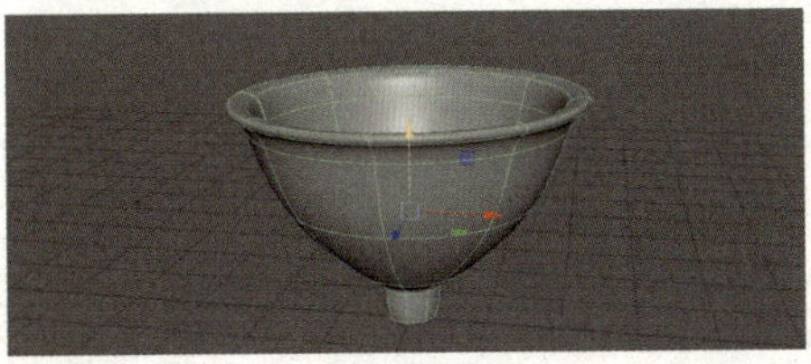

图 3-23

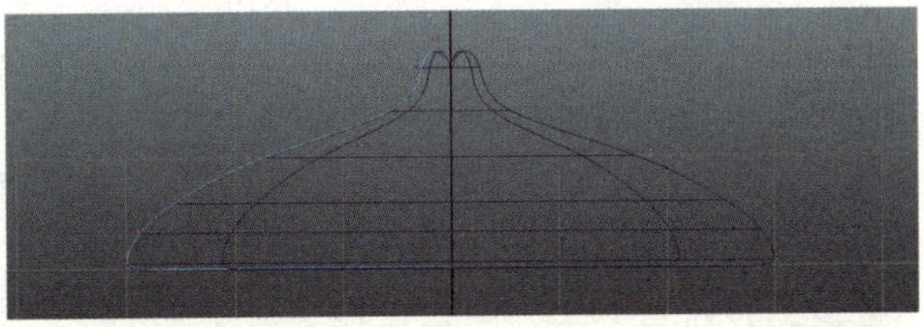

图 3-24

（4）灯泡部分是使用一个曲面的球体，进入点级别修改完成的。选中灯头、灯泡和灯座模型，执行菜单中的“编辑”→“按类型删除全部”→“历史”命令，将模型的历史记录全部删除。再选中旋转成型的曲线，并将它们删除。调整三个模型在场景中的位置，如图 3-25 所示。

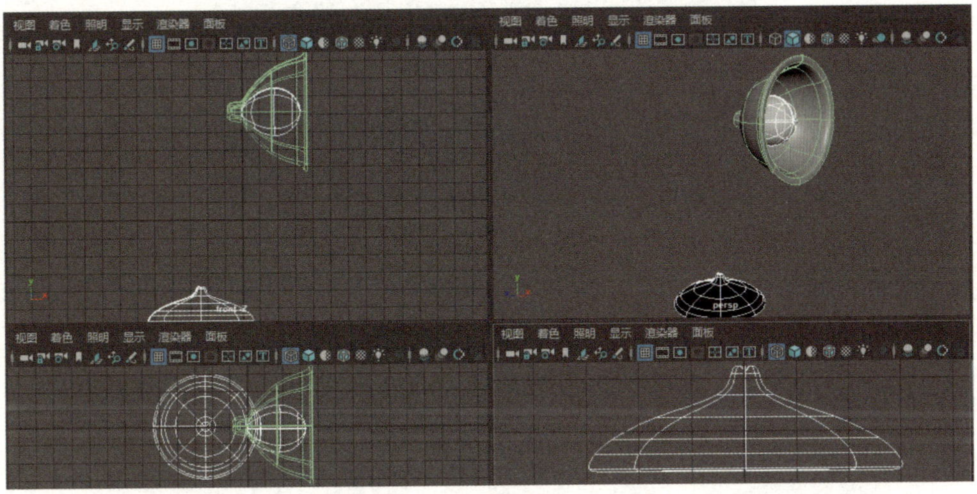

图 3-25

3.2.2　灯臂的创建

视频教程

（1）灯臂都是小零件，执行“建模”模块下的“网格工具”→“创建多边形”命令，在前视图中慢慢绘制出灯头连接处的零件剖面形状，由于零件两边都是圆头，所以需要在绘制这一部分的时候加入一些点，绘制完毕后按 Enter 键即可，并使用移动工具将它放置在灯头侧下方。如果发现操作杆距离模型太远，可以执行“修改”→“中心枢轴”命令，使其中心点放置在模型的中心，如图 3-26 所示。

（2）进入它的面级别，并选中唯一的面，执行“编辑网格”→“挤出”命令，在操作杆中使用移动工具，将它的厚度拉出来，如图 3-27 所示。

（3）一名优秀的模型师需要具备两种本领：第一，将复杂的东西简单化，这主要针对工作流程，能够按照一定的方法，将复杂的工作流程进行统筹处理，使之变得简单、有效、可行；第二，将简单的东西复杂化，这主要针对模型，模型的细节决定画面的丰富程度。怎样为模型增加更多细节，就依靠模型师的想象了。

图 3-26

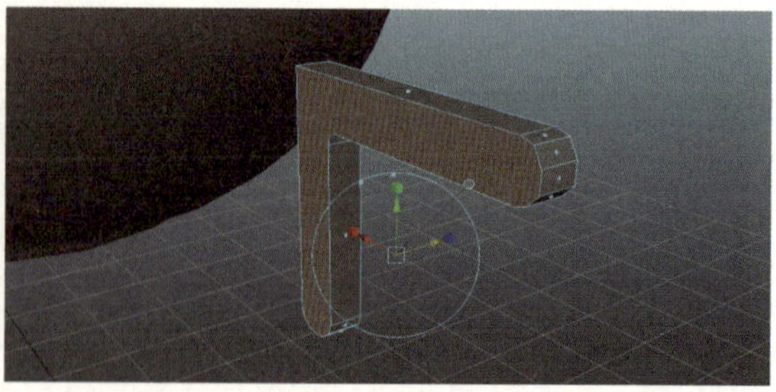

图 3-27

回到模型的点级别，执行“编辑网格”→“倒角”命令，制作倒角，增加细节，如图 3-28 所示。

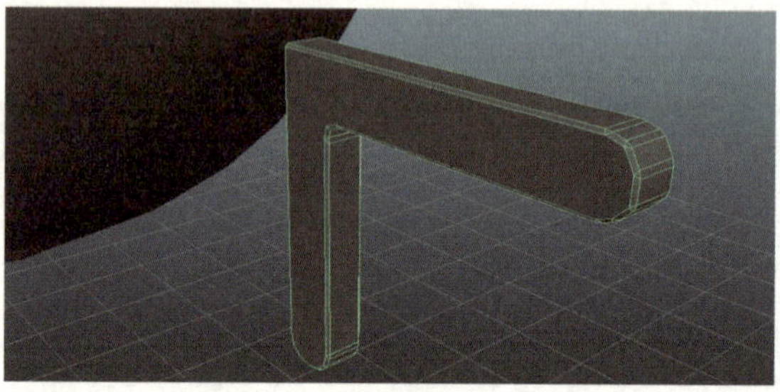

图 3-28

（4）选中做好的零件模型，按 Ctrl+D 组合键，复制出一个模型，让两个零件并排放置在灯头的侧下方，如图 3-29 所示。

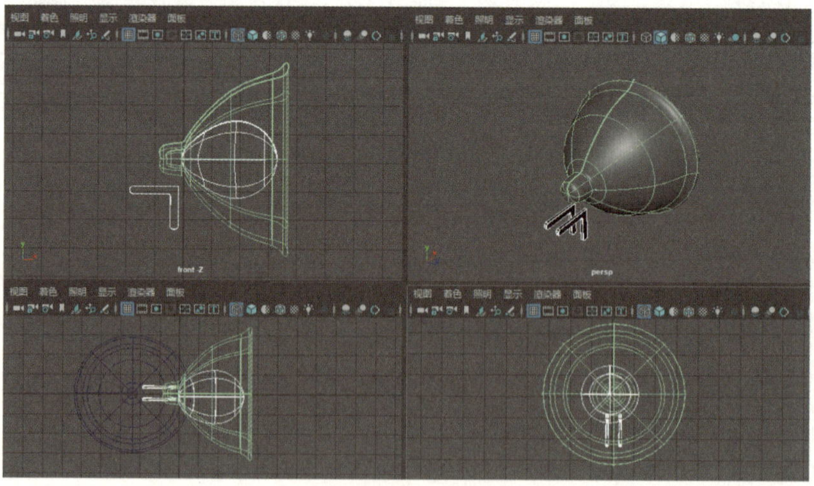

图 3-29

（5）创建五个多边形的圆柱体，使用放缩、移动、旋转工具，把它们放置在合适的位置，作为灯头和灯臂、灯臂之间的连接结构，如图 3-30 所示。

（6）重复前面制作零件的步骤，继续做出灯臂的第二个零件，在绘制时依然要注意零件的圆角部分，之后挤出、倒角，再复制出一个零件，将它们放置在合适的位置，如图 3-31 所示。

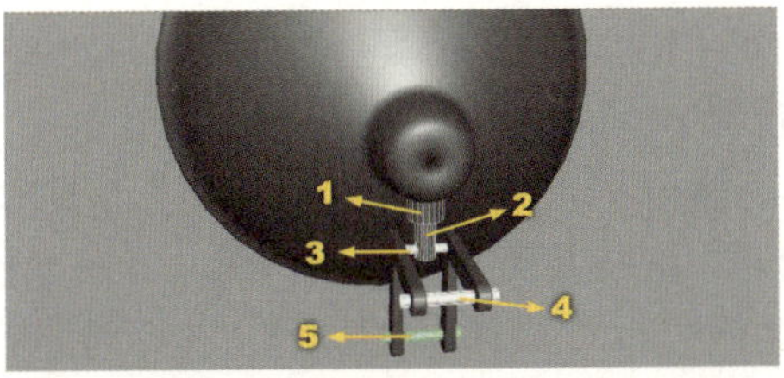

图 3-30

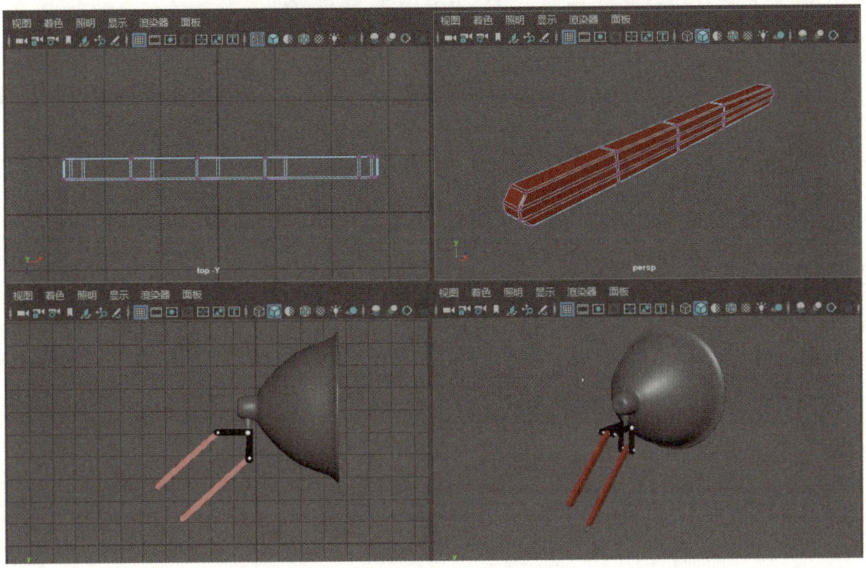

图 3-31

（7）继续制作灯臂的第三个零件，并将其放置在合适的位置，如图 3-32 所示。

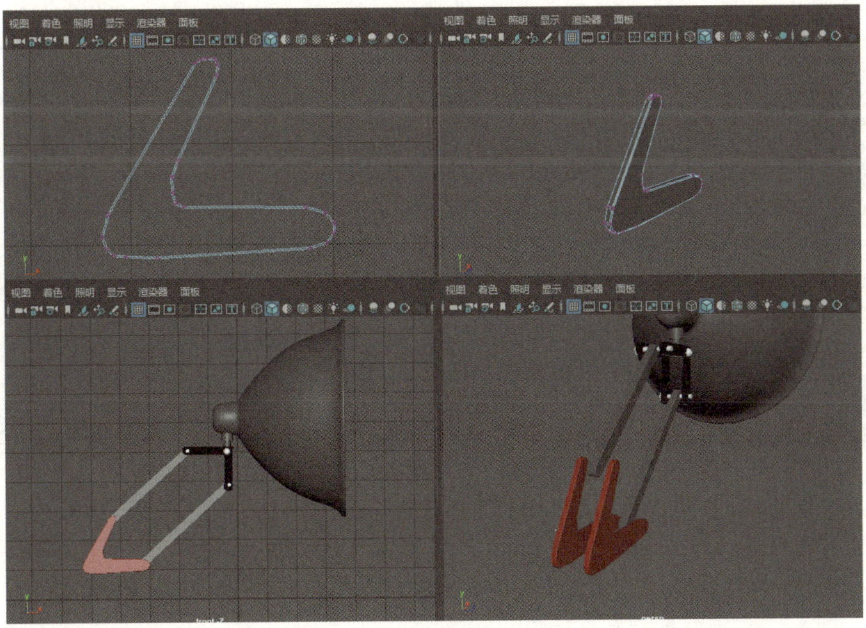

图 3-32

（8）在前面几个零件的制作过程中，都是在前视图中绘制剖面的，下面要制作的零件有一个较大的转折，因此需要在侧视图中进行绘制。

绘制出剖面以后，由于需要它是圆角，所以需要进行多次挤压：第一次挤压完毕后稍稍沿着纵向放大一些，第二次挤压则放得稍小一些，第三次挤压要缩得稍小一些，第四次挤压要缩得多一些，这样可以完成圆角的制作，之后再进行一次倒角处理，如图 3-33 所示。

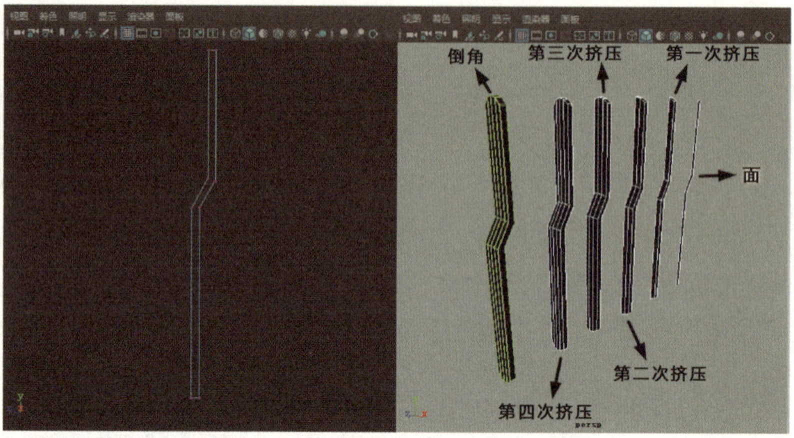

图 3-33

（9）将制作好的零件放置在合适的位置，在复制另外一侧相同的零件的时候，由于它们是对称的，所以普通的复制并不能达到要求。进入“编辑”→“特殊复制”属性设置面板，修改“缩放”后面第三个文本框中的“1”为“–1”，即使模型沿 Z 轴向上进行镜像复制，这样就完成了这个特殊的复制操作。

调整零件的位置，各零件之间用圆柱体连接，保证结构的准确性，如图 3-34 所示。

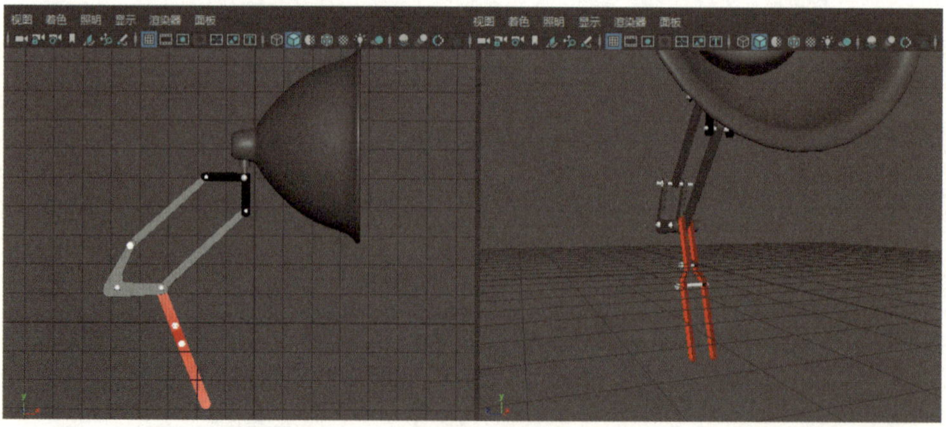

图 3-34

（10）将步骤（6）中做好的零件复制三个，分别进行放缩和旋转，并放置在灯臂下部，如图 3-35 所示。

（11）把这个零件再复制两个，进行设置后，放置在灯臂下方，做好与灯座连接的桥梁。再新建一个圆柱体，将灯座与灯臂进行连接，如图 3-36 所示。

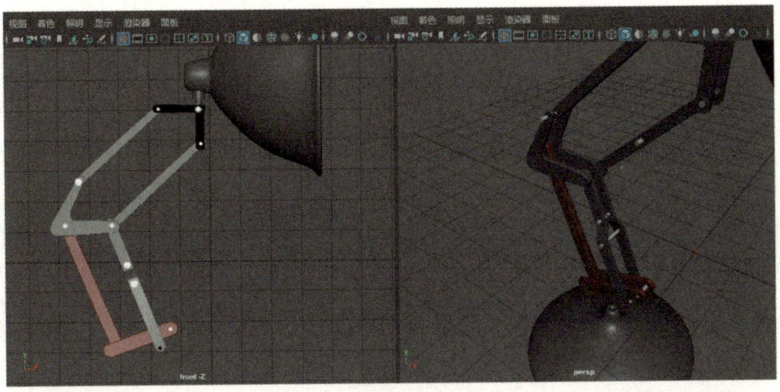

图 3-35

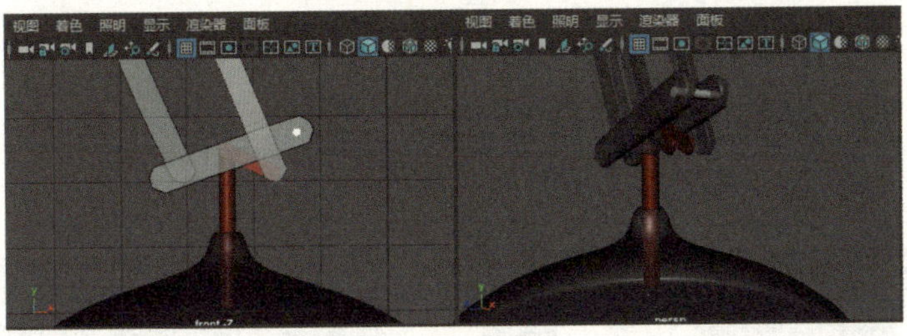

图 3-36

（12）新建或复制前面创建的圆柱体，调整其大小、角度和位置，将各零件进行连接，如图 3-37 所示。

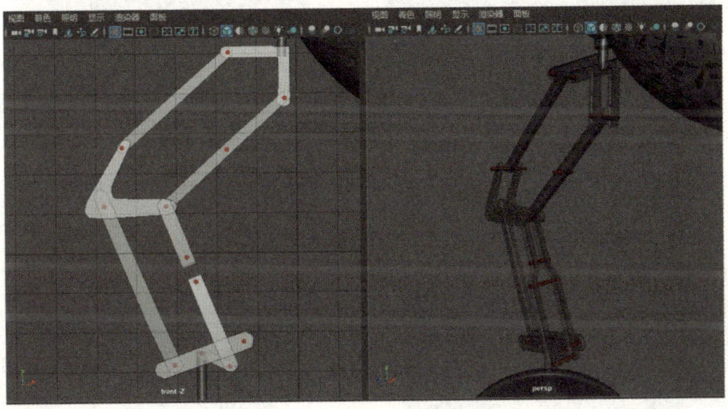

图 3-37

已经完成了台灯的主体结构，下面为它添加更多细节。

3.2.3 细节的制作

视频教程

在前几节中，我们为模型添加了很多细节，接下来，我们为细节部分添加极小的零件——螺栓和弹簧。

（1）制作螺栓。新建一个多边形的球体和立方体，将球体的一半放置在立方体内，先选中球体模型，再按住 Shift 键不放并选中立方体模型，执行“网格”→“布尔”→“差集”命令，将两个模型进行布尔运算，从而得到一个半球体，如图 3-38 所示。

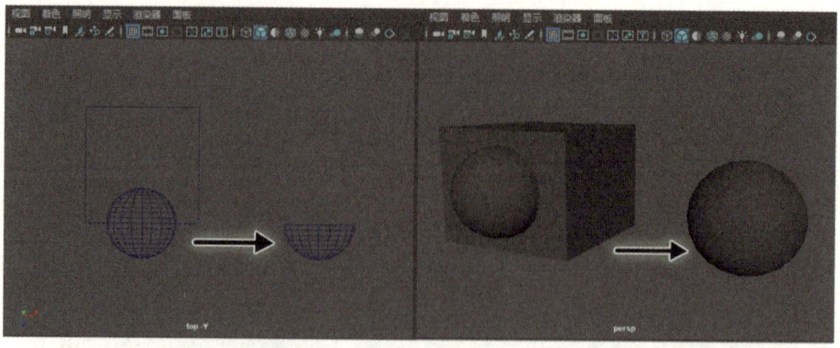

图 3-38

（2）创建两个小的多边形立方体，先选中半球体，再按住 Shift 键不放并选中其中一个立方体，执行“建模”模块下的“网格”→“布尔”→“差集”命令，进行布尔运算，然后对另一个立方体使用相同的布尔运算，结果如图 3-39 所示。

（3）将做好的螺栓模型进行复制，分别放置在连接各零件的圆柱体模型的两侧，结果如图 3-40 所示。

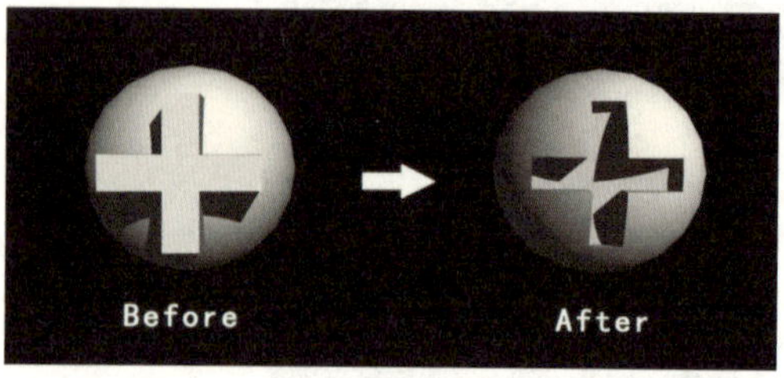

图 3-39

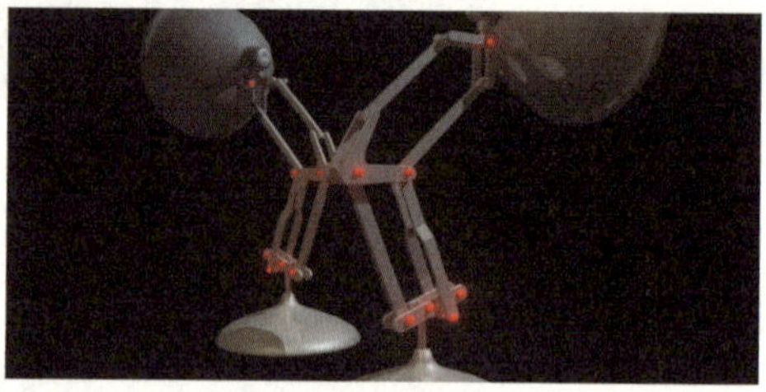

图 3-40

（4）创建螺母模型。新建一个多边形圆柱体，调整“轴向细分数”为“6”，将它变成一个六边形，结果如图 3-41 所示。

（5）新建一个圆柱体，把它放置在第一个圆柱体的中间，将两个模型进行布尔运算，得出螺母模型，如图 3-42 所示。

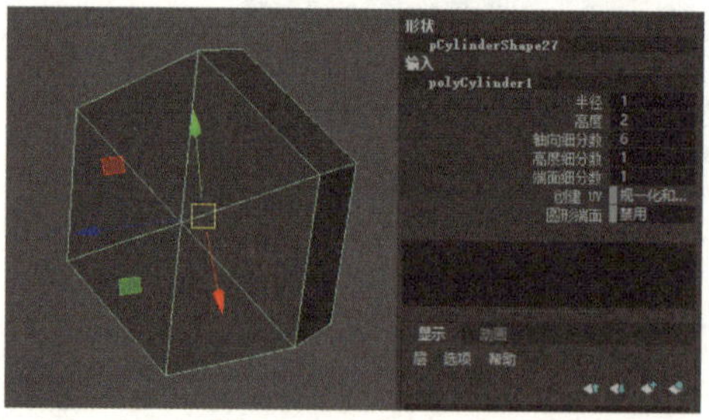

图 3-41

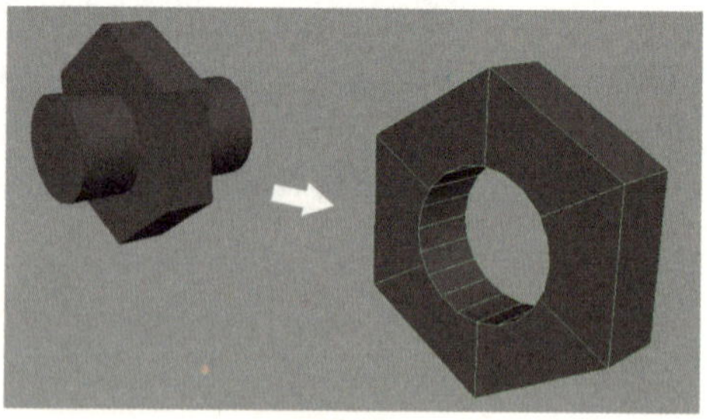

图 3-42

（6）将做好的螺母模型进行复制，分别放置在连接各零件的圆柱模型的两侧。出现一个问题，目前已创建两种零部件——螺栓和螺母，哪些连接应该放置螺栓，哪些连接需要放置螺母呢？

读者可以根据自己的理解，在固定不动的连接处放置螺栓，而在以后做动画需要旋转的地方放置螺母，结果如图 3-43 所示。

（7）制作弹簧。在前视图或侧视图中，使用 EP 曲线工具绘制一条笔直向上的线条，选中线条，执行“曲线”→“重建”命令，打开“重建曲线选项”面板，设置“跨度数”为“70”，这样这条曲线就由 70 个片段组成，如图 3-44 所示。

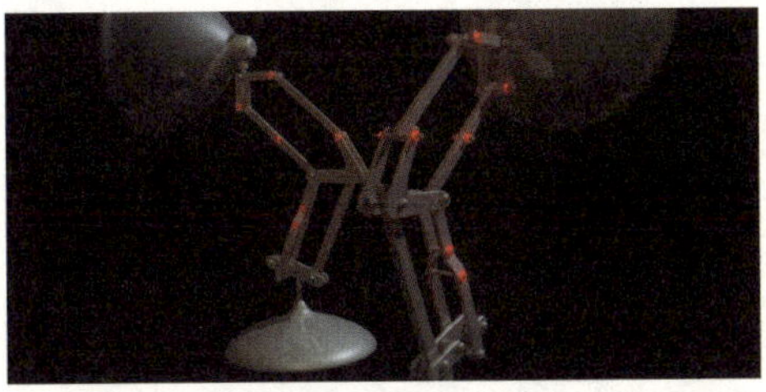

图 3-43

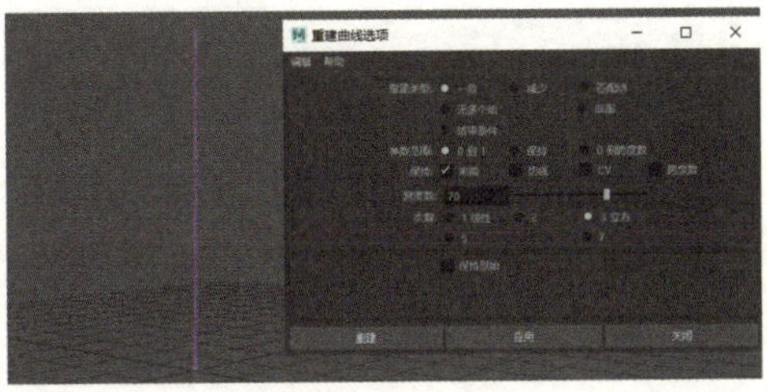

图 3-44

（8）选中曲线，在“动画”模块下，执行“变形”→“非线性”→“扭曲”命令，将新创建出来的扭曲变形器和原先的曲线拉开一段距离，如图 3-45 所示。

（9）选中变形器，按 T 键，变形器的头和尾都会出现一个调整杠杆。在透视图中，用鼠标按住杠杆，不断进行顺时针或逆时针运动，直到原先的曲线被扭曲为一根弹簧的形状，如图 3-46 所示。

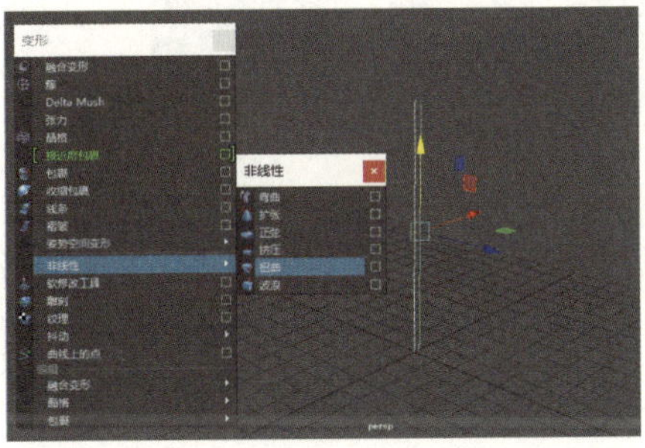

图 3-45

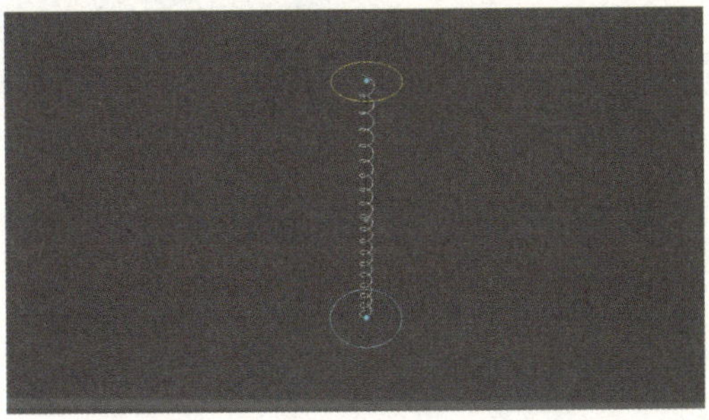

图 3-46

（10）选中曲线并删除它的历史记录，新建一个很小的圆形曲线，按住 Shift 键不放并选中螺旋曲线，执行“曲面”→“挤出”命令，打开“挤出选项”面板，按如图 3-47 所示的参数进行设置，单击“应用”按钮。如果发现弹簧太粗，则调整圆形曲线的半径，如图 3-47 所示。

（11）调整弹簧的大小，并使用旋转和移动工具，将它们放置在台灯相应的位置上。至此，台灯的建模部分就基本完成了，如图 3-48 所示。

最终完成的文件是配套资源中的 3-2-lamp-ok.mb 文件。

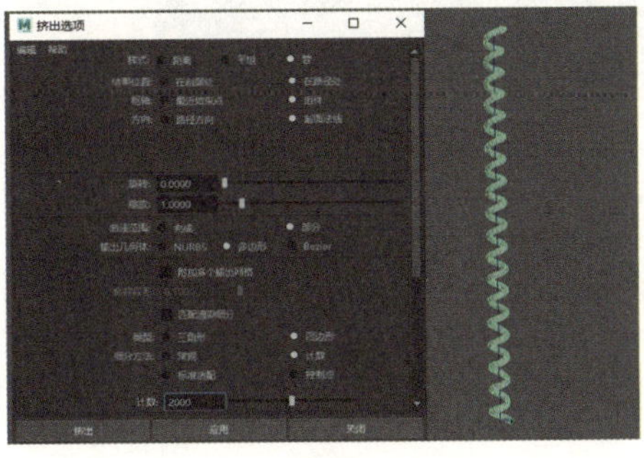

图 3-47

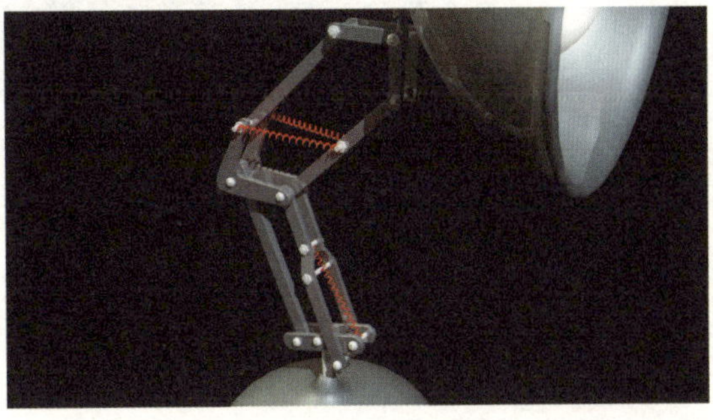

图 3-48

视频教程

3.3 示范实例——精细室外场景的建模

在本实例中，我们将制作一个简单的室外小楼阁场景，最终效果如图 3-49 所示。

图 3-49

视频教程

3.3.1 屋顶的创建

（1）制作屋顶的瓦片。执行“建模”模块下的“网格工具”→“创建多边形”命令，在前视图中绘制出瓦片的剖面，如图 3-50 所示。

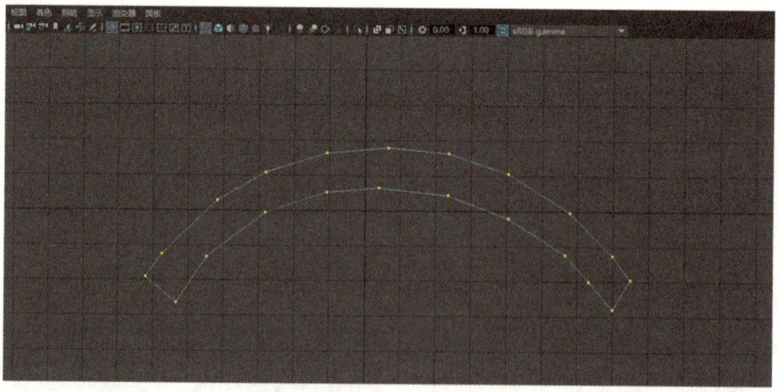

图 3-50

（2）进入它的面级别，并选中该面，执行“编辑网格”→“挤出”命令，在操作杆中使用移动工具，将它的厚度拉出来，如图 3-51 所示。

（3）选中模型，按 Ctrl+D 组合键，复制出一个相同的模型，在右侧通道栏将“缩放 Y”修改为“-1”，使该模型反转，并将它移动到合适的位置，如图 3-52 所示。

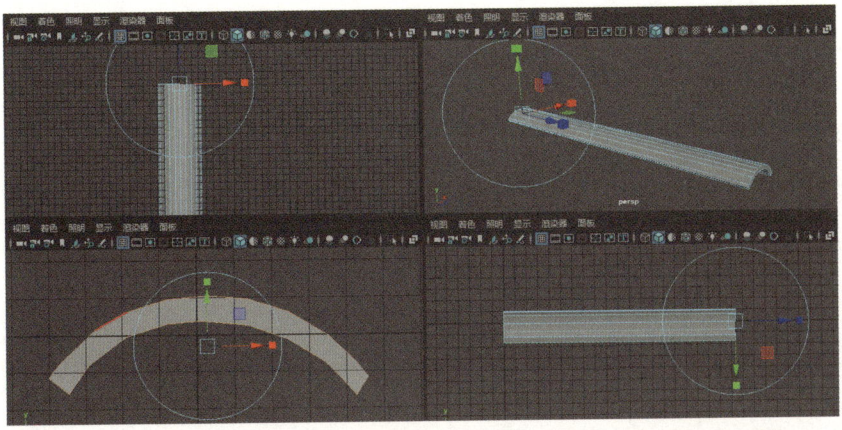

图 3-51

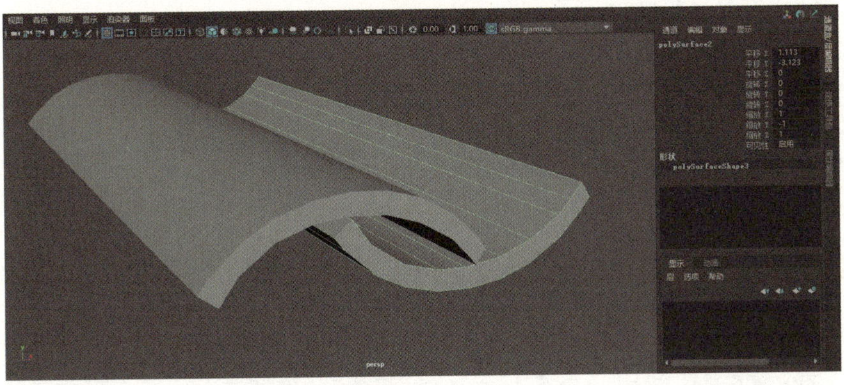

图 3-52

（4）选中两个模型，将它们多复制几组，并排列好顺序，作为屋顶的瓦片群，如图 3-53 所示。

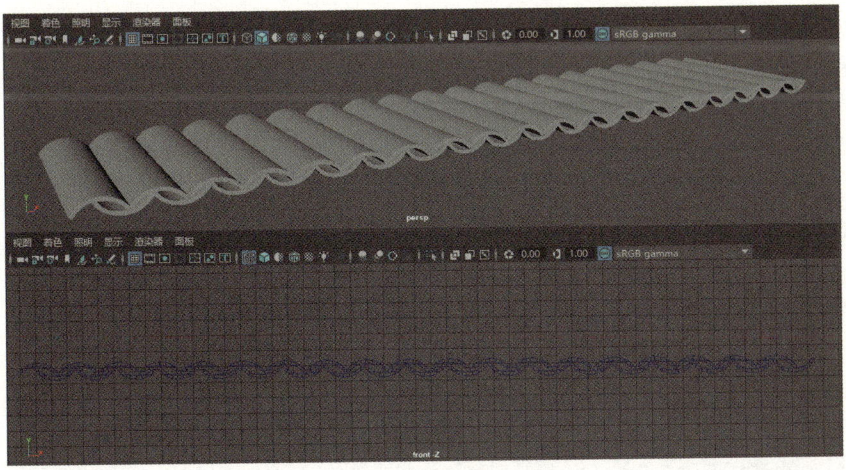

图 3-53

（5）创建一个多边形平面，调整其长宽与瓦片群一致，并将它移动到瓦片群下方，如图 3-54 所示。

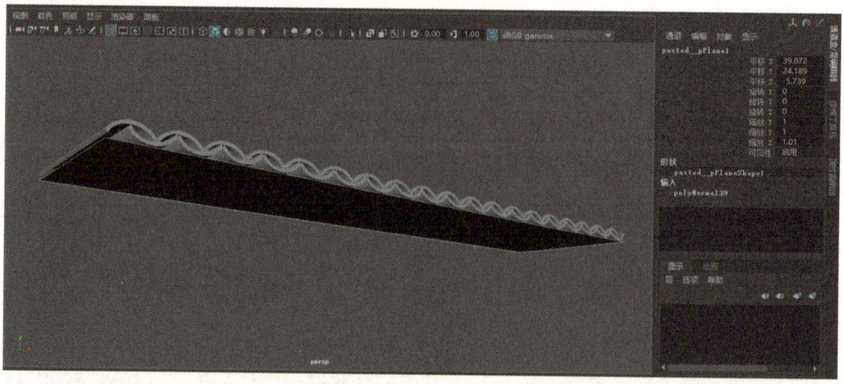

图 3-54

（6）创建多边形圆柱体，将其调整为细长状，并放置在瓦片下方，如图 3-55 所示。

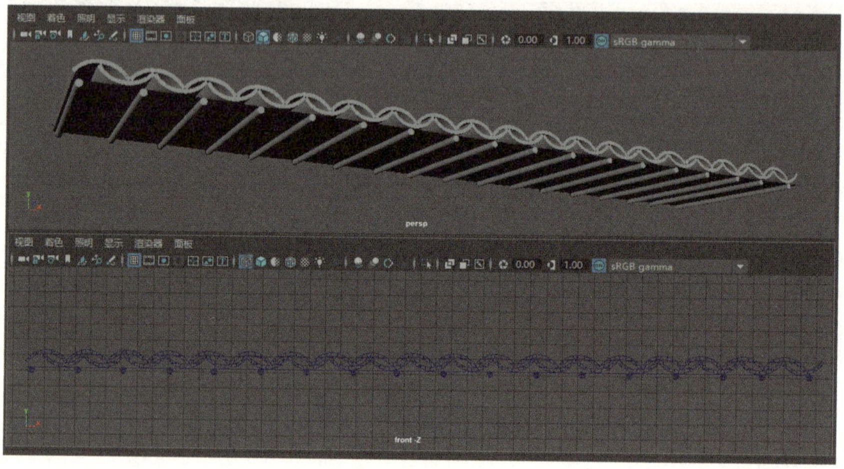

图 3-55

（7）再创建四个多边形立方体，执行“编辑网格”→“倒角”命令，为立方体添加倒角效果，再将它们分别放置在如图 3-56 所示的位置，作为支撑屋顶的结构。

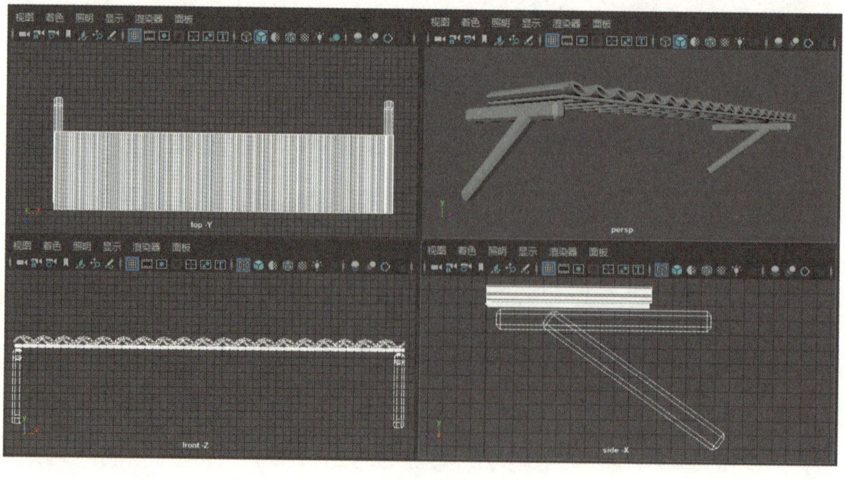

图 3-56

（8）创建一个大的多边形立方体，将其放置在屋顶的后面，执行“网格”→“布尔”→“差集”命令，挖出一个四边形的洞，作为楼阁的窗户，如图 3-57 所示。

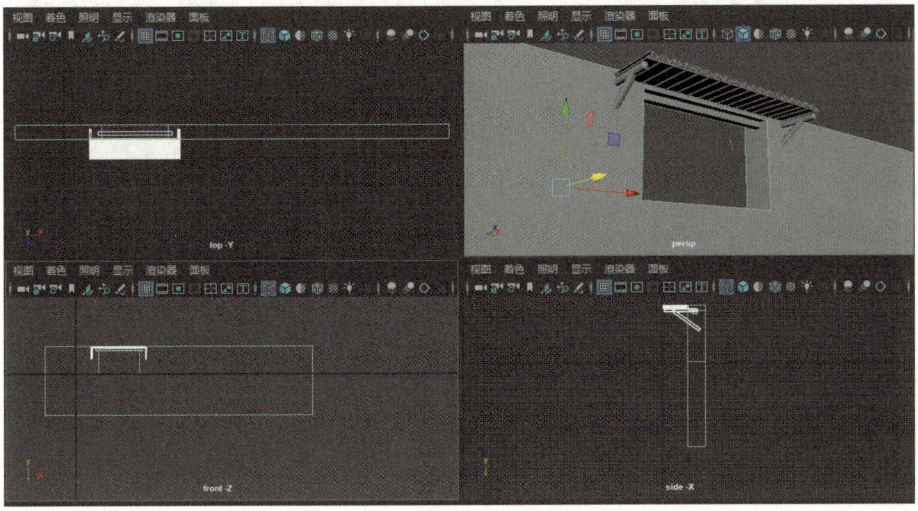

图 3-57

（9）再创建一个多边形立方体，将其放置在窗户的上方，作为窗檐，渲染测试效果如图 3-58 所示。

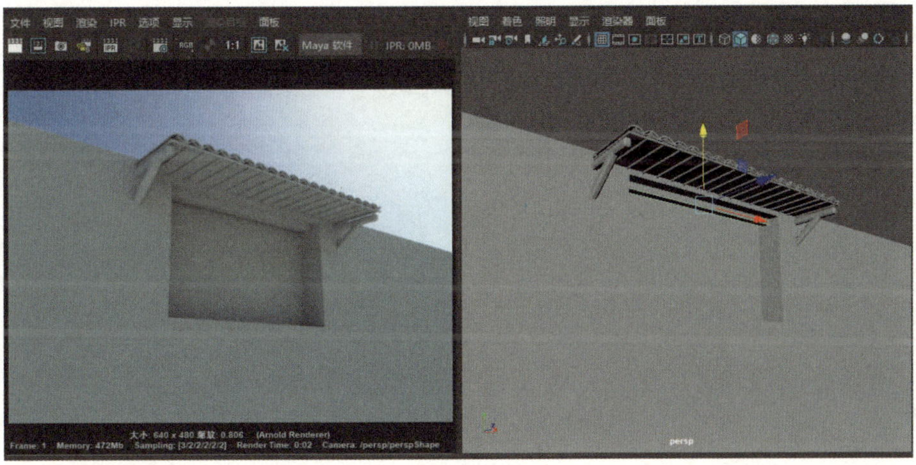

图 3-58

3.3.2　平台的创建

视频教程

（1）创建一个多边形立方体，并调整宽度和长度，作为平台的地面摆放好。再创建一个多边形圆柱体，将它的细分数调高，以便制作细节。先选中该圆柱体，执行“网格工具”→“雕刻工具”→“雕刻工具”→“属性”命令，打开“雕刻工具”设置面板，修改“强度”为“0.010”，降低笔刷强度，然后在圆柱体上进行绘制，添加凹凸效果，如图 3-59 所示。

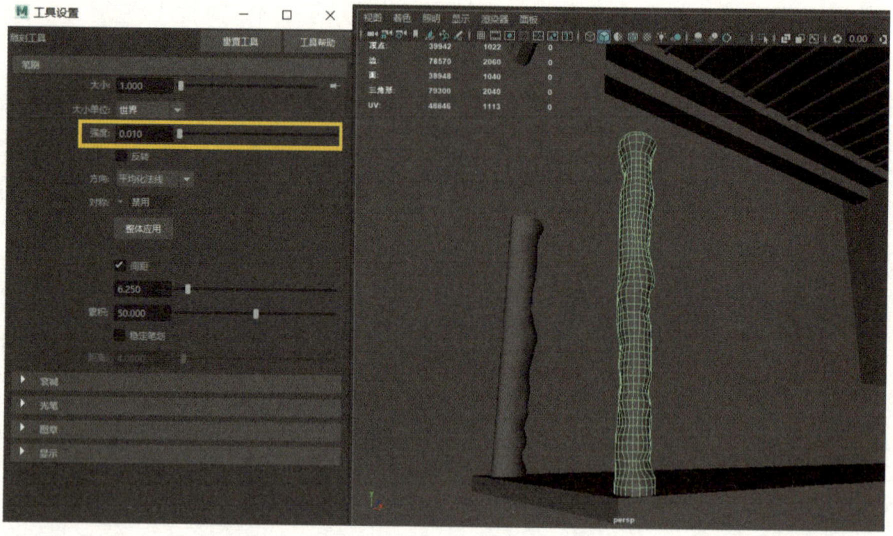

图 3-59

（2）将调整好的圆柱体进行复制，分别放置在平台的四个角及平台的下方，如图 3-60 所示。

（3）创建多边形立方体，将其调整为细长状，分别对四个角的圆柱体进行连接，制作成平台的扶手，如图 3-61 所示。

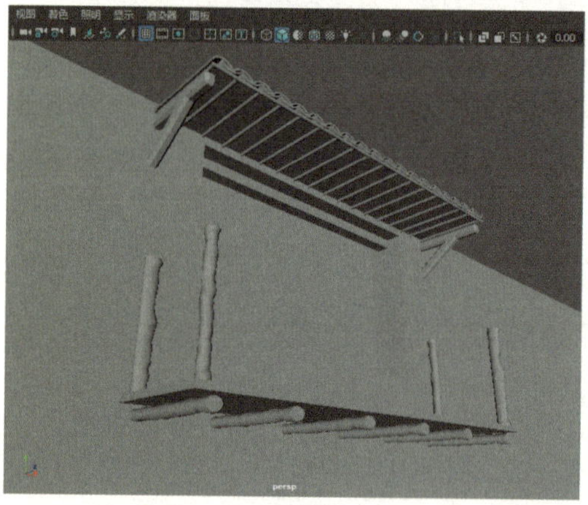

图 3-60

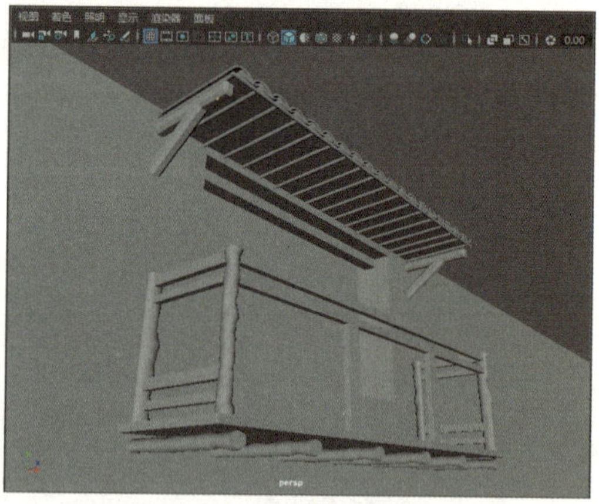

图 3-61

3.3.3　细节的制作

视频教程

（1）制作平台正面的装饰板。打开 Photoshop，在新建的画布上绘制如图 3-62 所示的图案，选中该图案，单击路径面板下面的“创建被选择物体工作路径”按钮，生成一个新的工作路径。执行菜单“文件”→“输出”→“路径到 Illustrator”命令，将该路径导出为 ai 格式的文件，该文件为配套资源中的 ps.ai 文件，如图 3-62 所示。

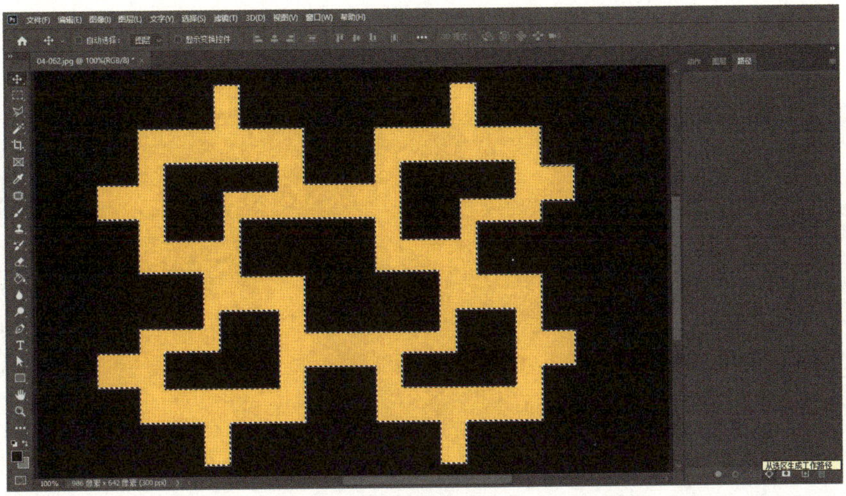

图 3-62

（2）执行菜单“文件”→“导入”命令，在弹出的“导入”面板中，选中刚才生成的 ai 文件，并勾选右侧的“分组”复选框，使导入的路径自动成组，单击右下角的“导入”按钮执行导入操作，如图 3-63 所示。

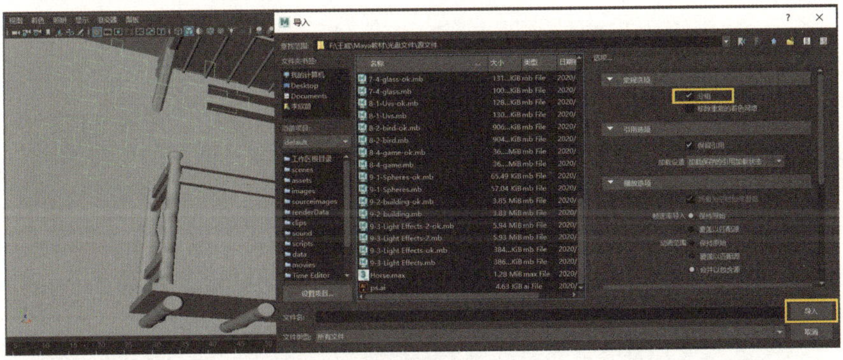

图 3-63

（3）选中路径，将它移动到相应位置，并进行缩放及其他调整，执行“曲面”→“倒角+”命令，打开“倒角+选项”面板，选择合适的类型进行倒角，生成模型，如图 3-64 所示。

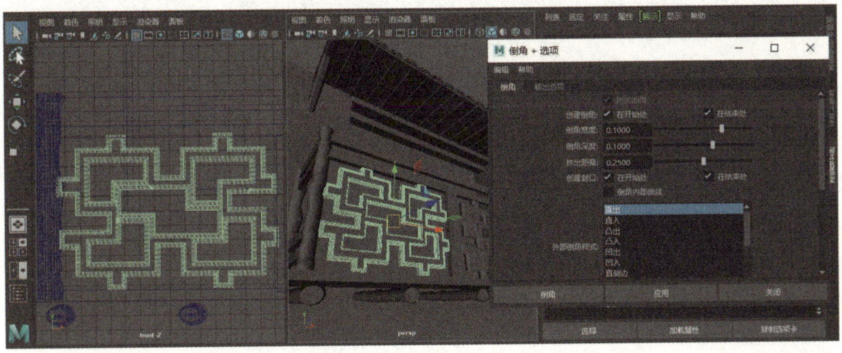

图 3-64

（4）选中生成的模型，按 Ctrl+D 组合键进行复制，将其并排放在平台的前面，并调整整体大小，如图 3-65 所示。

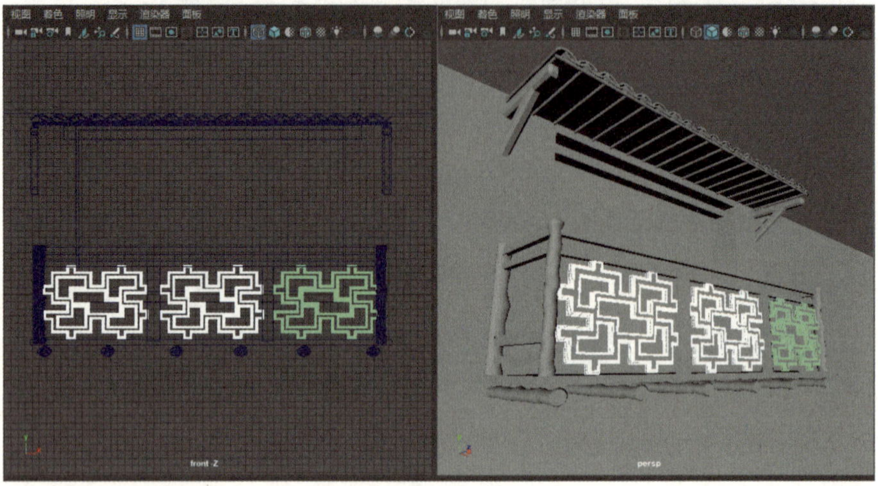

图 3-65

（5）制作顶部的灯笼，先制作灯笼的挂钩。先执行“创建”→“曲线工具”→“CV 曲线工具”命令，在视图中绘制挂钩的路径，再执行“创建”→“NURBS 基本体”→“圆形”命令，新建一个圆形。

选中圆形，按住 Shift 键不放并选中挂钩路径的曲线，执行“曲面”→“挤出”命令，打开“挤出选项”面板，设置“结果位置”为“在路径处”，“枢轴”为“组件”，单击“应用”按钮，得到挂钩模型。

这时会发现模型的轴心点在场景中心，执行“修改”→“中心枢轴”命令，将该模型的轴心点移至模型中心。使用移动工具将其挂在阁楼上，如图 3-66 所示。

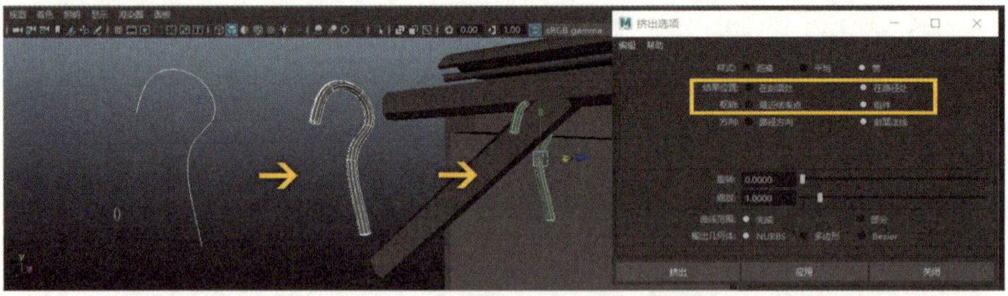

图 3-66

（6）使用“CV 曲线工具”命令，绘制灯笼的外轮廓线，执行“曲面”→“旋转”命令，打开“旋转选项”面板，设置“输出几何体”为“多边形”，“类型”为“四边形”，“细分方法”为“计数”，并设置“计数”为“400”，即生成的多边形模型有 400 个四边形，单击“应用”按钮，得到灯笼模型，将它移动到挂钩下面，如图 3-67 所示。

（7）复制灯笼和挂钩，并将其放置在阁楼的另一端，这样整个场景就制作完成了，最终效果如图 3-68 所示。

最终完成的文件是配套资源中的 3-3-scenes-ok.mb 文件。

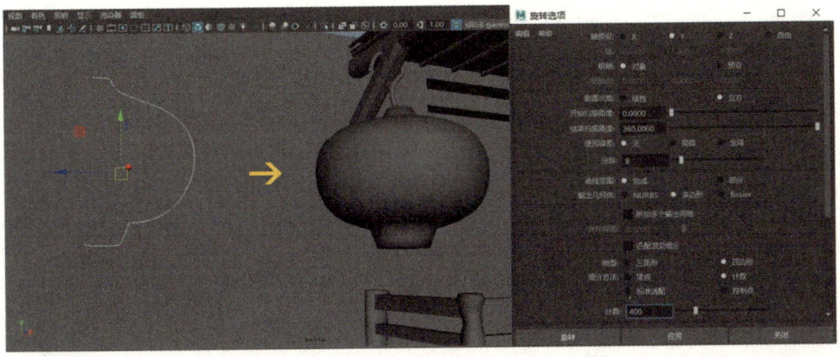

图 3-67

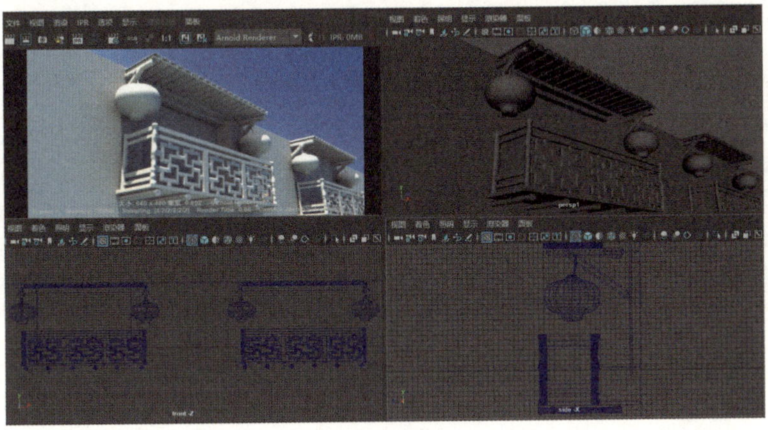

图 3-68

视频教程

3.4　示范实例——室内房间的制作

在本实例中，我们将制作一个室内房间的场景，建模后还可以添加简单的材质，并使用 Maya 的另一个渲染器 Arnold（阿诺德）进行渲染，最终效果如图 3-69 所示。

图 3-69

3.4.1 室内房间建模

视频教程

（1）制作房间的墙壁时，如果按照真实的四面墙壁、天花板和地板制作，则整个房间是封闭的，不利于观看。所以在本案例中，将只制作两面墙壁和地板的开放式效果。

创建一个多边形立方体，并使用缩放工具将它压扁，作为整个房间的地板。选中该模型，按 Ctrl+D 组合键复制一个地板模型，并使用旋转工具将其立起来，作为左侧的墙壁。使用同样的方法，将右侧的墙壁也复制出来。

需要注意的是，地板和墙壁的大小不一定是一样的，可以仔细观察自己要制作的房间比例，再对墙壁和地板的模型大小进行调整，如图 3-70 所示。

图 3-70

（2）制作沙发模型。先新建一个多边形立方体，再将其压扁，放在右侧墙壁的下方。因为要做出沙发的柔软感，所以选中该模型，执行“编辑网格”→“倒角”命令，调整“分数”为“0.7”，“分段”为“8”，这样可以使模型的边缘更加柔和，看起来也柔软一些，如图 3-71 所示。

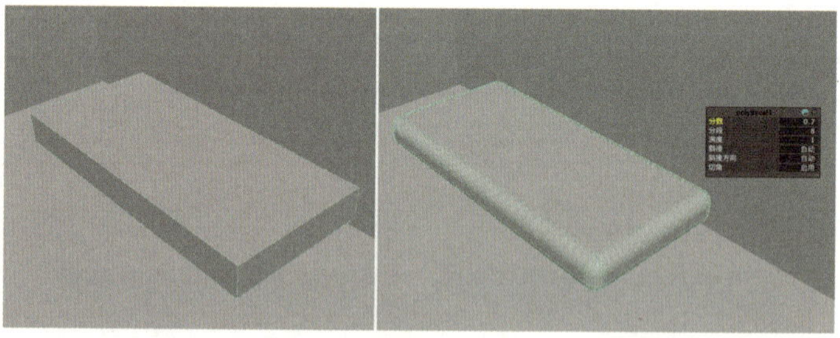

图 3-71

（3）将制作好的模型进行复制，并调整大小，制作出沙发的坐垫、靠背和扶手，完成整个沙发模型的制作，如图 3-72 所示。

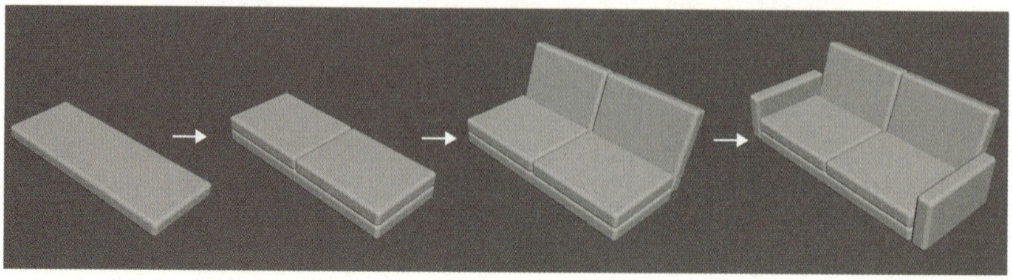

图 3-72

（4）使用同样的方法，制作出左侧墙壁的单人沙发，扶手部分可以使用多边形圆柱体进行制作，如图 3-73 所示。

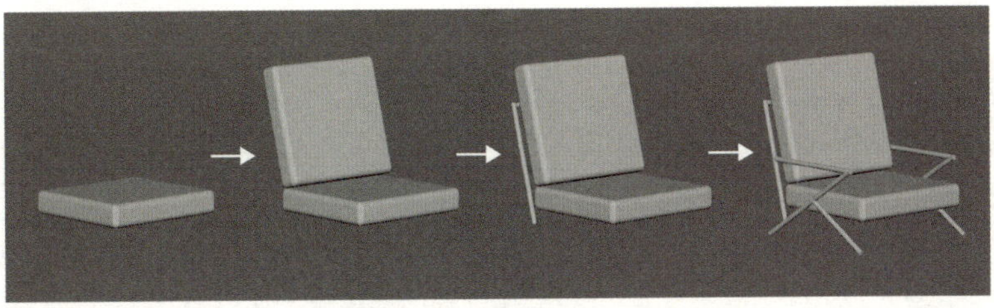

图 3-73

（5）制作墙角的落地灯。先创建一个多边形圆柱体，进入“边”的子级别，选中顶部的所有边，并将它们删掉，这样顶部就变成了一个完整的面。

进入“面”的子级别，按住 Shift 键不放并右击，在弹出的浮动菜单中选择“挤出面”命令，将完整的面缩小。

重复使用“挤出面”命令，将这个面挤入该圆柱体的底部，完成落地灯灯头的制作，如图 3-74 所示。

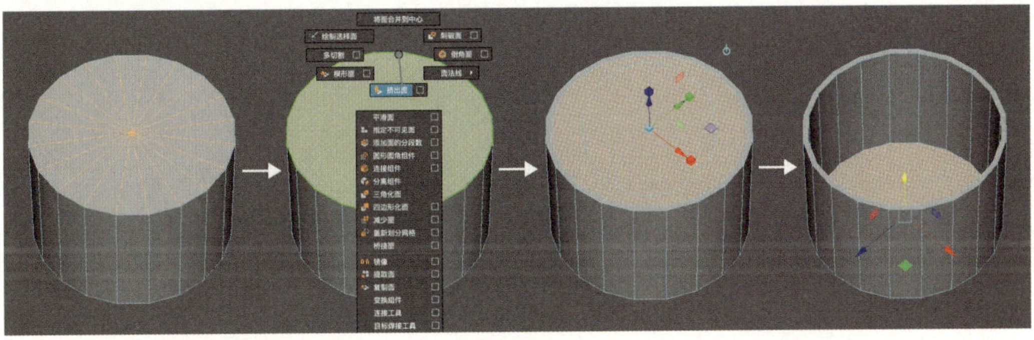

图 3-74

（6）再依次创建圆柱体，制作落地灯的灯架和灯座部分，如图 3-75 所示。

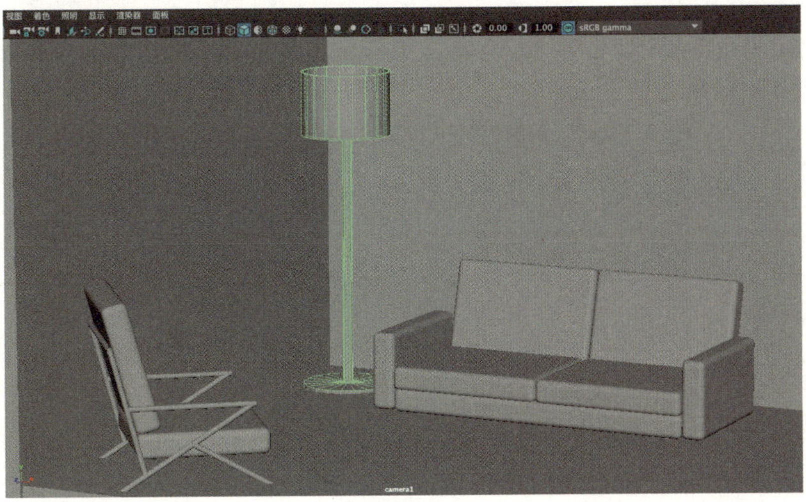

图 3-75

（7）制作沙发前面的茶几。先创建一个多边形圆柱体，使用缩放工具将其拉长，作为茶几的桌面。再创建多个多边形圆柱体，将其缩小后放在桌面下，作为茶几的桌腿，如图 3-76 所示。

图 3-76

（8）使用制作沙发坐垫的方法制作抱枕，将其放在沙发上面，在茶几上也可以放置一个杯垫和杯子，以增加场景中的生活感。至此，场景中的家具部分就制作完毕了，如图 3-77 所示。

图 3-77

（9）创建一个多边形立方体，放在墙壁窗户的位置上，依次选中墙壁和窗户模型，执行“网格”→“布尔”→“差集”命令，在墙壁上打出窗户的洞，再多创建一些多边形立方体，使用缩放工具逐个调整其大小，再使用移动工具将它们放在窗户的四周，做出窗框的效果，如图 3-78 所示。

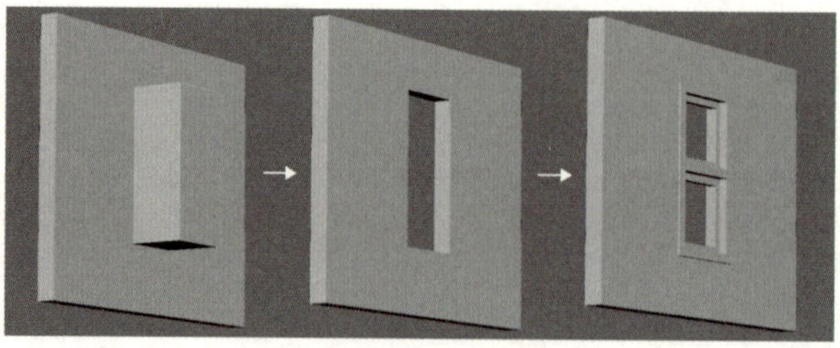

图 3-78

（10）制作窗帘。使用曲线工具绘制出窗帘的走向，并复制一个，将它们上下并排放置好。选中两条曲线，执行“曲面”→“放样”命令，将窗帘模型制作出来，如图 3-79 所示。

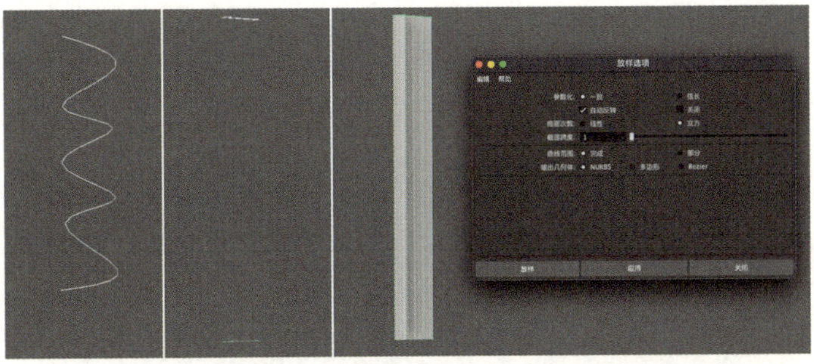

图 3-79

（11）复制一个窗帘，将其分别放置在窗户的两侧，再创建几个圆柱体，缩小后将其放置在窗户上面，作为挂窗帘的杆，这样整面墙壁就制作完成了。复制正面墙壁的所有模型，按 Ctrl+G 组合键，将它们打成一个群组，并复制旋转，作为另一侧墙壁，如图 3-80 所示。

图 3-80

（12）整体模型制作完毕后，就需要在房间中增加细节，以提升生活感。例如，在墙壁上制作一个小书架。

先制作一本书的模型，创建多边形立方体，使用缩放工具将其调整为一本书的形状，选中顶部的面，使用“挤出面”命令，将书脊的形状挤出来。再对这本书进行复制、粘贴及旋转操作，做出墙壁上的小书架，如图 3-81 所示。

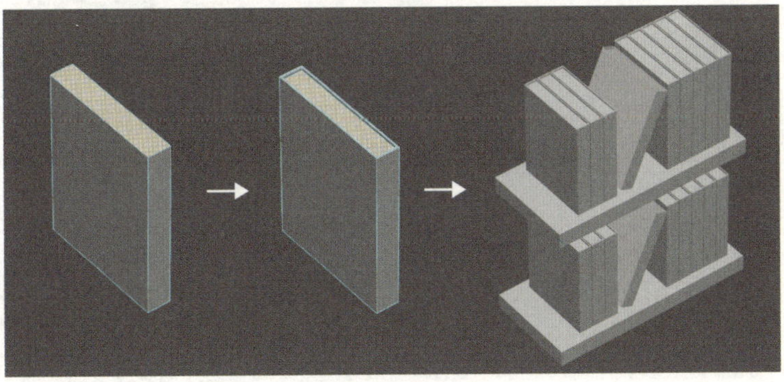

图 3-81

（13）最后可以自由发挥，如制作墙壁上的相框、茶几下面的地毯、墙壁下面的踢脚线等，细节越多，画面就会越精细，效果也会越好。最后完成的室内房间模型如图 3-82 所示。

图 3-82

3.4.2 给模型上色和渲染

视频教程

Maya 的材质部分会在后面的章节中详细介绍，本节只简单介绍使用普通材质为模型上色的方法。在上色过程中，可以采用先整体后局部、先大后小的原则。

（1）选中右侧墙壁的模型并右击，在弹出的浮动菜单中选择“指定新材质”命令，在弹出的“指定新材质”面板中，单击“Lambert”材质球，就能为墙壁添加一个全新的材质，如图 3-83 所示。

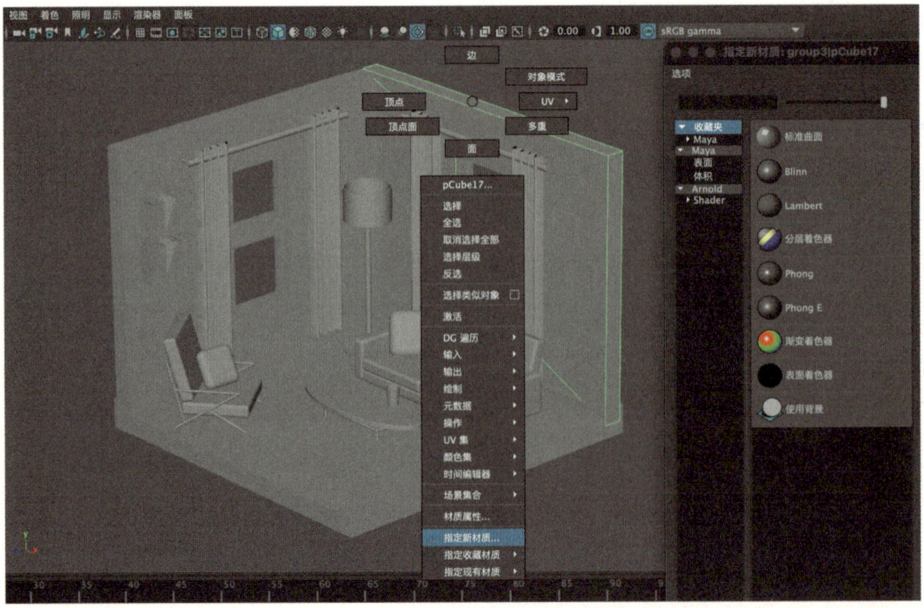

图 3-83

（2）选中墙壁，在右侧的“属性编辑器”面板中选择“lambert2”选项卡，单击“颜色”属性后面的小色块，在弹出的“颜色历史”面板中选择一种深绿色，这时就会看到该墙壁变成深绿色了。

使用同样的方法，继续为其他墙壁和地板等较大的模型上色，如图 3-84 所示。

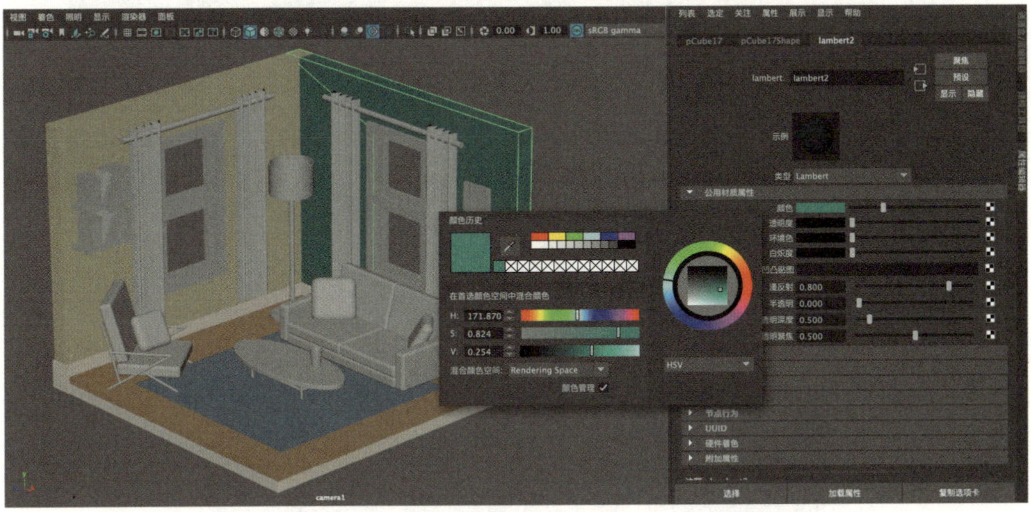

图 3-84

（3）在制作一些有反光的亮面物体，如木质的地板、桌子、窗框时，可以指定新材质为 Blinn 材质。与 Lambert 材质相比，Blinn 材质多了高光的相关参数，渲染后会看到，被指定了 Blinn 材质的物体会有明显的反光和高光效果。如果需要调整，可以在“属性编辑器”面板中调整 Blinn 材质的“反射率”，该数值越低，反光效果越弱，反之则反光效果越强，如图 3-85 所示。

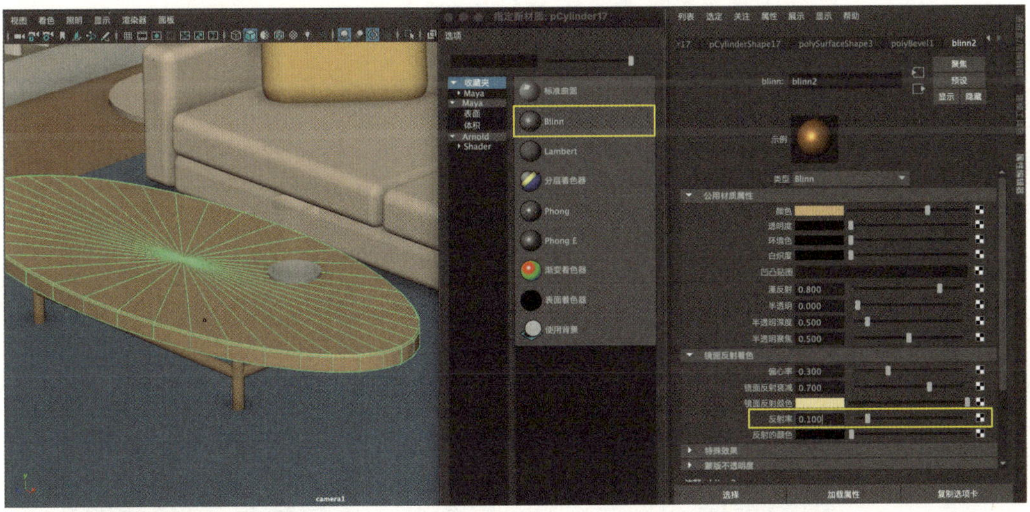

图 3-85

（4）如果需要对具体部分上色，也可以进入物体的“面”子级别，选中具体面进行单独上色，如书模型的书脊、相框模型的表面部分等，如图 3-86 所示。

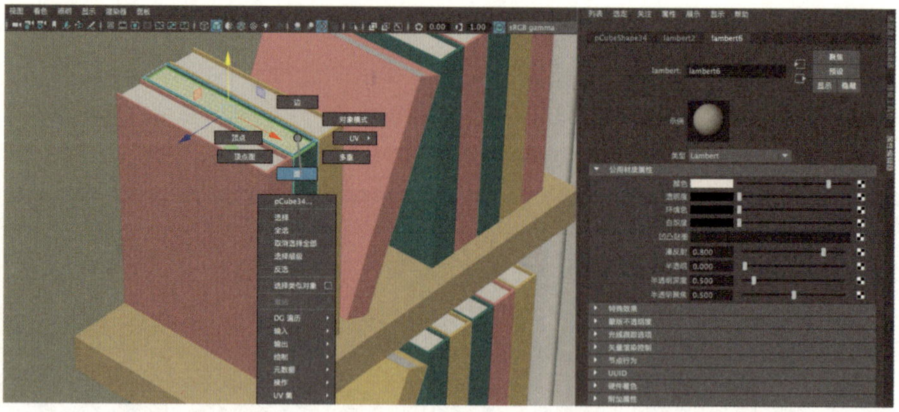

图 3-86

（5）逐一为模型上色，也可以在网上找一些相关的室内图片作为上色参考。本场景完成的上色效果如图 3-87 所示。

图 3-87

（6）材质完成后，就需要为场景打灯光了，这里使用的是 Arnold 的天光。进入顶部的 Arnold 工具栏，单击第四个按钮，也可以执行“Arnold”→“Lights”→“Skydome Light”命令，在场景中创建出球面的天光，直接使用 Arnold 渲染后，效果如图 3-88 所示。

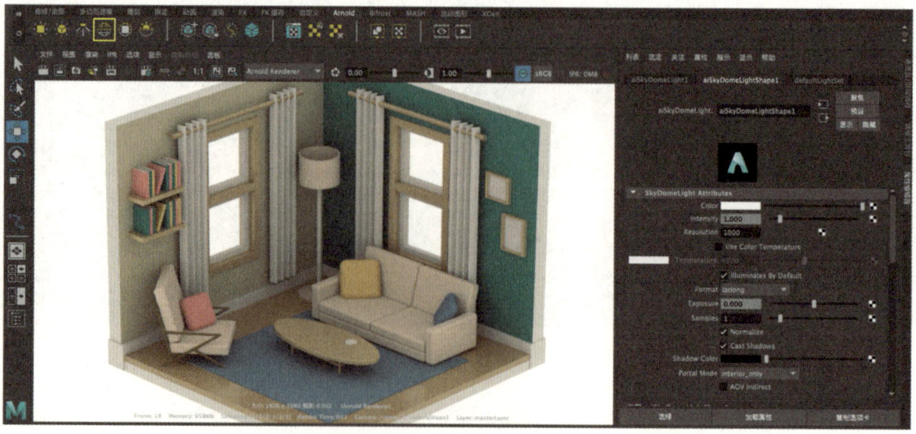

图 3-88

（7）现在的灯光强度有点低，可以选中天光，在“属性编辑器”面板中选择“aiSkyDomeLightShape1”选项卡，调整“Intensity”（强度）为 2，再渲染就会看到灯光的强度增强了。如果想保存为透明背景，可以把“Camera”设置为 0。

在最终渲染输出之前，可以打开“渲染设置”面板，选择“Arnold Renderer”选项卡，按照如图 3-89 所示的参数进行设置。渲染输出后，将图片保存为 PNG 格式。

图 3-89

（8）保存的图片能在 Photoshop 中打开，可以设置各种不同的背景，如图 3-90 所示。

图 3-90

最终完成的文件是配套资源中的 3-4-room-ok.mb 文件。

本章小结

本章着重介绍 Maya 在多边形建模方面的强大功能。其实，所有的软件和命令只不过是工具，对作品起决定作用的还是操作者的个人修养，只有提高个人修养，才能成为一名有底蕴的设计人员，才能设计出更好的作品。

在创作过程中，也许读者会觉得枯燥乏味，甚至不愿意继续做下去，但希望读者明白，这是创作一件优秀作品的必经之路。当我们坚持到最后，看到自己辛勤劳作的成果时，便能感受到一种成就感和自豪感。

作　业

1．使用本章学到的多边形建模命令，制作一个手机模型，要求将所有的细节都制作出来，包括按钮、倒角等。

2．制作一个简单的室内场景，可以是自己的寝室，也可以是教室，要求把所有的物体都创建出来并摆放好，包括吊灯、风扇、台阶等。

3．将自己所在的教学楼创建出来，要求包括尽可能多的细节。

如图 3-91 所示为郑州轻工业大学动画系 18 级的同学们学习完本章内容后创作的作品，创作时间为两天。

图 3-91

第4章 角色建模

4.1 三维角色的类型

对学习三维动画的初学者而言，创造出一个属于自己的角色是他们的梦想。动画角色大体分为三类：第一类是写实类角色，即能够把角色制作得十分真实，就像现实生活中的角色一样，这类角色的结构一般都极为准确，准确到每块肌肉、每根血管，甚至衣服上的每个褶皱。我们欣赏一些写实类角色的优质作品，如图 4-1～图 4-4 所示。

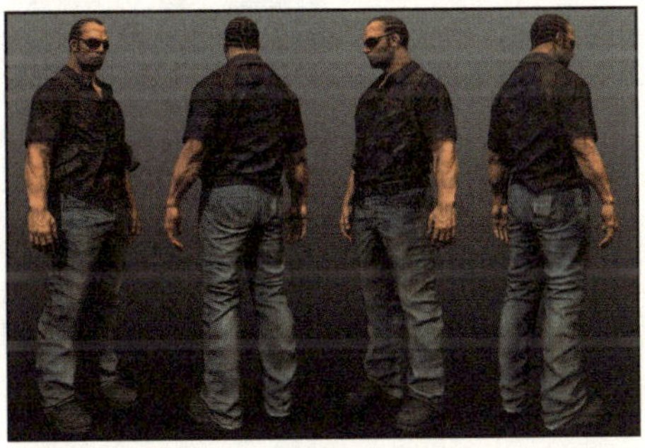

图 4-1

图 4-2

图 4-3

图 4-4

第二类是卡通类角色。卡通类角色在真实的基础上，弱化了结构、肌肉等，主要强调甚至夸张了五官、四肢，使角色看起来非常可爱，如图 4-5～图 4-8 所示。

图 4-5

图 4-6

图 4-7

图 4-8

第三类是超现实类角色。这种角色是在真实的结构、骨骼、肌肉甚至质感的基础上，进一步进行夸张，如图 4-9～图 4-12 所示。

图 4-9

图 4-10

图 4-11

图 4-12

看了这么多优秀的作品，相信很多读者会有一种创建属于自己的角色的冲动。接下来，就让我们一起制作属于自己的三维角色吧。

视频教程

4.2　示范实例——卡通人物角色的制作

学习三维角色的制作时，最好由易到难，在本节中，我们将介绍一个卡通人物角色的制作过程，最终效果如图 4-13 所示。

视频教程

4.2.1　角色整体造型的制作

（1）在场景中创建一个多边形圆柱体，设置其“高度细分数”为 4，如图 4-14 所示。

图 4-13

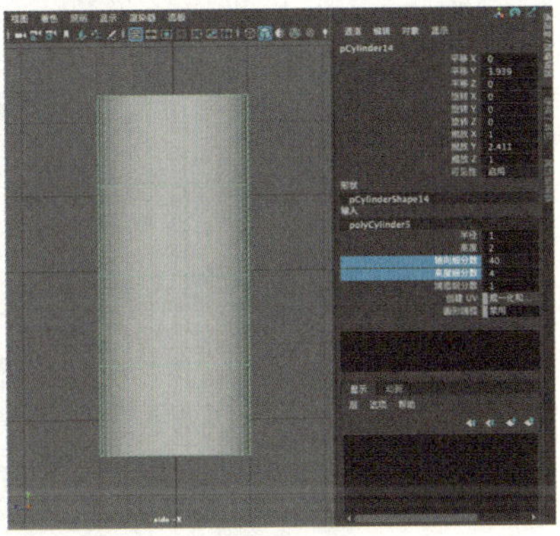

图 4-14

（2）进入圆柱体“边”子级别，双击顶部的任意一条边，就可以选中顶部的所有边，使用缩放工具将它们整体缩小，按住 Shift 键不放并右击，在弹出的浮动菜单中选择“倒角边”命令，如图 4-15 所示。

（3）这时圆柱体顶部的所有边就会出现倒角效果，在弹出的“polyBevel1”面板中，调节“分数”为 0.5，“分段”为 10，这样倒角的效果会更加柔和，如图 4-16 所示。

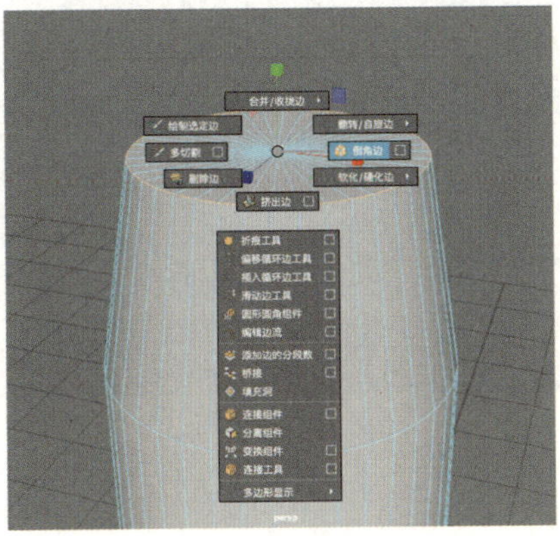

图 4-15

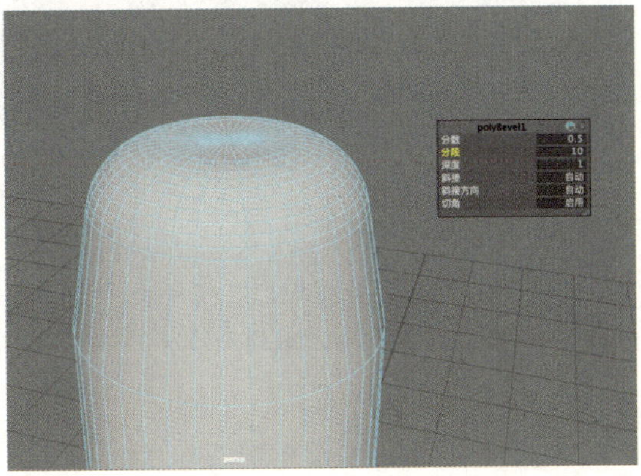

图 4-16

（4）选中下面的一圈边，将它们向上移动，也添加“倒角边”命令，设置“分数”为 1，“分段”为 10，使转折部分更加柔和，如图 4-17 所示。

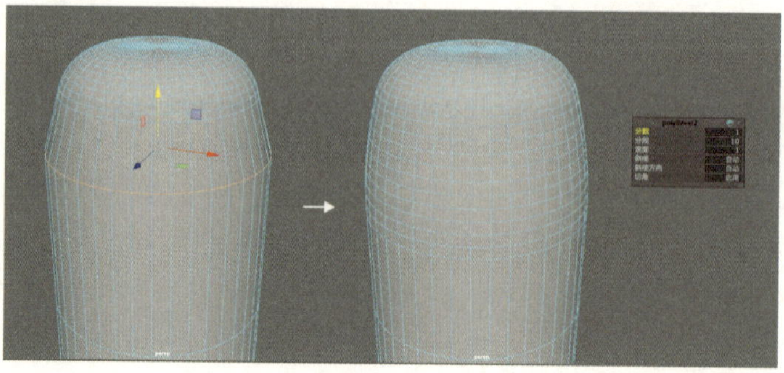

图 4-17

（5）选中最下面的一圈边，添加“倒角边”命令，设置“宽度”为 0.1，“分段”为 5，稍微有些柔和效果就可以了，如图 4-18 所示。

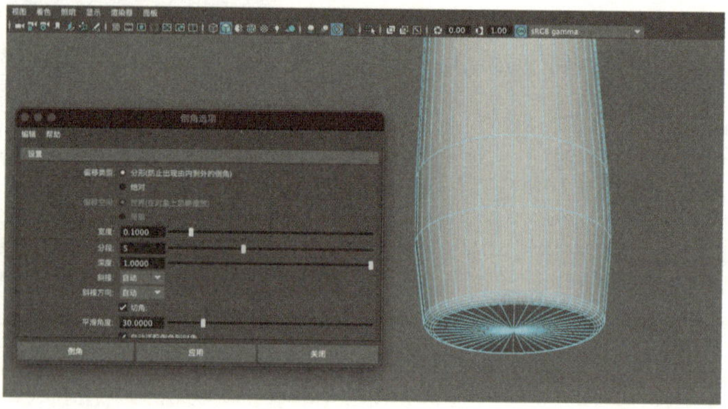

图 4-18

（6）制作帽子。使用曲线工具绘制出帽子的剖面，执行“曲面”→“旋转”命令，打开“旋转选项”面板，调整“输出几何体”为“多边形”，“类型”为“四边形”，“细分方法”为“计数”，“计数”为“1000”，旋转生成一个 1000 个面的多边形模型，如图 4-19 所示。

图 4-19

（7）帽子模型如果是全黑显示的，是因为法线的显示反了，可以执行菜单“网格显示”→“反向”命令，模型就会正常显示，如图 4-20 所示。

（8）进入帽子模型的点级别，选中最中间的点，双击工具栏上的移动工具，弹出“工具设置”面板，勾选“软选择”复选框，调整“衰减半径”为 1，将模型的点向上移动，做出帽子顶部的突出部分，如图 4-21 所示。

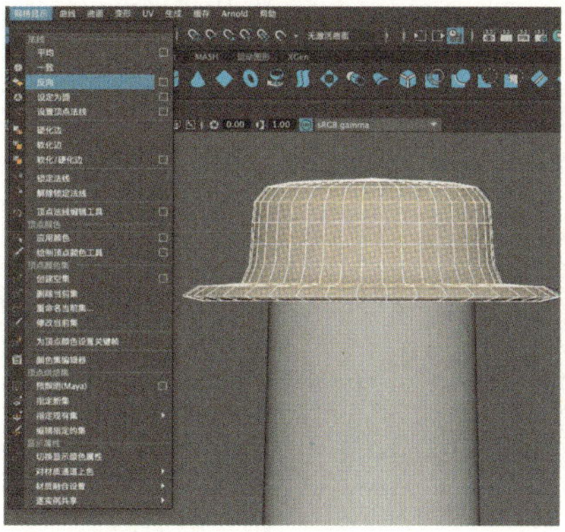

图 4-20

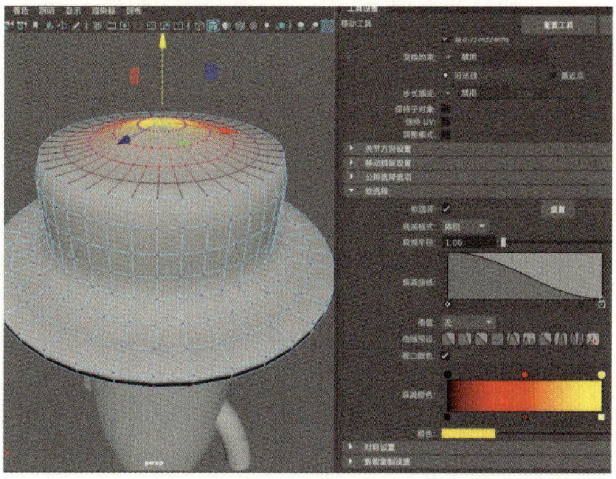

图 4-21

（9）制作手臂模型。创建一个多边形圆柱体，调整“轴向细分数”为 40，“高度细分数”为 20，使用旋转工具将其旋转 30 度左右，进入点级别，选中最下面的一排点，调整“软选择”的“衰减半径”到合适数值，再使用旋转工具和移动工具，将整个手臂模型变弯曲，如图 4-22 所示。

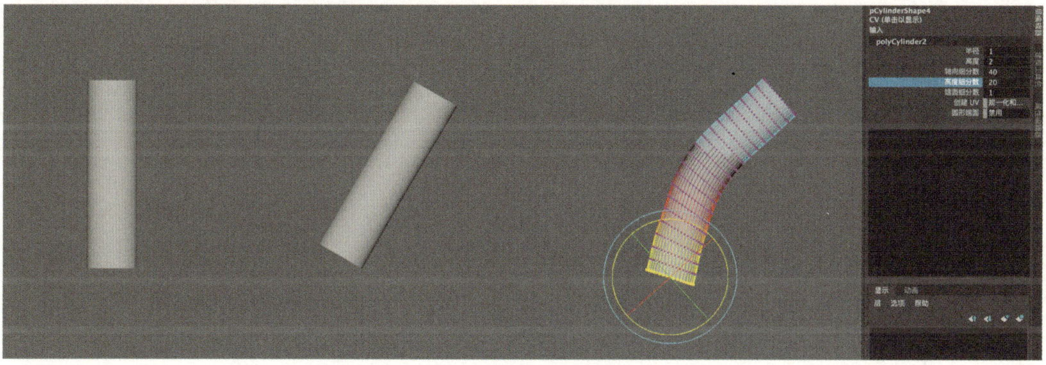

图 4-22

（10）将做好的手臂模型放置在身体一侧，并复制出另一个手臂，放置在身体的另一侧。再创建两个多边形圆柱体，作为角色的腿部，这样人物角色的整体造型部分就基本完成了，如图 4-23 所示。

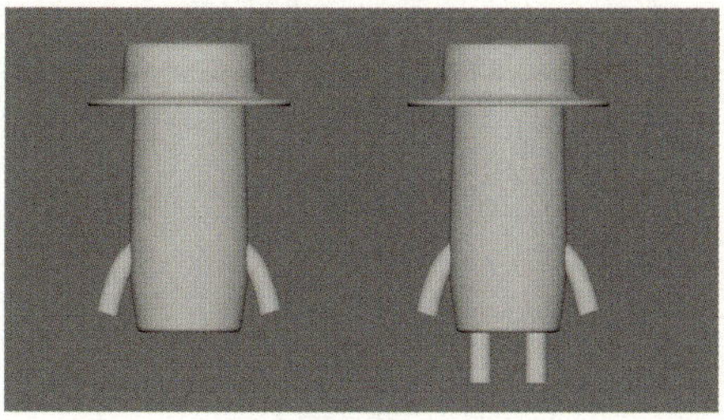

图 4-23

4.2.2 角色五官的制作

视频教程

（1）制作眼睛。创建一个多边形圆柱体，设置其“轴向细分数”为 40，将边缘的线进行倒角，这样细节会更加丰富，将模型放置在眼睛的位置上，如图 4-24 所示。

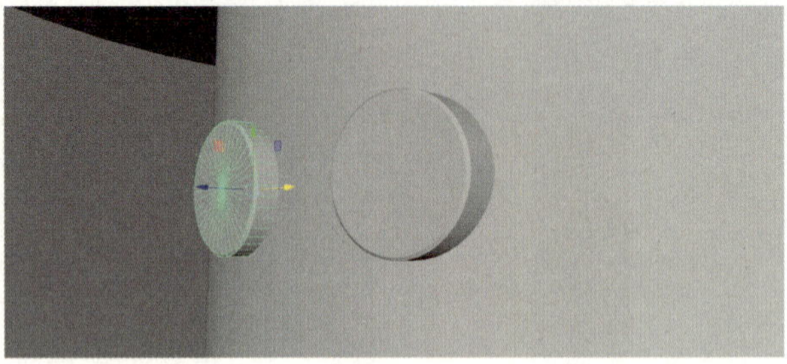

图 4-24

（2）创建多边形立方体，进入点级别，通过调整点的方法，制作出眉毛、鼻子和耳朵的模型，需要注意的是，边缘部分尽量倒角处理，这样会让模型的细节更加丰富，如图 4-25 所示。

（3）嘴巴部分需要做出微笑的形状，可以先创建一个多边形立方体，将“细分宽度”设置为 2，进入边级别，将中间的边向下移动，再使用“倒角”命令，对中间的边进行倒角处理，如图 4-26 所示。

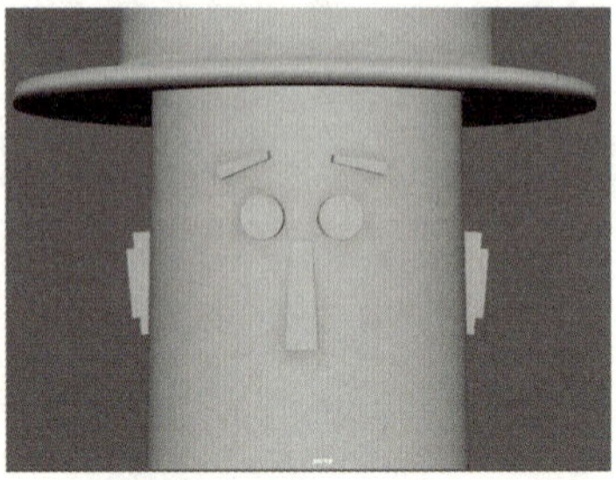

图 4-25

图 4-26

（4）制作胡子。可以先创建两个多边形圆柱体，执行“网格”→“布尔”→“差集”命令，制作出圆环模型，如图 4-27 所示。

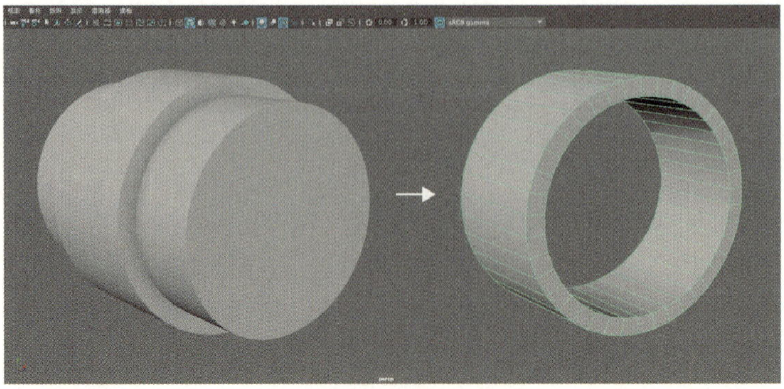

图 4-27

（5）将圆环模型放在角色的胡子位置，由于脸部是弧形的，所以圆环的贴合度不太好。进入圆环的面级别，选中两边的面，调整“软选择”的“衰减半径”为 0.4，将选中的面向后移动，使其与面部更加贴合，如图 4-28 所示。

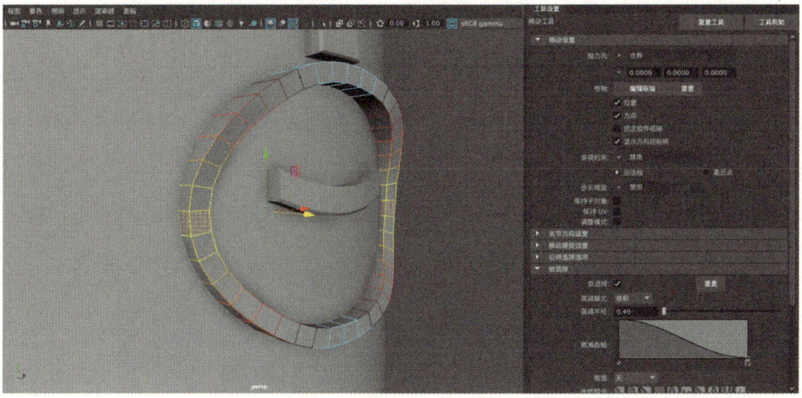

图 4-28

（6）选中圆环表面的单数面，按住 Shift 键不放并右击，在弹出的浮动菜单中选择“挤出面”命令，将选中的面挤出来，如图 4-29 所示。

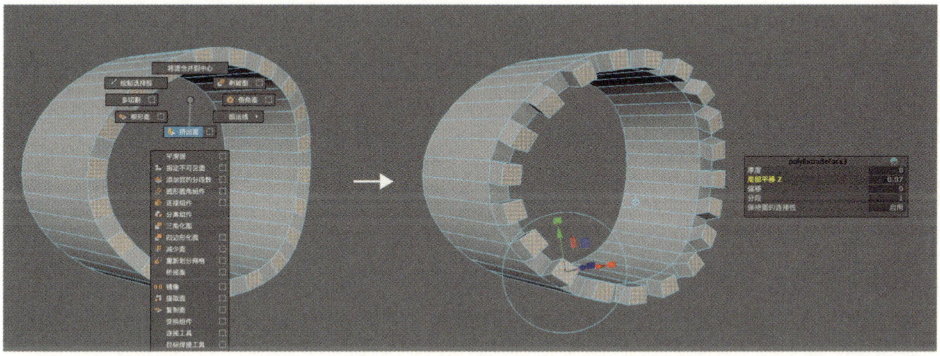

图 4-29

（7）将胡子模型摆放好，可以参照“3.4.2　给模型上色和渲染”一节的内容，给模型进行简单的上色和渲染，图 4-30 所示分别是模型、上色和照明后的效果。

图 4-30

最终完成的文件是配套资源中的 4-2-man-ok.mb 文件。

4.3 示范实例——真实人物头部的制作

无论角色是写实类的还是卡通类的，头部的结构是必须了解的，这样才能够做出真实的角色。对于学过美术，尤其是画过头像素描的 Maya 初学者，可能对头部的结构有一定了解。如果初学者没有美术功底，则建议阅读相关书籍，如《伯里曼人体结构绘画教学》及《路米斯经典美术课》等。

4.3.1 前期准备工作

虽然使用多边形进行建模，但制作头像的方式也有很多种，下面介绍的是一种较容易掌握的建模方式。

先看图 4-31 所示的速写头像绘制过程，我们可以发现，绘制先从一个最基本的圆形开始，然后逐步深入，最后刻画出五官并完成头部的绘制。

建模方法也按照这种方式，先用一个圆形刻画出大体，然后逐步深入。但在制作之前，还需要做一些准备工作。

第一次制作三维头像时，大部分初学者会感觉吃力，即便有一定的美术基础，因此，读者可以先将一些正面和侧面的头部图片放置在 Maya 中作为参考面板。有的读者希望能把自己或好友的头像在 Maya 中还原出来，这样做也是没问题的。读者可以使用照相机拍摄人物的正面和侧面，拍摄的时候最好把额头和耳朵都露出来。

拍摄完需要在 Photoshop 中进行定位：将两张图片重叠在一起，并修改透明度，使两张图片都能被看到。拉出参考线，分别定位头顶、眉毛、上眼皮、眼角、下眼皮、鼻底、嘴角、下巴的位置，使两张图片的各部位都在同一水平线上，并将正面图和侧面图分别保存，如图 4-32 所示。

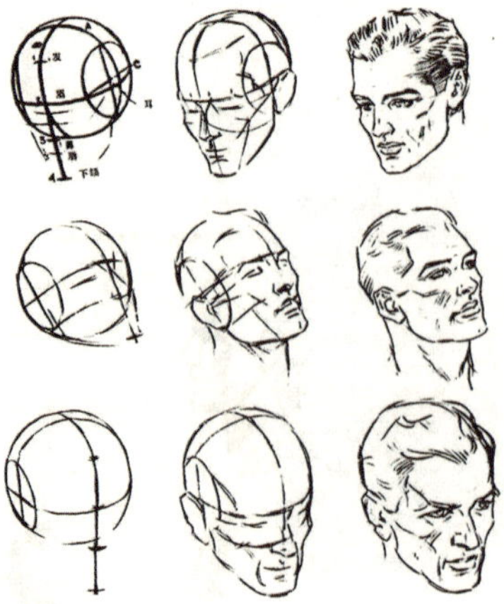

图 4-31

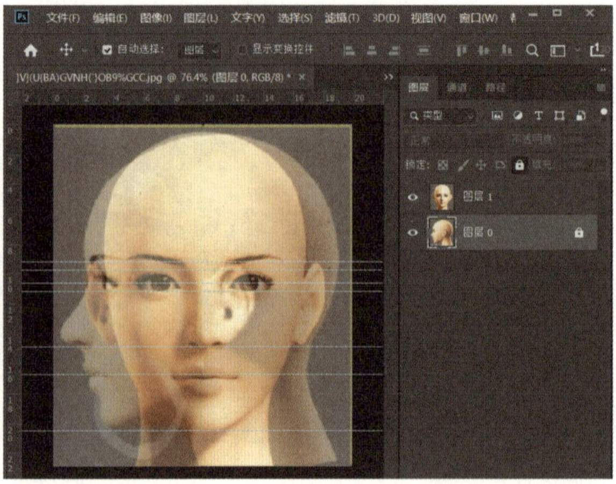

图 4-32

下面，我们介绍在 Maya 中制作参考板的步骤。

（1）在前视图菜单中执行“视图”→“图像平面”→“导入图像”命令，在计算机中找到正面参考图并打开，如图 4-33 所示。

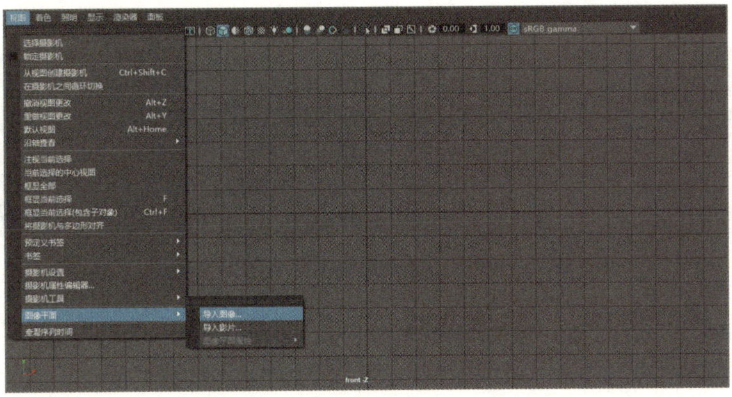

图 4-33

（2）这时会看到前视图中已经将参考图显示出来了，如果需要重新导入图片，可以在 imagePlaneShape1 的“属性编辑器”中，单击“图像名称”后面的文件夹图标，重新导入参考图，如图 4-34 所示。

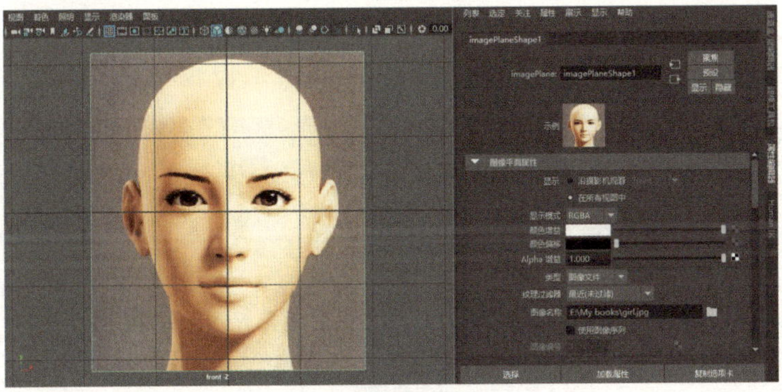

图 4-34

（3）使用相同的方法将侧面参考图设置在侧视图中，这时会看到透视图中的两张参考板交叉在一起，参考板就制作完成了，如图 4-35 所示。

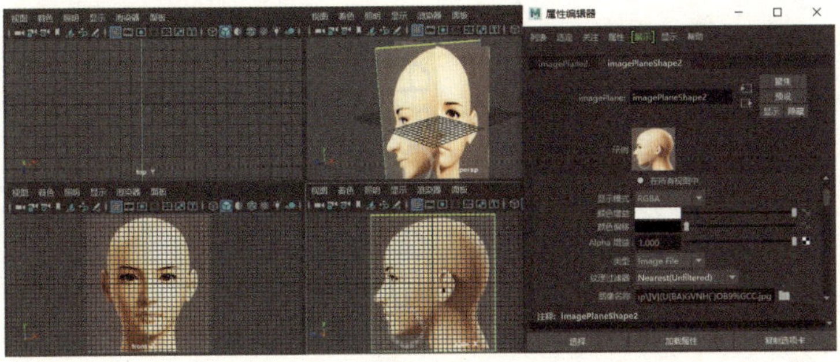

图 4-35

（4）现在有一个问题，即两块参考板在视图中都能被选中，这样会在建模时出现误选。

在图层面板中新建一个图层，选择两块参考板，在新建的图层上按住鼠标右键不放，在弹出的浮动面板中选择“添加选定对象”命令，将图层前面的状态修改为 R，这样参考板就不会被选择到了，如图 4-36 所示。

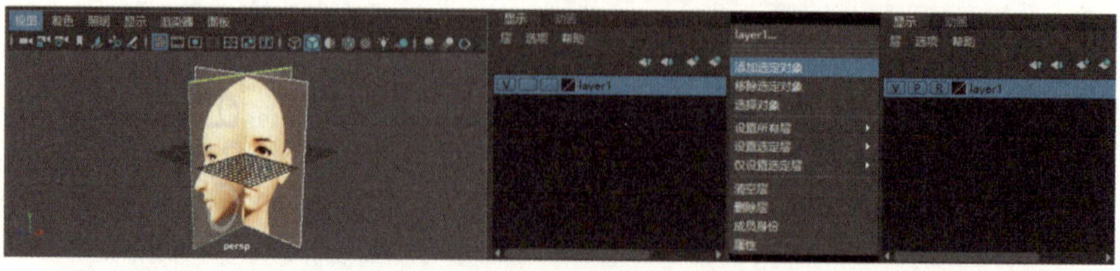

图 4-36

前期准备工作基本结束，如果对自己有足够的信心，这一步也可以跳过。在下面的操作中，为了确保截图的效果，在制作中就不使用参考板了，读者可以根据自己的需要设定参考板。

4.3.2 开始制作头部模型

（1）新建一个多边形球体，在右侧通道栏中一定要把“平移 X”、“平移 Y”和“平移 Z”三个数值设置为 0，以保证它在视图的正中间，并设置细分数为 12 和 8，使用缩放工具，在横向和纵向进行调整，使它接近头部的形状，如图 4-37 所示。

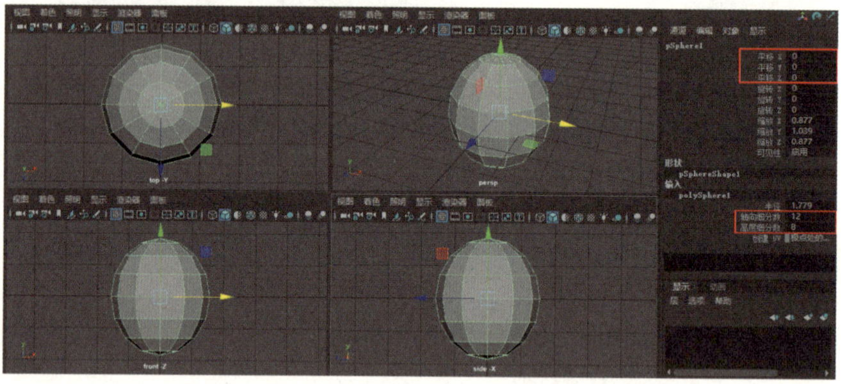

图 4-37

（2）在前视图中，先使用移动工具，逐一选中整排的点并调整位置，使之分别对应额头、眉毛、眼角、嘴部、下巴、脖子等处，再使用缩放工具，使整排的点沿着 X 轴进行放缩。

进入侧视图，使用缩放工具，使整排的点沿着 Z 轴进行放缩，从而把侧面的轮廓勾勒出来。使用旋转工具，将嘴部、下巴、脖子 3 排点进行旋转，使模型符合头部的结构，如图 4-38 所示。

（3）进入面级别，选中最下面脖子的所有面，将其删除。进入边级别，将底部所有的线选中，按住 Shift 键不放并右击，在弹出的浮动菜单中选择“挤压边”命令，在“保持面的连接性”是“启用”状态的前提下，将脖子挤压出来，如图 4-39 所示。

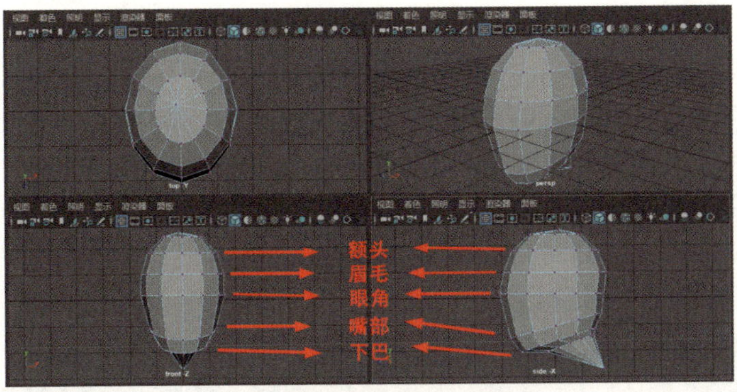

图 4-38

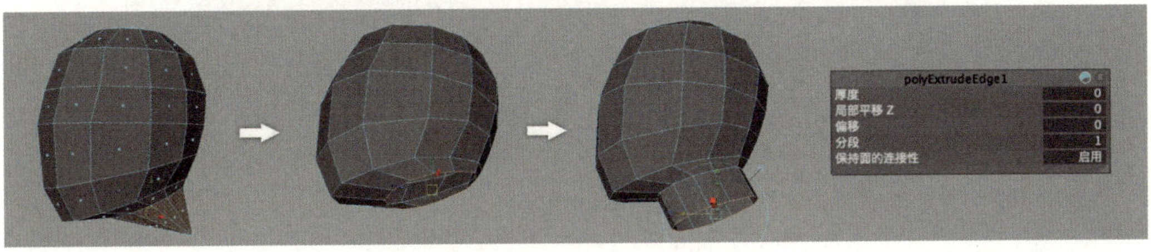

图 4-39

（4）因为在头部建模的时候，模型的面要尽量使用四边面，所以头顶部分的一些三角面要进行调整。选中头顶的所有边并删除，执行“网格工具”→“多切割”命令，先沿着中轴线将头顶划分为两半，按 Enter 键，再分别划分中间的三条线，如图 4-40 所示。

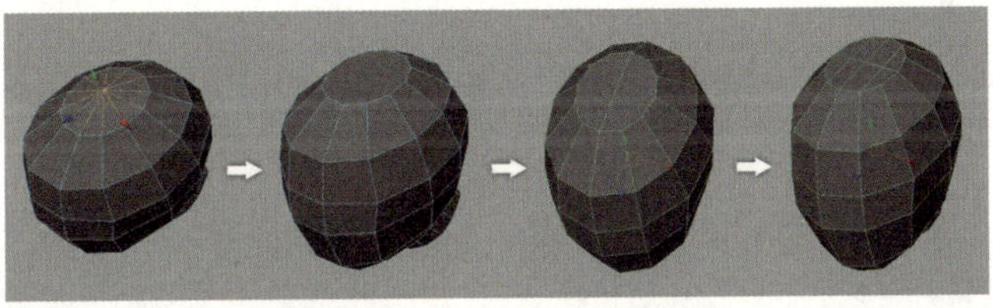

图 4-40

这里要提醒读者，使用“多切割”命令时，尤其是划分的起始位置都有控制点的情况下，为了保证不再出现新的多余控制点，必须使划分的起始点和相对应的控制点的位置完全一致。因此在使用“多切割”命令进行操作的时候，如图 4-41 所示，需要先用鼠标单击控制点且不放开鼠标，如 a 点，将鼠标拖动至控制点 b 点后放开鼠标，这样就不会多出多余的控制点。

（5）将新划分出来的控制点的位置进行调整，尽量使面的转折变得柔和一些，如图 4-42 所示。

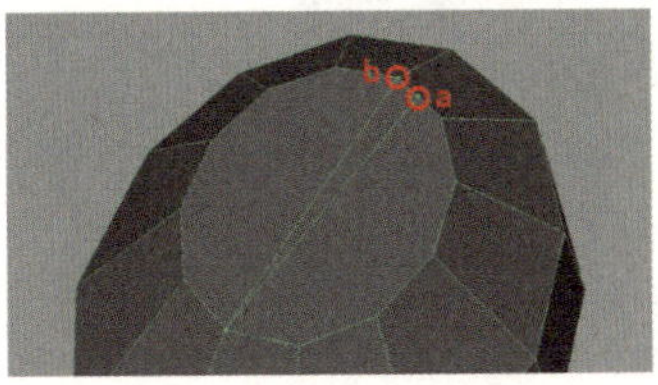

图 4-41

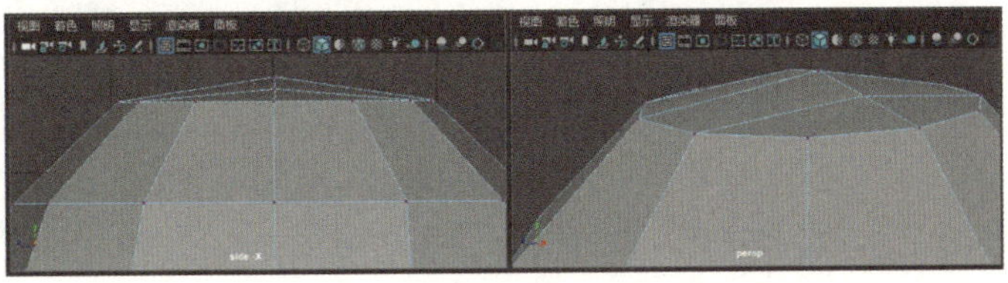

图 4-42

（6）由于头部的两边是基本对称的，为了节省工作量，通常的做法是先做一半模型，再把另外一半模型复制出来，最后将它们结合在一起。

首先进入模型的面级别，选中一侧的所有面并删除。但是只做一半模型对掌握整体有影响，因此进入模型的最高级别，执行“编辑”→“特殊复制”命令，打开“特殊复制选项”面板，设置“几何体类型”为“实例”，“缩放”的第一个参数为-1，单击“应用”按钮。

这时可以进入点级别，选中一个点进行调整，会发现另一半模型也随之改变，这就是关联复制的作用，如图 4-43 所示。

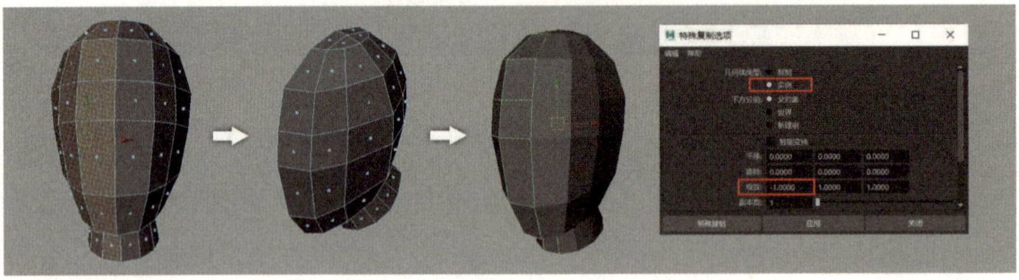

图 4-43

（7）执行“网格工具”→“多切割”命令，沿着嘴部的线向上顺时针划分一圈线，将鼻翼、眼窝的结构都绘制出来，选中中间的两个点，使用移动工具将其向里移动，做出眼窝的深度，如图 4-44 所示。

（8）使用“多切割”命令，沿着眼窝内部绘制一圈线，将眼睛的形状绘制出来。进入边级别，选中眼睛内部的六条边，此时它们已经没有作用了，将它们删除，使眼睛独立出来。

如果使用了参考板，依据参考图，在前视图和侧视图中调整眼睛的形状和位置，如图 4-45 所示。

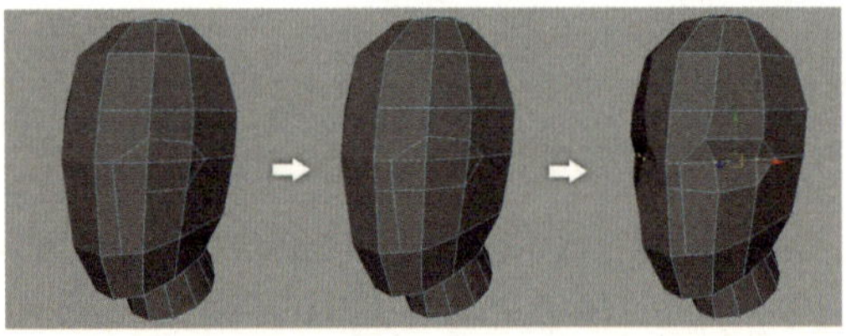

图 4-44

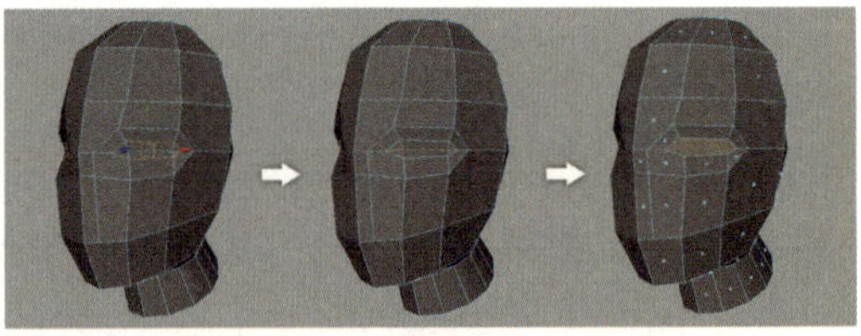

图 4-45

（9）使用“多切割”命令，在嘴部的上方横向绘制一圈线，作为鼻底部分，再把鼻底和嘴部连接的一条线删除。在嘴部的周围绘制一圈线，做出嘴部的形状，将嘴部里面靠近中间的点向内移动，制作出嘴部中间的凹陷部分，如图 4-46 所示。

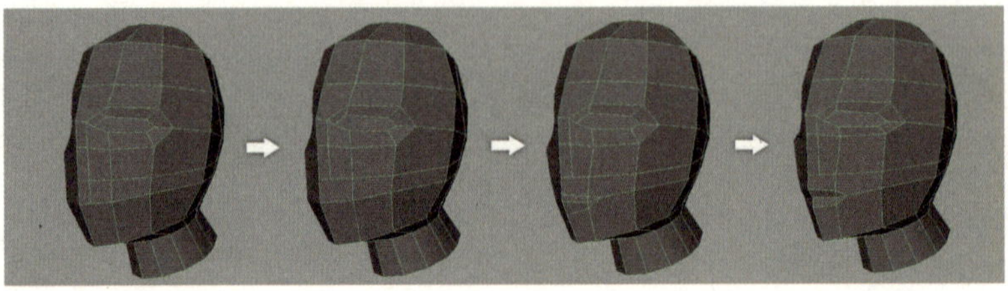

图 4-46

（10）制作鼻子。先进入面级别，选中鼻子的两个面，执行“编辑网格”→“挤出”命令，将选中的两个面挤压出来，再沿 X 轴旋转，使鼻梁有一定的斜度，再进入点级别，调整出鼻子的大致形状，如图 4-47 所示。

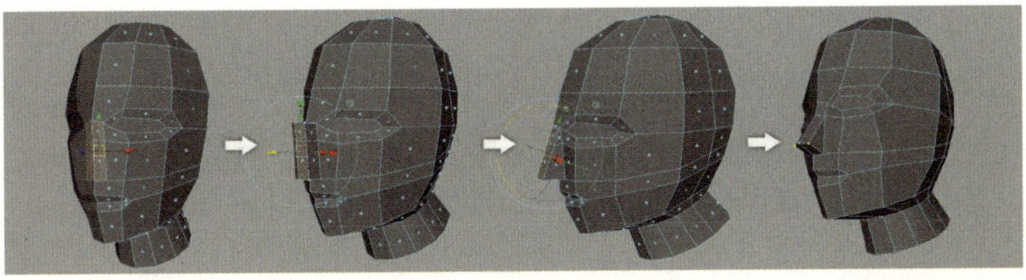

图 4-47

（11）如果现在就看其光滑以后的模型，则会发现鼻子中间有一条巨大的缝隙，这是因为在挤压的时候，鼻子中间会多出来一个多余的面，要把这个面去掉。

删除一侧模型，进入另一侧模型的面级别，在鼻子的内侧选中多余的面并删除，将另一侧模型复制出来，再使其光滑就可以了，如图 4-48 所示。

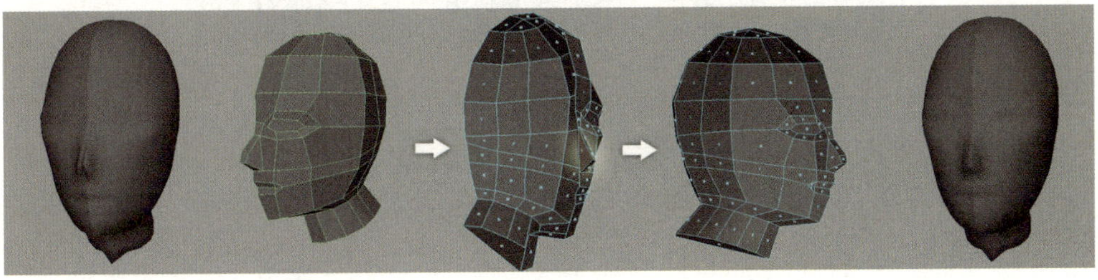

图 4-48

（12）进入点级别，调整耳朵部分两个面的形状；选中两个面，进入面级别，执行“编辑网格”→“挤出”命令，将耳朵挤压出来；进入点级别，调整耳朵外轮廓的形状，如图 4-49 所示。

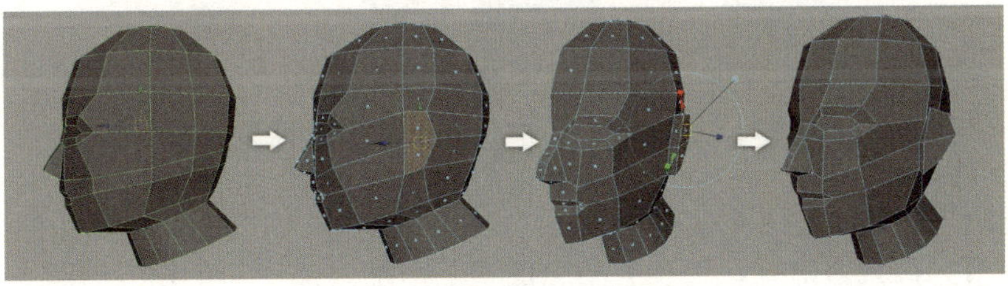

图 4-49

（13）在眼眶的外围加一圈线，增加眼部的细节，为了便于后期调整，将鼻梁处多余的线删除，如图 4-50 所示。

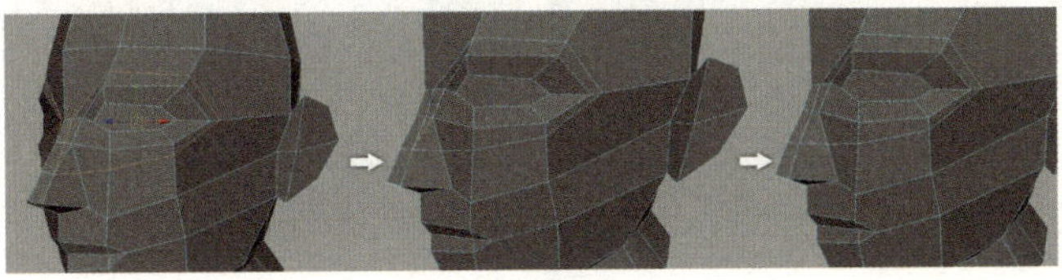

图 4-50

（14）在嘴部最外面和最里面各加一圈线，并进入点级别调整形状，外部的线是绘制嘴唇部分的结构，内部的线是准备挤压出嘴部的内部结构，进入线级别，将嘴部最里面几条多余的线删除，如图 4-51 所示。

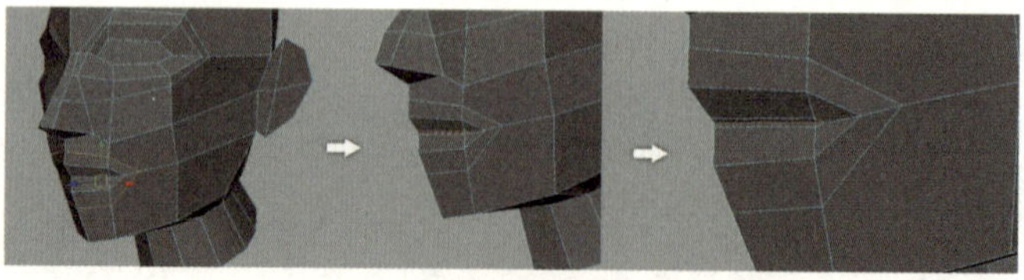

图 4-51

（15）进入面级别，选中嘴部内的面，执行“编辑网格”→“挤出”命令，把这个面向内部挤压，并将挤压出来的多余面删除，如图 4-52 所示。

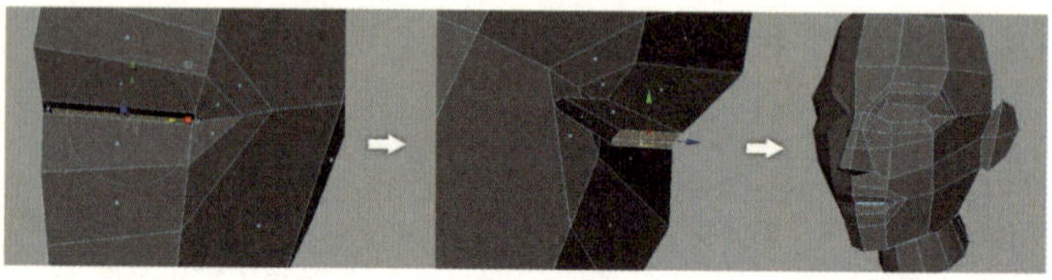

图 4-52

4.3.3 眼睛部分的制作

下面开始细致地刻画五官。按照头部布线的需要，先制作眼睛。在制作前先观察眼睛各角度的图片，对结构有一个大概了解。制作完以后也可以对照自己的模型进行检查，如图 4-53 所示。

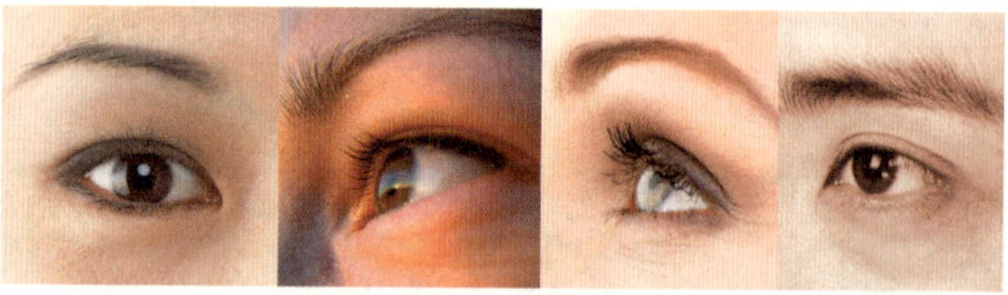

图 4-53

（1）使用“多切割”命令，在眼角、上眼皮中间、下眼皮中间和嘴角的位置继续加线，增加细节。进入点级别，调整眼睛轮廓线上新加入的点的位置，如图 4-54 所示。

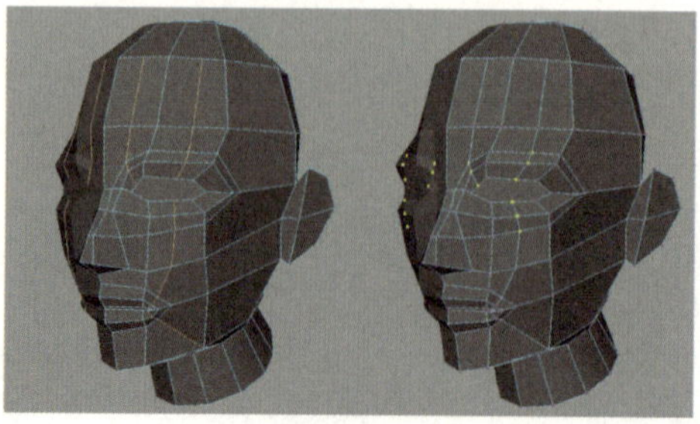

图 4-54

（2）进入面级别，选中眼睛的面，执行“编辑网格”→“挤出”命令，先向外挤压出来一点，并缩小，做出眼眶。按 G 键进行第二次挤压，这次向内挤压，越过头部的表面，并缩小，这样与刚才挤压出来的面形成一个小的夹角，光滑以后结构更加明确。再按 G 键进行第三次挤压，这次向内多挤压一些，并放大，形成眼窝，如图 4-55 所示。

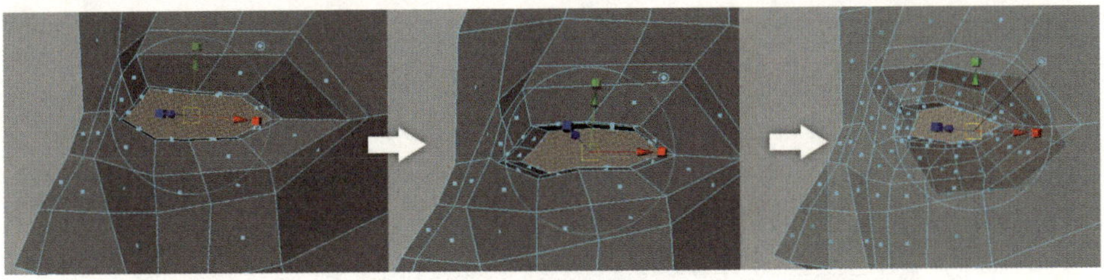

图 4-55

（3）使用“多切割”命令，在眼眶内侧划出一圈线，并将这一圈线稍稍往内移动，上眼皮的部分移动稍大，把眼窝的沉陷部分制作出来。从内侧眼角往下画线，直到鼻翼部分，如图 4-56 所示。

（4）使用“多切割”命令，在眼眶周围加线，增加更多的细节，注意要把两个眼角做出来，如图 4-57 所示。

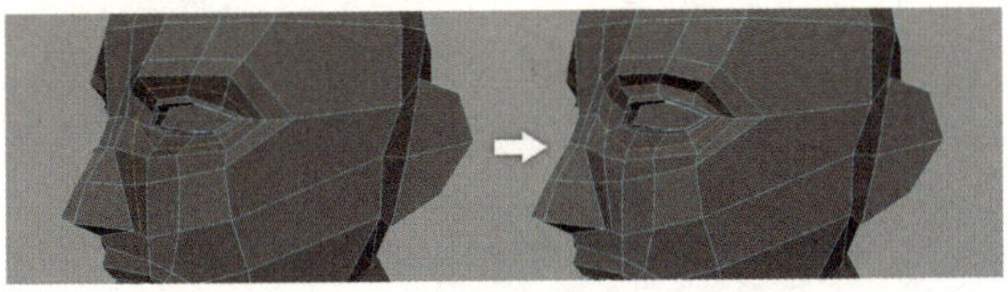

图 4-56

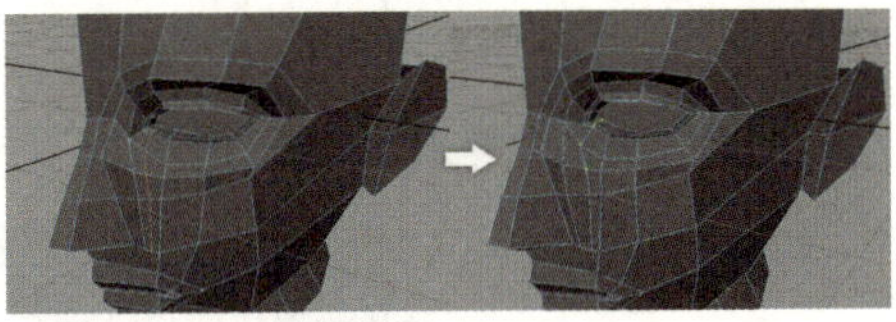

图 4-57

（5）眼睛部分已经基本完成。由于全部制作完毕以后，需要用一个球体作为眼球，所以可以新建一个和真实眼球差不多的球体，将其放置在眼眶内部，并调整眼眶的控制点，使眼眶和眼球匹配，如图 4-58 所示。

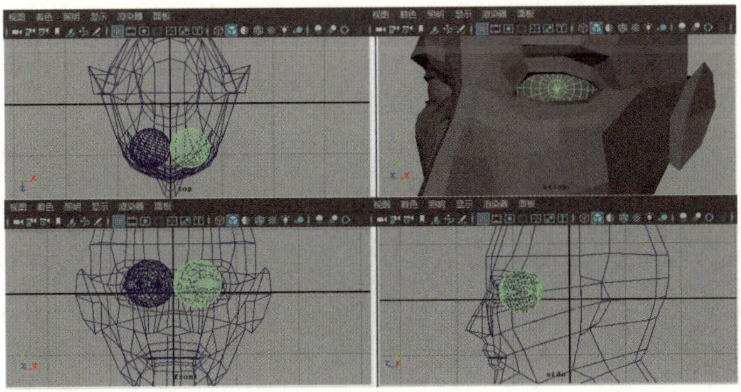

图 4-58

4.3.4　嘴部的制作

制作之前，先看嘴部各角度的图片，如图 4-59 所示。

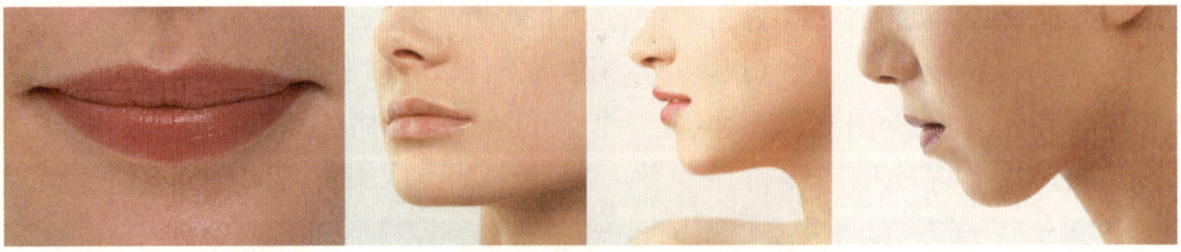

图 4-59

（1）由于前面已经制作了嘴部的基础部分，下面的制作会轻松一些。先使用“多切割”命令，从鼻底至脖子画一条线，增加嘴部细节。再沿着嘴部外围画一圈线，进入点级别，将下巴的结构调整出来，如图 4-60 所示。

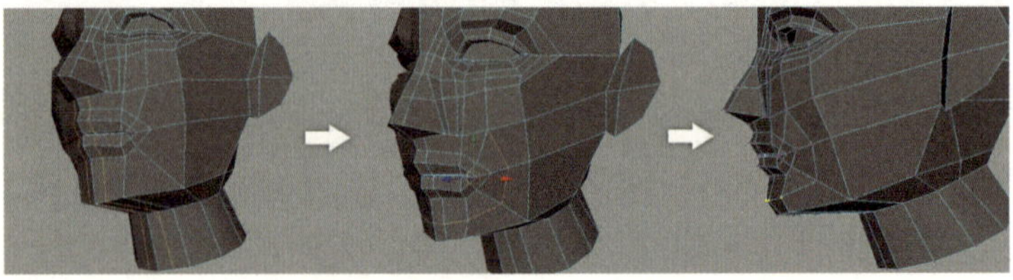

图 4-60

（2）继续在嘴部的外部画一圈线，以增加控制点，调整更多的细节。进入点级别，按照嘴部的结构进行调整，注意要把上、下嘴唇的边缘部分向内移动，使嘴唇的立体感更加突出，如图 4-61 所示。

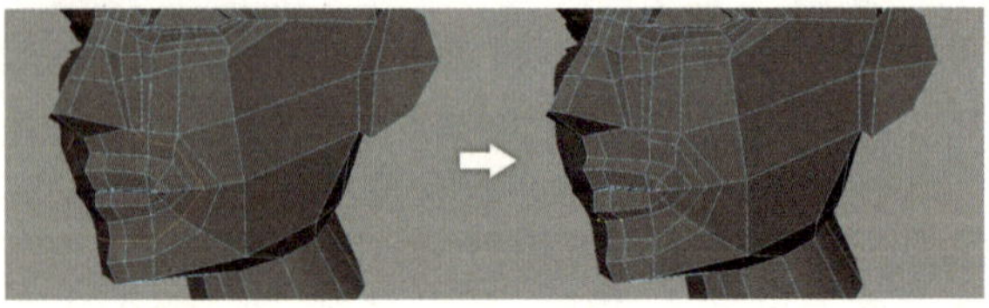

图 4-61

（3）制作口腔。删除一侧模型，选中口腔最里面的两个面，多次执行“编辑网格”→“挤出”命令，将口腔内部挤压出来，以便放入牙齿和舌头模型，并将最侧面的面删除，如图 4-62 所示。

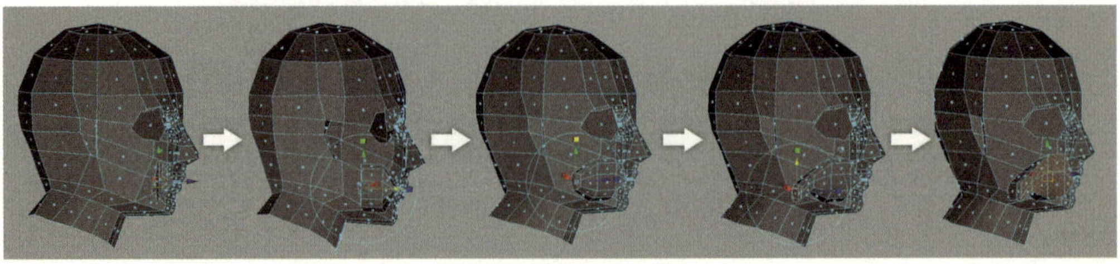

图 4-62

（4）因为最后需要对模型进行光滑处理，所以在制作过程中，必须能实时看到光滑后的模型。选中一侧模型，执行“编辑”→“特殊复制”命令，打开“特殊复制选项”面板，设置“几何体类型”为“实例”，单击“应用”按钮，将复制出来的模型移到旁边，如图 4-63 所示。

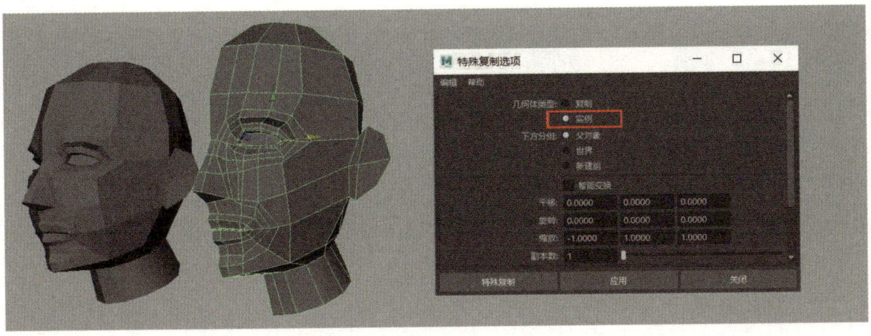

图 4-63

（5）选中新复制出来的模型，执行“网格”→“平滑代理”→“细分曲面代理”命令，打开“平滑选项”面板，设置“分段级别”为 1，单击“应用”按钮。这时会看到模型变为透明的，模型的里面出现了一个光滑过的新模型，将外面的透明模型删除，只保留光滑过的模型，这时再去调整原始头部模型的结构，就会看到光滑过的模型也会发生相应变化，这就是“细分曲面代理”命令的作用，如图 4-64 所示。

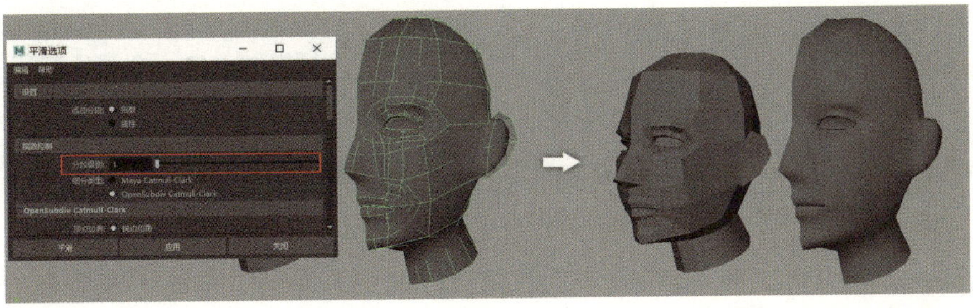

图 4-64

“细分曲面代理”命令的“分段级别”参数越大，模型光滑生成的面数就越多。因此，在建模阶段，将“分段级别”参数设定为 1 就可以，参数设定得太大会导致面数成倍增加，从而大量占用系统资源。

4.3.5　鼻子的制作

鼻子的结构稍复杂，制作之前先看鼻子各角度的照片，做到心中有数，如图 4-65 所示。

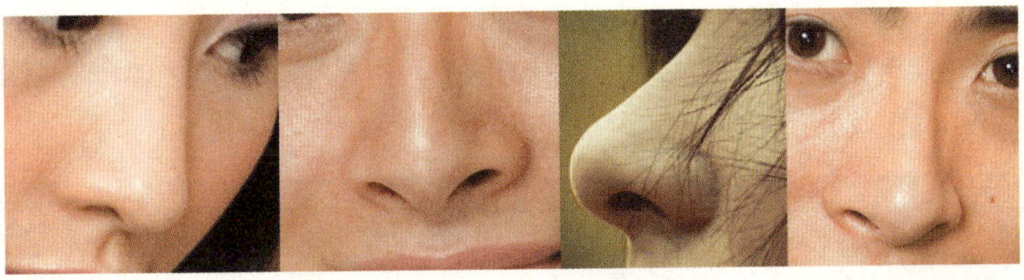

图 4-65

（1）先将鼻孔挤压出来，进入面级别，选中鼻底的面，执行“编辑网格”→“挤出”命令，先不对其挤压，而是对多出来的面进行放缩，再调整控制点的位置，使形状和鼻孔相近，再次执行“挤出”命令，将放缩后的面挤压进去，增加一些面，以便最后光滑的时候有好的效果，再进行第三次挤压，将面彻底挤压进去，如图 4-66 所示。

图 4-66

（2）使用“多切割”命令，先从鼻底上方至下巴绘制一圈线，将鼻头结构勾勒出来的同时，也为下巴增加了细节。在一般的头部模型中，因为眼睛和嘴部在后期的动画中变化较多，所以它们周围的线都以眼睛或嘴部为中心呈放射状布线。

再由鼻底至眼眶绘制一条线，以增加鼻头部分的细节，进入点级别，调整鼻翼的结构，如图 4-67 所示。

（3）使用“多切割”命令，先在鼻头上方横向绘制一条线，再在纵向绘制三条线，进入点级别，调整控制点的位置，将鼻头部分的转折做出来，如图 4-68 所示。

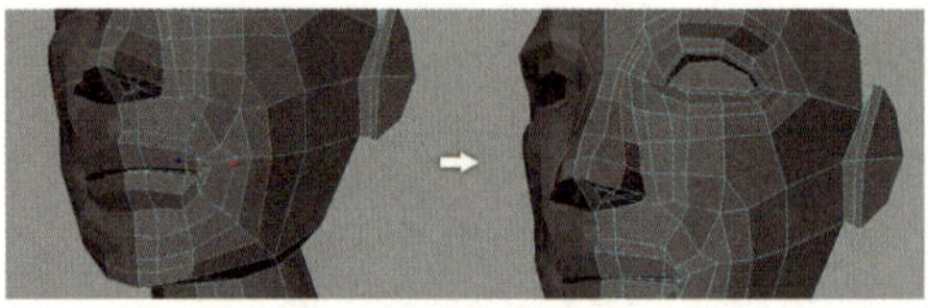

图 4-67

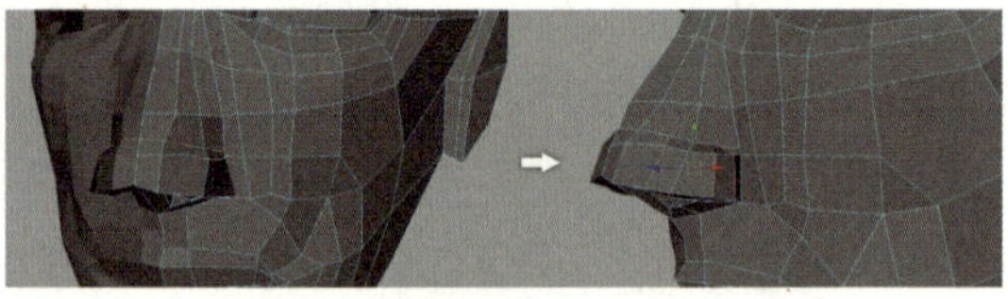

图 4-68

（4）使用“多切割”命令，从人中的位置开始绕嘴部绘制一圈线，再进入点级别，在侧视图中调整点的位置，将人中部分制作出来，如图 4-69 所示。

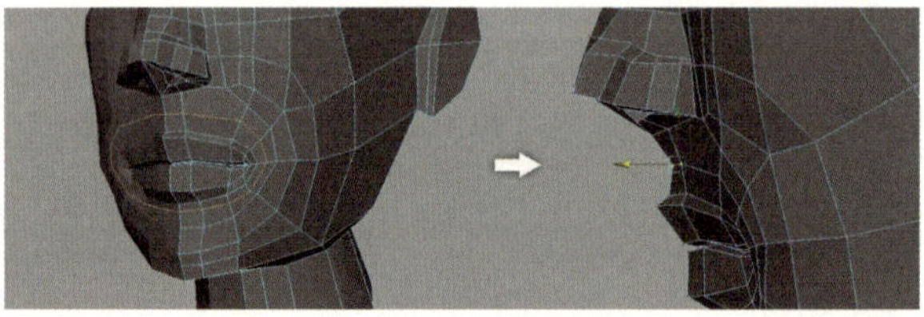

图 4-69

（5）从鼻梁开始横向绘制一条线，以增加鼻梁的控制点。在侧视图中，进入点级别，调整鼻梁的形状，如图 4-70 所示。

（6）继续在鼻孔至鼻底中间的位置绘制一条线，进入点级别，在侧视图中调整鼻底和鼻孔的形状，如图 4-71 所示。

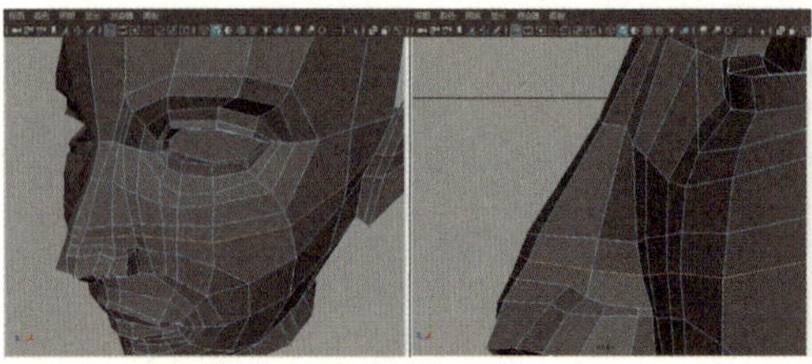

图 4-70

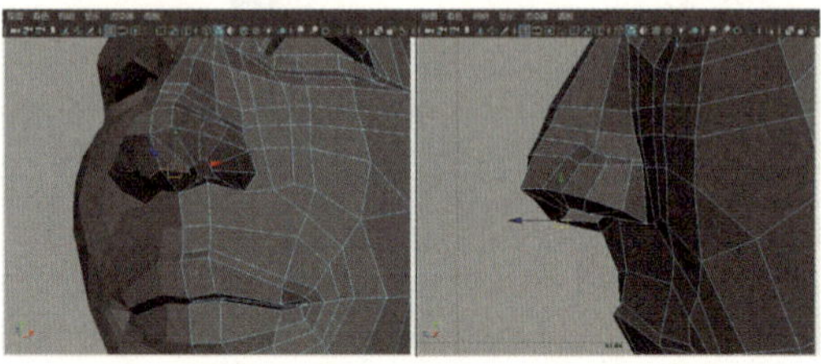

图 4-71

4.3.6　耳朵的制作和最后调整

耳朵是五官绘制过程中最复杂的部分，因为耳朵是一个独立的部分，而且每个人的耳朵几乎差别不大，再加上很多角色的耳朵都被头发、帽子遮挡住，所以有时候可以直接从外部调入一个耳朵模型，并将其与头部模型合并。但为了整个头部制作的完整性，我们还是对耳朵进行单独制作。先看不同角度的耳朵照片，如图 4-72 所示。

（1）使用“多切割”命令，在表面横向加入两条线，并进入点级别调整耳朵表面的形状。在耳朵根部加入一圈线，调整耳朵根部的转折，如图 4-73 所示。

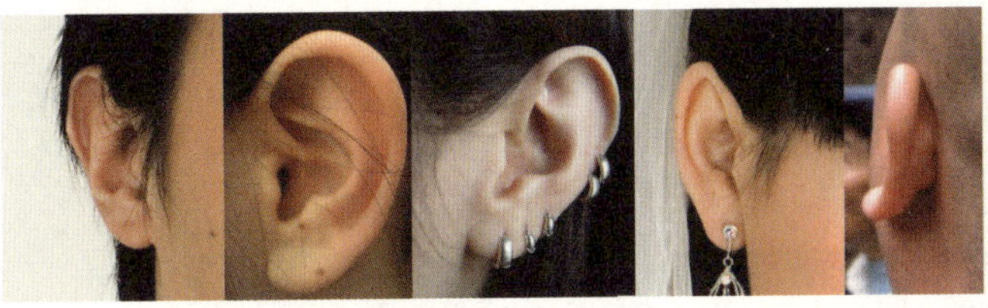

图 4-72

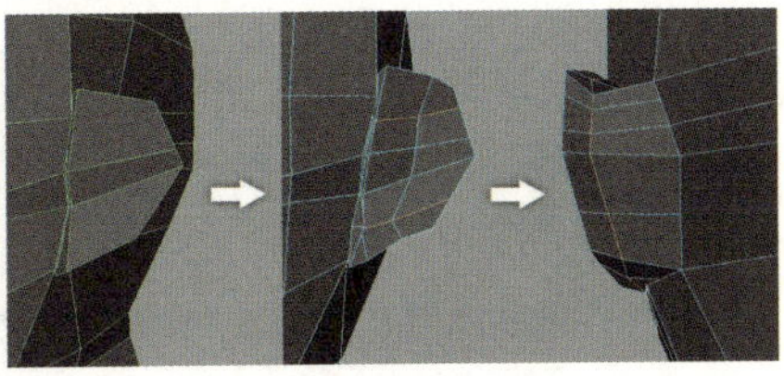

图 4-73

（2）使用“多切割”命令，在耳朵表面内侧绘制一圈线，再将中间的几个点稍稍向内移动。继续在耳朵表面绘制线，将耳垂等结构都刻画出来，如图 4-74 所示。

（3）继续使用“多切割”命令，并调整控制点，结果如图 4-75 所示。

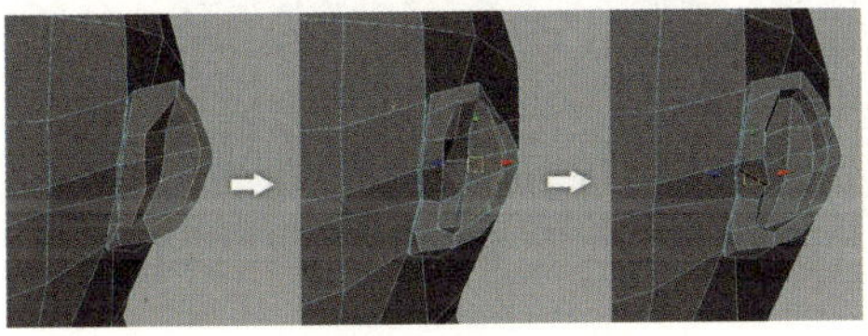

图 4-74

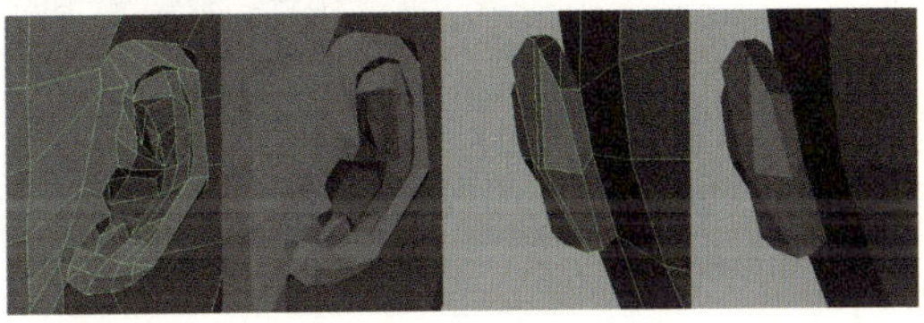

图 4-75

（4）接下来进行细节添加工作。执行“网格工具”→“插入循环边”命令，在嘴唇的中间绘制一圈线，在侧视图中，将这圈线稍稍往外移动，这样制作出来的嘴唇会更加饱满，如图 4-76 所示。

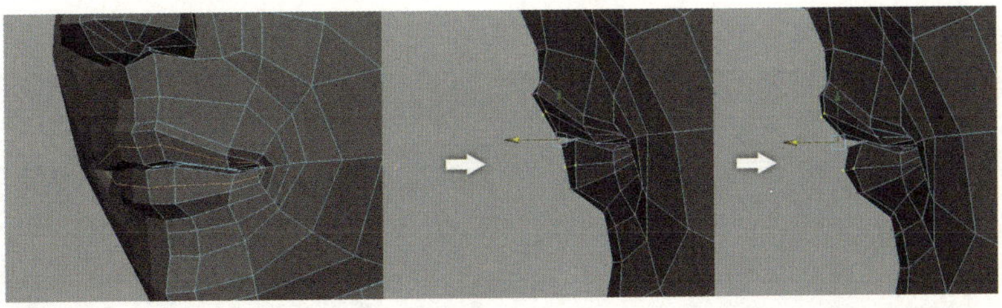

图 4-76

（5）制作角色的双眼皮。使用“多切割”命令，先在双眼皮的起始点各画一条线，将双眼皮的走势绘制出来，然后在这条走势线下方很近的地方绘制一条线，如图 4-77 所示。

（6）使用移动工具，将绘制出来的这条线先稍稍往内移动，再向上移动，光滑以后就会出现双眼皮的效果，如图 4-78 所示。

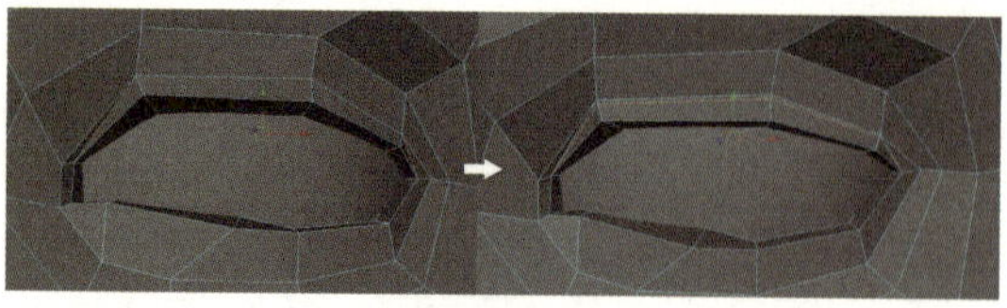

图 4-77

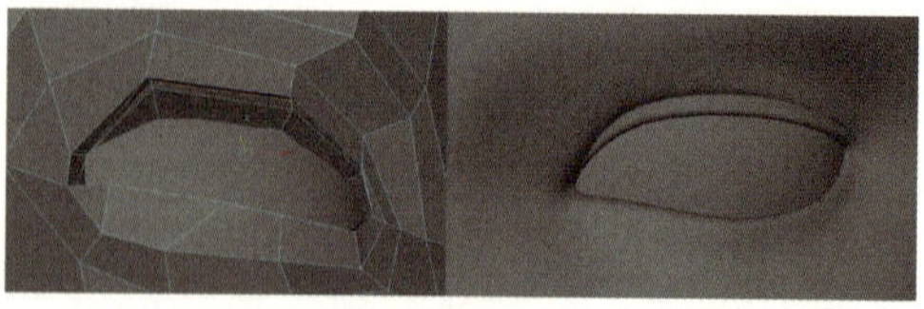

图 4-78

（7）使用一款极具 Maya 风格且非常好用的工具对模型进行整体调整。选中模型，打开“网格工具”→“雕刻工具”→“雕刻工具”命令设置面板，把鼠标指针放在模型上，会看到一个红色笔刷。

可以调整“大小”为 1，将笔刷的半径设置小一些，按住 Shift 键不放手，在模型表面进行涂抹，会发现涂抹过的地方变得光滑，如果光滑的强度太大，可以将“强度”参数调小。除了光滑功能，直接在模型表面进行涂抹，可以将涂抹部分凸出，按住 Ctrl 键不放，移动鼠标指针进行涂抹，则会使模型表面产生凹陷的效果，如图 4-79 所示。

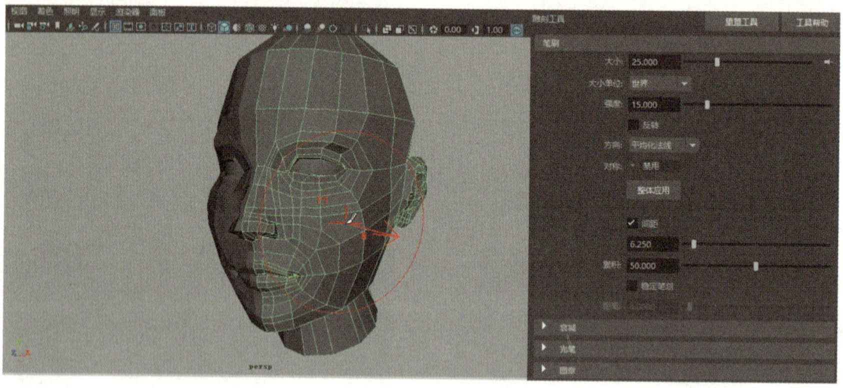

图 4-79

（8）全部调整完就可以进行模型的合并了，由于前面使用了大量的命令对模型进行调整，所以这个时候可以删除模型的历史记录，释放一些系统资源，使计算机显示速度更快。

删除一侧模型，准备进行镜像复制。Maya 自带的镜像复制命令是“网格”菜单下的“镜像”命令，但是使用这个命令合并比较精细的模型时很容易出错，经常将临近的点合并为一个点，如图 4-80 所示。

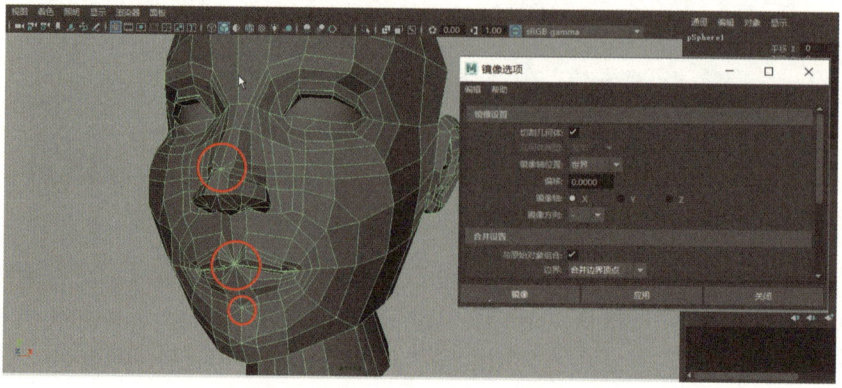

图 4-80

（9）使用另一种合并模型的方法，虽然稍复杂，但效果很好。执行“编辑”→“特殊复制”命令，打开“特殊复制选项”面板，设置“几何体类型”为“复制”，“缩放”的第一个参数为-1，单击“应用”按钮，复制出另一半模型，注意，这次就不是关联复制了，如图 4-81 所示。

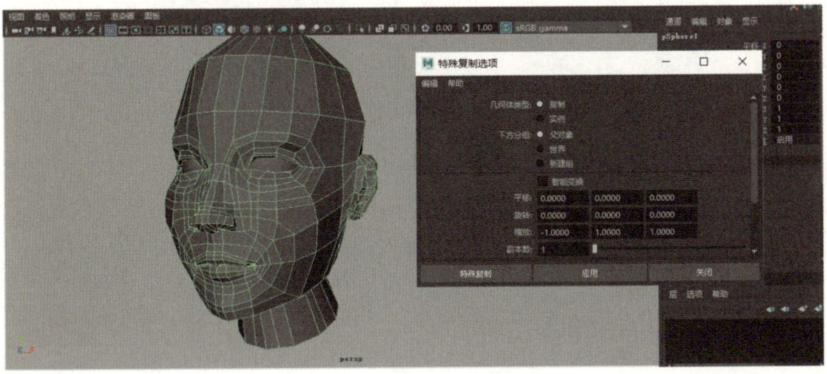

图 4-81

现在，角色的左侧头部和右侧头部是两个相互独立的模型，需要把它们合并为一个模型。选中它们，执行“网格”→“结合”命令，将两个模型合并为一个。

（10）如果对模型进行光滑，会发现模型正中间有一条缝隙，这是由于两个模型虽然合并在一起了，但是模型边缘的点还是各自独立的。

进入模型的点级别，在前视图中，使用框选的方法，从上到下框选最中间的一排点，打开“编辑网格”→“合并”命令设置面板，其中的“阈值”参数是指需要合并物体的距离值，即在这个距离内的被选择物体才能够合并，超出这个距离的被选择物体不会进行合并。

由于两个模型的点基本重合，所以可以先将阈值设定为最低的 0.0001，单击“应用”按钮，如图 4-82 所示。

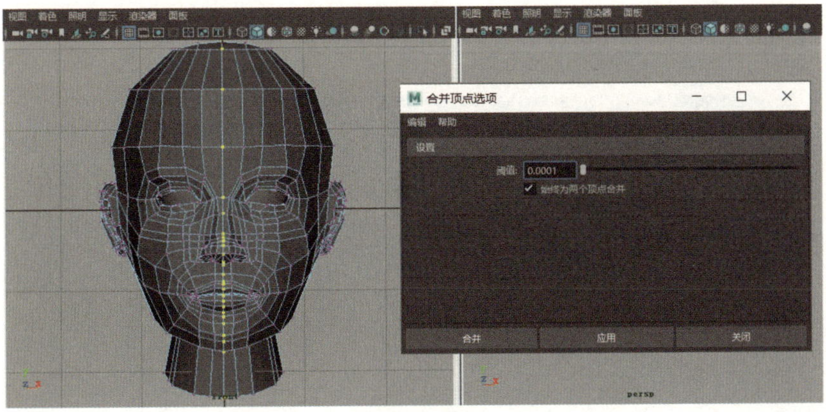

图 4-82

（11）使用“网格”→“平滑”命令对模型进行光滑，如果光滑后模型连接处有缝隙，说明这个地方的两个点没有被合并。按 Ctrl+Z 组合键返回光滑以前，先选中相应的点，可以适当地调整“合并”的“阈值”参数，并进行合并，再光滑。完成后的效果如图 4-83 所示。

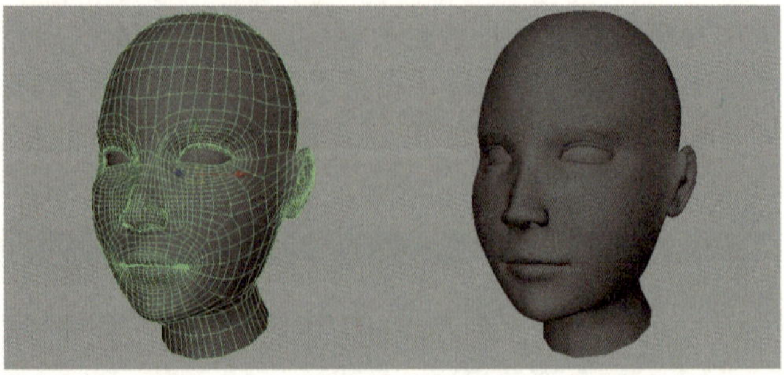

图 4-83

最终完成的文件是配套资源中的 4-3-women-ok.mb 文件。

4.3.7 其他部分的介绍

实际上，模型制作到现在，只是完成了角色中最复杂的头部，还有一些部分需要制作，如身体、头发、服装，甚至眼睫毛等。这些模型的制作技术难度不高，使用到的命令没有头部模型多，只是工作量很大，因此，这里仅做简单介绍，不再详细讲解。

（1）头发部分。如今的技术发展很快，制作真实的头发效果越来越简单。Maya 也增加了专门做头发的 nHair 系统，能够做出模拟真实头发的效果，但是这种技术对制作人员的要求很高，需要掌握的命令很多，并且制作出的头发飘动等效果也需要动力学等模块的配合，因此掌握起来需要较长的时间。

但这些技术最致命的缺点还是对系统资源的占用。如果制作单帧，则问题不大；如果制作大场景的动画，系统很可能就不堪重负了，除非有高配置计算机或渲染农场系统，否则对于资金并不宽裕的小型工作室和公司而言，是完全无法接受的。因此这种技术在实际的动画制作中使用并不多。

如今，制作大型动画时，大多数制作方都会使用直接建模的方法，即先使用平面模型调整为一缕头发的样子，然后不断复制和调整，大量的平面模型最终组成头发的效果，如图 4-84 所示。

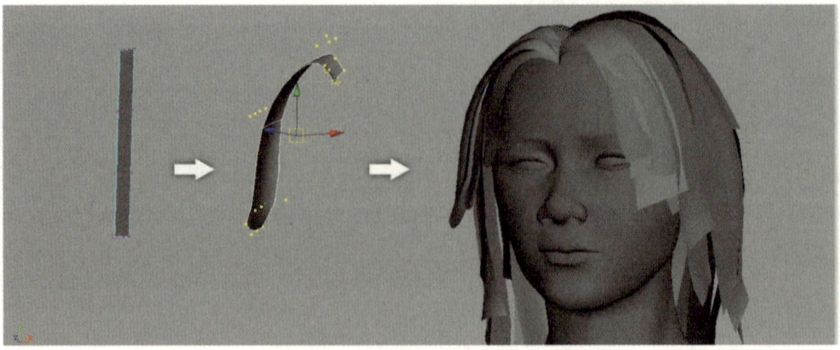

图 4-84

模型制作完成后，为头发模型贴上真实头发的贴图，并使用透明贴图制作出一丝一丝的效果，眼睫毛、胡须等也可以使用这种方法来创建，如图 4-85 和图 4-86 所示。

（2）身体部分。实际上，身体部分的建模在技术上并不困难，难的是对结构的掌握，

图 4-87 所示的三视图可以帮助读者理解身体结构。

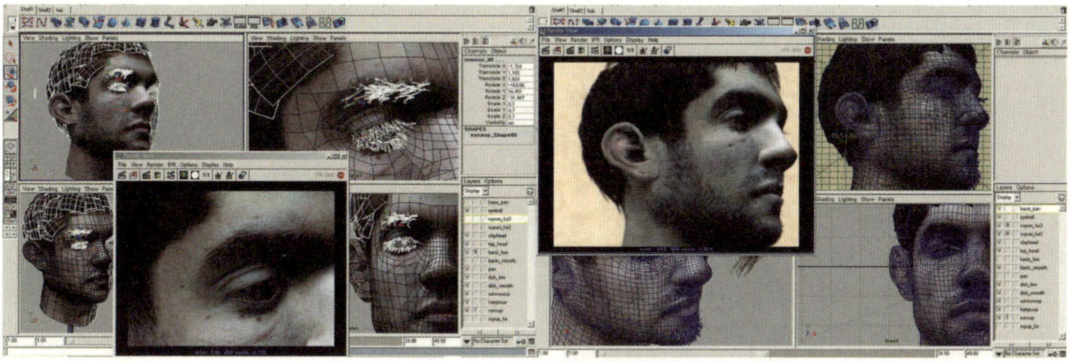

图 4-85

图 4-86

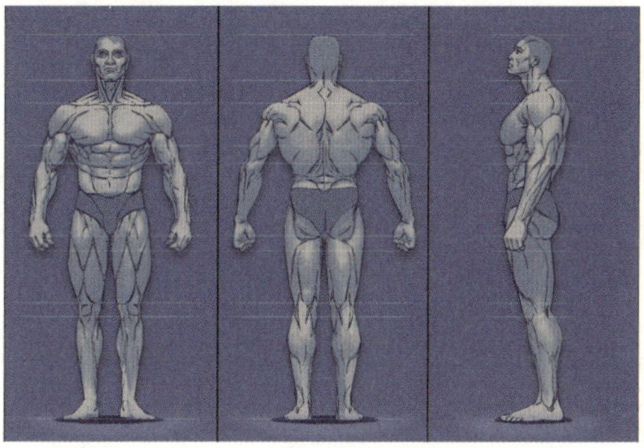

图 4-87

身体的建模方式基本都是新建一个立方体作为身体部分，使用挤压命令挤压出手臂、手指、腿、脚，图 4-88 所示为制作非常精细的脚和手。

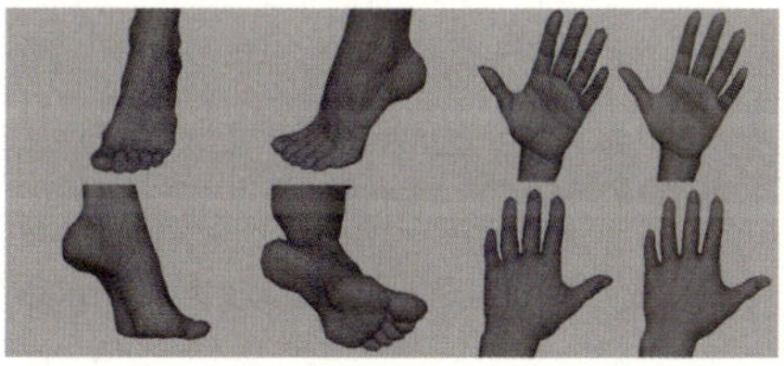

图 4-88

（3）衣服部分。同头发部分一样，专门做衣服特效的插件也很多，Maya 升级以后的 nCloth 系统也是专门为制作衣服设计的。nCloth 系统的缺点也是制作大场景动画时占用系统资源过大。因此很多大型多集动画都采用多边形建模的方式来制作衣服，如图 4-89 所示。

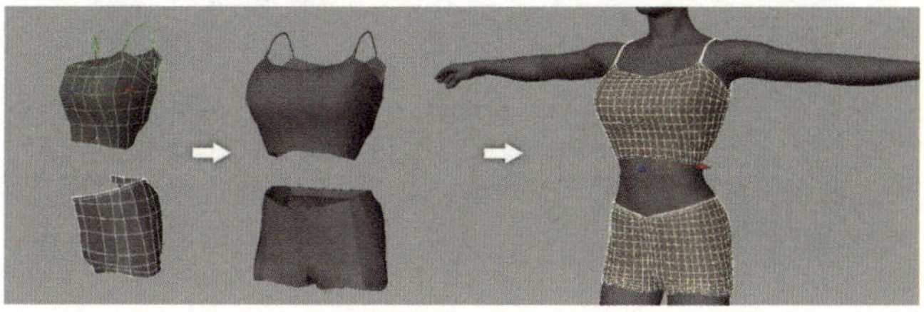

图 4-89

图 4-90 所示为一个完整的三维角色，它是完全使用多边形模型完成的，包括头发和服饰。

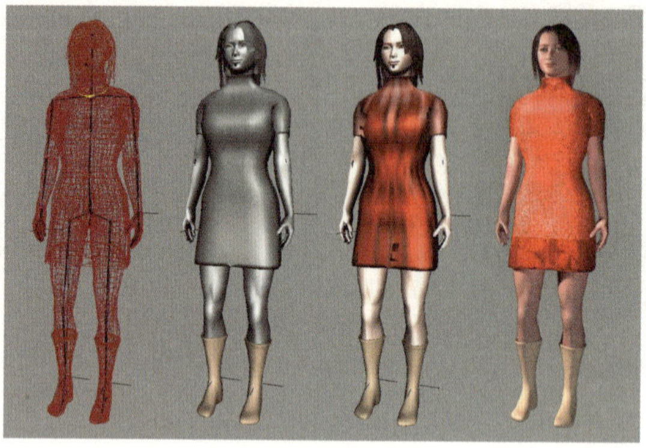

图 4-90

本 章 小 结

本章系统地介绍了在 Maya 中制作角色的方法，并分别针对卡通角色和写实角色做了讲解。在目前的角色制作过程中，基本采用多边形建模的手法，因此，希望读者多留意常用的多边形建模命令，如“多切割”命令、“合并”命令、“平滑”命令等。

作　业

1．找一种自己喜欢的动物，发挥想象，把它改变成卡通角色的造型。

2．在 Maya 中创作一个完整真实的人体，并通过点级别的调整，让其摆出一个简单的姿势。

图 4-91 所示为郑州轻工业大学动画系 18 级的同学们在学习完本章内容后创作的作品，创作时间为一星期。

图 4-91

第5章 Maya 的材质系统

在 Maya 中，各种材质的主要区别就是对高光的处理，不同材质有不同的高光效果，很多材质都有自己的特性，下面详细介绍。

5.1 Maya 基本材质类型

5.1.1 各向异性、Blinn、Lambert、分层着色器

视频教程

各向异性：一种比较特殊的材质，特殊之处在于它的高光。在一般情况下，一个球体的高光应该是圆形的，但实际上却是很不规则的，如图 5-1 所示。图 5-2 所示为默认的各向异性材质指定给一个球体后，模型在视图中的显示和渲染后的图像。

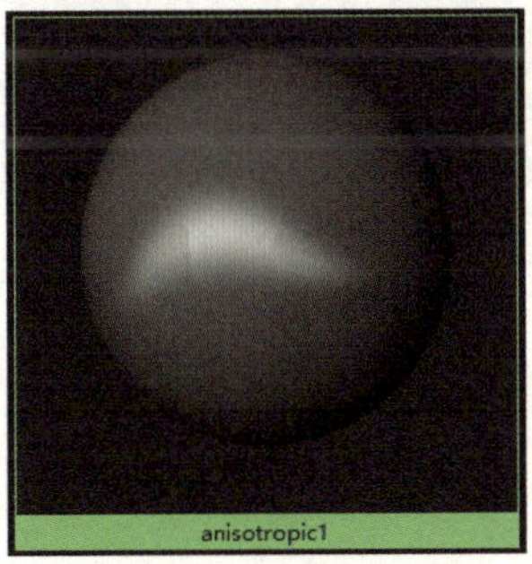

图 5-1

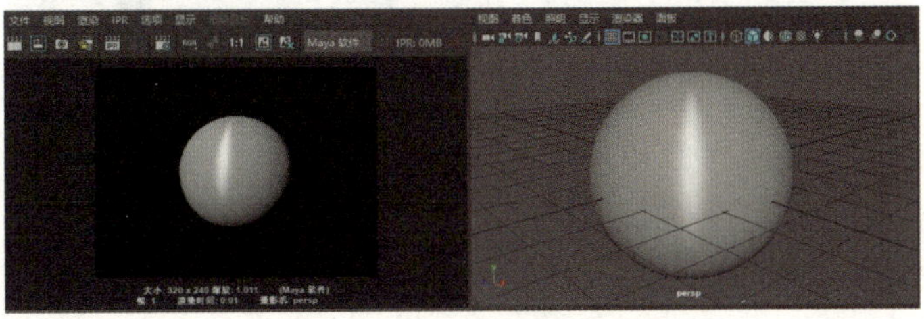

图 5-2

各向异性在三维作品中并不是很常用的一种材质，但由于它的特殊性，所以很适合表现一些不规则的反射。另外，它的高光可以根据角度进行细致调整，如图 5-2 中比较狭长的高光，可以自身进行一些旋转，对喜爱做动画的人而言，也许这就是一个创意的亮点。

Blinn：一种很常用的材质，主要归功于其可调节性极强的高光，如图 5-3 所示。图 5-4 所示是默认的 Blinn 材质指定给一个球体后，模型在视图中的显示和渲染后的图像。

图 5-3

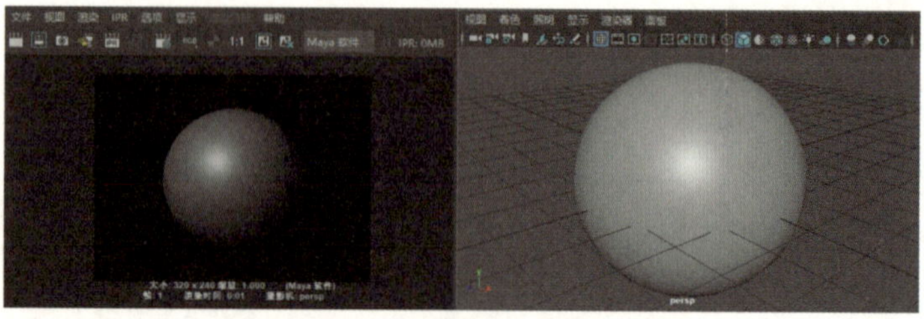

图 5-4

Blinn 材质的适用范围广泛，一般情况下，极其强烈的高光在现实中是不大容易出现的。其实仔细观察周围，由于空气中不规则颗粒所造成的折射及视线的阻隔等一系列因素，我们看到的高光都或多或少地带有过渡的柔和边缘，这正是 Blinn 材质的特性。

Blinn 材质高光柔和度的可调节性很强，因此它才具有普遍性。Blinn 材质很多时候都被用在高光较强烈的金属或玻璃上，在一些高光不是很强的物体上（如木制家具），也常常能见到它的身影。

Lambert：Maya 的默认材质。创建完一个模型以后，Maya 会自动将这个模型指定 Lambert 材质。它的特点是没有任何高光，这是它区别于其他材质的一个重要特点，如图 5-5 所示。图 5-6 所示是默认的 Lambert 材质指定给一个球体后，模型在视图中的显示和渲染后的图像。

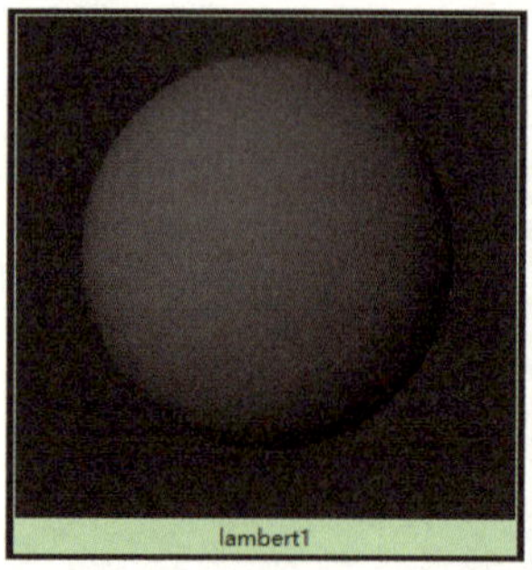

图 5-5

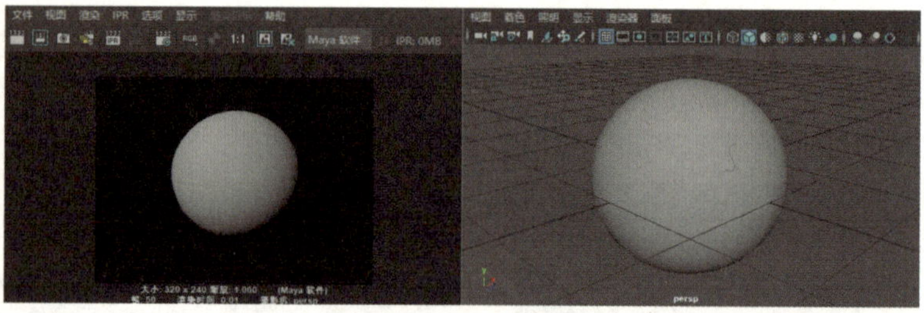

图 5-6

Lambert 材质也是应用很广泛的一种基本材质，由于它不会产生任何高光特性，使得它在模拟一些表面比较粗糙的物体时有着很大的发挥空间。在现实世界中，如果仔细观察会发现：很多物体实际上是不带任何高光的，比如，身上穿着的布料衣服及地上的岩石、砖头、瓦片，这些都是 Lambert 材质应用的地方。

分层着色器：一种很特殊的材质。它的特殊不在于高光方面，而在于特殊的编辑属性。

一般情况下，一个物体表面的质感都是分为不同层级的，分层着色器材质就是把不同的材质叠加到模型上，从而创造出更多变的材质。

图 5-7 所示是创建的一个基本的分层着色器。图 5-8 所示是为一个球体模型指定了一个默认分层着色器后，模型在视图中的显示和渲染后的图像。

图 5-7

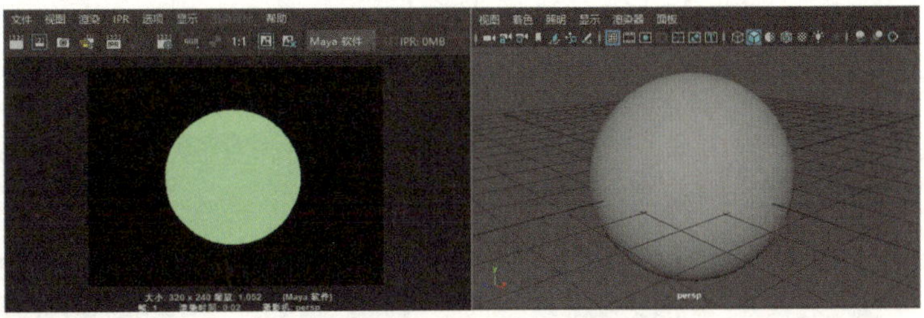

图 5-8

这只是刚建立还没有经过任何调整的分层着色器，虽然其看上去只不过是一块绿色，但是将它真正调节好后，调节出来的效果是惊人的，用它来模拟物体因岁月而产生的众多杂质是再合适不过的。图 5-9 所示是一个建立好的分层着色器表现出来的效果。当然，这只是最简单的一种。

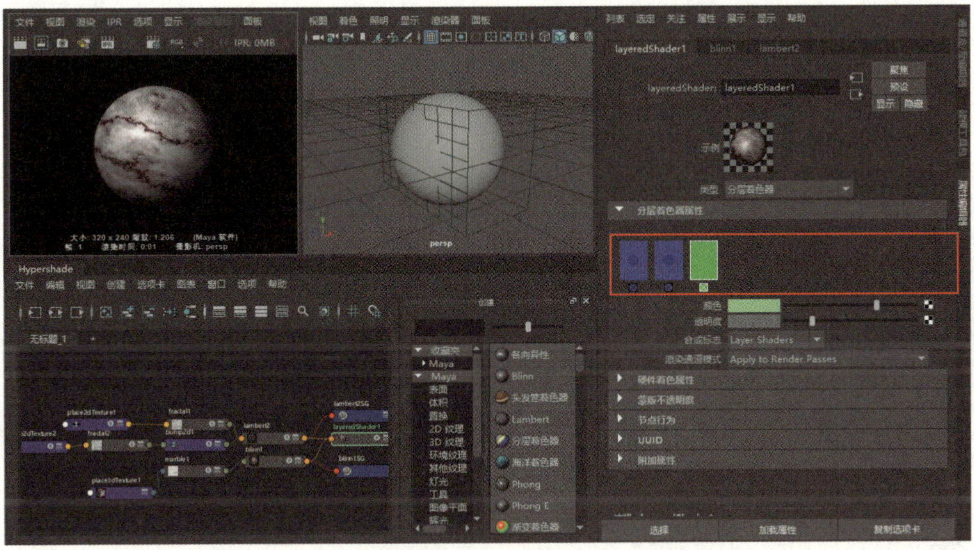

图 5-9

注意图右侧红框中的设置，这就是分层着色器层级设置的地方，越靠左边的材质显示在整个物体的越前面。从下面的 Hypershade 面板中也可以看到，这个分层着色器是由一个 Blinn 材质和一个 Lambert 材质叠加得到的，而 Blinn 材质和 Lambert 材质的下面还有子层级。

从这个材质层级链接表中不难看出，一个分层着色器的复杂程度在所有材质之上，即想要调节出优秀的材质，就必须付出更多的劳动，这也是分层着色器的特点。

5.1.2　Phong、Phong E、渐变着色器、表面着色器

视频教程

Phong： Phong 材质与其他材质的显著区别就是它具有极其强烈的高光。与其他材质对比就会发现，在材质都没有进行调整的时候，Phong 材质的高光是最强烈的，

而且它的高光非常集中，边界的柔和度不高，如图5-10所示。图5-11所示是默认的Phong材质指定给一个球体后，模型在视图中的显示和渲染后的图像。

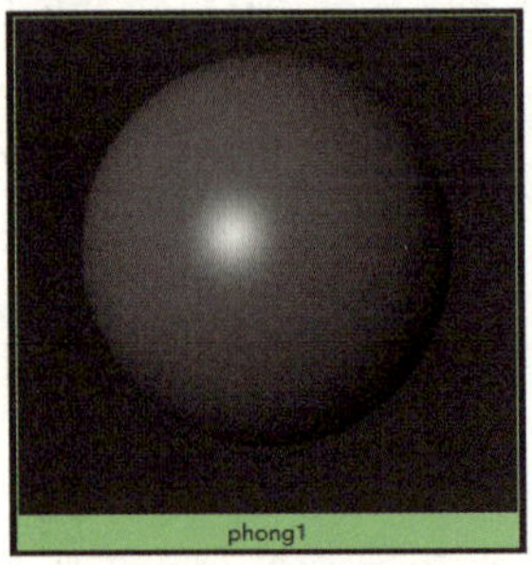

图5-10

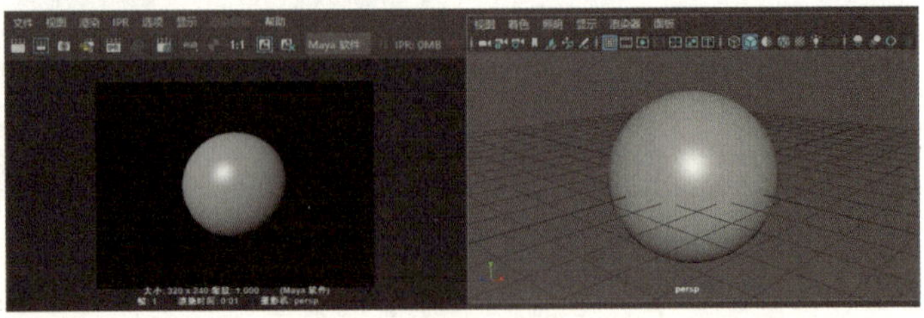

图5-11

Phong材质由于其独特的高光，经常被用在塑料、金属等质感的表现方面。

Phong E：从名字就可以看出，Phong E和Phong材质有一定的联系。对它们进行仔细对比后发现，Phong E材质的高光比Phong材质要柔和。如果读者细心，会发觉Phong E材质和Blinn材质有很多相似之处。其实，Phong E材质的高光比Blinn材质更集中，边界也没有Blinn材质那么柔和，如图5-12所示。图5-13所示是默认的Phong E材质指定给一个球体后，模型在视图中的显示和渲染后的图像。

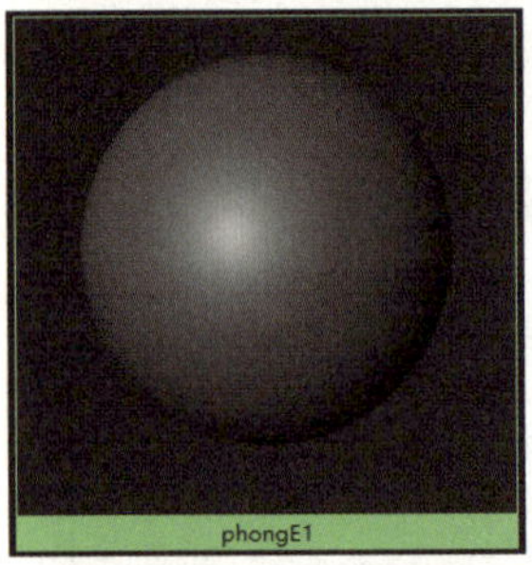

图5-12

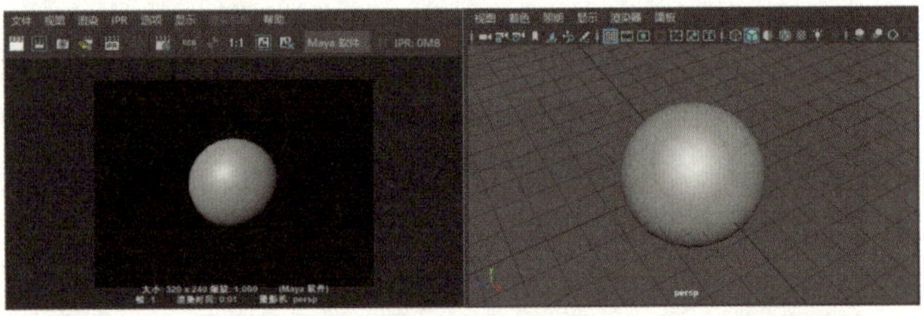

图5-13

Phong E材质由于具有边缘柔和、中心强烈的高光，在适用范围上有局限，但它在表现高光不太强烈、相对集中的质感方面依然有着一定的应用。

渐变着色器：这并不是一个单一上色实体，它的所有属性都可以设置为渐变效果，如图5-14所示。图5-15所示是经过小调整的渐变着色器材质指定给一个球体后，模型在视图中的显示和渲染后的图像，从中可以看出它的不同之处。

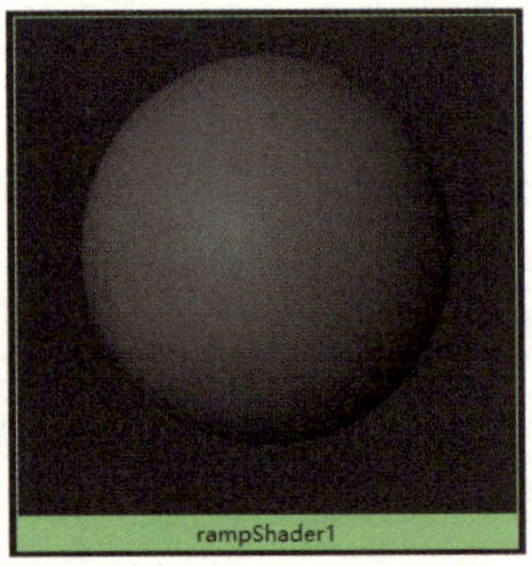

图5-14

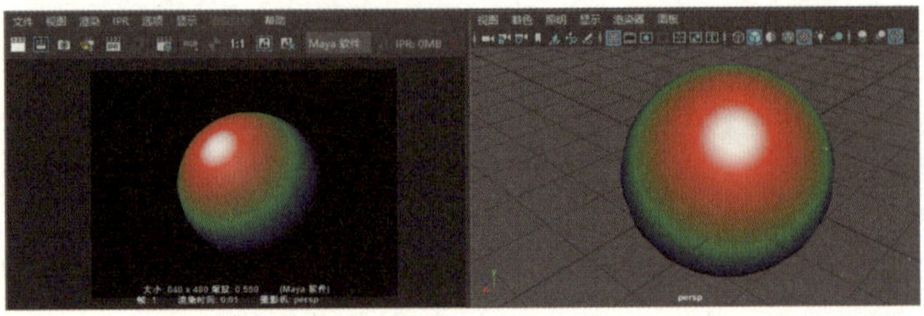

图5-15

图 5-16 所示为渐变着色器材质的调节面板，右侧是调节过渡色的地方。单击颜色块，会弹出一个新颜色，以供调整使用。

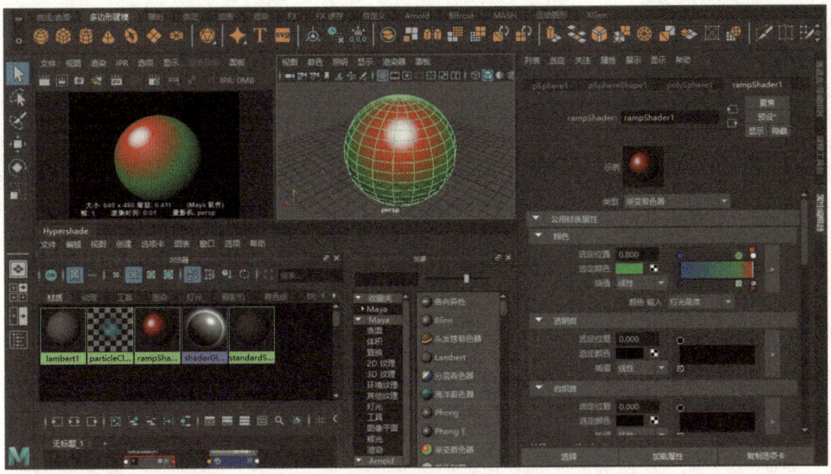

图 5-16

表面着色器： 这是一种很特殊的材质，特殊之处不在于它的高光，而在于它的表现形态。我们可以把它看作一个自发光的材质，能够渲染出很强的光晕，如图 5-17 所示。图 5-18 所示是经过小调整的表面着色器材质指定给一个球体的模型后，模型在视图中的显示和渲染后的图像，从中可以看出它的不同之处。

图 5-17

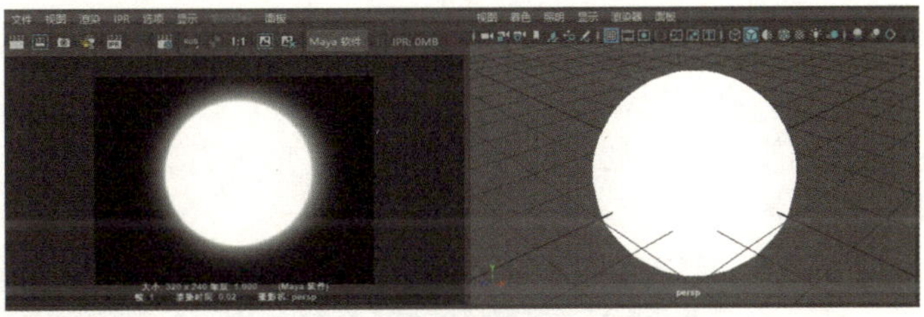

图 5-18

表面着色器材质由于其特殊性，不适合表现绝大多数物体的表面，但它很适合表现一些光感强烈的物体，如很强的白炽灯，甚至可以模拟太阳。

以上介绍了基本材质中的常用材质，但要做出优秀的材质，还要对基本材质的属性进行调节。

5.2　示范实例——使用海洋着色器制作海洋效果

视频教程

海洋着色器适合做海洋及其他带有波纹的水，如图 5-19 所示。图 5-20 所示为把经过调整的海洋着色器指定给一个平面模型后，模型在视图中的显示和渲染后的图像。

图 5-19

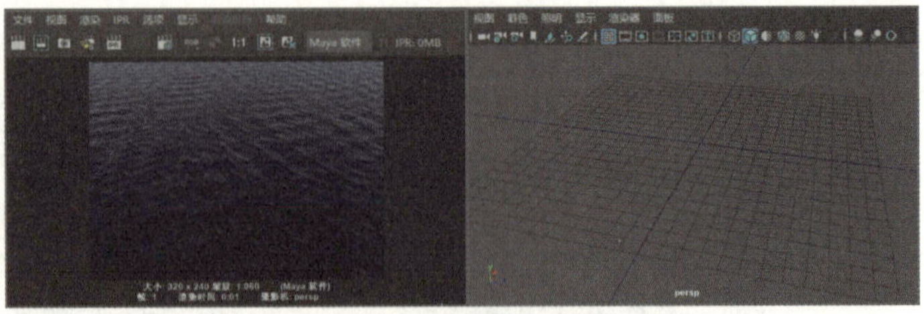

图 5-20

下面使用海洋着色器制作海洋效果。

（1）创建一个多边形的平面，调节主界面右侧“通道”面板的“缩放 X”、“缩放 Y”和“缩放 Z”参数分别为 135、1 和 165，并将“细分宽度”和“高度细分数”调节为 10，在透视图中用放缩视图工具（快捷方式为“Alt 键+鼠标右键”）将视图拉近，如图 5-21 所示。

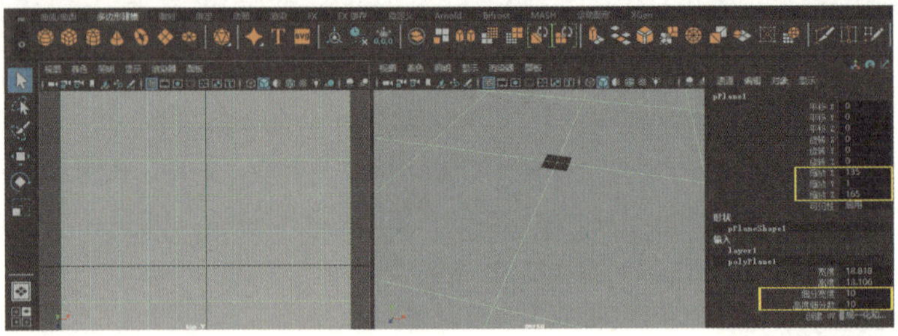

图 5-21

（2）执行“窗口”→“渲染编辑器”→Hypershade 命令，打开 Hypershade 面板，单击左边的海洋着色器，使 oceanShader1 材质出现在右侧的材质编辑框内。使用鼠标中键将它拖动到视图中刚创建的平板模型上，单击“渲染”按钮进行渲染，渲染出来的是一片有着轻微海浪的海洋，如图 5-22 所示。

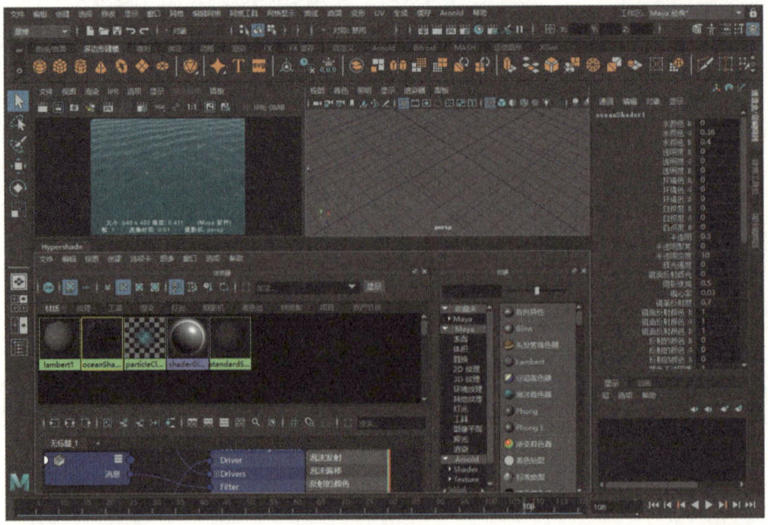

图 5-22

我们可以看出，这个海洋和预想中的效果还有一定的差距，如颜色偏绿，这似乎与“蔚蓝的大海”不符。

（3）打开海洋着色器的属性编辑器。在“公用材质属性”卷轴栏下，单击“水颜色”前面的颜色块。在弹出的色彩调节器中，将颜色调节成深蓝色。再渲染一遍，发现渲染出来的就是“蔚蓝的大海”了，如图 5-23 所示。

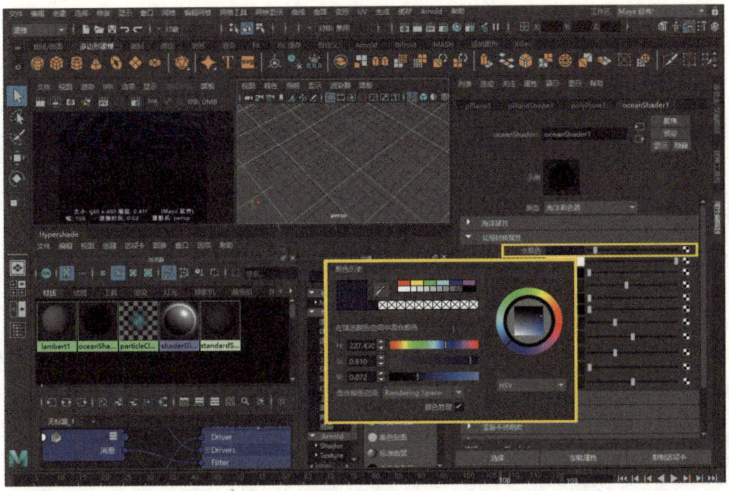

图 5-23

虽然颜色处理完毕，但这张图依然存在很多缺陷，还远远达不到真实效果，这主要是水波的关系。这张图渲染出来的水波太细微，不像汪洋大海，倒像一条普普通通的小河。而且水波太一致，差不多的大小和形状，使它缺少波纹应该有的多样化和不规则化，这些都是需要调节的地方。

（4）在海洋着色器的属性编辑器中，单击打开“海洋属性”卷轴栏，按照如图 5-24 所示参数进行调节。单击“渲染”按钮，就会发现整个海面变了，水波有大有小，错综复杂，极富变化。“比例”属性用于调节水面波纹的大小，值越大，水波纹越多，反之则越少。“波方向扩散”属性则是调节水波扩展方向的。

图 5-24

还有一组相关参数："最小波长"和"最大波长"。这两个参数是调节水波最小长度和最大长度的值。对它们进行设定后，所有水波都会被限制在这两个值之间进行随机变化。即如果想要水波变得没有规律，只需将这两个值之间的差距拉大，水波就会在一个更大的范围内随机变化。

当前的海面效果还不错，但似乎有点昏暗，可以把它加亮一些。

（5）在 oceanShader1 材质的属性编辑器中找到"辉光"卷轴栏并单击，调节"辉光强度"为 0.12，并对透视图进行渲染，发现整个海面都亮了起来，如图 5-25 所示。

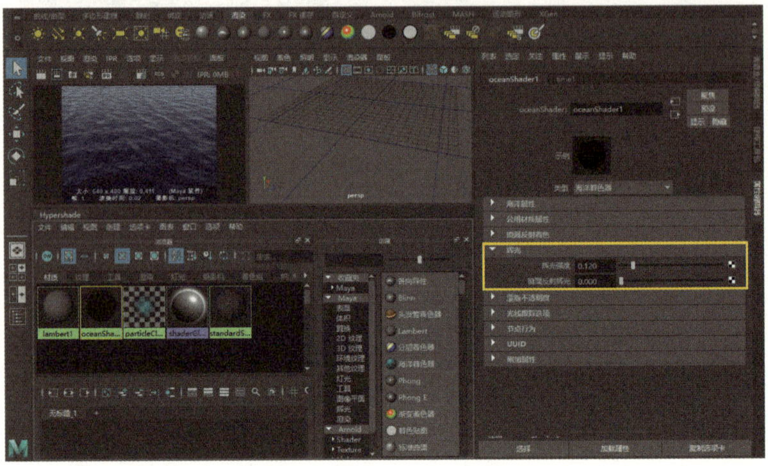

图 5-25

"辉光"是一个特殊参数，顾名思义，它能够使物体自身发出晕光效果，数值越高，亮度越强。有时候，一些高亮度却能使画面产生一种完全不同的效果，图 5-26 和图 5-27 所示为两种不同的效果。

图 5-26

图 5-27

最终完成的文件是配套资源中的 5-2-Ocean-ok.mb 文件。

视频教程

5.3 基础材质的基本属性

创建一个基本材质以后，会进入所选择材质的属性编辑器，其中有很多属性，可以对参数进行调节，以产生更多变化，如图 5-28 所示。

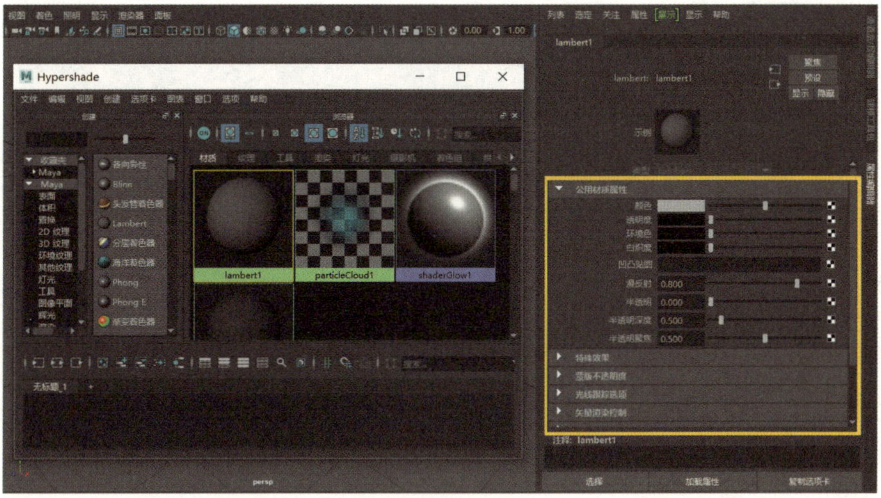

图 5-28

从图 5-28 可以看到，材质的属性被分为多个选项组，选项组的卷轴栏下又分列着各自的小选项。以下内容是对常用的选项和参数进行的介绍。

“公用材质属性”选项组，从名字就可以看出，这里面都是材质公用的属性。但一些比较特殊的材质没有包含在这个选项组中，因此，可以说它是绝大多数材质的公用属性，如图 5-29 所示。

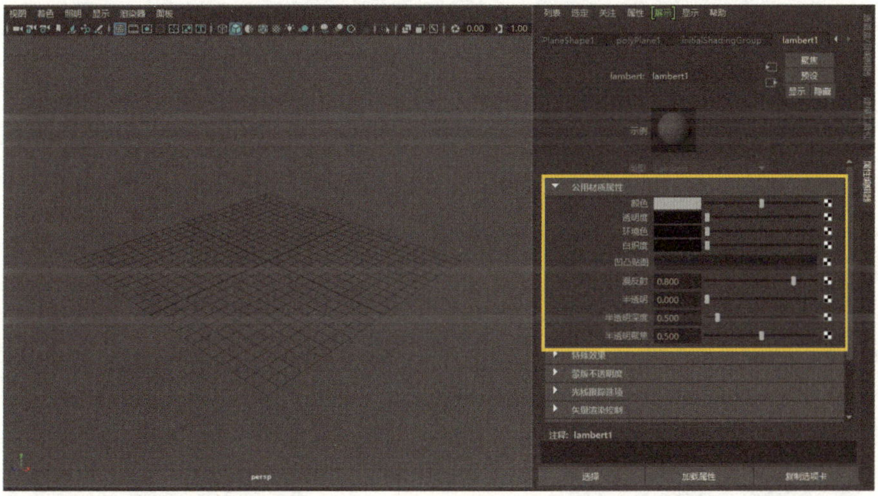

图 5-29

颜色：调节材质基本颜色的属性。刚创建出来的材质颜色是灰色，而通过“颜色”属性的调节，能够使基本材质的颜色发生变化。

只要单击“颜色”标题后的色块，就会弹出一个颜色调节器，调节完毕将鼠标指针移出，颜色调节器的面板会自动消失，如图 5-30 所示。

“颜色”属性的最右边有一个黑白格子标志，这是它的“贴图”按钮。在基本颜色不能够满足需要的时候，可以单击“贴图”按钮，选择一种纹理贴图贴在模型的表面，以达到需要的效果。

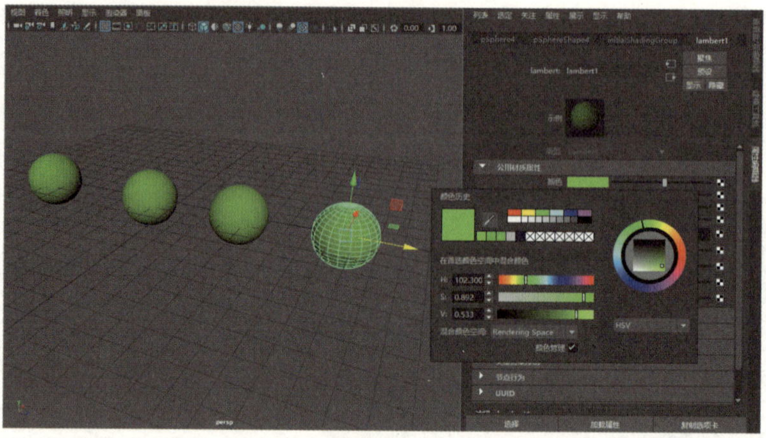

图 5-30

透明度：调节材质透明度的属性。将该值调整为黑色代表 100%不透明，白色代表全部透明，中间过渡的灰色越深则透明度越低，反之则越高，如图 5-31 所示。

图 5-31

值得注意的是，“透明度”属性可以调整模型的透明程度，但只限于模型本身，并不影响物体的高光、阴影及其他参数的透明度。图 5-32 和图 5-33 所示是调节了红色球体透明度前后的效果，注意红色球体透明以后透出来的背景，以及它本身的高光和阴影。

图 5-32

图 5-33

环境色：系统默认的环境色是纯黑色，也就意味着不加任何环境色。“环境色”属性的调节方法和“颜色”属性一样，即单击“环境色”后的色块，在弹出来的颜色调节器里进行调节，如图 5-34 所示。

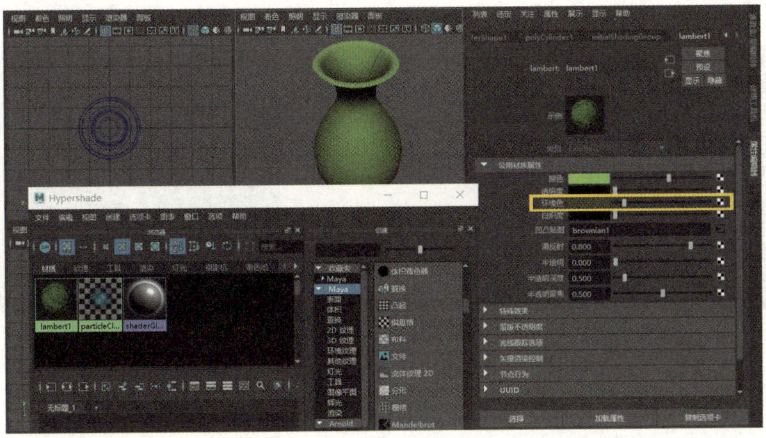

图 5-34

图 5-35 和图 5-36 所示为加上环境色前后的渲染效果，它们加的是黄色调的环境色，可以对它们进行比较。

图 5-35

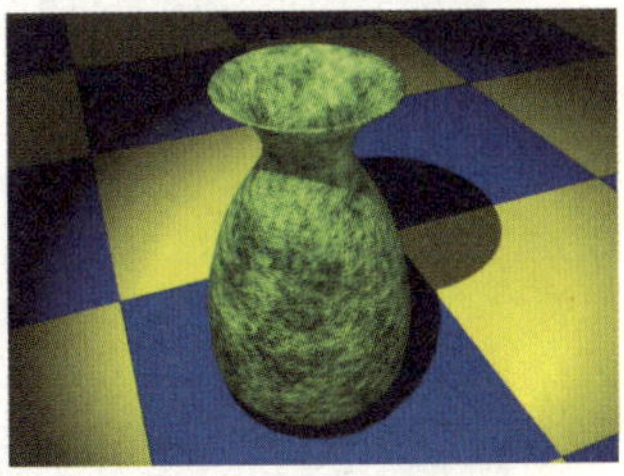

图 5-36

白炽度：其实就是调节材质自身亮度的属性，调节方法也是单击其后的色块，弹出颜色调节器后进行调节，如图 5-37 所示。

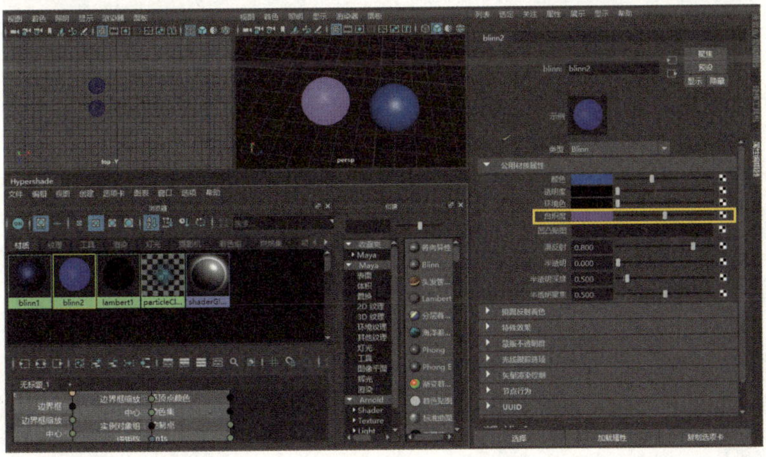

图 5-37

如图 5-38 所示，两个球体的形状和材质是一样的，不同的是右侧的球体加了“白炽度”效果，可以进行对比。图 5-39 所示是把场景中所有的灯光隐去以后渲染出来的效果，从中可以看出，在没有灯光的情况下，右侧加了“白炽度”效果的球体依然能够显现出来。因为“白炽度”效果均匀地散布光，所以渲染出来如同一个平面，没有任何立体感。

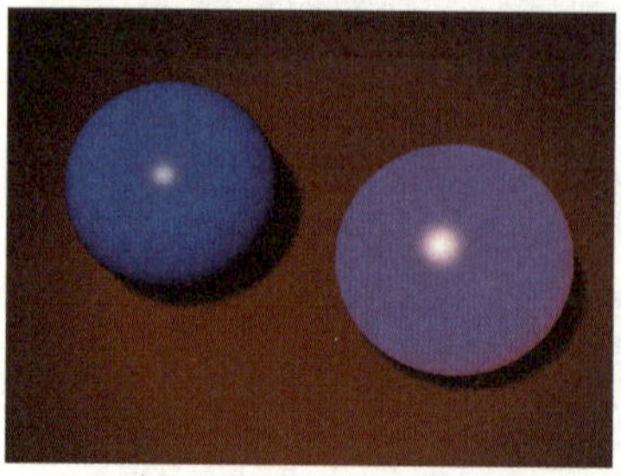

图 5-38

图 5-39

凹凸贴图：这是一个极其常用的属性，根据灰度值大小来使被指定材质的物体表面产生凹凸不平的效果，灰度值高的地方就会产生凹进去的效果。它没有颜色调节框，只有一个标有黑白格子的“贴图”按钮，所以，只能用贴图的方法模拟出凹凸效果，如图 5-40 所示。

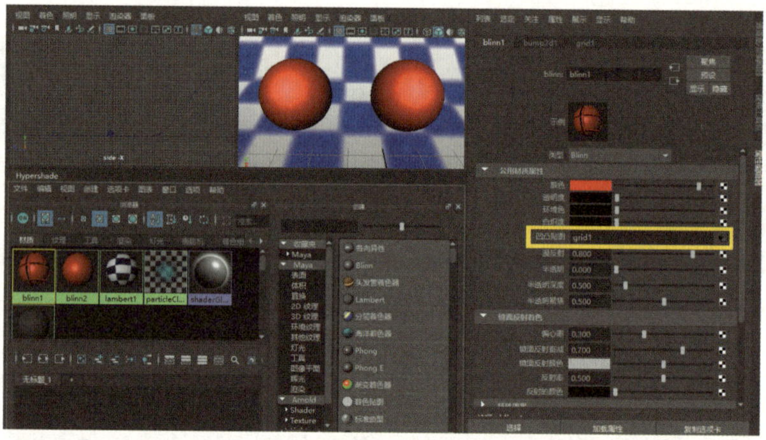

图 5-40

下面两张渲染效果图是加入“凹凸贴图”属性前、后的样子。图 5-41 所示为加入“凹凸贴图”属性前的效果，图 5-42 所示为加入“凹凸贴图”属性后的效果。可以进行对比，“凹凸贴图”属性的深度是可以随意进行调节的。

图 5-41

图 5-42

漫反射：漫反射是物理学中物体表面对光的一种反射现象，对提高物体的亮度和饱和度有帮助，但它并不改变所有亮度，只改变中间的过渡色。Maya 默认的“漫反射”值是 0.8，可以对其进行调节。如果值大于 1 则必须先手动输入数值，然后按 Enter 键，因为使用滚动条只能调节 0～1 之间的数值，如图 5-43 所示。

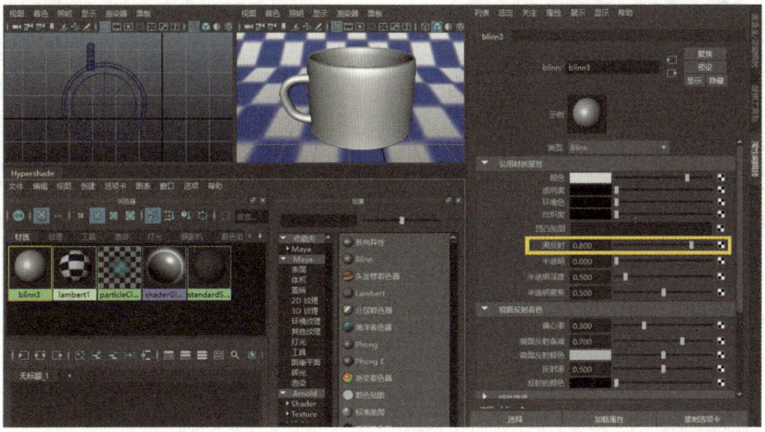

图 5-43

图 5-44 和图 5-45 所示为“漫反射”值分别为 0.2 和 0.8 的效果，供读者对比。

图 5-44

图 5-45

半透明：这也是一种很特殊的材质属性，主要用于树叶、蜡烛、窗帘之类的半透明物体，模拟出透光的效果。“半透明”属性下的两个参数“半透明深度”和“半透明聚焦”是它的子参数，如图 5-46 所示。

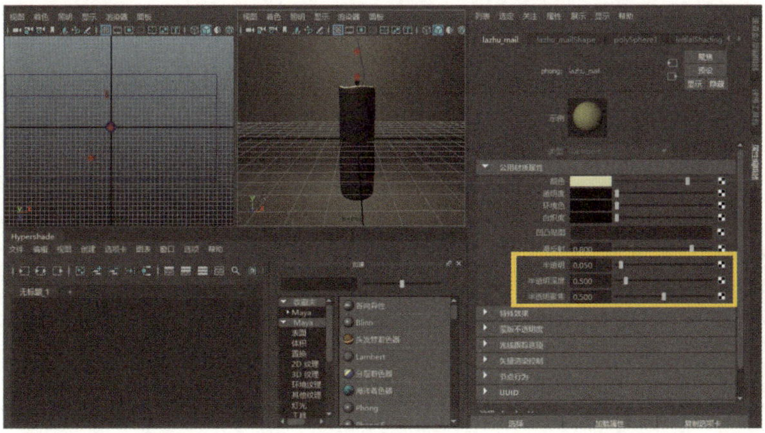

图 5-46

图 5-47 和图 5-48 所示为加入"半透明"属性前、后的效果，可以看出蜡烛把背投灯光的光线显现出来了。

图 5-47

图 5-48

视频教程

5.4 示范实例——矿石材质效果的制作

本节以实例的形式对前面所学内容进行小结。首先，观察如图 5-49 和图 5-50 所示两张效果图，在本实例中，我们将制作一块矿石。要注意，矿石不但要有一般石头的纹理，还要有闪闪发光的小颗粒，以显示矿石的特点。

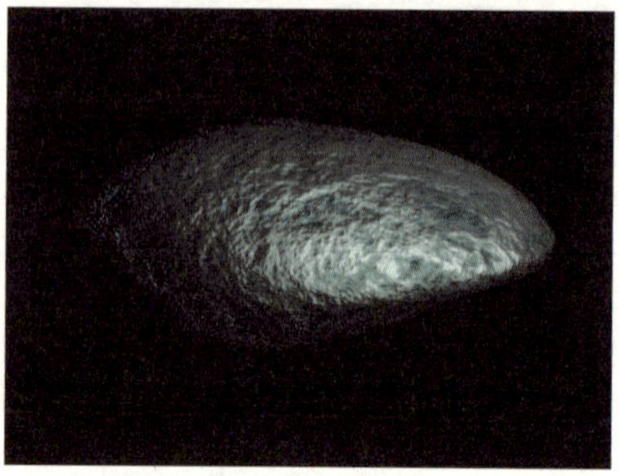
图 5-49

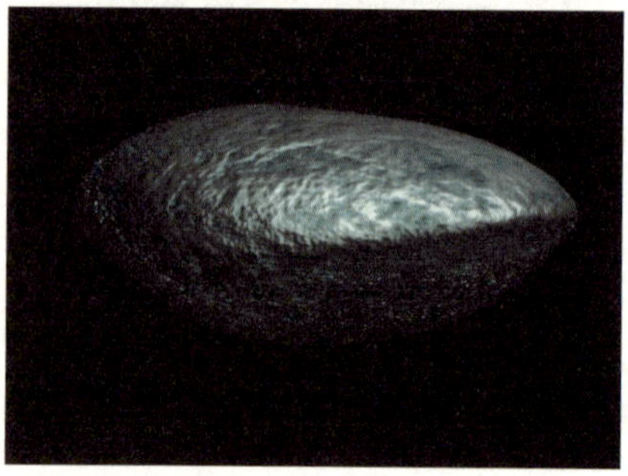
图 5-50

这个实例涉及的材质有 Phong、Phong E、分层着色器，以及几乎所有的常用材质属性。

（1）打开配套资源中的 5-4-stone.mb 文件，里面有一个做好的石头模型，建模方式是曲面建模。

除了模型，还打上了灯光，分别是一盏聚光灯和一盏环境光，为了照亮物体，还有一架摄影机，如图 5-51 所示。

（2）执行"窗口"→"渲染编辑器"→Hypershade 命令，打开 Hypershade 窗口，创建一个 Phong E 材质，系统会给这个材质命名为 phongE1。

双击 Hypershade 窗口中的 phongE1 材质，打开它的属性编辑器。在调节材质的属性之前，先将材质指定给石头模型，并打开 IPR 渲染窗口，边调节材质边观看结果。

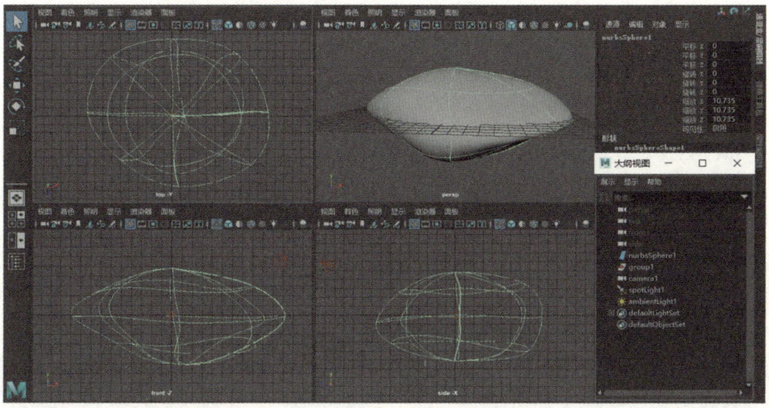

图 5-51

先将物体的固有色改变，矿石一般都不具有普通石头那样的灰色，把它调节得稍微偏绿，如图 5-52 所示。

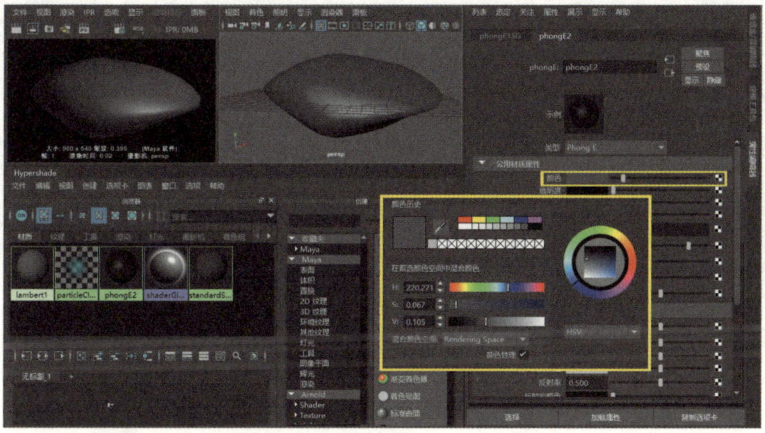

图 5-52

（3）对其高光进行调节，即设置“镜面反射着色”卷轴栏下的参数。这些参数是 Phong E 材质特有的属性，并不属于公用材质属性，按照如图 5-53 所示对参数进行设置。

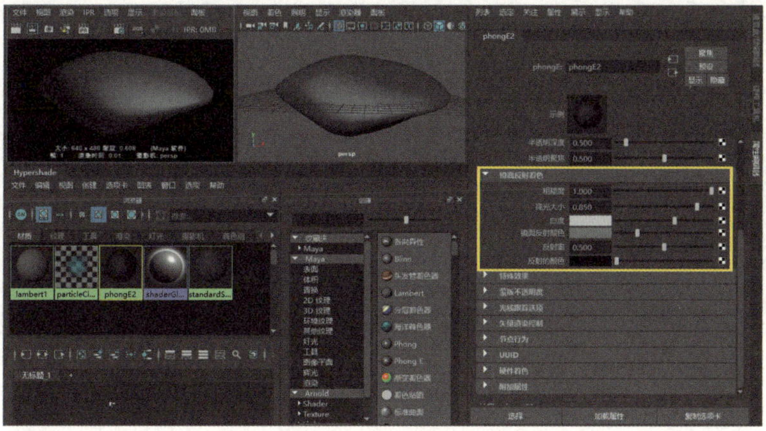

图 5-53

- “粗糙度”属性用于调节高光的粗糙程度，值越大，高光边缘越不圆滑，即粗糙度上升。由于矿石的表面有不规则的凹凸，所以高光不必处理得很光滑。
- “高光大小”属性用于调节高光尺寸，值越大，高光面积越大。
- “白度”属性用于调节高光的亮度。
- “镜面反射颜色”属性用于调节高光的颜色，主要调节色调，因为高光的亮度是由“白度”控制的。

（4）给矿石加入凹凸效果。在材质属性栏，单击“凹凸贴图”后黑白格子的标志，在弹出的贴图类型中选择“云”贴图类型，如图 5-54 所示。

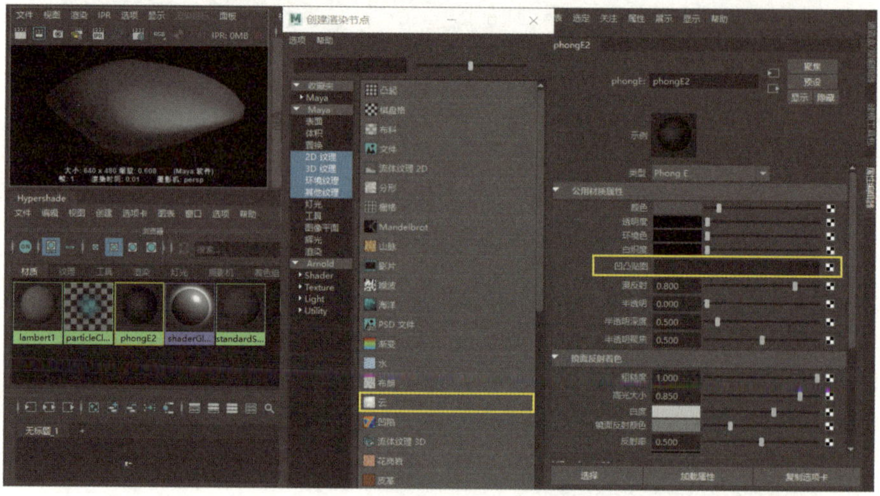

图 5-54

如果打开了 IPR 渲染窗口，就可以看到矿石表面出现了不规则的凹凸效果，如图 5-55 所示。

图 5-55

（5）因为还要加上一些发光的颗粒感，所以只凭借一个 phongE1 材质是不可能完成制作的。下面使用分层着色器材质。

在 Hypershade 窗口中创建一个分层着色器材质，它会被系统自动命名为 layeredShader1。其实，养成给材质命名的习惯很有必要，对于复杂的场景而言，这可以使调节更便捷。但由于这个实例中只有三种材质，所以命名就不那么重要了。刚创建的分层着色器材质在没有进行设定的时候，通常都会自带一个层，这个层几乎没有用处，一般都会把它删掉。

用鼠标中键将刚调节完毕的 phongE1 材质拖动到 layeredShader1 材质的层级框中，单击分层着色器材质自带的绿色层下面的叉号，将其删除，只保留 phongE1 材质，并将 layeredShader1 材质指定给模型，如图 5-56 所示。

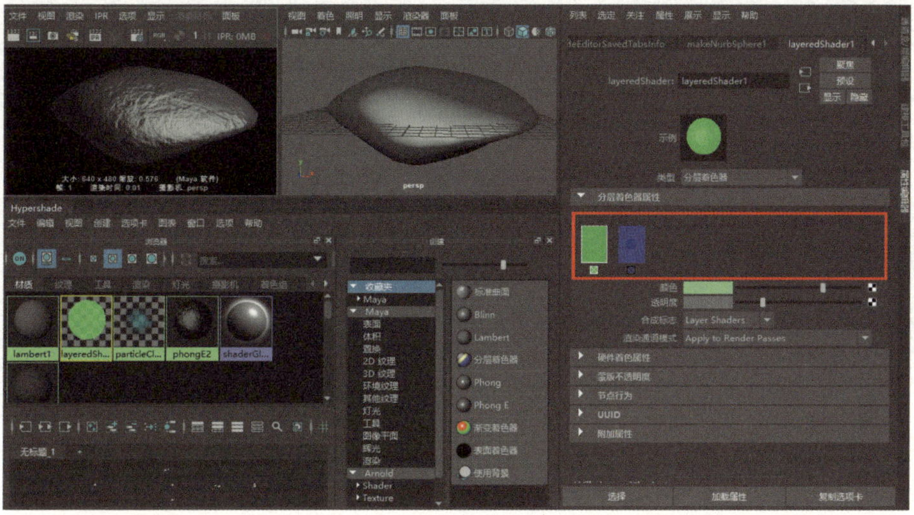

图 5-56

（6）在 Hypershade 窗口中创建一个 Phong 材质，系统会自动把它命名为 phong1 材质。由于要加上矿物质的颜色，所以使颜色稍稍偏蓝。为它的“凹凸贴图”加入一个“分形”贴图，如图 5-57 所示。

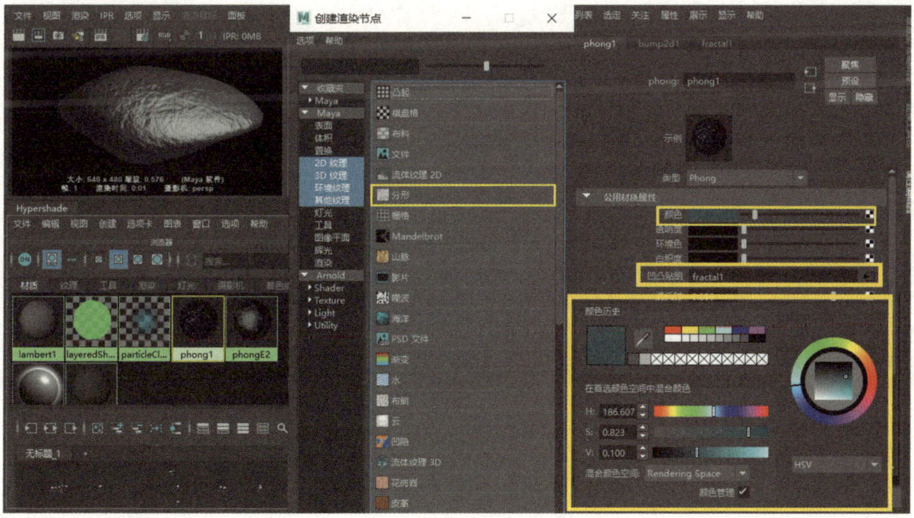

图 5-57

（7）在 Hypershade 窗口中展开 phong1 材质的节点图，单击左侧的 place2dTexture1 节

点（这个名字在具体文件中可能不一样，但要调节的具体节点一定要清楚），打开它的属性编辑器，在“UV 向重复”一栏中，将两个数值都调节为 10，使它们在 U、V 轴向上都重复 10 次，以提高杂点的密度，增加矿石闪亮点的数量，如图 5-58 所示。

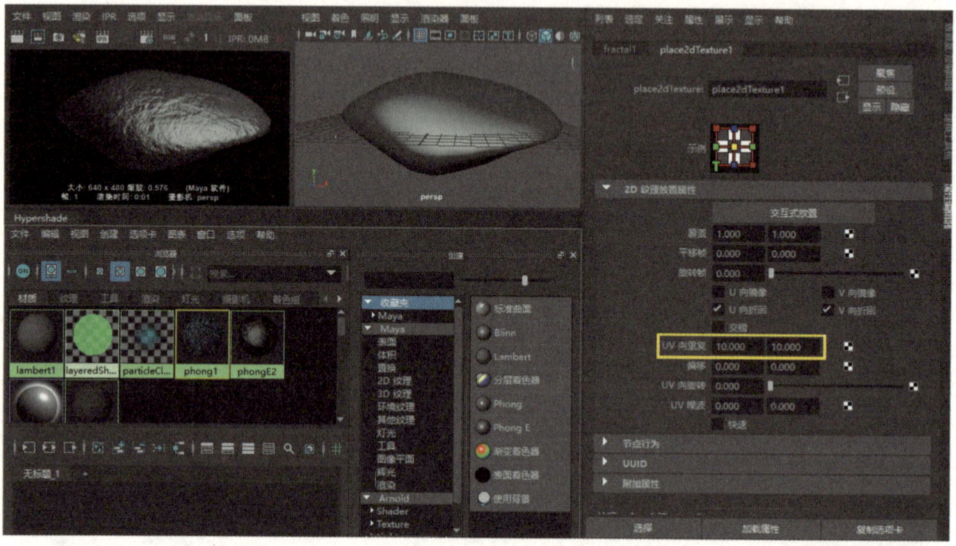

图 5-58

（8）在 phong1 材质的节点图中，单击 bump2d1 节点，打开它的属性编辑器，在“凹凸深度”栏中将数值改为 5，使质感大幅增强，在最后的合成中使矿石的颗粒感更强烈，如图 5-59 所示。

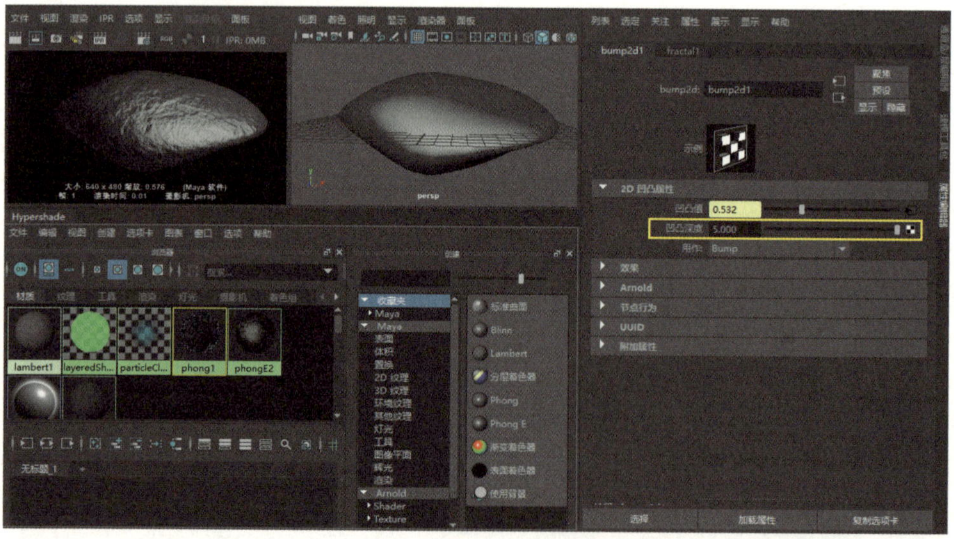

图 5-59

（9）单击选中 layeredShader1 材质，使它的层级框在材质属性栏中显现出来。按住鼠标中键不放，将 phong1 材质拖到 layeredShader1 的层级框中，记得要把它放在 phongE1 材质的前面，这样 phong1 材质就在最外面一层，即在矿石最表面，如果打开 IPR 渲染窗口，就可以看到指定以后产生的效果，如图 5-60 所示。

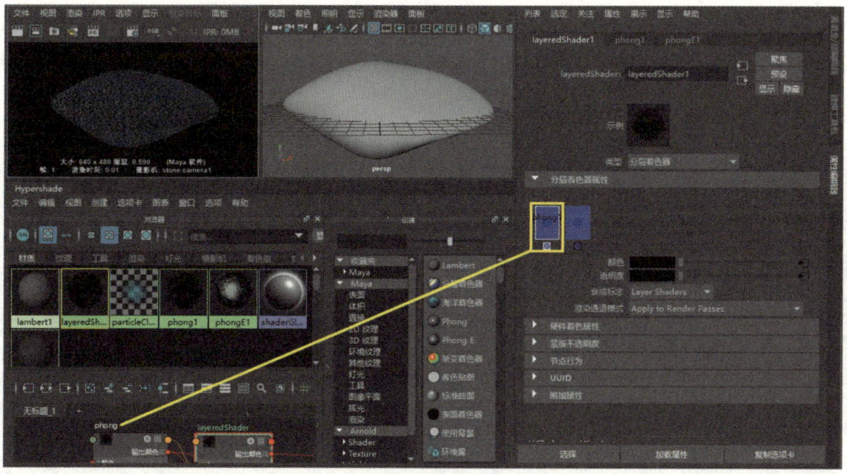

图 5-60

这时的 layeredShader1 材质线框如图 5-61 所示。

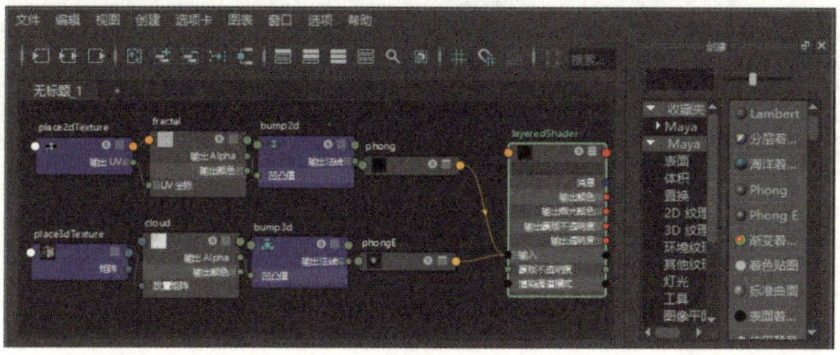

图 5-61

（10）调节 phong1 材质的透明度，需要保留它的一些很突出的小颗粒感，使 phongE1 材质的石头质感显现出来。

在 phong1 材质的属性编辑器中，单击“透明度”属性后的黑白格图标，在弹出的贴图类型中选择“匀值分形”，这时渲染就会看到矿石的质感已经初具效果了，如图 5-62 所示。

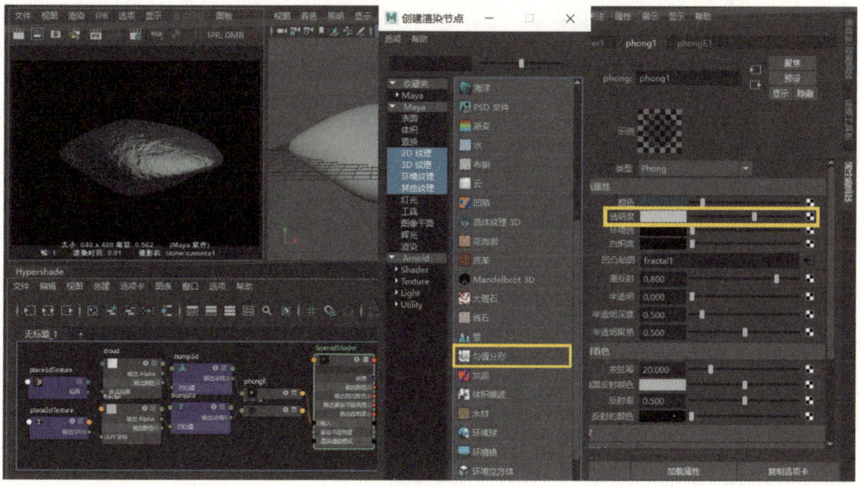

图 5-62

（11）对“透明度”中的“匀值分形”贴图属性进行调整，使矿石的质感更细腻。

按照如图 5-63 所示设置对“匀值分形”贴图进行调整，这里主要调节它的对比度，使 phongE1 材质透出来的部分看上去更自然。

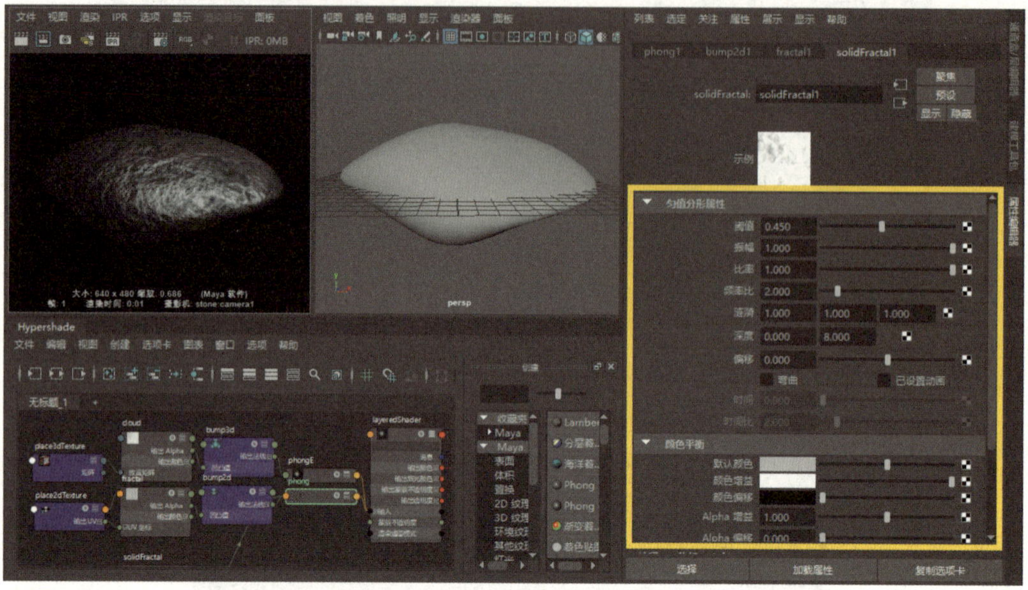

图 5-63

进行渲染后观察整体效果。最终完成的文件是配套资源中的 5-4-stone-ok.mb 文件。

视频教程

5.5 示范实例——蛇皮材质效果的制作

本节引入一个较复杂的实例，对贴图类型的相关内容进行回顾和练习。

本实例的最终效果如图 5-64 所示。该实例涉及的基本材质有 Lambert、Phong、分层着色器；涉及的贴图类型有雪、皮革、岩石、渐变、匀值分形。

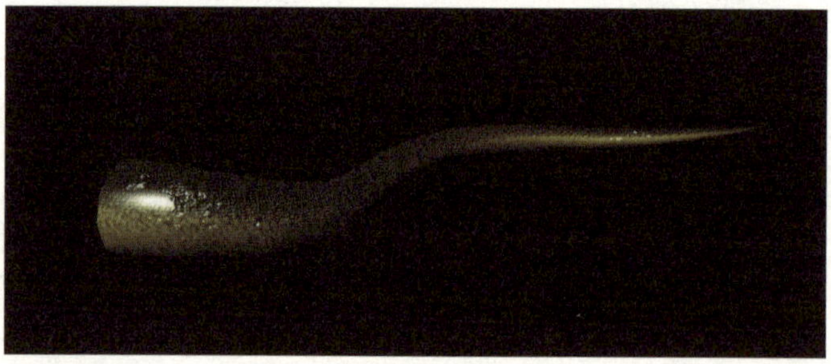

图 5-64

（1）打开配套资源中的 5-5-snake.mb 文件，如图 5-65 所示，这个简单的蛇身是由一个圆形和一条路径挤压而成的。

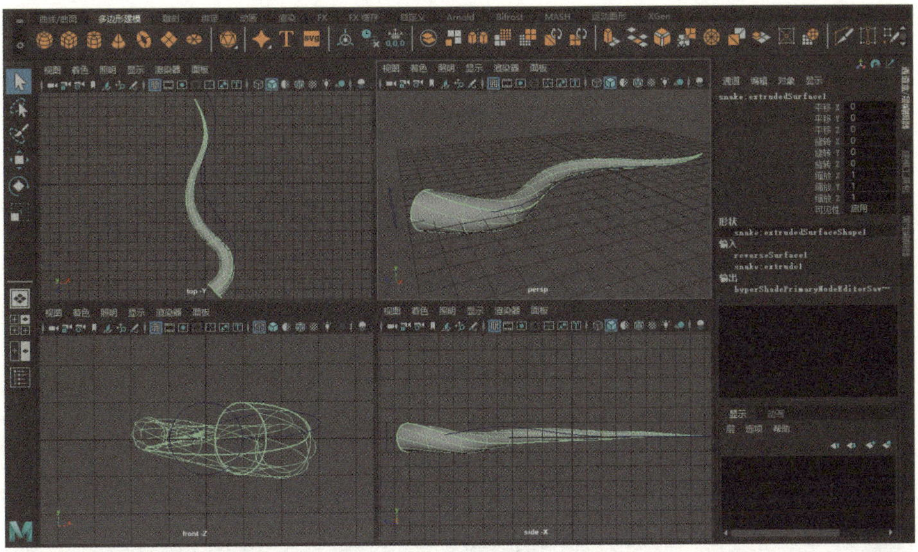

图 5-65

（2）创建一个 Lambert 材质，由于系统一般都有一个默认的 lambert1 材质，所以，刚创建的 Lambert 材质会被系统自动命名为 lambert2，如果想让作图更规范，可以对这个材质重新命名。重命名的方法：在想要重新命名的材质上按住鼠标右键不放，在弹出的悬浮面板中选择“重命名”命令，输入名称。

将刚创建的 lambert2 材质指定给蛇身模型，在 Hypershade 窗口中双击 lambert2 材质，打开它的属性编辑器。在材质属性编辑器中，单击“颜色”属性后的贴图按钮，在弹出来的贴图类型选择面板中，单击“3D 纹理”组中的“雪”贴图按钮，为 lambert2 材质的“颜色”属性指定一张“雪”贴图。观察视图，发现视图中央出现了一个带有绿色线框的立方体标志，这是其特有的 3D 材质节点，是随着“雪”贴图的创建自动添加上去的，如图 5-66 所示。

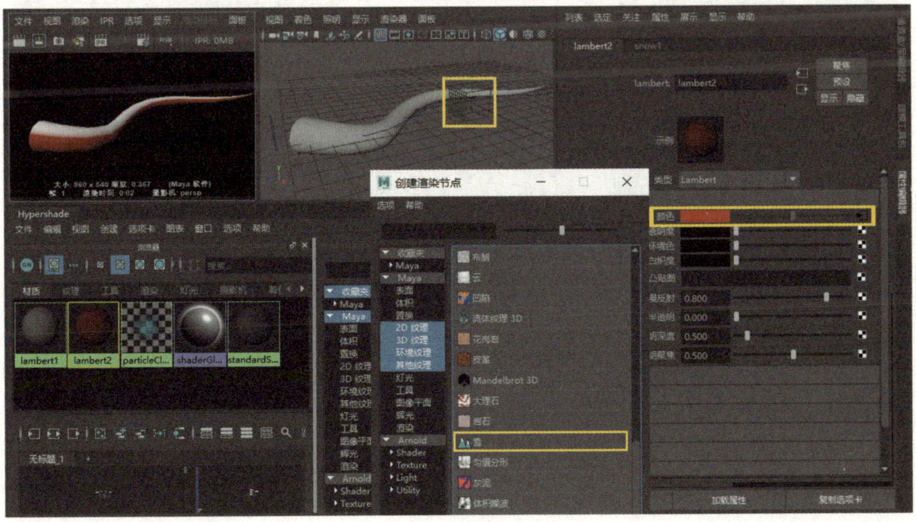

图 5-66

打开 IPR 渲染窗口，对刚指定了 lambert2 材质的模型进行渲染，发现模型此时分成了两部分，上部分是白色，下部分是红色，如图 5-67 所示。

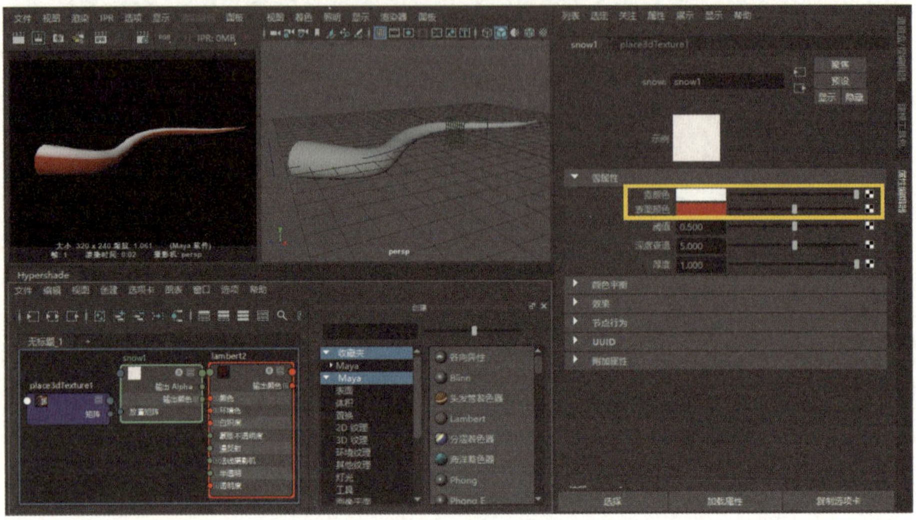

图 5-67

这就是“雪”贴图的不同之处，可以把物体的材质分为上下两部分。对于蛇皮这样的材质来说，上部分应该是鳞甲，下部分的腹部则较柔软。接下来，把上下两个材质分别调节为鳞甲和腹部的效果。

（3）单击 Hypershade 窗口中 lambert2 材质的 snow 节点，进入“雪”贴图的属性编辑器。单击“雪颜色”属性栏后的贴图按钮，在弹出来的贴图类型选择面板中，单击“3D 纹理”组中的“皮革”贴图按钮，如图 5-68 所示。

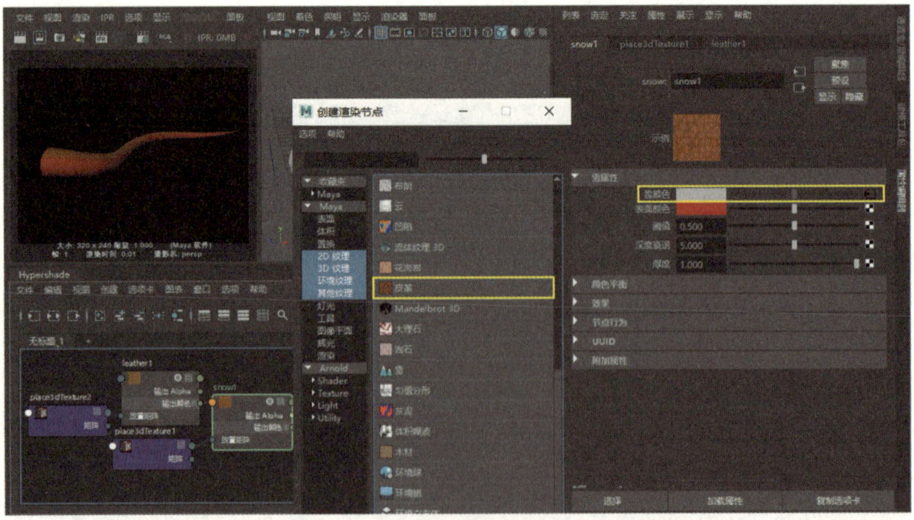

图 5-68

“皮革”贴图的表面有很强的纹理，很像鳄鱼的皮肤，因此选择它作为鳞甲的贴图类型。虽然它的贴图类型名称为“皮革”，但并不是说它只能做皮革的材质，利用它还可以模拟出大面积的混凝土、塑料泡沫或其他材料。

（4）单击 Hypershade 窗口中“皮革”的节点，进入 leather1 的属性编辑器，先调节“细胞颜色”为黄绿色，再调节“折痕颜色”为较深的灰色。

设置“细胞大小”为 0.2，值越大，鳞甲越大，反之则越小。我们希望有一个排列比较密集的鳞甲，因为蛇的鳞甲并不同于鳄鱼的鳞甲，如图 5-69 所示。

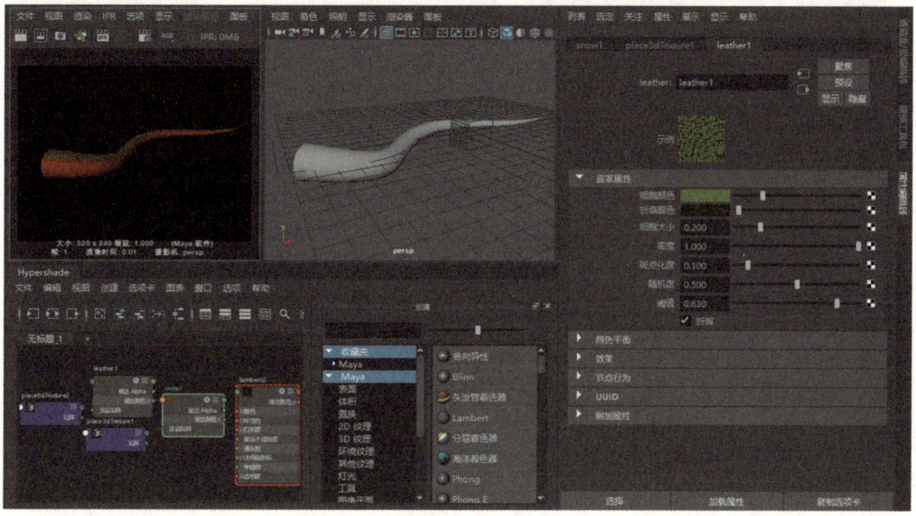

图 5-69

（5）调整腹部的材质。回到“雪”贴图的属性调节面板，在“表面颜色”属性中，单击其后的贴图按钮，在弹出来的贴图类型选择面板中，单击“3D 纹理”组中的“岩石”按钮，指定给“表面颜色”属性一个“岩石”贴图类型，如图 5-70 所示。

“岩石”贴图也是一种比较特殊的贴图，它可以在表面随意分布杂点，使物体表面产生很多颗粒状的效果，很适合表现岩石之类的物体，对于需要表现表面有细小颗粒的物体也相当有用。

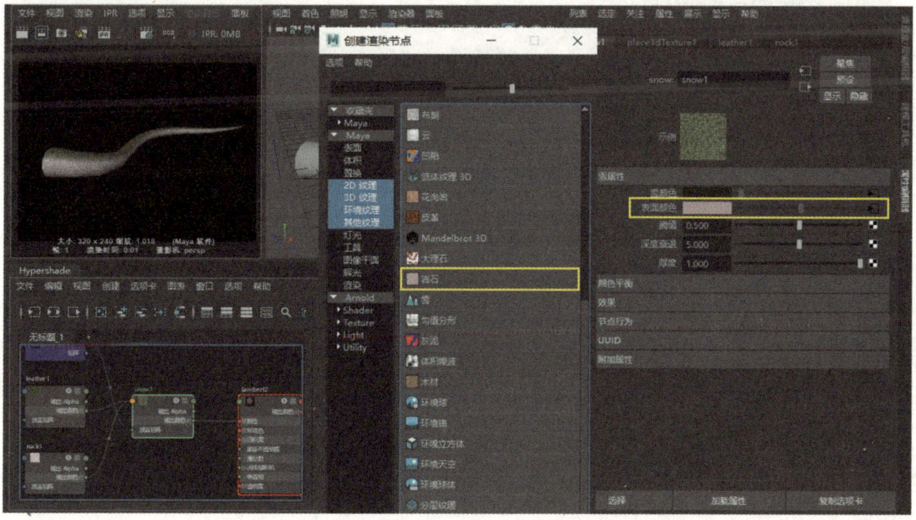

图 5-70

（6）在“岩石”贴图的属性编辑器中，单击“颜色 1”后的贴图按钮，在“2D 纹理”

组中创建一个“渐变”贴图，如图5-71所示。

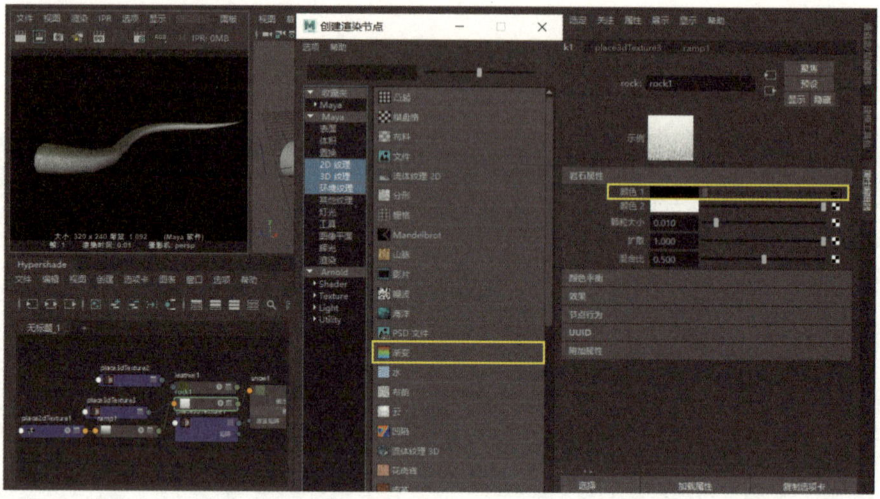

图5-71

（7）对刚创建的“渐变”贴图的属性进行调节。

在Hypershade窗口中单击刚创建的“渐变”节点，进入其属性编辑器，调节其三个过渡颜色为黑、黄、黑。调节方法是单击颜色左边的小圆圈，如果单击其右边的小方框就会删除这个颜色。在“选定颜色”右侧的色块中会显示选择的颜色。单击色块，可以对颜色进行调节。

在此属性编辑器的“类型”属性栏中，展开下拉菜单，选择“U Ramp”，使颜色变为纵向渐变。在“插值”栏中，展开下拉菜单，选择“Smooth”类型，如图5-72所示。

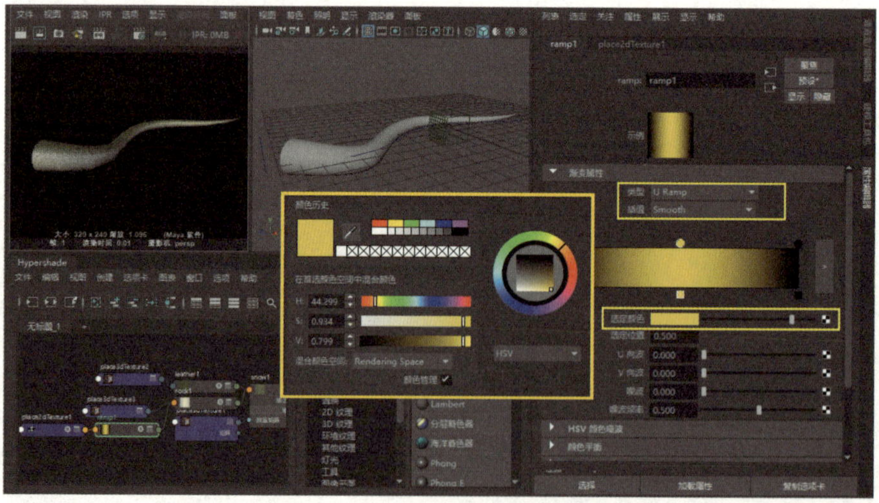

图5-72

（8）在Hypershade窗口中单击“岩石”节点，在“岩石”的属性编辑器中，单击“颜色2”右侧的颜色框，在弹出的颜色调节器中将其调节为亮黄色。

在“颗粒大小”属性中输入0.04，按Enter键，这时会看到颜色过渡区产生了变化，增加了不规则渐变效果，如图5-73所示。

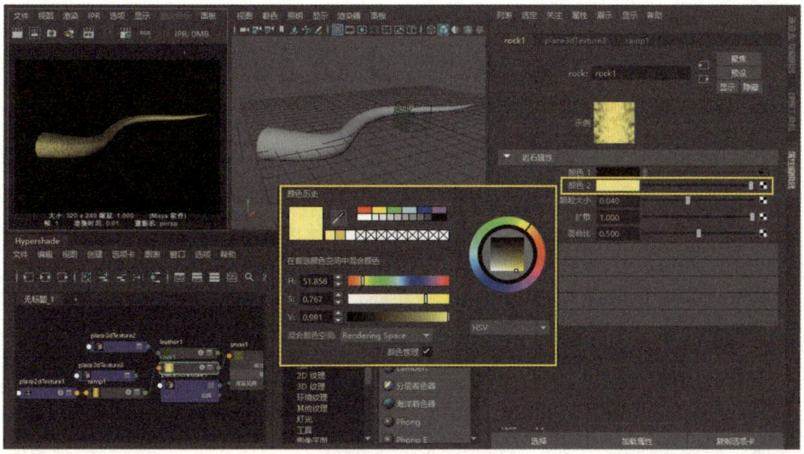

图 5-73

至此，蛇皮的基本材质就差不多设定好了，但鳞甲与腹部皮肤之间的过渡太尖锐，有一条明显的分界线，这在现实中是不可能存在的，还要对此进行调节。

（9）单击 Hypershade 窗口中的“雪”贴图节点，打开它的属性编辑器，调节“阈值”为 0.2（默认值为 0.5），“深度衰退”为 2.5（默认值为 5），如图 5-74 所示。

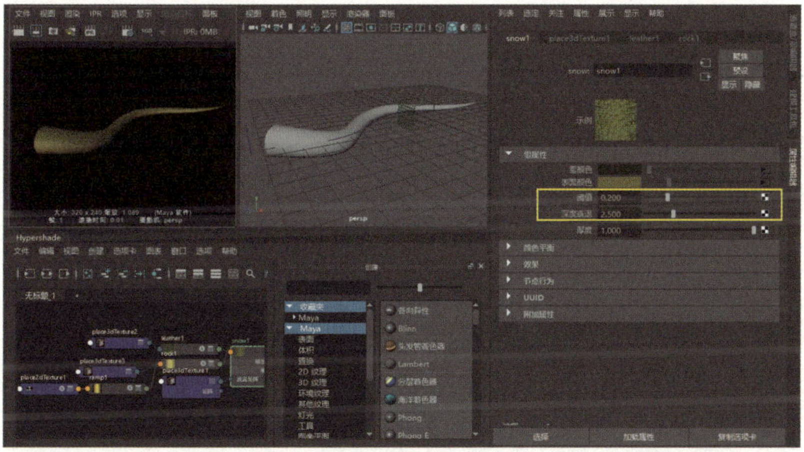

图 5-74

对比调节边缘过渡前后的区别，如图 5-75 和图 5-76 所示，调节以后的过渡面比较自然，而调节前是比较生硬的。

图 5-75

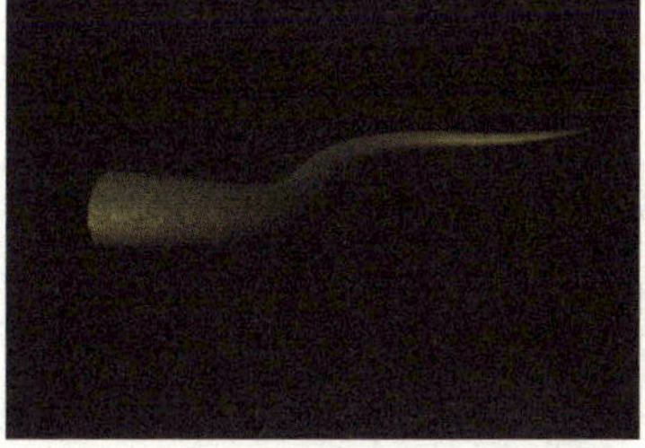

图 5-76

（10）为鳞甲上面的材质增加凹凸感。在 Hypershade 窗口中单击 lambert2 材质，进入它的属性编辑器。单击“凹凸贴图”属性栏后的贴图按钮，在弹出来的贴图类型选择面板中，单击“3D 纹理”组中的“雪”贴图按钮。

展开“雪”贴图的属性编辑器，按住鼠标中键，将 Hypershade 窗口中的 leather 节点拖到“雪颜色”属性上，使两个节点连接，如图 5-77 所示。

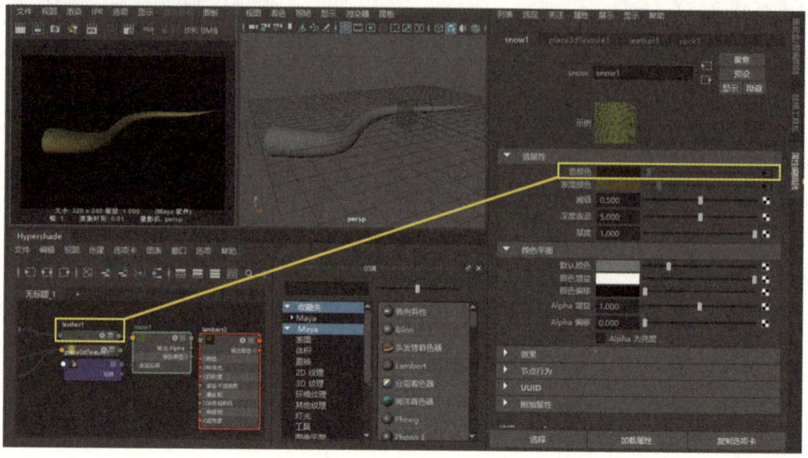

图 5-77

（11）调节“雪”材质的属性，将“表面颜色”调节为浅红色。调节“阈值”为 0.2（默认值为 0.5），“深度衰退”为 0.33（默认值为 5），如图 5-78 所示。

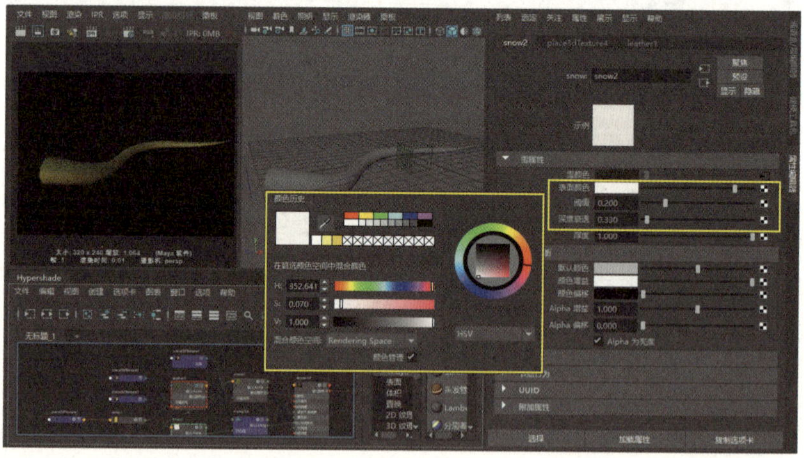

图 5-78

调节完毕，渲染出来的效果如图 5-79 所示。

图 5-79

这样，蛇身的基本材质就调节出来了，但看上去不够协调，主要表现为蛇身表面太干净了，而且没有光泽感。下面就针对这些不足之处进行调节。

（12）因为要添加一些杂质上去，所以要用到分层着色器。在 Hypershade 窗口中，创建一个分层着色器。按住鼠标中键，将刚调节完毕的 lambert2

材质拖动到分层着色器的层级框中，并将系统自动创建的绿色材质的层级删除，如图 5-80 所示。

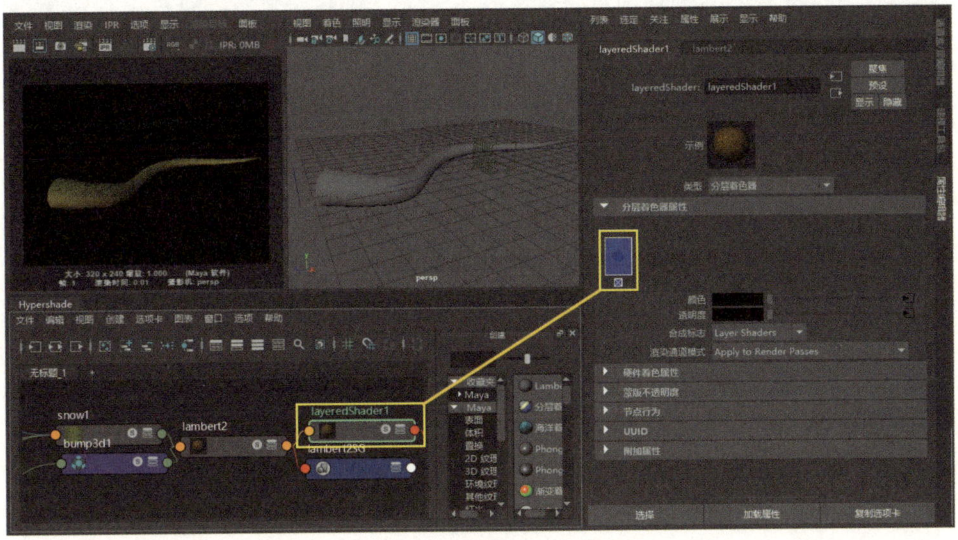

图 5-80

（13）添加一个做杂质的材质作为分层着色器的杂质层。在 Hypershade 窗口中，创建一个 Phong 基本材质，系统会自动将其命名为 phong1，打开它的属性编辑器，在“透明度”属性中单击贴图按钮，在弹出来的贴图选择栏中，选择“3D 纹理”组中的“匀值分形”贴图类型，如图 5-81 所示。

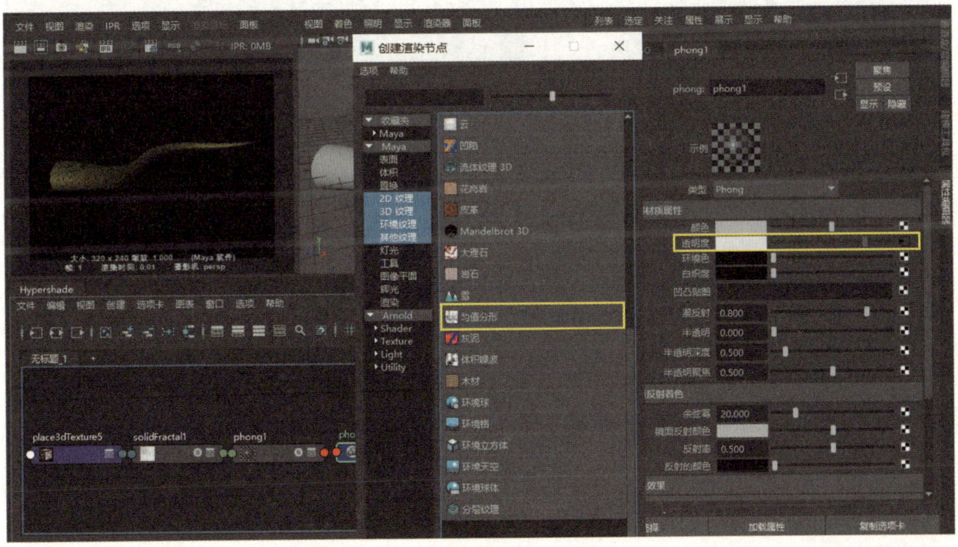

图 5-81

（14）进入“匀值分形”贴图的属性编辑器，调节“阈值”为 0.6，将其整体调白，即全部透明，主要是想要它高光的反射效果。调节“振幅”为 0.75，并打开“颜色平衡”卷轴栏，将“默认颜色”调节为纯黑色，如图 5-82 所示。

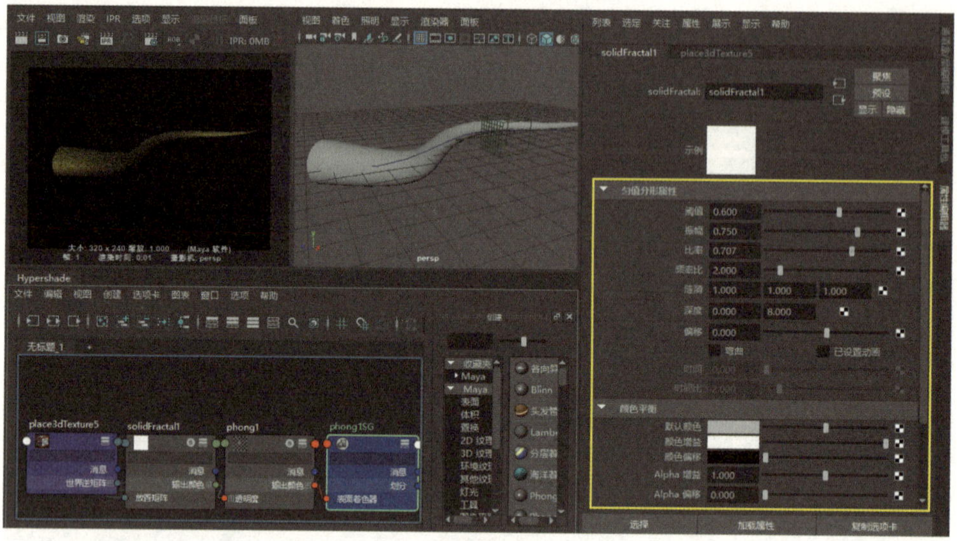

图 5-82

（15）将 phong1 材质用鼠标中键拖动到 layeredShader1 材质的层级框，再用鼠标中键将其拖动到层级框的最前面，并将 layeredShader1 材质指定给视图中的蛇身模型。

对模型进行渲染，蛇身出现了一道比较强烈的高光，这就是加上 phong1 材质以后的作用，蛇身的光泽感已经出来了，如图 5-83 所示。

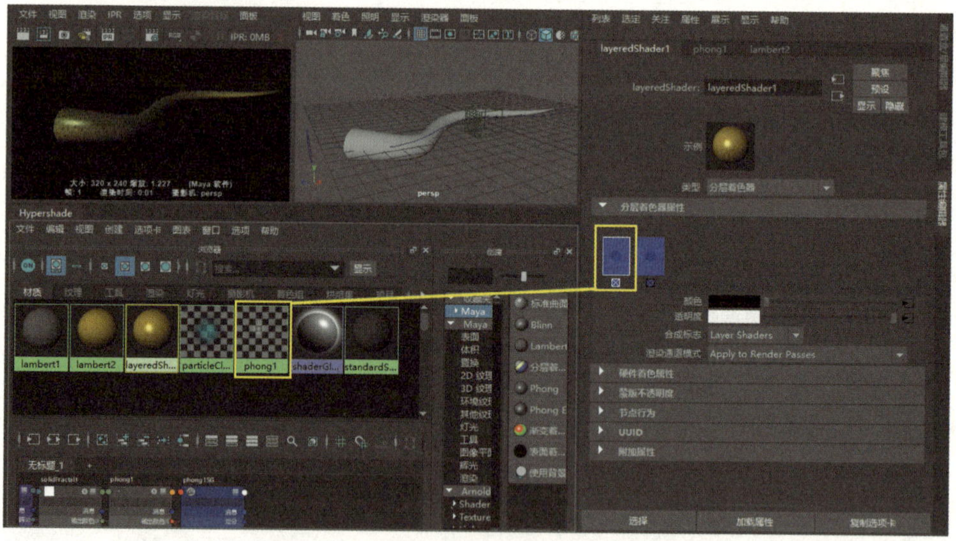

图 5-83

（16）回到 phong1 材质的属性编辑器，在 Hypershade 窗口中将刚创建的 solidFractal 贴图用鼠标中键拖动到“凹凸贴图”的贴图按钮上，增加凹凸效果，如图 5-84 所示。

（17）回到 phong1 材质的属性编辑器，打开“镜面反射着色”卷轴栏，调节“镜面反射颜色”为纯白色，使高光强烈一些，将“反射率”调节为 0.9，如图 5-85 所示。这样，一个完整的蛇皮材质就制作完毕了。这里涉及了很多没有讲解的知识，下面会系统地阐述贴图类型。这个实例的源文件是配套资源中的 5-3-snake-ok.mb 文件。

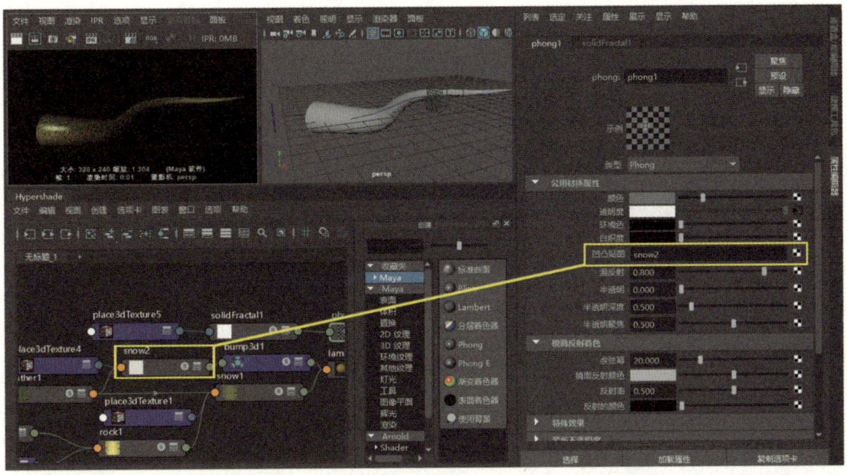

图 5-84

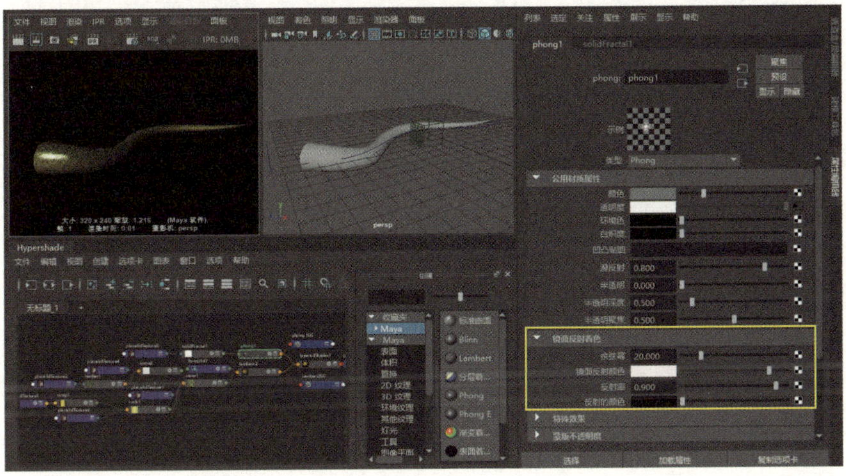

图 5-85

本实例最后的材质节点如图 5-86 所示。

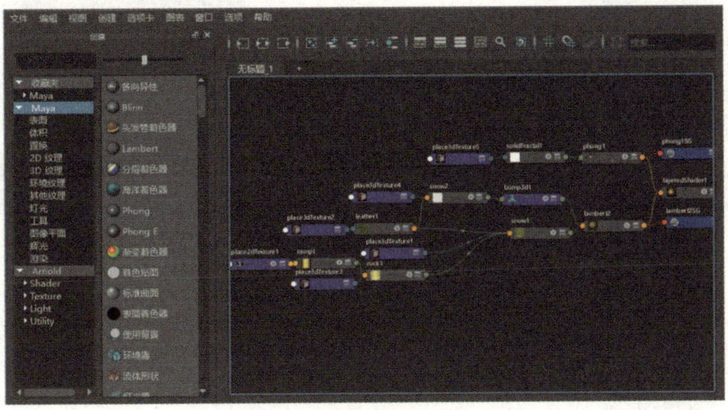

图 5-86

本实例的最终渲染效果如图 5-87 所示，注意蛇身的高光部分，尤其是散乱的高光，这是本实例的重点。最终完成的文件是配套资源中的 5-5-snake-ok.mb 文件。

图 5-87

视频教程

5.6 Maya 贴图纹理类型

经过前几节的学习，读者对“贴图”这个名词已经不感到陌生了。在本节中，我们将对贴图进行系统介绍。

贴图的作用在前面几个实例中已经体现出来了，主要是在材质上添加各种各样的纹理图案，以及进行颜色、高光、亮度等属性的模拟，甚至改变模型自身的形状和形态（如 Bump 凹凸贴图）。贴图可以给模型赋予不同的质感，是一件优秀的三维作品必不可少的元素，必须熟练掌握贴图的使用方法。

视频教程

5.6.1 2D 纹理

凸起：由一格一格的小方块和它们之间的分界线组成的贴图类型，如图 5-88 所示。小方块和分界线之间的过渡很柔和，图 5-89 所示是将一个“凸起”贴图贴到一个球体上的效果。

图 5-88

图 5-89

“凸起”贴图在很多时候都被用作材质的凹凸贴图，因为柔和的边界使凹凸过渡很柔和，如图 5-90 所示。但有时候针对它的某些特殊属性进行调节，也会出现意想不到的效果。图 5-91 所示就是调节了“凸起”贴图坐标中的“UV 向旋转”和“UV 噪波”属性以后显示出来的效果。

棋盘格：由黑、白两种颜色的方格组成的贴图，从表面上看颇像国际象棋中的棋盘，它的名字也由此而来。

图 5-90

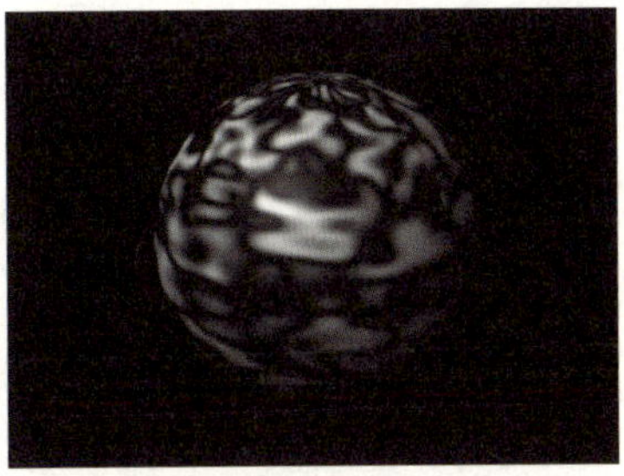

图 5-91

“棋盘格”贴图由于它交错的方格排列方式，很适用于表现地板砖，以及其他近似的物体，也可以将黑白两种颜色的方格换成其他颜色或纹理，并进行柔和处理，做成比较复杂的纹路。图 5-92 所示是“棋盘格”贴图的原始样子，图 5-93 所示是把默认的“棋盘格”贴图指定给模型后产生的效果。

图 5-92

图 5-93

文件：将一张数字图片作为贴图指定给物体。它可以最大程度地将 Maya 的材质功能发挥到极限，也可以通过扫描仪将图片输入计算机作为贴图使用，还可以通过数码相机将一些现实中的景象拍下来，输入计算机后作为贴图使用。

使用方法：创建一个“文件”贴图文件，单击贴图文件属性编辑器中“图像名称”属性后的文件夹图标，在自己或别人的计算机中寻找贴图文件，也可以在“图像名称”属性后的输入栏中输入贴图文件所在的路径，如图 5-94 所示。

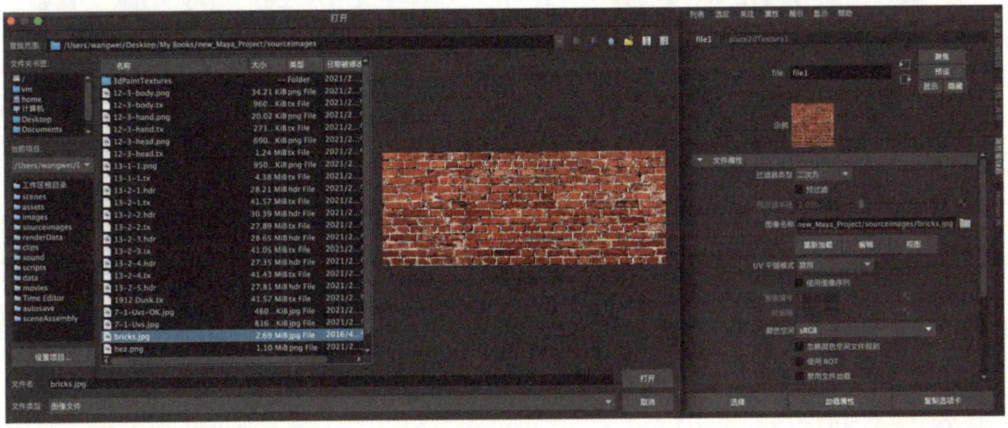

图 5-94

图 5-95 所示为一张砖墙的贴图，是配套资源中的 bricks.jpg 文件。图 5-96 和图 5-97

所示分别是将这个贴图文件指定给一个立方体模型前、后的结果，从中可以看到“文件”贴图的强大之处。

图 5-95

图 5-96

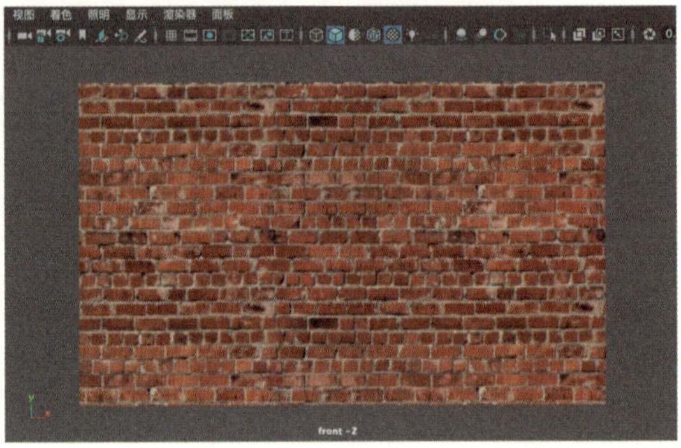

图 5-97

分形：“分形”贴图用英文翻译就是不规则的碎片，如图 5-98 所示。“分形”贴图在很多时候都不会作为材质的颜色贴图，即便有也是做烟雾熏烧的质感的时候才用得到。在绝大多数情况下，“分形”贴图都被用作材质的凹凸贴图，模拟出不规则的凹凸质感，如图 5-99 所示，矿石实例就是用它模拟出石头凹凸不平的质感。

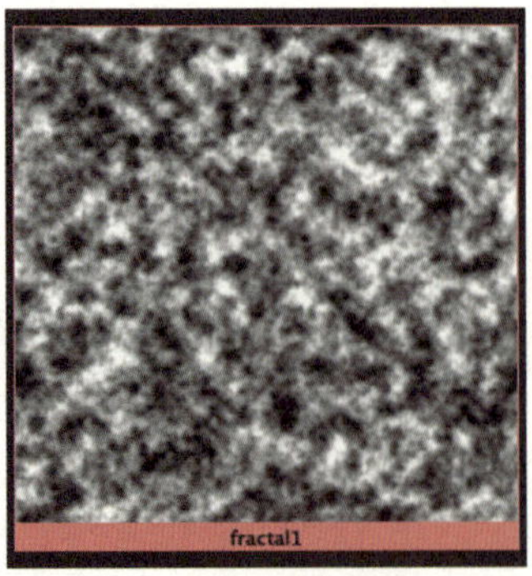

图 5-98

图 5-99

栅格：由一格一格的小方块和分界线组成的贴图类型，如图 5-100 所示。“栅格”贴图类似于“凸起”贴图，经过比较会看到，“栅格”贴图不像“凸起”贴图那样有柔和的过渡，如图 5-101 所示。

图 5-100

图 5-101

“栅格”贴图作为颜色贴图的用途一般不是很大，在做“凹凸贴图”的时候很适用于表现瓷砖间隙的凹凸。它甚至还可以作为“透明度”属性的贴图，模拟网格状的物体。

山脉：顾名思义，“山脉”贴图很适合表现山脉的质感，如图 5-102 所示，而且配上“凹凸贴图”增加整体的质感以后，效果会更加逼真。它还适用于表现雪在地上快要融化的景象，当然，依然要搭配“凹凸贴图”使用。其实，它作为“颜色”属性的贴图，经过细微调整，还可以表现出其他的质感，如鹌鹑蛋表面的质感，这是将“振幅”调到 0.4 以后表现出来的结果，如图 5-103 所示。

图 5-102

图 5-103

影片：为了制作动画而使用的连续贴图，如图 5-104 所示。它可以将连续的图片导入场景，并进行播放，很适合制作正在播放的电视机屏幕的贴图。

它可以导入一般的视频格式，导入的方法和“文件”贴图文件一样：单击“影片”贴图属性编辑器中“图像名称”属性后的文件夹图标，也可以直接输入视频文件所在的路径，如图 5-105 所示。

图 5-104

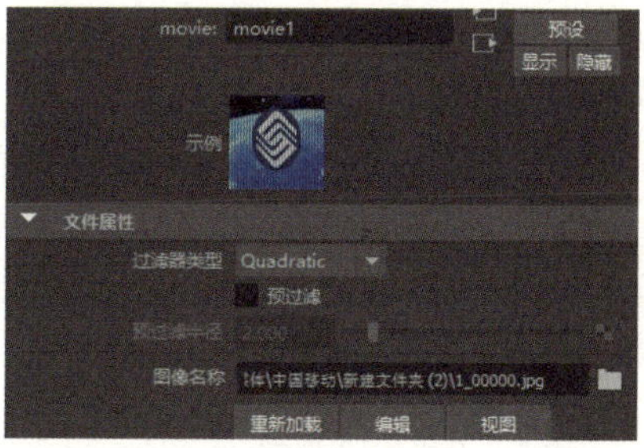

图 5-105

噪波：表现不规则杂点的贴图类型，如图 5-106 所示。其实，很多贴图类型中都包含这些杂点，例如，“分形”贴图、“山脉”贴图都有这种不规则的属性。但仔细观察就会发现，“噪波”贴图的杂点是由大小不一的杂点组成的，这是它和其他贴图类型的区别，而且它的杂点大都为圆形，如图 5-107 所示。

图 5-106

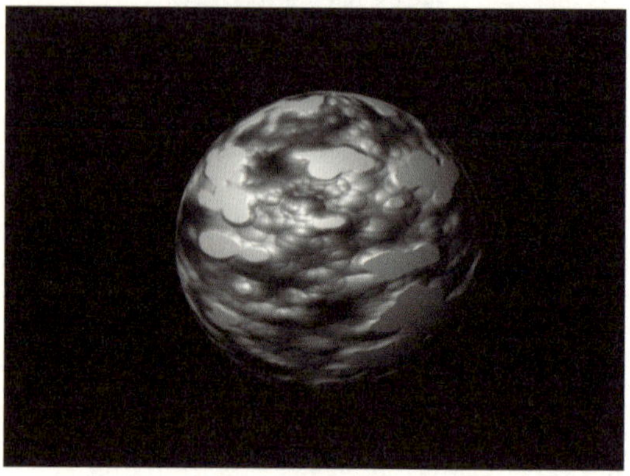

图 5-107

水和海洋：由于这两个贴图都是做水的贴图，所以将它们放在一起，进行对比介绍。从图 5-108 所示的“海洋”贴图的原始状态和图 5-109 所示的“水”贴图的原始状态可以看出，“海洋”贴图较“水”贴图平缓但富于变化，“水”贴图各个色调之间的对比度较强。

图 5-108

图 5-109

其实，这两个材质都是用来制作凹凸贴图的，目的是表现水波的流动和变化。在做水面的颜色时，基本都要加上光线跟踪的属性，这也是一个很重要的属性，在后续的内容中会比较详细地介绍。

“海洋”材质是 Maya 升级以后才加上去的，从基本材质到贴图类型都增加了一个“海洋”，这也说明 Maya 对海洋质感的重视程度。图 5-110～图 5-112 分别显示了“水”贴图、“海洋”贴图和“海洋”材质的属性编辑器，从中可以看到它们的一些区别和联系。

渐变：制作渐变效果的贴图类型。建立一个“渐变”贴图类型以后，系统默认的是蓝、绿、红三种颜色的渐变效果，如图 5-113 所示。

“渐变”贴图具有九种混合类型和七种混合方式，颜色也可以进行很大的调整，图 5-114 所示是三种不同的混合方式，全部都是默认值。

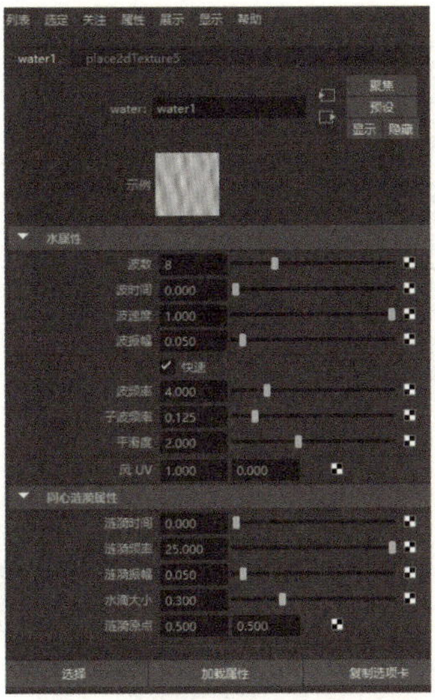

图 5-110

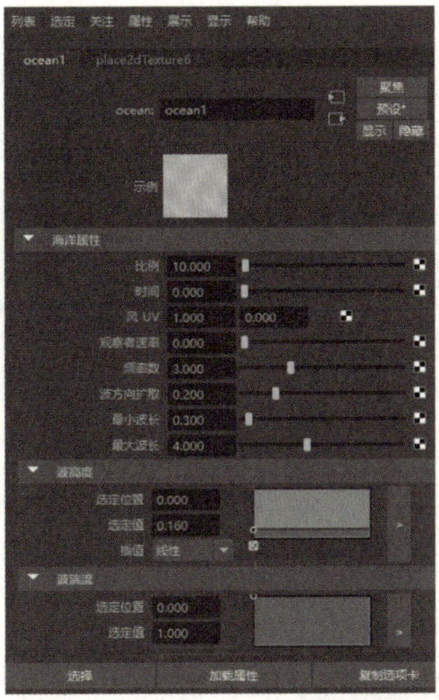

图 5-111

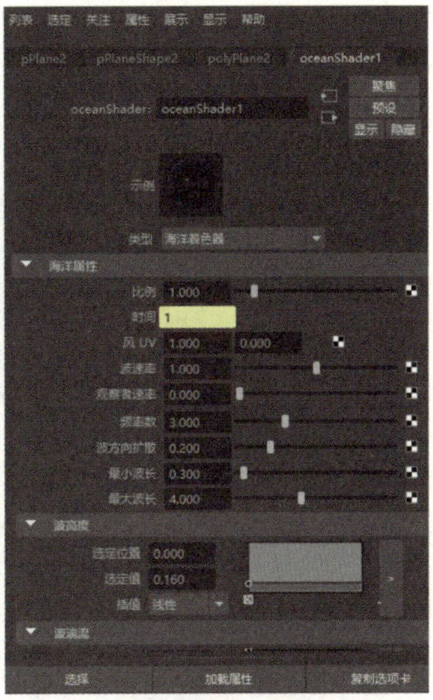

图 5-112

图 5-113

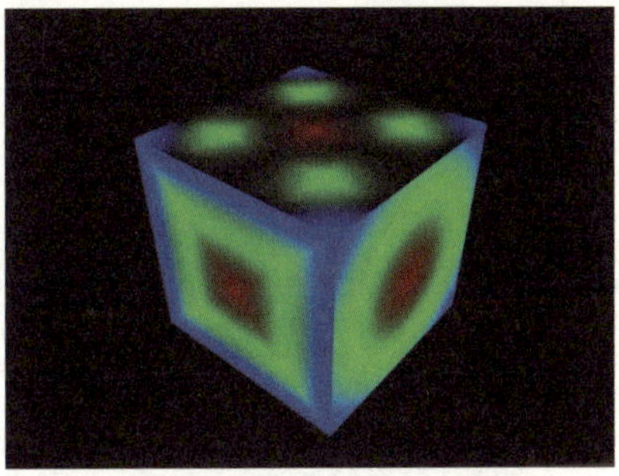

图 5-114

布料：主要用于模拟布料的质感。图 5-115 所示为“布料”材质，图 5-116 所示是将“布料”贴图指定给模型，从中我们可以看出，“布料”材质的纤维感很强，对其密度进行调节就可以模拟出布料的质感。

图 5-115

图 5-116

图 5-117 所示为“棋盘格”贴图加上“布料”贴图模拟出来的布料质感，并运用“凹凸贴图”模拟布料中很细小的缝隙，以增加布料的真实感。图 5-118 所示是这个效果的材质节点网。

图 5-117

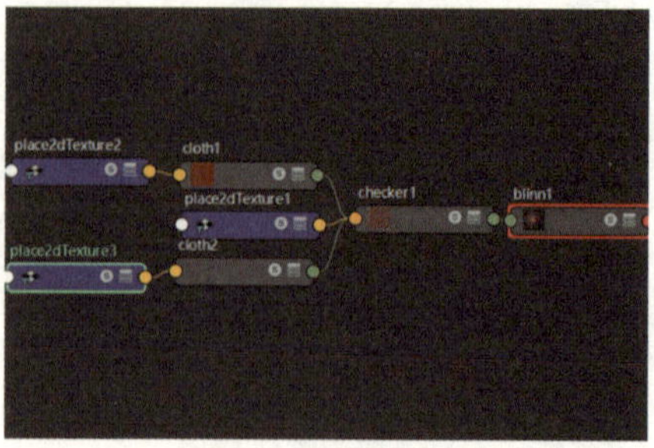

图 5-118

5.6.2 3D 纹理

视频教程

在 Maya 的贴图类型中，2D 纹理就像一块布，包在模型的外面；3D 纹理却让模型从内至外全部呈现它的质感，就像一块石头，把它敲开后呈现的是石头的质感。如果把一块石头镀上一层金，那么从外表上看这是一块金子，但是把其敲开以后就会呈现出石头的真实质感，这层镀金只能影响石头的表面而不能影响石头内部，这就是 2D 纹理有别于 3D 纹理的地方。

创建 3D 纹理的时候，在视图中央会出现一个带有绿色线框的小立方体标志，这就是 3D 纹理自带的贴图坐标，与之对应的是在材质编辑器 Hypershade 中与贴图一起创建出来的 place3dTexture，如图 5-119 所示。

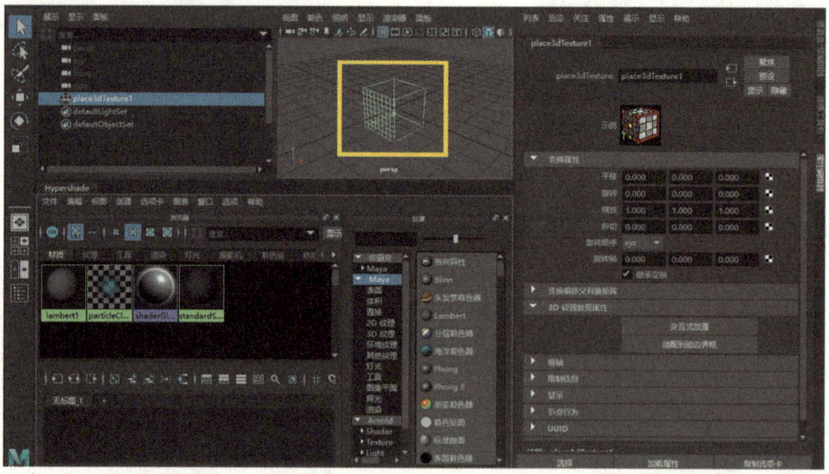

图 5-119

3D 纹理的使用方法与 2D 纹理基本一致，都是作为材质属性的贴图进行编辑和操作的。

布朗：在大多数情况下，“布朗”贴图都被用来做材质的凹凸贴图，能产生较强的喷涂效果，可以把它看作 3D 纹理中的“噪波”贴图类型。“布朗”贴图的大小不一，时断时续的点可以使物体表面产生很强的颗粒感，从而达到令人满意的效果。

“布朗”贴图的原始状态是黑、白两色，并且中间有轻微过渡，如图 5-120 所示。当然，也可以将它用到其他材质属性的贴图中，并可以对它本身的颜色及过渡色进行调节，如图 5-121 所示。

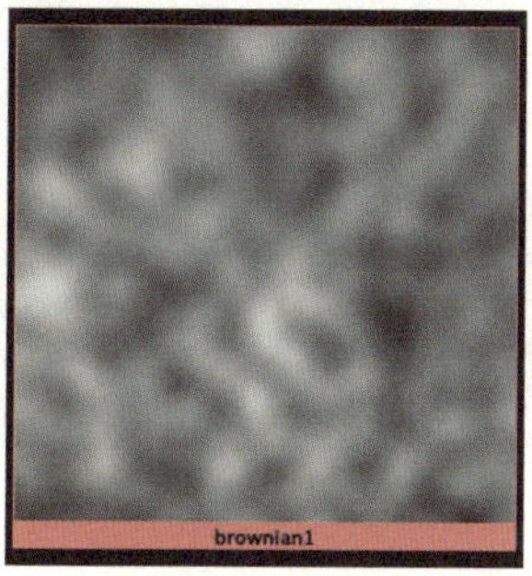

图 5-120

图 5-121

凹陷：将不同的颜色混合在一起的贴图类型。“凹陷”贴图创建的原始状态是由红、绿、蓝三种颜色进行混合的，如图 5-122 所示。图 5-123 所示是“凹陷”贴图直接贴上去并加上凹凸贴图后的效果。

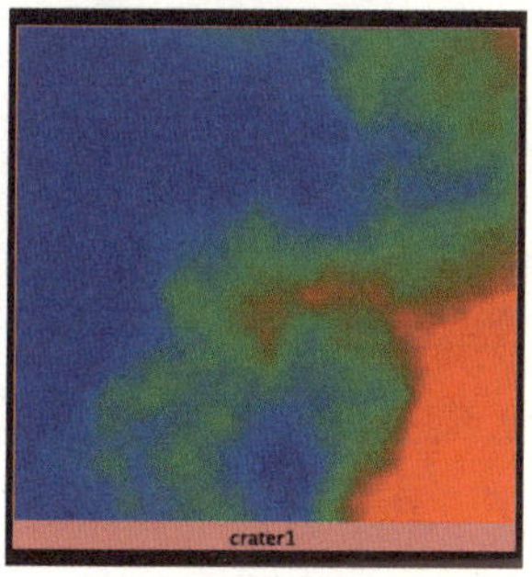

图 5-122

图 5-123

花岗岩：“花岗岩”贴图上面有许多不规则的颗粒，用来做花岗岩很合适。图 5-124 所示是默认的“花岗岩”贴图。图 5-125 所示是将“花岗岩”贴图指定给模型以后的形态。

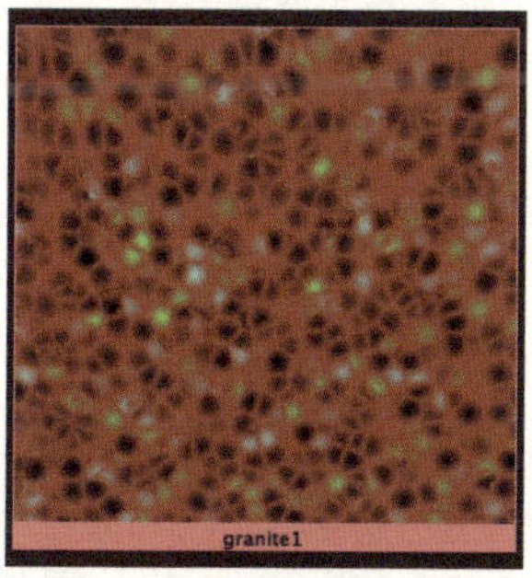

图 5-124

图 5-125

皮革：图 5-126 所示为默认的“皮革”贴图，它很适合表现皮革上细微的褶皱，甚至可以表现出动物的皮肤。“皮革”贴图一般都用来做凹凸贴图，蛇皮实例就用到了“皮革”贴图，如图 5-127 所示。

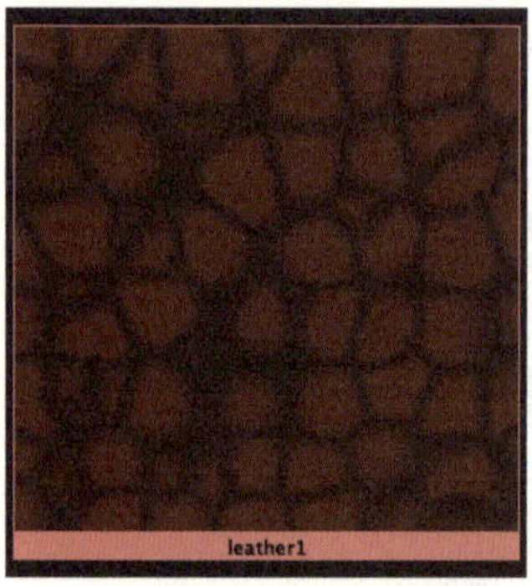

图 5-126

图 5-127

大理石：模拟天然大理石的贴图类型。它的默认状态如图 5-128 所示。图 5-129 所示是调节了参数后表现出的质感。

图 5-128

图 5-129

岩石：模拟岩石的一种贴图纹理，表面的颗粒可以随意调节数量及大小，将它用于凹凸属性的贴图，可以比较轻松地模拟出岩石表面由于风吹日晒而出现的颗粒感。图 5-130 所示是未加任何调节的“岩石”贴图，图 5-131 所示是指定给模型的“岩石”贴图。

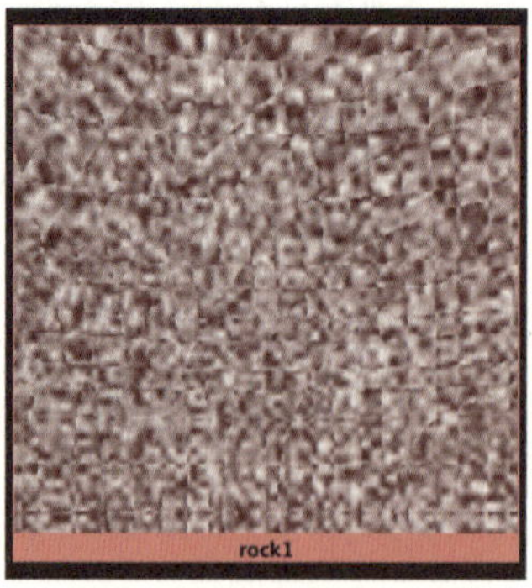

图 5-130

图 5-131

雪：分为上、下两种颜色的贴图类型。在蛇皮材质实例中，因为蛇身的上半部分是鳞甲，下半部分有腹部较白的质感，所以用到了“雪”材质。图 5-132 所示是默认的“雪”贴图，图 5-133 所示赋予了模型“雪”贴图，它的反光确实出现了其他贴图中不可能出现的效果，尤其是顶部发白，如果运用到山脉模型上能出现积雪的效果。

图 5-132

图 5-133

匀值分形：这也是一个用来做不规则纹理的贴图类型，适用于模仿自然的污痕。由于它的纹理有虚化的边缘，所以也很适合表现烟雾甚至烟熏过的状态。而它作为凹凸贴图也有很强的功能。图 5-134 所示是默认的“匀值分形”贴图，图 5-135 所示是指定给模型的“匀值分形”贴图，稍微加了发光的特效。

图 5-134

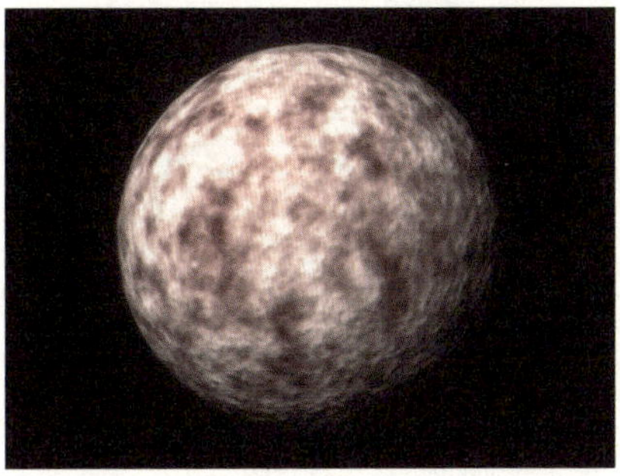

图 5-135

灰泥：乍一看，“灰泥”和“凹陷”贴图很像，但对比后可以发现，“凹陷”贴图是由三种颜色混合而成的，而“灰泥”贴图则是由两种颜色混合而成的。虽然这只是颜色上的区分，但却构成了两种不同的纹理贴图。图 5-136 所示是默认的“灰泥”贴图，图 5-137 所示是指定给模型的“灰泥”贴图，并加上了凹凸效果。

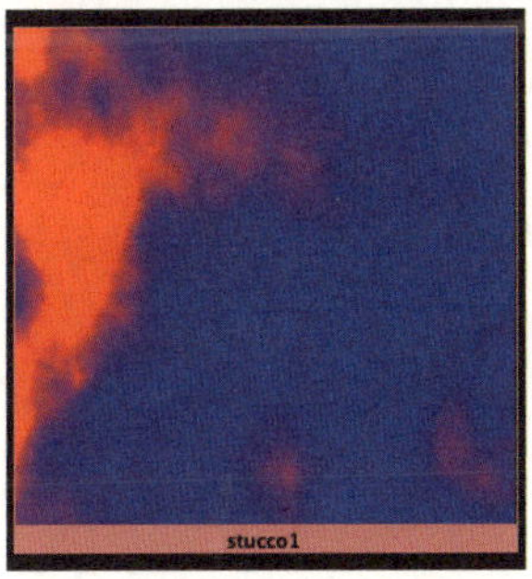

图 5-136

图 5-137

体积噪波：可以把其看作 3D 纹理中的“噪波”贴图纹理，有大量不规则分布的杂点，该纹理贴图经常被用在“凹凸贴图”属性栏上。用它来模拟表面比较密集的凹凸颗粒非常合适，甚至可以将颗粒密度调高，模拟不锈钢表面的轻微颗粒感。图 5-138 所示是默认的“体积噪波”贴图，图 5-139 所示是指定给模型的“体积噪波”贴图，可以仔细观察它的颗粒。

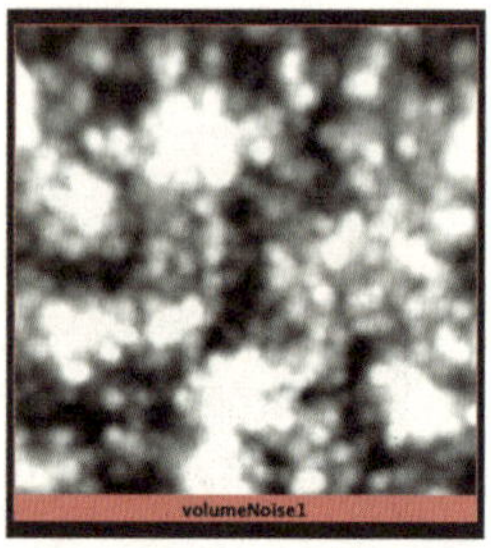

图 5-138

图 5-139

木材：模拟木纹质感的一种贴图纹理。由于它的可调节参数很多，甚至可以根据设定的树龄调节木头的质感，所以在做一些高分辨率的图像时，它作为软件内部的程序贴图是经常被用到的。图 5-140 所示是默认的“木材”贴图，图 5-141 所示是指定给模型的“木材”贴图。

图 5-140

图 5-141

云：可以模拟云彩的效果，或者模拟其他烟雾效果。它的互动性很强，不一样的参数设置能够变化出不同的形态。

“云”贴图刚创建出来就是云彩的样子，如图 5-142 所示。一般情况下，“云”贴图是配上“环境天空”环境使用的，这会使它的效果更真实，图 5-143 所示效果就是这样创建出来的。

图 5-142

图 5-143

本章小结

本章系统地介绍了 Maya 的基本贴图纹理类型，请读者注意，在制作影片时，Maya 内部的程序贴图并不一定能满足需要，为了表现真实的效果，往往使用高分辨率的外部图像文件。读者做练习时，要有意识地将程序贴图与外部贴图结合，并注意收集一些高分辨率的外部贴图。

作　业

1. 制作一支铅笔的模型，并为这只铅笔调整材质，要求将铅笔的木纹和铅的材质很好地表现出来。

2. 把自己所在的城市或校园在 Maya 中制作出来。

3. 制作一个简单的场景，将之前制作的角色放进去，添加各种材质，渲染一张静帧。

图 5-144 所示为郑州轻工业大学动画系 18 级的同学们学习完本章内容后创作的作品，创作时间为 4 天。

图 5-144

第6章 材质的实际应用案例

6.1 示范实例——逼真的树叶

视频教程

在本节中，使用一张贴图完成一片树叶模型的制作。

（1）使用 Photoshop 打开配套资源中的 LEAF_C.tif 图片，先使用魔术棒工具，单击图片中的白色区域，将其填充为黑色，再反选，将树叶部分填充为白色，并另存为 LEAF_t.tif。

回到刚打开 LEAF_C.tif 图片时的状态，调节图片的对比度，使树叶的叶脉更清晰，并另存为 LEAF_b.tif，如图 6-1 所示。

图 6-1

（2）打开 Maya，新建一个多边形平面模型，并设置细分数为 10×10。执行“窗口”→“渲染编辑器”→Hypershade 命令，在 Hypershade 窗口左侧“创建”列表下单击 Blinn，创建一个 Blinn 材质球，如图 6-2 所示。

（3）双击 Blinn 材质球，打开它的属性编辑器，单击“颜色”后的黑白格子贴图按钮，在弹出的“创建渲染节点”面板中单击“文件”，面板会自动切换到“文件”节点的设置。单击“图像名称”后的文件夹图标，在配套资源中找到 LEAF_C.tif 图片，双击确认，如图 6-3 所示。

（4）在 Hypershade 窗口中，使用鼠标中键将调好的 Blinn 材质球拖动到场景中的平面模型上，按 6 键，使场景显示贴图纹理效果，可以看到树叶已经贴在平面模型上了，如图 6-4 所示。

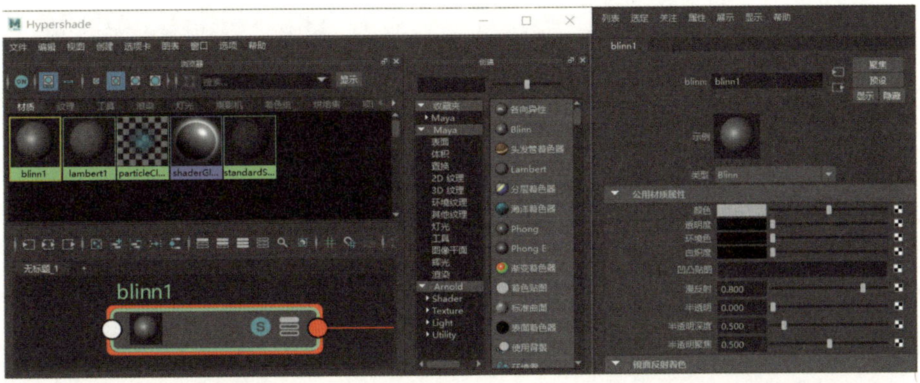

图 6-2

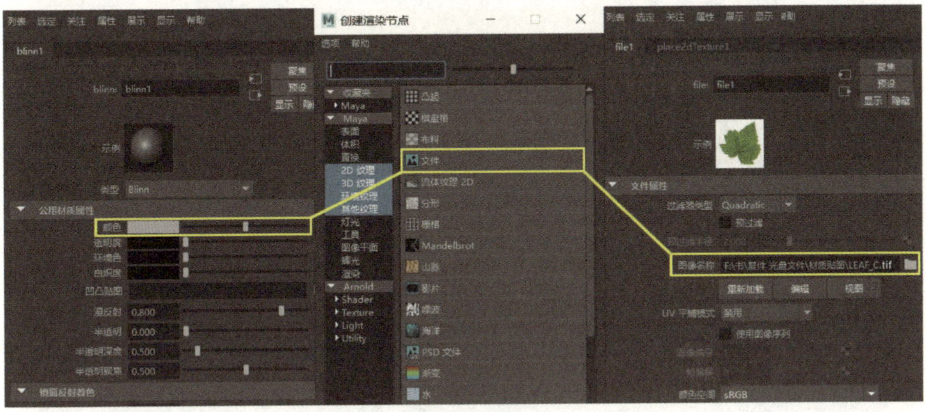

图 6-3

图 6-4

（5）把模型的白色部分去掉。在 Hypershade 窗口中双击 Blinn 材质球，单击“透明度”后的贴图按钮，在弹出的面板中单击“文件”，将制作好的 LEAF_t.tif 图片指定给它，如图 6-5 所示。

（6）单击菜单栏中的渲染设置按钮，并打开渲染设置面板，将“Maya 软件”面板中的“质量”设置为“产品级质量”，单击渲染会看到，树叶白色部分的模型已经被消除了，但还是有白色的反光，如图 6-6 所示。

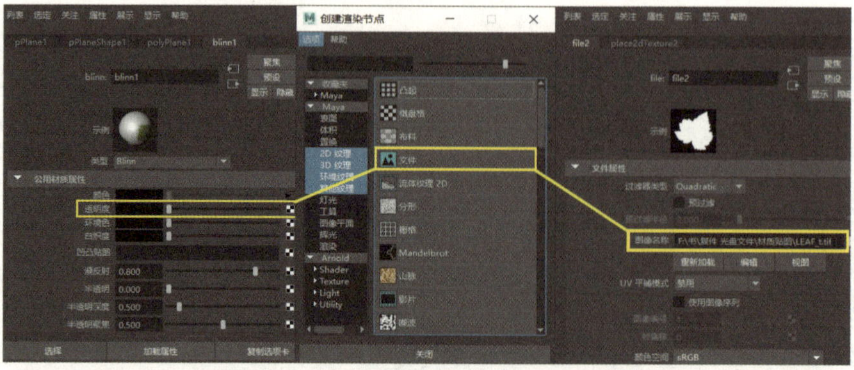

图 6-5

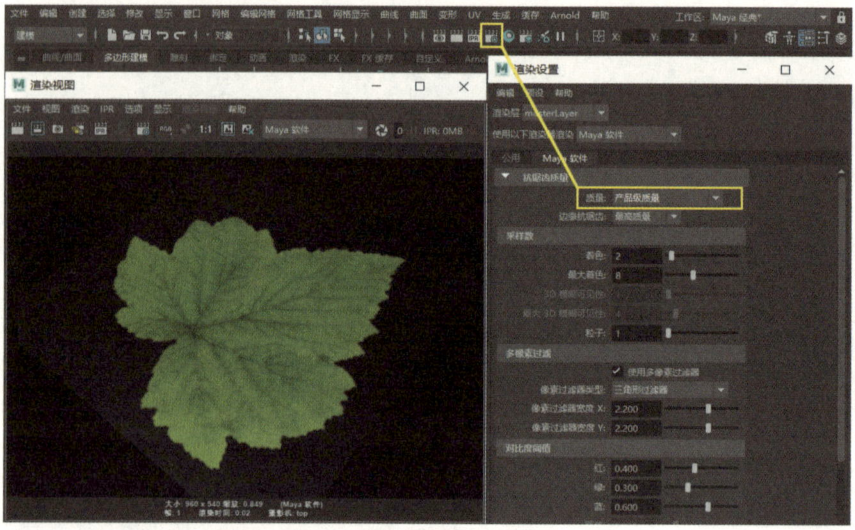

图 6-6

如果渲染发现透明正好反了，即白色部分依然存在，只是树叶部分透明了，可以进入“文件”节点，在“效果”卷轴栏下勾选“反转”复选框即可。

（7）在 Hypershade 窗口中，选择 Blinn 材质球并右击，在弹出的面板中单击“为网络制图”，展开材质球的所有网络节点，使用鼠标中键将 LEAF_t.tif 所在的“文件”节点拖到“镜面反射衰减”属性上，如图 6-7 所示。

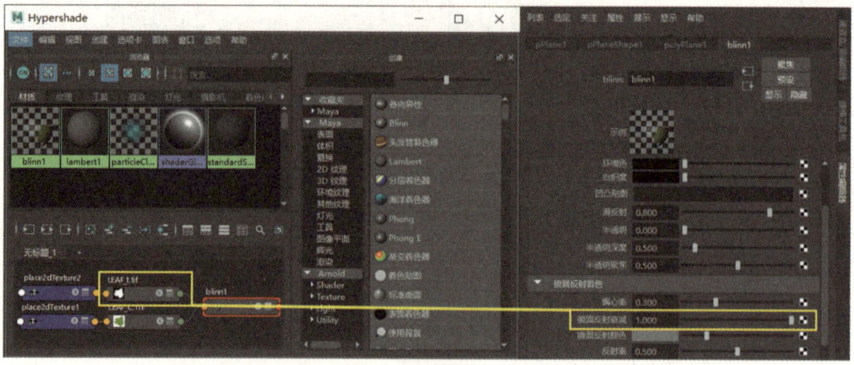

图 6-7

“镜面反射衰减”属性是控制反光强度的，白色是反光极强区域，黑色是反光已经弱到看不到的区域。这时渲染场景会看到，白色部分的反光已经消除了，如图 6-8 所示。

图 6-8

（8）在 Blinn 材质的属性面板中，单击“凹凸贴图”后的贴图按钮，将 LEAF_b.tif 指定给它，渲染后会看到，树叶凹凸的质感出现了，但当前的凹凸强度似乎太重了，如图 6-9 所示。

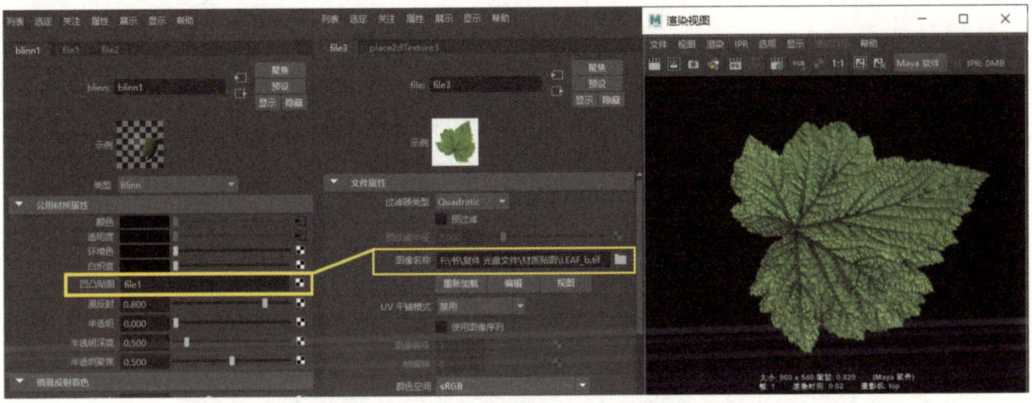

图 6-9

（9）在 Hypershade 窗口中，单击 Blinn 材质球的“为网络制图”，找到 bump2d 节点，双击进入它的设置面板，将“凹凸深度”由默认的 1 调整为 0.2，如图 6-10 所示。

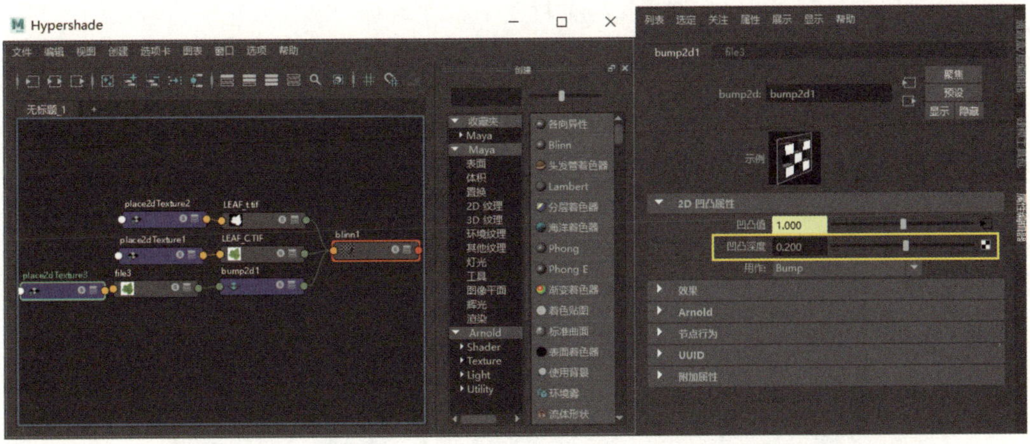

图 6-10

最后完成的文件是配套资源中的 6-1-leaf-ok.mb，渲染效果如图 6-11 所示。

图 6-11

视频教程

6.2 示范实例——破旧的锁

打开配套资源中的 6-2-lock.mb 文件，这是一把锁的模型，接下来要为它添加材质，如图 6-12 所示。

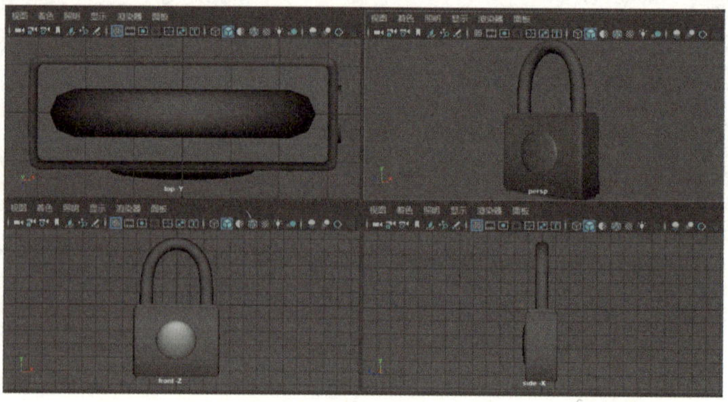

图 6-12

（1）打开 Hypershade 窗口，单击左边栏中的 Phong 材质，窗口右侧的编辑框内会出现一个全新的 phong1 材质球。在 phong1 材质上按住鼠标中键，将它拖动给锁柄模型。也可以先选择锁柄模型，然后在 phong1 材质上右击，在弹出来的浮动菜单中选择“为当前选择指定材质”命令，将材质指定给被选择模型，如图 6-13 所示。

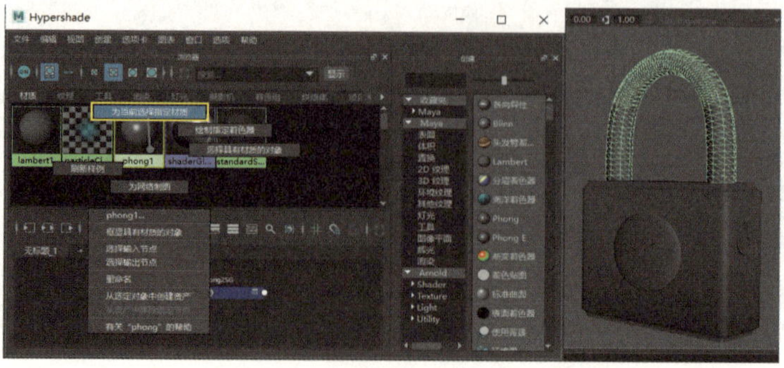

图 6-13

（2）打开 phong1 材质的属性面板，单击“颜色”后面的贴图按钮，在弹出来的选择材质类型面板中单击“文件”按钮，再单击“文件”层级“图像名称”后的文件夹标志，选择配套资源提供的 3-1-1.JPG 图片，如图 6-14 所示。

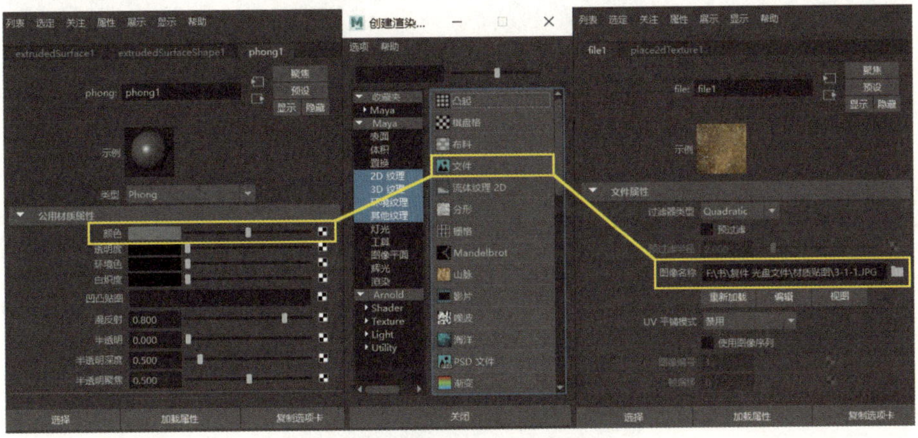

图 6-14

（3）这张材质图并非真实的铁锈，放在这里有斑驳的感觉，虽然合适，但表面似乎太光滑了，完全没有铁锈的粗糙感，而且高光过于强烈，像一种光滑的有纹理的石头，如图 6-15 所示。

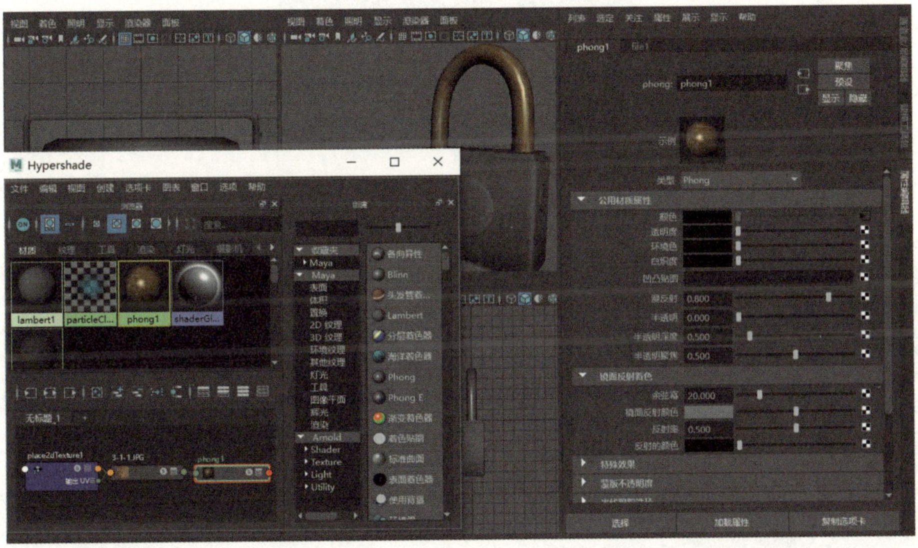

图 6-15

（4）双击 Hypershade 窗口中的 phong1 材质球，单击“凹凸贴图”后的贴图按钮，在弹出来的选择材质类型面板中单击“布朗”材质，将“凹凸深度”设置为 0.15，如图 6-16 所示。

（5）调整后再进行一次渲染，以检查效果，发现锁柄的材质发生了明显的凹凸变化，高光也变得零零碎碎，从高光形状的角度来说效果还是不错的。但还有一个问题，就是高光似乎太亮了，有铁锈的物体是不会像不锈钢一样有强烈的高光的，如图 6-17 所示。

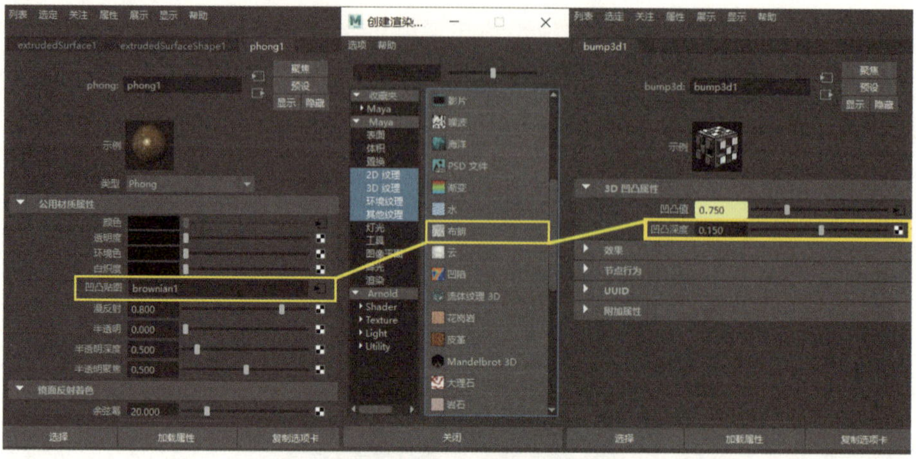

图 6-16

图 6-17

（6）双击 Hypershade 窗口中的 phong1 材质球，单击“镜面反射颜色”后面的色块，使颜色调节面板弹出来，把高光颜色调暗，并使色调偏黄。一般来说，只有不锈钢之类的光滑金属有极强烈的高光，而带有大量铁锈的金属只会使高光不再强烈。由于铁锈偏黄，也使得高光多多少少受到黄色调的影响，所以要把高光调暗、调黄，如图 6-18 所示。

图 6-18

（7）调节锁身材质。在 Hypershade 窗口中创建一个 phongE1 材质，并进入属性面板，单击材质属性编辑器“颜色”后的贴图按钮，选择配套资源中的 3-1-2.JPG 图片，并将其指定给锁身模型，如图 6-19 所示。

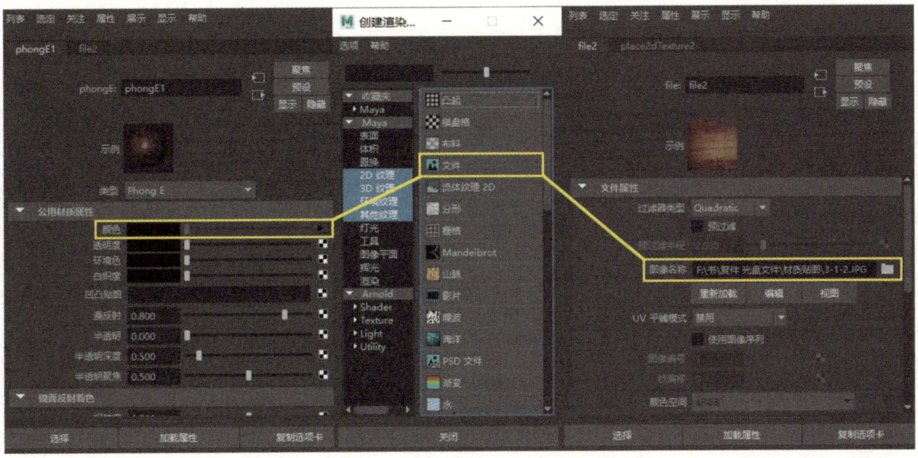

图 6-19

（8）这时可以看到，这张本来就是铁锈的材质贴在锁身的上面，似乎有破旧的感觉，这就是人们经常说的“三分建模，七分材质”的含义，这种说法虽然有些夸张，但也说明了材质在一件作品中的重要性。

测试渲染，发现锁身依旧过于平滑，可以指定一张凹凸贴图对其进行改进，如图 6-20 所示。

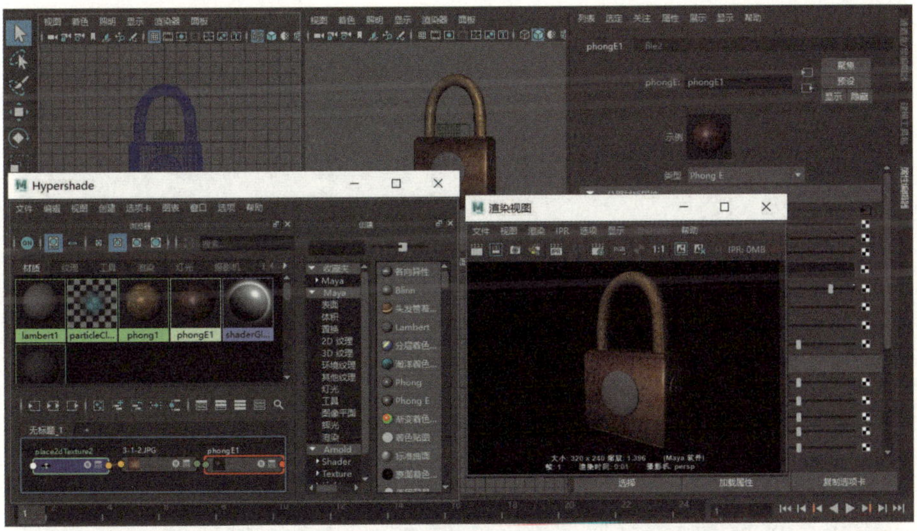

图 6-20

（9）为 phongE1 材质指定一张凹凸贴图，在弹出来的选择材质类型面板中单击“布朗”材质，这是一个 3D 纹理贴图，能够对物体的内部进行纹理处理，而 2D 纹理只能模拟物体表面的材质。

调节“布朗”材质的参数，进入“凹凸贴图”属性面板，在“凹凸深度”中将数值改为 0.5。

从渲染图中可以看到，锁身的质感还是不错的。将当前的锁身和锁柄放在一起，锁柄的主色调是黄色，而锁身的主色调却偏红，怎么看都不协调，因此还得继续进行调整，如图 6-21 所示。

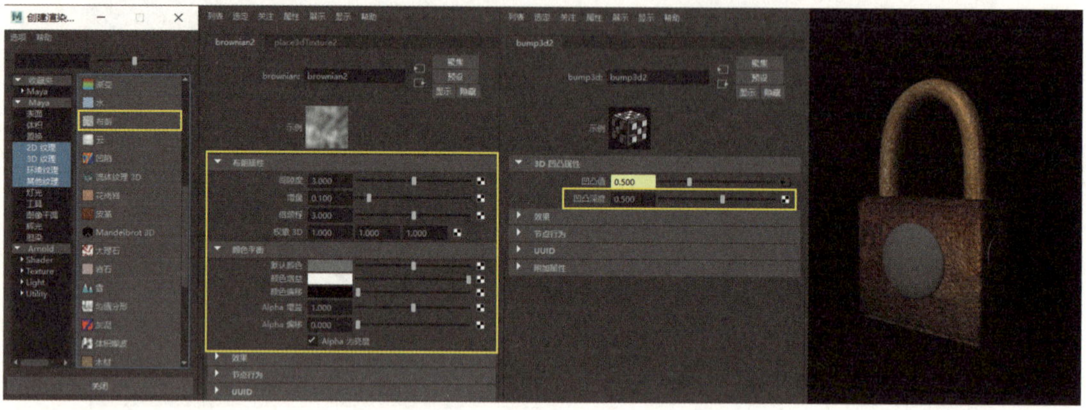

图 6-21

我们需要思考，应该调节上面的锁柄还是调节下面的锁身？如果锁柄加上红色调，则感觉锁柄像被“烤”红的。

那就要把锁身上的红色去掉一些，红色的补色是绿色，这就需要加绿色来减弱红色调。

（10）在 phongE1 属性面板中，把“环境色”属性中的纯黑色调成深绿色。把“镜面反射颜色”调得深一些，因为锁身是不会有那么强烈的高光的，尤其是有了锈斑以后，高光会变得很不明显。再渲染一张，如图 6-22 所示。

图 6-22

（11）调节锁身前面凸起物的材质。先对材质进行分析，发现它的光泽度和平滑度应该和锁柄相似，不同的是它的高光及本身要亮一些。

单击锁柄的 phong1 材质，在 Hypershade 窗口中，执行“编辑”→“复制”→“着色网络”命令，复制出一个 phong2 材质。右击 phong2 材质，在弹出来的浮动菜单中选择“为网络制图”命令，使它的节点链接显示出来，把节点中的 bump3d 和 brownian 删除，如图 6-23 所示。

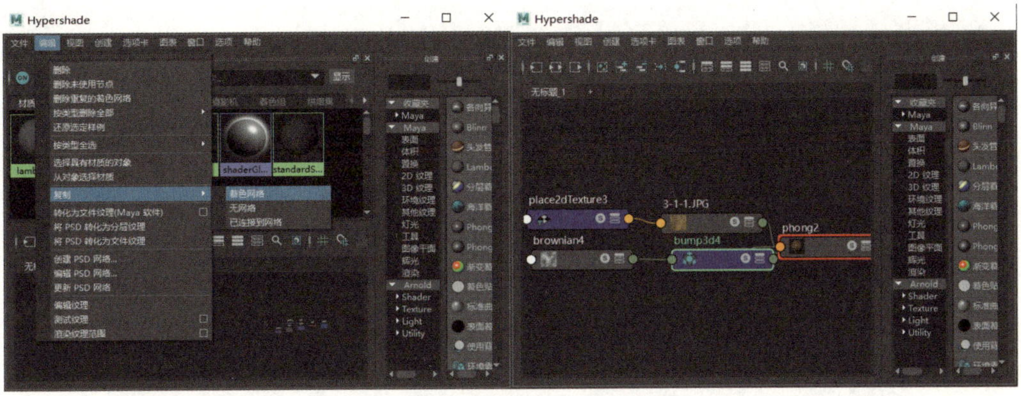

图 6-23

（12）指定配套资源中的 3-1-3.tga 图片给 phong2 的凹凸贴图，这样就完成了图案纹理的指定。进入 phong2 材质球的设置面板，将“环境色”和“镜面反射颜色”都调节得更亮一些，以区分锁柄的材质，如图 6-24 所示。

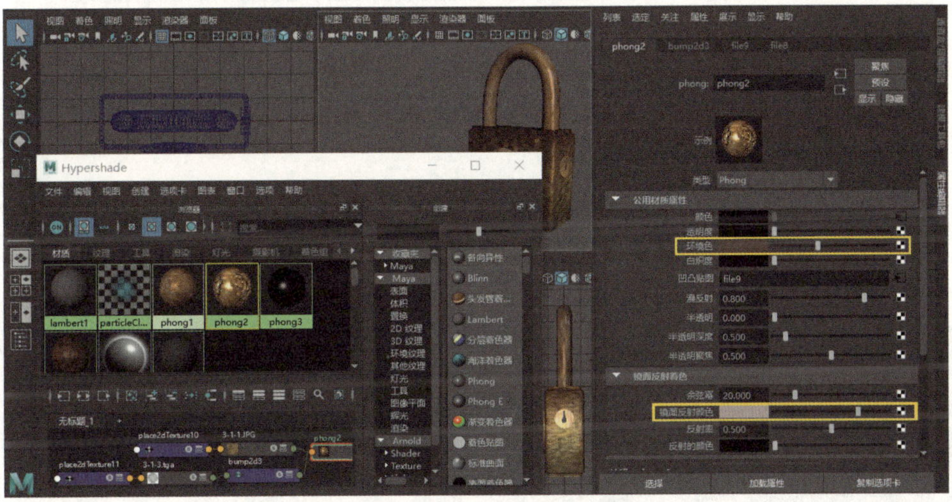

图 6-24

最终完成文件是配套资源中的 6-2-lock-ok.mb，效果如图 6-25 所示。

图 6-25

6.3 示范实例——文字的华丽质感

视频教程

打开配套资源提供的 6-3-text.mb 文件，场景中的文字模型被分为表面、倒角面、立面三部分，这样便于逐个添加材质，如图 6-26 所示。

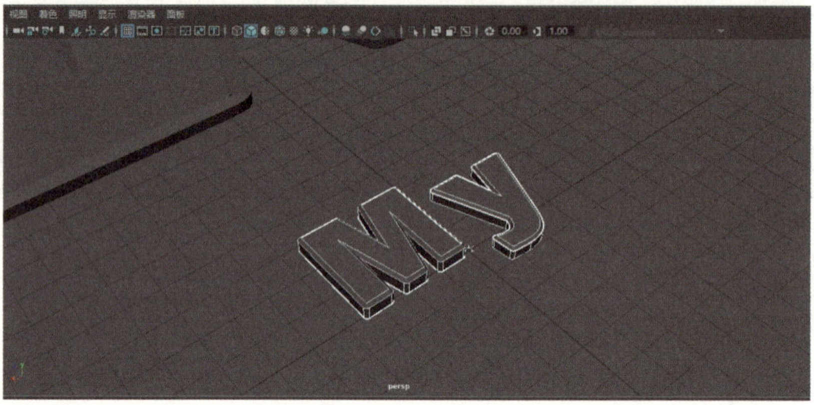

图 6-26

6.3.1 文字模型的基本材质

视频教程

（1）新建一个 lambert2 材质，调整它的颜色为深蓝色，并将它指定给地板模型，如图 6-27 所示。

图 6-27

（2）新建一个 blinn1 材质，打开它的属性面板，在“镜面反射着色”卷轴栏下，调整“偏心率”为 0.4，稍稍扩大高光的范围；调整“镜面反射衰减”为 1，使高光变得强烈；调整“镜面反射颜色”为纯白色，并将材质指定给文字最上面的表面模型，如图 6-28 所示。

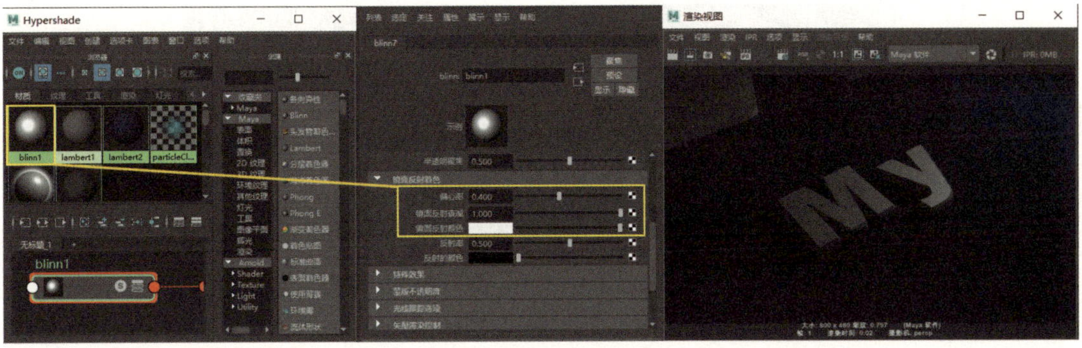

图 6-28

（3）为 blinn1 材质加上表面的金属磨砂质感，单击“凹凸贴图”属性后的贴图按钮，选择“噪波”贴图，在“噪波”贴图坐标面板中设定“UV 向重复”为 20，使颗粒增多，将“凹凸深度”设置为 0.02，如图 6-29 所示。

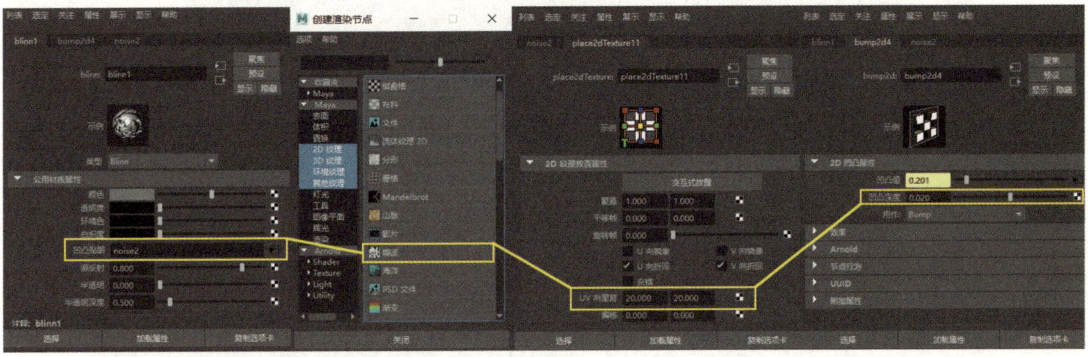

图 6-29

（4）新建一个 blinn2 材质，为“颜色”属性添加一个“渐变”贴图，这种类型的贴图可以设置各种渐变效果。在“渐变”贴图的设置面板中，设置“类型”为“U Ramp”，并调整渐变的三种颜色为灰、白、灰，如图 6-30 所示。

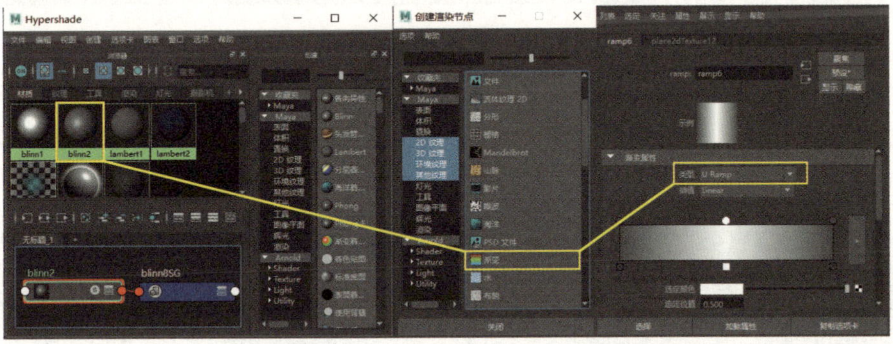

图 6-30

（5）回到 blinn2 材质的属性面板，设置“特殊效果”卷轴栏下的“辉光强度”为 0.05，这样可以使材质产生柔光效果。将 blinn2 材质球指定给文字的倒角模型，如图 6-31 所示。

图 6-31

指定材质前、后的模型效果如图 6-32 所示。

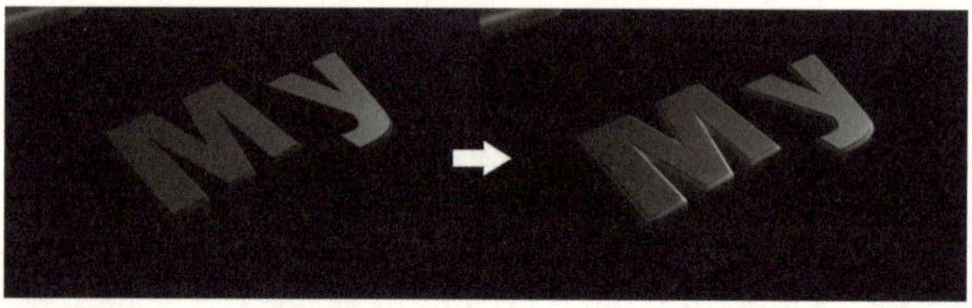

图 6-32

（6）回到 blinn2 材质的属性面板，为“镜面反射着色”卷轴栏下的“反射的颜色”属性添加一个“渐变”贴图，调整“渐变”贴图的“类型”为“Diagonal Ramp”，并设定多次黑白渐变，渲染会看到倒角质感更加细腻，如图 6-33 所示。

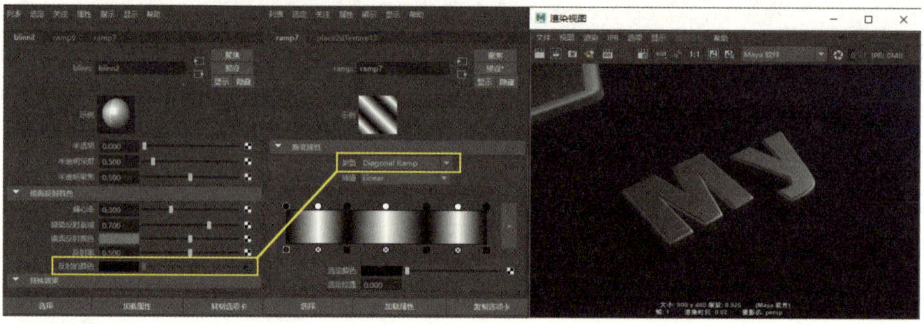

图 6-33

（7）设置文字立面模型的材质。新建 Blinn 材质，为“颜色”属性添加“渐变”贴图，调整“渐变”贴图的“类型”为“U Ramp”，设置渐变色为深绿、绿、深绿，并指定给文字的立面模型，如图 6-34 所示。

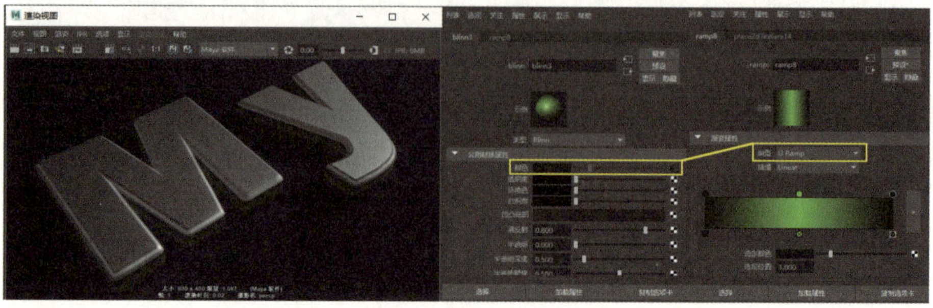

图 6-34

（8）为立面模型的材质添加细节。为“凹凸贴图”属性添加一个“栅格”贴图，并进入“栅格”贴图的坐标面板，设定“UV 向重复”为 8 和 4，凹凸强度保持不变，如图 6-35 所示。

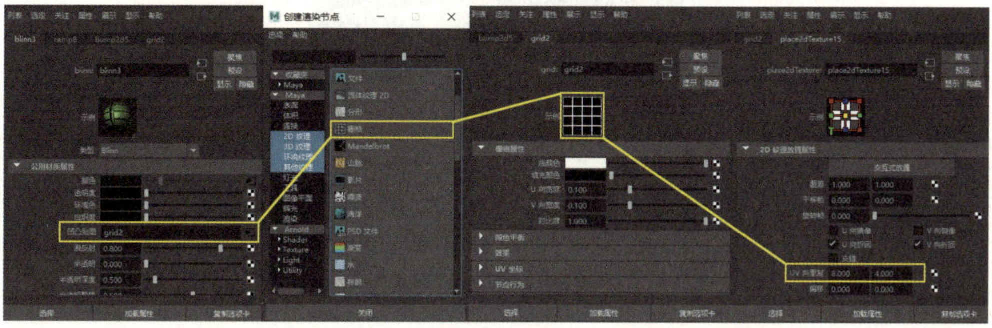

图 6-35

6.3.2　底部发光材质

视频教程

（1）设置文字底部的反光效果，需要对模型进行调整。先选中所有文字的立面模型，使用缩放工具将其整体放大，正好罩在文字模型的外面，然后将它们压扁，移动到文字下方，如图 6-36 所示。

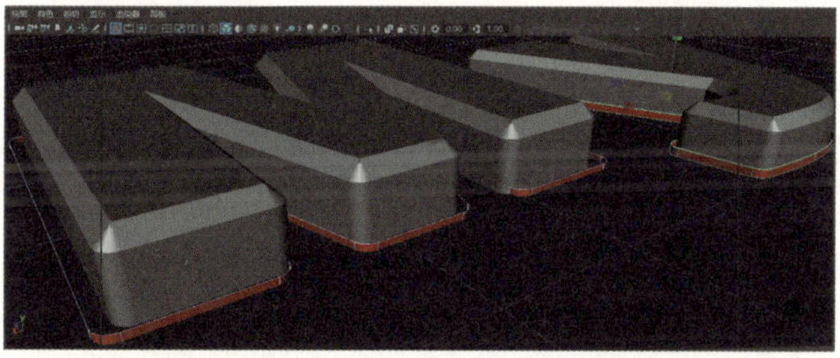

图 6-36

（2）新建一个 Blinn 材质，并指定给刚刚制作好的底部模型。设置 Blinn 材质的“颜色”属性为深绿色，并设置“特殊效果”卷轴栏下的“辉光强度”为 4，增强光感，勾选“隐藏源”复选框，使底部模型隐藏，渲染时只显示发光效果，如图 6-37 所示。

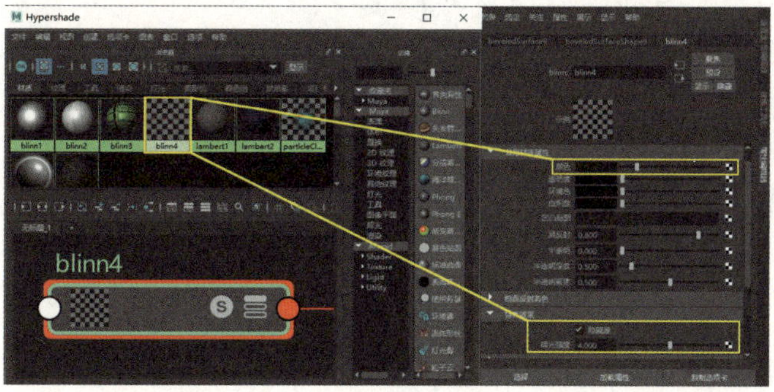

图 6-37

制作完毕的场景文件是配套资源中的 6-3-text-ok.mb 文件，最终效果如图 6-38 所示。

图 6-38

本章小结

本章挑选了一些常用的材质供读者学习。希望读者能准确地理解各项参数的意义，也可以把一些常用的材质保存起来，以便今后使用。

作　业

1．临摹一张自己喜欢的三维静物作品，运用了解的材质，尽量在临摹的作品中加入新效果。

2．结合社会热点，使用 Maya 创作一张三维静帧作品。

图 6-39 所示为郑州轻工业大学动画系 18 级的同学们，在学习完本章内容后，以“抗疫”为主题创作的作品，创作时间为一星期。

图 6-39

第7章 UV编辑和卡通材质

视频教程

7.1 UV 编辑详述

在前面的章节中，我们接触了“贴图坐标”这个名词。那么，什么是贴图坐标？下面用一个实例来说明。

我们先制作一个“可口可乐”的易拉罐瓶体，用旋转建模的方式做出。打开配套资源中的“coca cola.tga”文件，该文件是一张图片，我们把它作为贴图赋予刚创建的模型，观察有什么变化。如图 7-1 所示，我们可以看到，贴图效果乱七八糟，完全对不上。

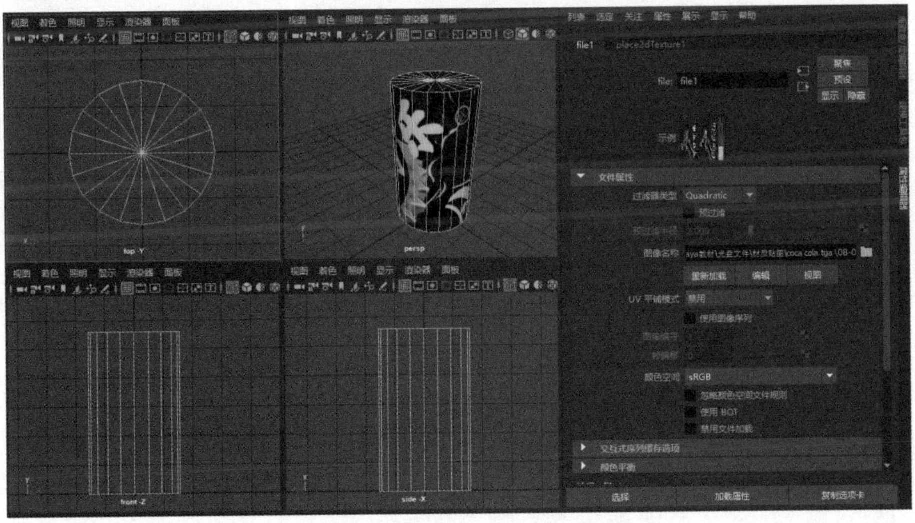

图 7-1

我们使用的贴图文件看起来并没有问题，如图 7-2 所示。

一般，为模型赋予贴图时，系统会以默认的贴图坐标将贴图赋予物体。但对于需要精准对位的模型，系统默认的贴图坐标往往会出错。那么，如何为模型设置相应的贴图坐标呢？

图 7-2

刚才创建的模型其实就是一个圆柱体，选择该模型，在“建模”模块下，执行 UV→“圆柱形”命令，将一个圆柱形的贴图坐标指定给该模型。这时可以看到，模型的周围出现了控制点，模型也被环状控制器包围起来，更令人惊喜的是，贴图已经以正确的方式贴到了模型上，如图 7-3 所示。

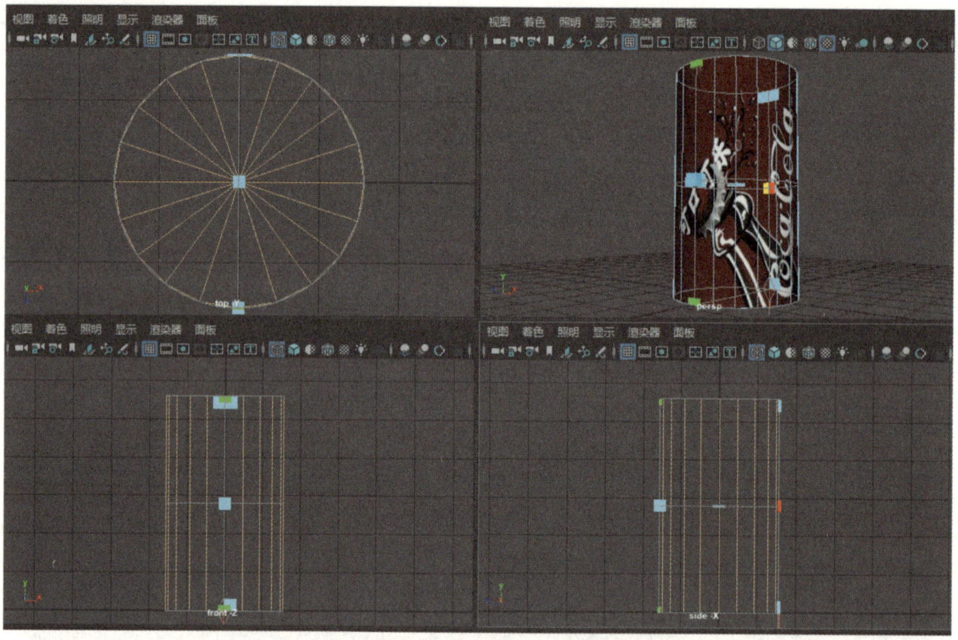

图 7-3

环绕在模型周围的绿色、红色的点就是调整贴图坐标的控制点。一般情况下，并不是使用贴图坐标就能达到满意效果，很多时候需要手动对坐标进行调整，这些点就是为了调整而存在的。

贴图坐标在 Maya 中有四种基本类型，上面使用的只是基本样式中的一种，很多模型并没有可以直接使用的贴图坐标，所以需要对模型赋予特殊的贴图坐标，以达到使用者的要求。

在 Maya 中，多边形的贴图坐标一般有四种：平面、圆柱形、球形、自动，图 7-4 所示为这四种贴图坐标分别指定给球体后显现出来的效果。

图 7-4

（1）平面：以一个平面的方式将贴图纹理投射在模型上。投射方式类似于幻灯机将影像投射在屏幕上。因此它的运用基本都是在平面或类似平面的物体上，其他物体也可以配合 Alpha 通道使用，比如，眼球的贴图方式就是将眼珠以平面坐标投射在球体上，如图 7-5 所示。

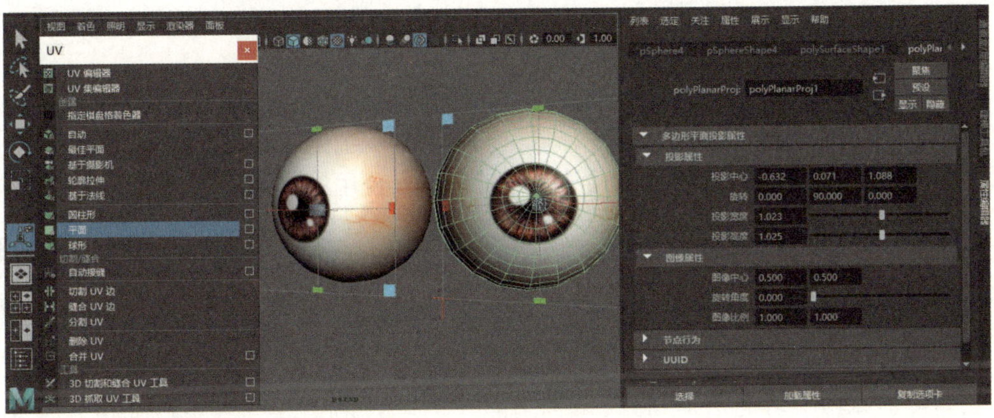

图 7-5

（2）圆柱形：将物体以圆柱形的方式包裹起来，适用于近似圆柱体的模型。圆柱形贴图坐标有一个很大的用处，就是使用在角色头部的贴图坐标设置上，大多数的角色头部甚至身体的贴图坐标都是使用“圆柱形”制作的，如图 7-6 所示。

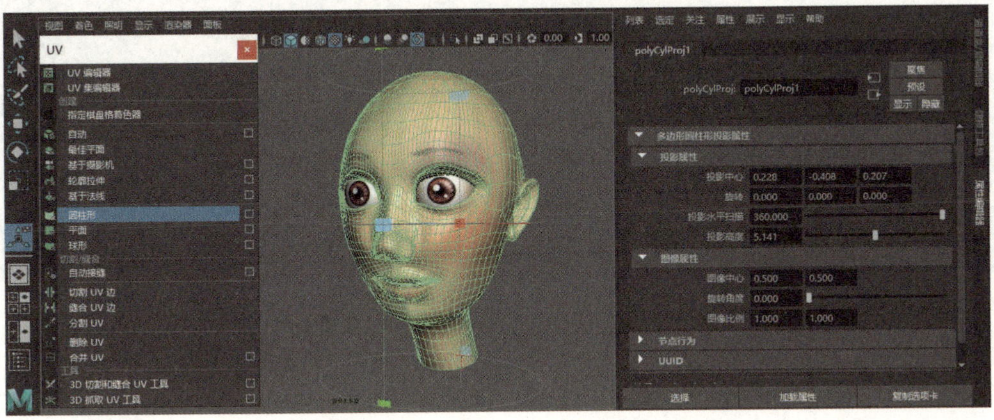

图 7-6

（3）球形：以球体的方式将物体包裹起来，并将纹理图案垂直投影到物体上。它最大的优点是几乎不受死角的影响，适用于球体或类似球体的模型，如图 7-7 所示。

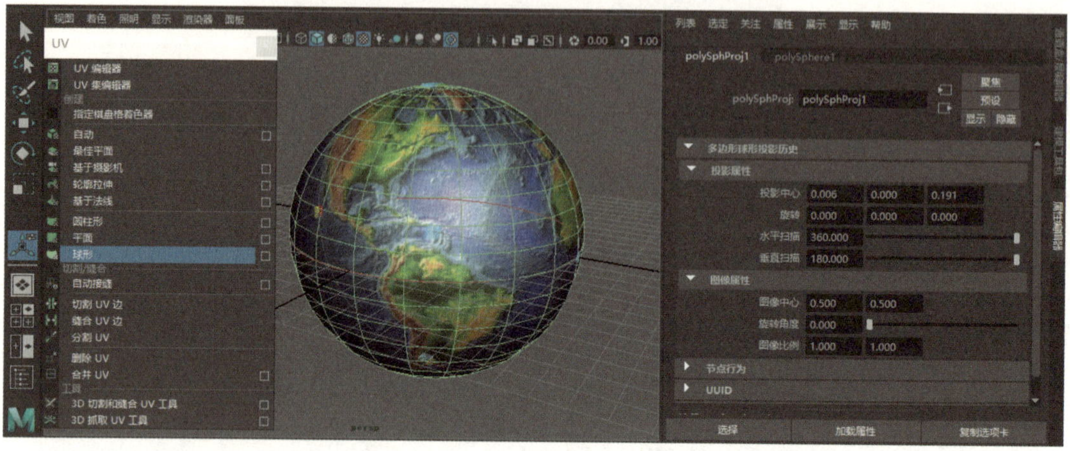

图 7-7

（4）自动：系统随机生成的贴图坐标。它的特点就在于自动生成性和不规则性。它的主要作用并不是赋予物体适合的贴图坐标，而是将物体的投影方式分成不同的块，以便在“UV 编辑器”中进行整合，但由于系统的随机性，其使用频率并不高。

视频教程

7.2 示范实例——小奶牛的 UV 编辑

打开配套资源中的 7-2-Uvs.mb 文件，场景中有一个小奶牛的卡通模型，如图 7-8 所示。

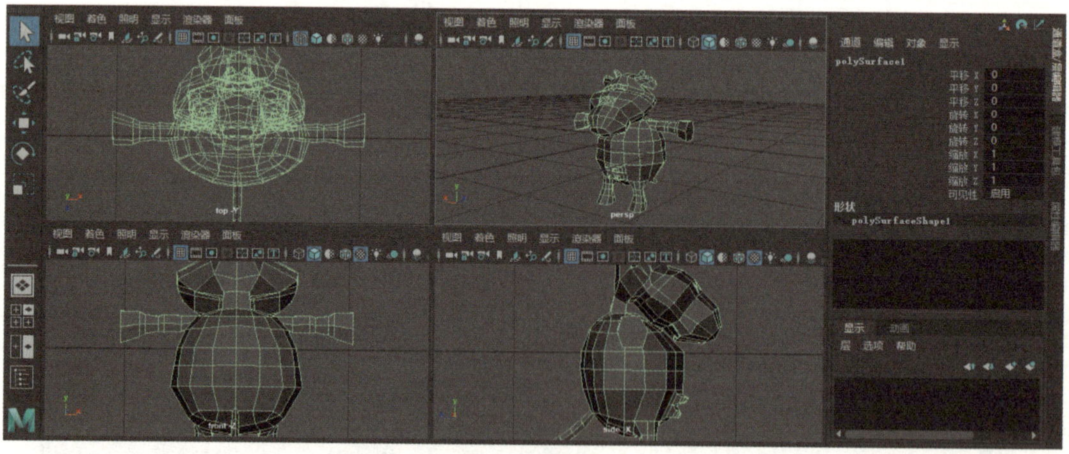

图 7-8

这个实例的最终效果是把小奶牛材质的定位、绘制、贴图完成，如图 7-9 所示。

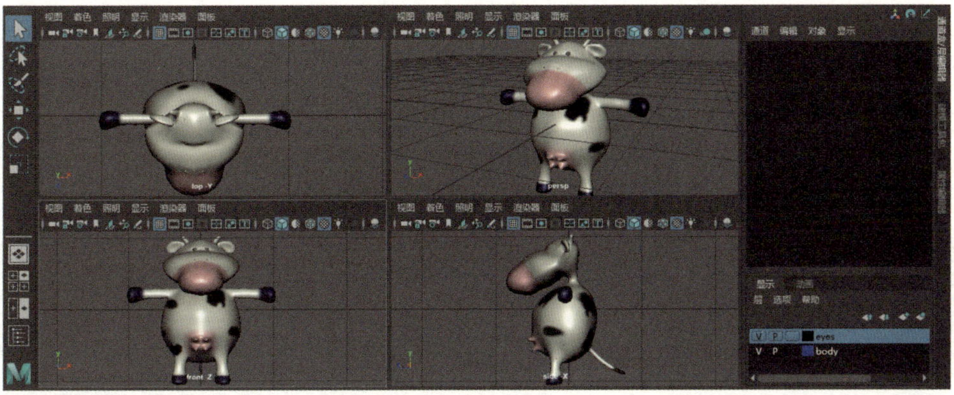

图 7-9

7.2.1　编辑 UV

视频教程

在制作之前，先单击 Maya 界面右上角的工作区下拉菜单，将工作区切换为“UV 编辑”，这时界面的布局会发生较大变化，左侧是视图，中间为“UV 编辑器”，右侧是“UV 工具包”，里面有编辑 UV 的各项常用工具。

选中模型，在“UV 编辑器”中观察模型的 UV，发现现在的模型 UV 非常乱，这样是无法准确定位的，更不用说按照 UV 绘制贴图了，如图 7-10 所示。

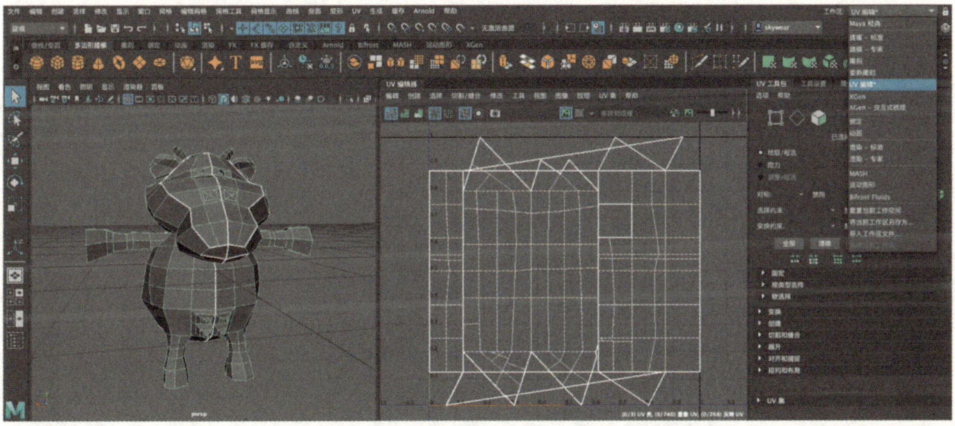

图 7-10

下面进行 UV 编辑，这道工序在动画业内俗称“展 UV”或“分 UV”，是比较枯燥的工作，但也是角色制作中非常重要的一环。

我们先解释 UV 编辑的原理，观察这个小奶牛模型，把它想象成是用纸扎起来的，先用一把剪刀在不明显的位置将模型剪开，最终使模型平铺在平面上，这样就会方便进行贴图的绘制。

由于模型比较复杂，既不是圆柱也不是圆球，所以坐标要按照头部、身体、四肢进行多次划分。

（1）仔细观察模型，“UV 编辑器”打开后，有的模型身上的线呈现出白色加粗的效果，这些线就是 Maya 自动切开模型的位置，但是切开的位置在脸上，这会给后期贴图绘制带来麻烦，所以需要先把它们缝合，再在头部后面这种不太明显的位置重新切割模型，如图 7-11 所示。

（2）进入模型的边级别，选中不需要的白色线，单击“UV 工具包”中“切割和缝合”卷轴栏下的“缝合”按钮，将已经被切开的边重新缝合，如图 7-12 所示。

图 7-11

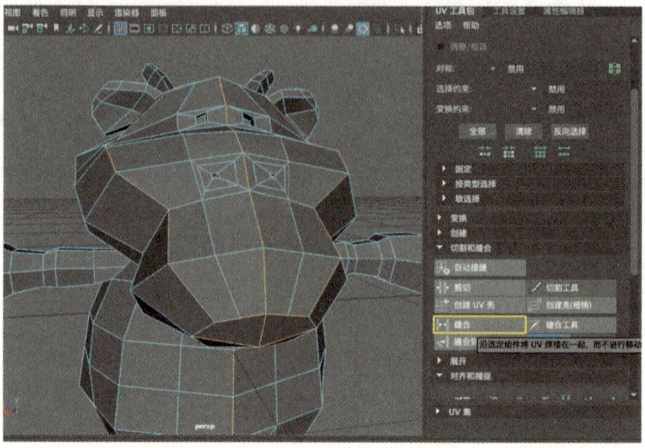

图 7-12

（3）重新对模型的 UV 进行切割。一般，角色的 UV 编辑原则是切割线尽量在不明显的地方，如后脑部分，所以先选中脖子的一圈边，再选中后脑部分的边，单击“UV 工具包”中“切割和缝合”卷轴栏下的“剪切”按钮，边会变成白色加粗状态，这就意味着边被切割开了，如图 7-13 所示。

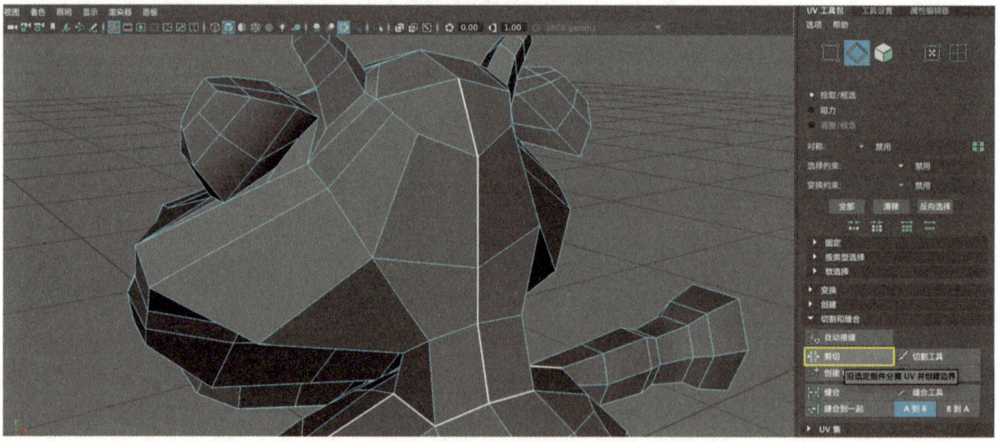

图 7-13

（4）在模型上右击，在弹出的浮动菜单中选择 UV→UV 壳，或者单击“UV 工具包”右上角的“UV 壳选择”按钮，进入模型的 UV 壳级别，该级别可以选中被剪切开的 UV 整体，再单击模型的头部，模型已经被分为了头部和身体两部分，将头部选中，在“UV 编辑器”里按 W 键，切换为移动工具，将该 UV 壳移动到旁边，与模型其他的 UV 分开，如图 7-14 所示。

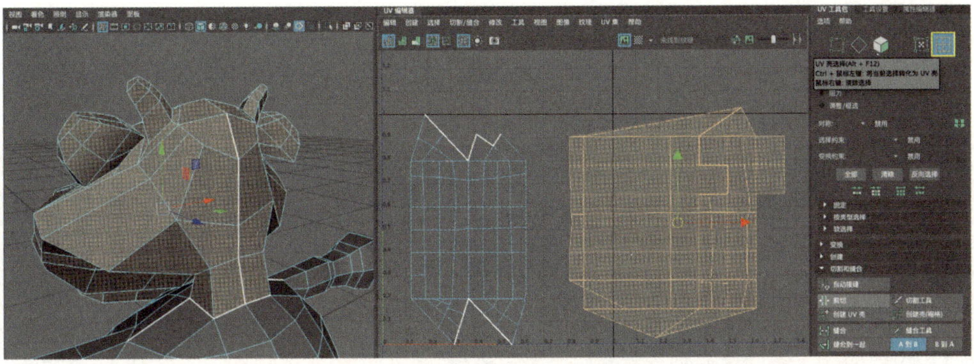

图 7-14

（5）选中头部的 UV 壳，单击“UV 工具包”中“展开”卷轴栏下的“展开”按钮，Maya 会自动将该部分尽量展成平面，如图 7-15 所示。

现在，模型虽然看起来展开了，但是由于剪切的切口不够大，模型其实还处于扭曲状态。打开“UV 编辑器”左上角的“UV 扭曲”按钮，UV 会以蓝、白、红色显示，蓝色部分是完全展开的部分，红色部分尤其是深红色部分是扭曲现象比较严重的部分，如图 7-16 所示。

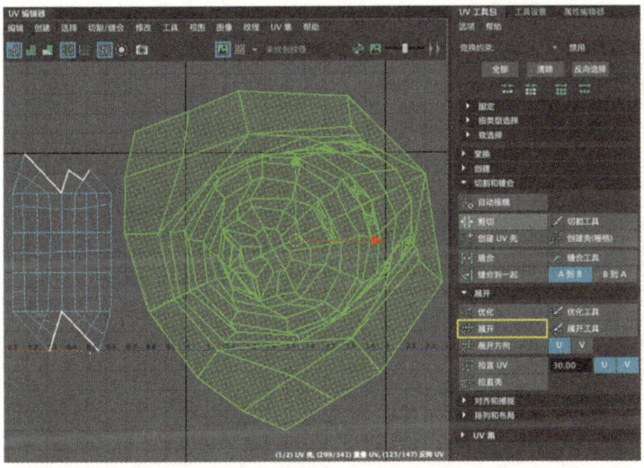

图 7-15

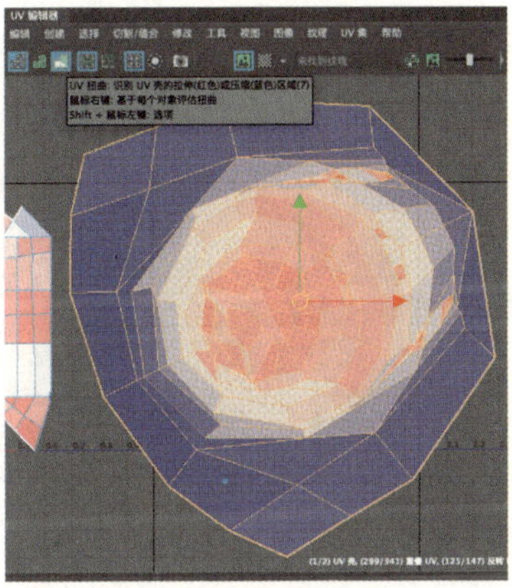

图 7-16

（6）在视图中观察模型，小奶牛的耳朵部分扭曲最严重，进入边级别，选中耳朵底部的一圈线，将其剪切开，并在“UV 编辑器”中展开，如图 7-17 所示。

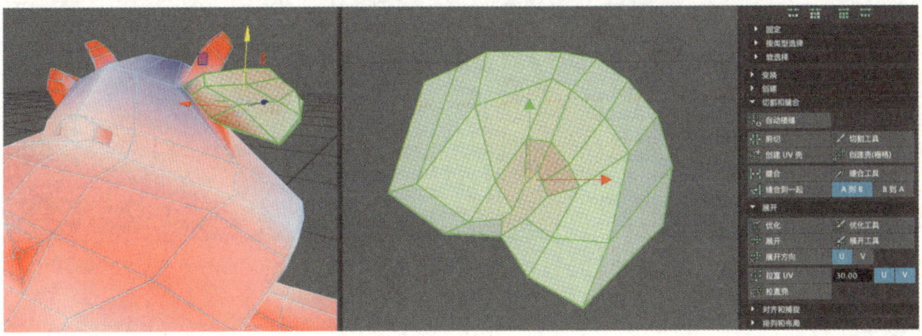

图 7-17

（7）使用同样的方法，把另一只耳朵的 UV 也展开，选中头部的 UV 壳，单击“UV 工具包”中“展开”卷轴栏下的“优化”按钮，多次单击该按钮，就会看到头部 UV 壳的红色减淡了很多，如图 7-18 所示。

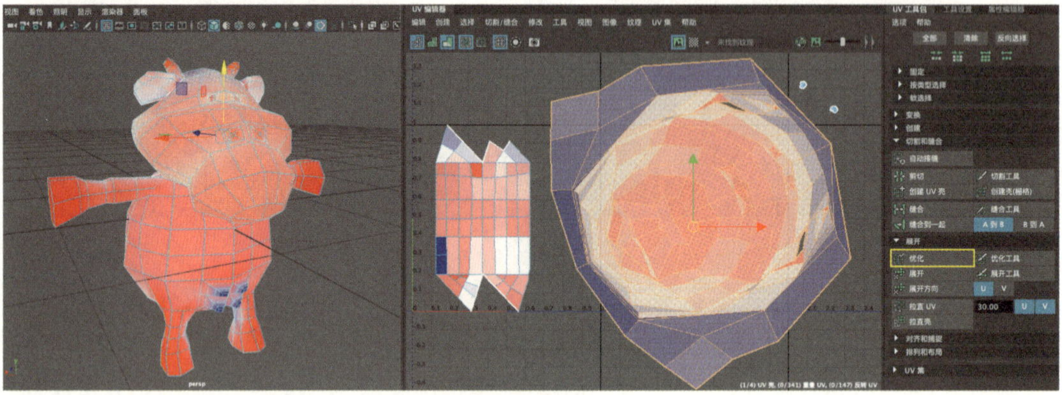

图 7-18

（8）使用同样的方法，将小奶牛的两只手臂剪切开，切口可以沿着腋下一直延伸到手部，如图 7-19 所示。

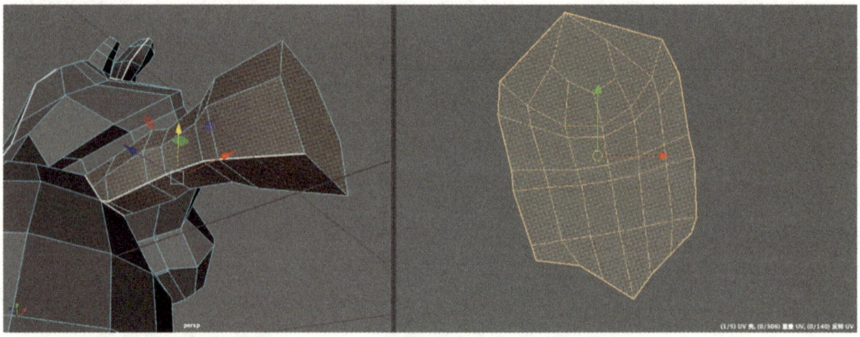

图 7-19

（9）将两条腿部也剪切开，腿部的切口放在身体内侧，如图 7-20 所示。

图 7-20

（10）将小奶牛的身体部分从两侧剪切开，分为前、后两部分，如图 7-21 所示。

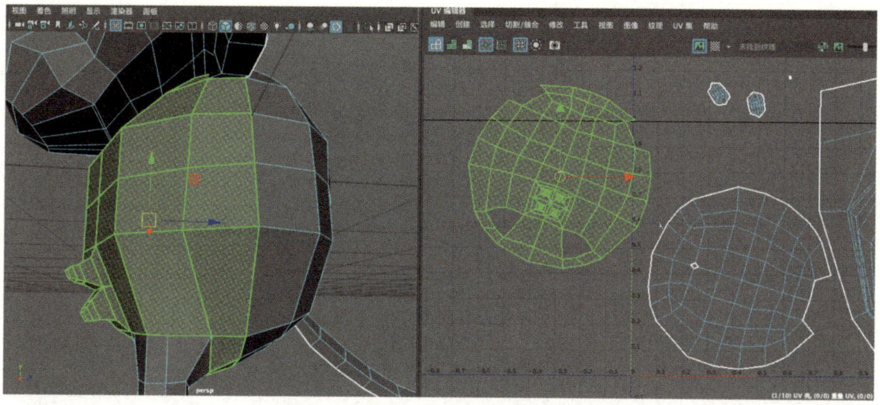

图 7-21

（11）把尾巴剪切出来，全部编辑好的 UV 如图 7-22 所示。模型从正面看基本看不到任何切口。

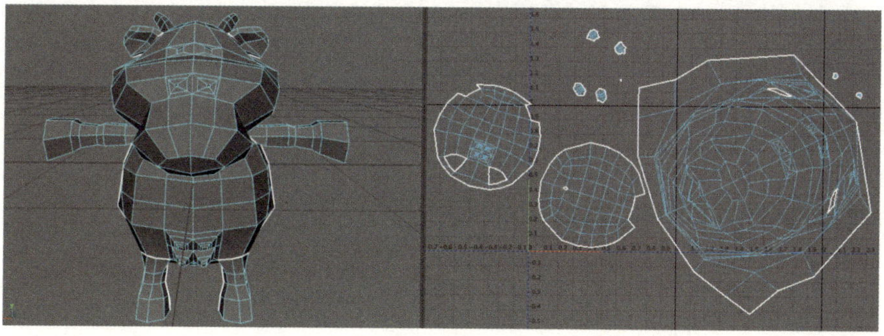

图 7-22

（12）目前的 UV 壳大小不一，可以选中所有的 UV 壳，单击“UV 工具包”中“排列和布局”卷轴栏下的“排布”按钮，所有的 UV 壳就会自动排列好。如果对排列效果不太满意，也可以逐一选中 UV 壳，使用移动、旋转、缩放工具进行调整，如图 7-23 所示。

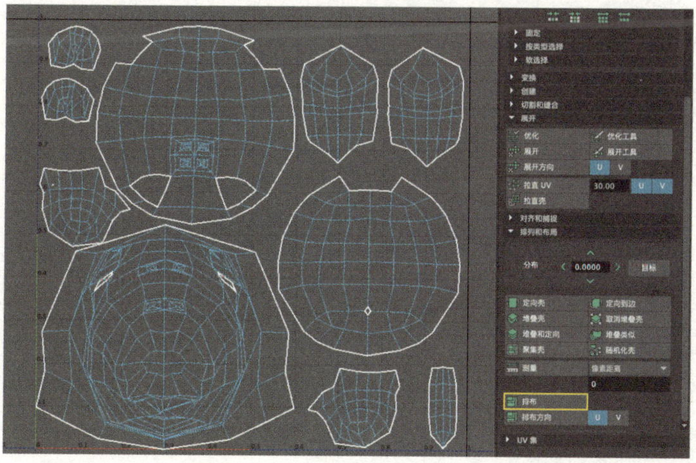

图 7-23

（13）UV 编辑完成后，最好检查一遍，打开“UV 编辑器”顶部的“棋盘格贴图”按钮，会在整个“UV 编辑器”中显示黑白棋盘格，检查每个部位的棋盘格大小是否一致、有没有扭曲等，如果情况严重，需要针对相关部位的 UV 壳进行调整，如图 7-24 所示。

图 7-24

调整完毕以后，UV 编辑的工作就完成了。这项工作只起到贴图定位的作用，下面需要根据划分好的 UV 进行贴图绘制。

7.2.2　根据 UV 绘制贴图

视频教程

（1）先将 UV 导出，在“UV 编辑器”中，执行“图像”→“UV 快照”命令，在弹出的命令设置面板中，单击“文件名”后的“浏览”按钮，设置保存路径和名称。“大小 X（像素）”和“大小 Y（像素）”设定导出图片的大小，如果希望绘制得细致一些，可以将数值设置大一些，本案例均设置为 2048 像素。“图像格式”可以选择 JPEG 格式，如图 7-25 所示。

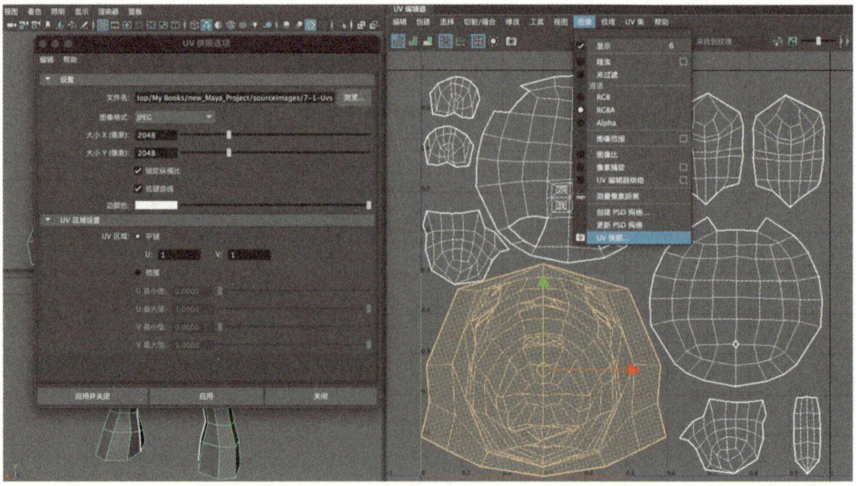

图 7-25

（2）绘制图片不是 Maya 的强项，需要使用 Photoshop 或 Painter 等软件。打开 Photoshop，并打开保存好的 UV 图，如图 7-26 所示。

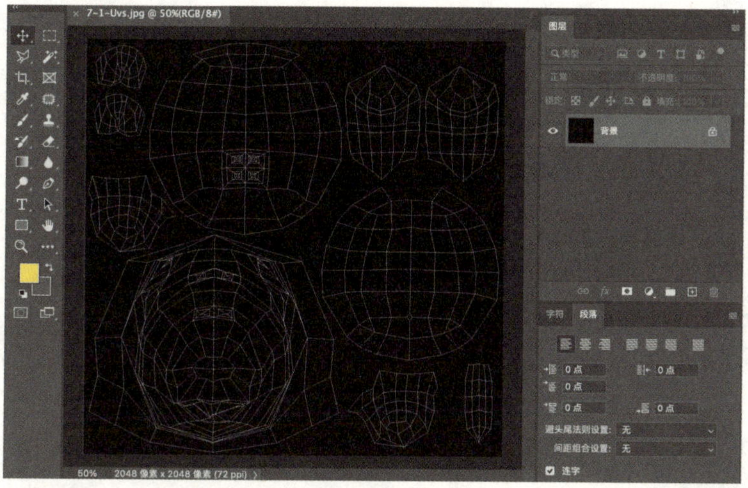

图 7-26

（3）在 Photoshop 中执行“选择”→“色彩范围”命令，将 UV 线提取出来，并单独作为一层，填充为红色；将最下面的图层填充为很淡的黄色，作为皮肤的主色调，这样也便于观察，如图 7-27 所示。

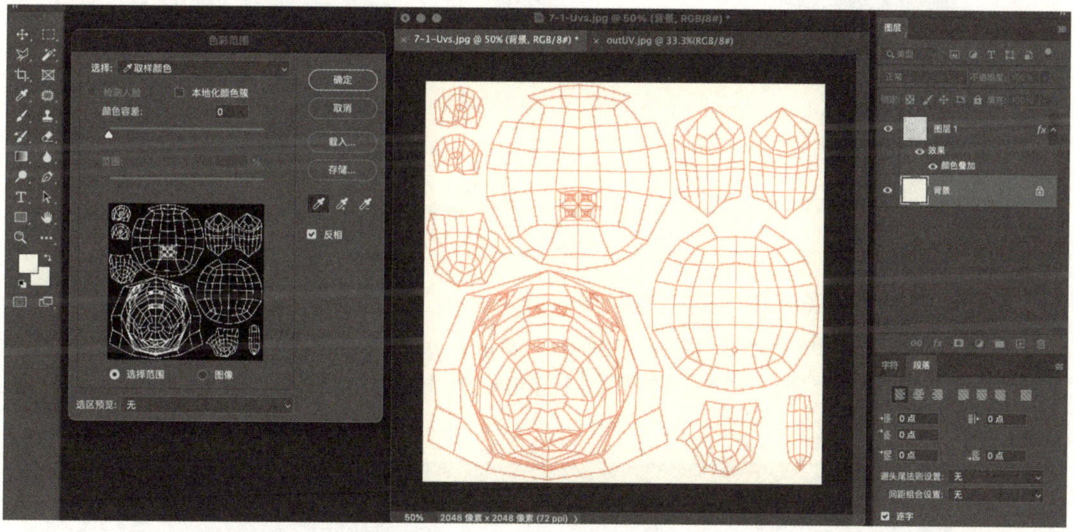

图 7-27

（4）新建一个图层，并放置在最上面，使用画笔、选框和油漆桶工具，为小奶牛的身体部分涂上黑色的斑点，在乳头部分涂上粉红色，如图 7-28 所示。

（5）继续绘制头部和其他部分。由于 UV 线外的空白区域不会在模型上显示出来，所以完全不用很小心地沿着 UV 线绘制，绘制好的贴图如图 7-29 所示。

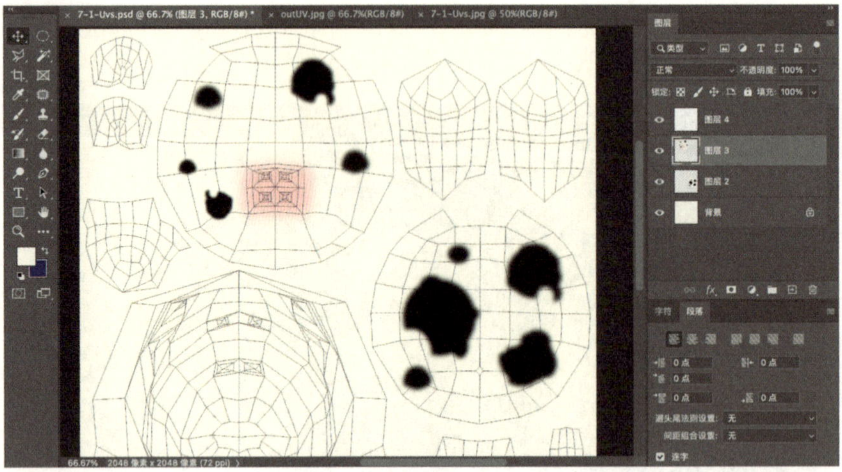

图 7-28

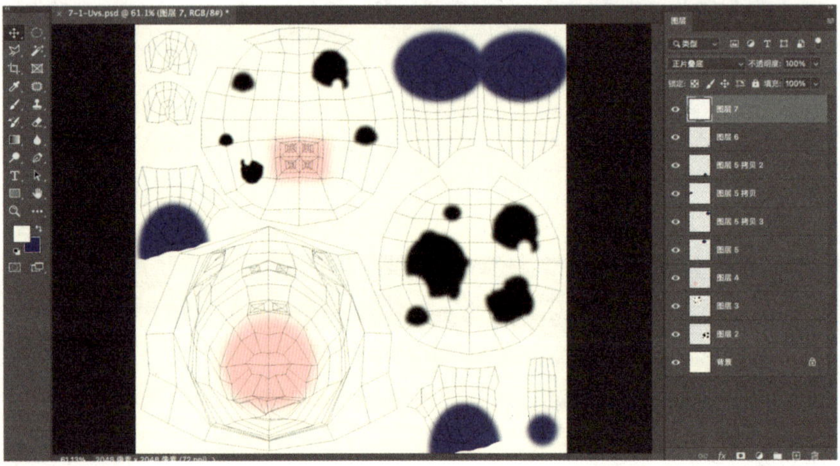

图 7-29

（6）将显示 UV 线的图层删除或隐藏，并保存图片。回到 Maya 中，打开 Hypershade 窗口，新建一个 Lambert 材质，单击“颜色”属性后面的贴图按钮，将绘制好的小奶牛贴图以“文件”的形式添加，并把调整好的 Lambert 材质指定给模型，会看到贴图已经定位好了，如图 7-30 所示。

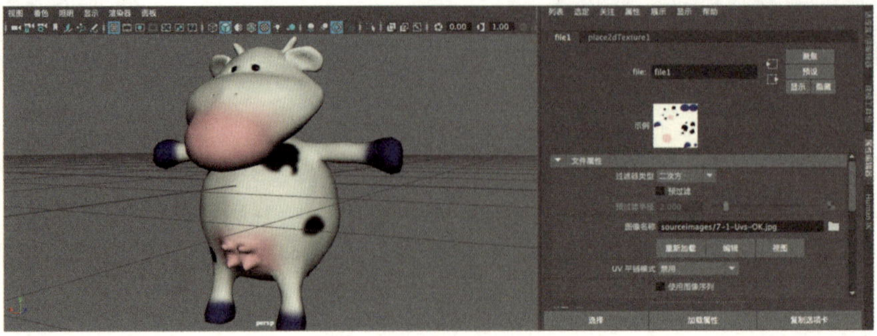

图 7-30

配套资源中的 7-2-Uvs-ok.mb 文件是制作好的效果，有兴趣的读者可以对模型进行光滑处理。光滑处理后的小奶牛如图 7-31 所示。

图 7-31

视频教程

7.3　卡通材质

三维动画技术的发展给二维传统动画行业带来了很大冲击，但目前，很多三维动画和游戏开始流行复古潮，即将三维动画渲染成二维效果。下面系统地学习卡通材质的创建和调节。

打开配套资源中的 7-3-bird.mb 文件，场景中有一只黄色的小鸟，并简单地指定了材质，使用的是 Maya 的默认灯光，如图 7-32 所示。

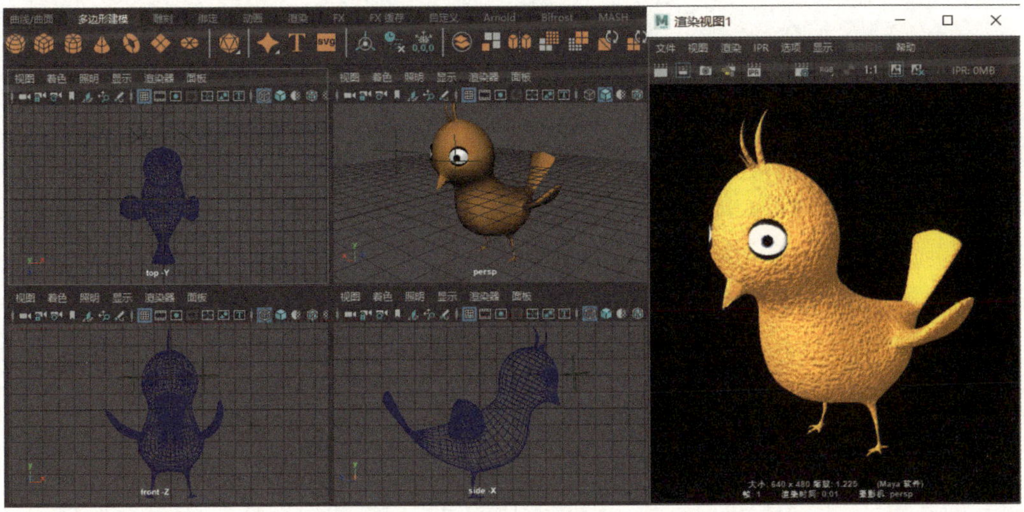

图 7-32

（1）设置渲染的背景颜色，执行视图菜单的“视图”→“选择摄影机”命令，打开摄影机的属性编辑器，在“环境”卷轴栏下，修改“背景色”为黄灰色，这样渲染出来的图片背景颜色就不再是黑色了，便于观察，如图 7-33 所示。

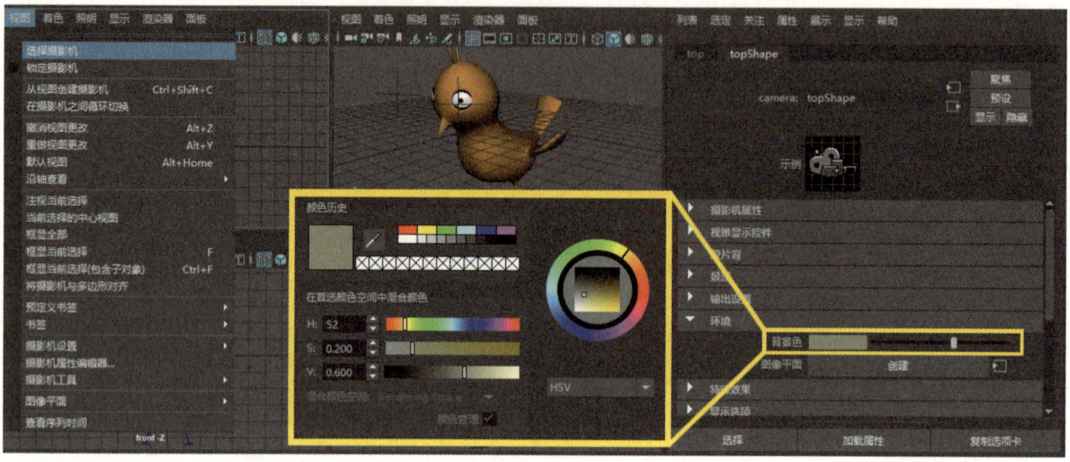

图 7-33

（2）选中小鸟的身体模型，在“渲染”模块下，打开“卡通”→“指定填充着色器”菜单，一共有七种 Maya 默认的卡通材质，将它们分别指定给模型，渲染如图 7-34 所示。

图 7-34

（3）在模型被选中的情况下，执行“卡通”→“指定填充着色器”→“灯光角度双色调”命令，将这个卡通材质指定给小鸟模型，我们也将使用这个卡通材质作为实例进行讲解。

打开 Hypershade 窗口，会看到已经多出一个名为 lightAngleShader 的材质球，双击打开它的属性设置面板，在“颜色”卷轴栏下，修改颜色为黄色和深黄色，这两种颜色一个代表它的基本色，一个代表暗部色。调整黄色的“选定位置”为 0.5，使模型暗部的区域稍稍大一点，渲染如图 7-35 所示。

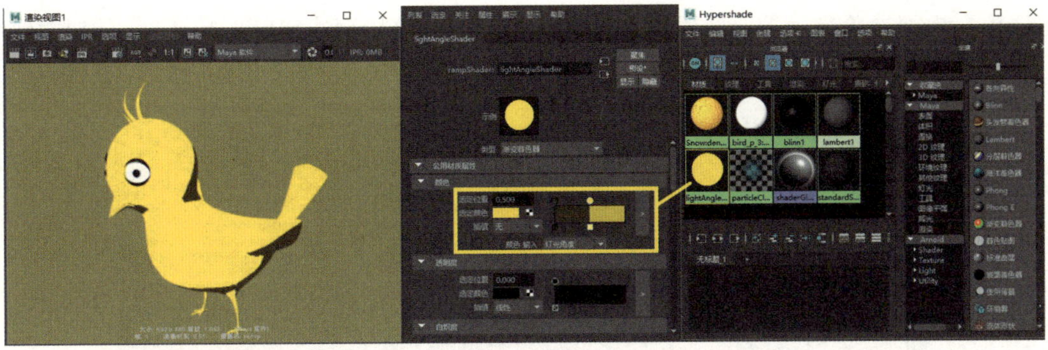

图 7-35

（4）将深黄色的“插值”修改为“线性”，渲染可以看到模型上的颜色过渡得非常柔和，这也是卡通渲染的一种表现方式，如图 7-36 所示。

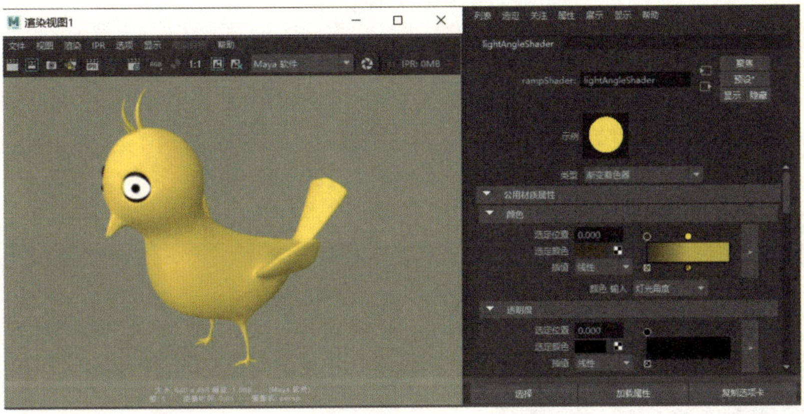

图 7-36

（5）将深黄色的“插值”修改回“无”，依然使用最传统的二维风格进行讲解，实际上，传统的二维动画还应该有勾线效果。

选中模型，执行“卡通”→“指定轮廓”→“添加新的卡通轮廓”命令，在模型边缘创建了一圈黑色的线，渲染后已经出现轮廓线的效果了，如图 7-37 所示。

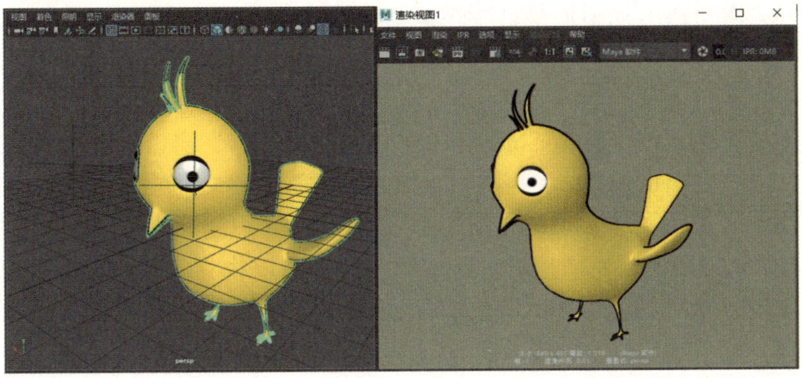

图 7-37

（6）在场景中选中轮廓线，打开它的属性编辑器，在“轮廓线”卷轴栏下，修改“轮廓颜色”为深橙色，使轮廓线不那么死气沉沉；修改“轮廓线宽度”为 1.2，使轮廓线粗一些，便于观察，如图 7-38 所示。

图 7-38

（7）选中模型，执行“卡通”→“创建修改器”命令，模型中出现一个球状修改器，使用缩放工具将它放大，放置在小鸟的身体正中，修改器覆盖的地方轮廓线都变粗了。打开它的属性编辑器，修改“宽度比例”为 3，使修改强度减弱，渲染后轮廓线有了粗细变化，如图 7-39 所示。

图 7-39

（8）我们来看一下卡通材质最具特色的效果。执行“窗口”→“常规编辑器”→“内容浏览器”命令，单击“内容浏览器”窗口左侧的 Oils 文件夹，让这种类型的笔刷在右侧窗口中显示出来。

在场景中选中轮廓线，按住 Shift 键，在“内容浏览器”窗口中选中 dryOilRed 笔刷，执行“卡通”→“将 Paint Effects 笔刷指定给卡通线”命令，场景中的笔刷变得杂乱，渲染后轮廓线已经有了草图的效果，如图 7-40 所示。

（9）“将 Paint Effects 笔刷指定给卡通线”命令可以将“内容浏览器”窗口中的任意笔刷作为轮廓线效果，这也是 Maya 的特色。下面是使用其他笔刷作为轮廓线的效果，如图 7-41 所示。

图 7-40

图 7-41

本章小结

本章介绍了 Maya 的 UV 编辑和卡通材质。UV 编辑是制作角色时很重要的步骤，对三维人员的要求越来越高。角色模型师不仅要做出精美、合理的模型，也要绘制角色的贴图，因此 UV 编辑也是很重要的。

作　业

1. 选择一部目前流行的游戏或动画，还原其中的一个角色，建模并将角色划分好 UV，绘制贴图。

2. 使用本章介绍的卡通材质制作一个二维效果的角色。

图 7-42 所示为郑州轻工业大学动画系 16 级的同学们，在学习完本章内容后创作的作品，主题是还原《王者荣耀》或《阴阳师》中的游戏角色，创作时间为一星期。

图 7-42

第8章 Maya 的灯光系统

对一件三维作品来说，即使模型和材质调整得非常出众，但没有灯光的照明，整个场景依然是一团漆黑。

灯光除了照亮场景，还能渲染气氛、突出重点，甚至有人说过：“灯光是一件作品的灵魂”。

观察如图 8-1 和图 8-2 所示两张图片，它们展示了相同的模型、相同的材质、相同的角度，但布光不同，给人不一样的感受。

图 8-1

图 8-2

图 8-1 所示是由上往下打灯光的，图 8-2 所示则是由下往上打灯光的。虽然这两个场景中都只有一盏聚光灯和一盏环境光，但渲染出来的效果却不太一样。

视频教程

8.1 灯光的类型

在 Maya 中创建灯光，可以执行主菜单“创建”→“灯光”命令，一共有六种灯光类型，分别是：环境光、平行光、点光源、聚光灯、区域光和体积光，也可以通过“渲染”工具栏创建灯光，如图 8-3 所示。

图 8-3

1．环境光

环境光是模拟大气中漫反射的光源，比较特殊却极其常用。由于环境光本身的“漫反射”属性，使它能够将灯光均匀地照射在场景中的每个物体上。图 8-4 所示为在 Hypershade 窗口中显示出来的环境光的图标，图 8-5 所示为使用了环境光照明的模型。

从图 8-5 就可以看出环境光是均匀地对物体进行照射的，但由于物体受光过于均匀，立体感反而失去了很多。

图 8-4

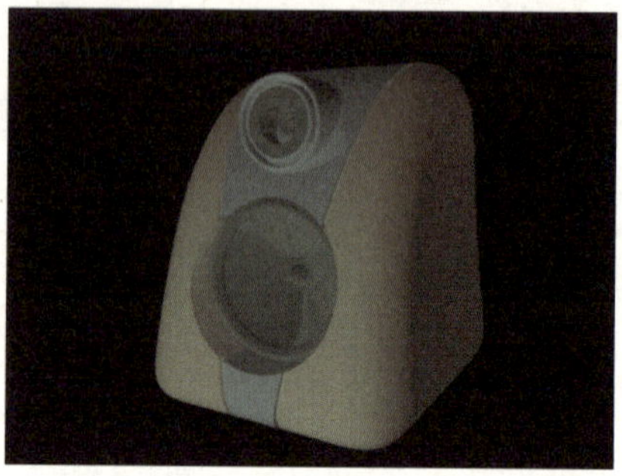

图 8-5

环境光一般不会作为主光源出现在场景中，都是配合其他灯光来完成对场景的照明的，以便于照亮场景中的一些死角。

环境光还有一个明显的特性：同时具备环境光两种相反的属性——有向性和无向性。这在“环境光明暗处理”属性中可以进行调节。

在默认状态下，“环境光明暗处理”值是 0.45，当其值趋向 0 时，环境光的性质就趋向无向性，即照明绝对均匀，图 8-6 所示为其值为 0 时的效果；当其值趋向 1 时，环境光的性质就趋向有向性；当其值等于 1 时，则只会照亮受光面，如图 8-7 所示。

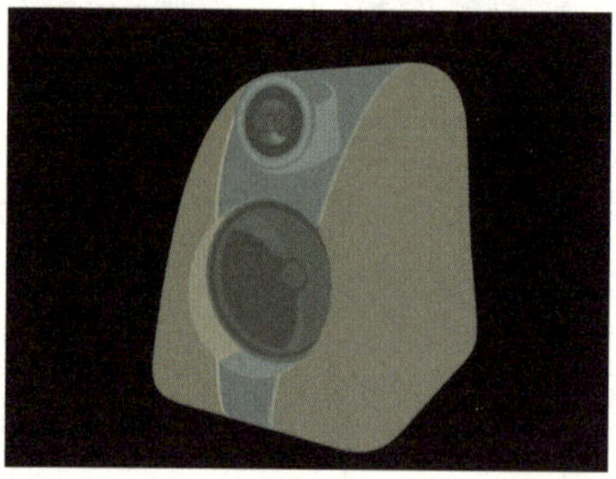

图 8-6

图 8-7

2．平行光

平行光是按照箭头指示的方向进行平行投射的一种灯光类型，这是它最大的特点。由于极端平行的光在自然界中几乎是不存在的，所以它的存在也是一种比较特殊的方式，图 8-8 所示为在 Hypershade 窗口中显示出来的平行光的图标。

平行光散发出来的光线都以同一角度向同一方向投射，因此物体的受光面也是相同的，如果从正面对同一条直线上的物体进行照射，就会出现所有物体的阴影整齐排列的现象，如图 8-9 所示。

图 8-8

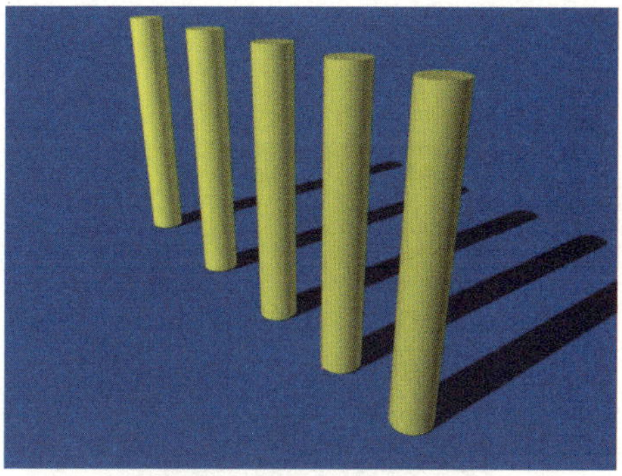

图 8-9

3．点光源

点光源是以一个点为发射光线的光源，光线由某一点开始，向各个方向进行等量发射，这个特性很符合自然界中的一些光源的特性，如蜡烛、灯泡、太阳等。图 8-10 所示为在 Hypershade 窗口中显示出来的点光源的图标。

如图 8-11 所示，点光源投射出来的阴影有较强的透视感，不像平行光投射的阴影是平行的，这很符合真实的投影现象。因此，点光源被用到的次数也是很多的。但由于其自身的局限性，如光线散射得过于平均，不易对需要突出的物体做出光线的直射照明，所以在很多情况下，点光源都是作为场景的辅助灯光存在的。

图 8-10

图 8-11

4．聚光灯

聚光灯是将光线限制在一个如同圆锥的区域内，并以此向外发射光线，很像手电筒向外发光的形式。聚光灯的使用频率几乎是所有光源中最高的。由于它可以有效地将光线进行调整，便于调整照亮场景中某个需要突出的区域，所以很多三维设计人员喜欢将它作为场景中的主光源来使用。图 8-12 所示为在 Hypershade 窗口中显示出来的聚光灯的图标。

由于聚光灯的发射是从一个圆锥形的物体中向外发射的，所以投射区域基本是一个圆形。聚光灯的光线可以调节在一个有效的区域内，照亮并突出需要的区域或物体，并适当地对光的投射区域边缘进行羽化处理，这使它易于定位和控制，经常被制作人员使用。

聚光灯投射出来的阴影也具有一定的透视性，透视感的强弱取决于光线区域的大小。图 8-13 所示为利用聚光灯进行物体的照明，可以观察光线投放的区域及边缘的羽化效果。

图 8-12

图 8-13

聚光灯的应用很广泛，不仅能够起到突出某一区域物体的作用，还可以模拟手电筒、矿灯和汽车前灯发出的灯光。

5. 区域光

区域光可以说是 Maya 灯光系统中最接近真实的灯光类型。它是以一个矩形区域为照明光线的发射体。在现实世界中，几乎所有的发光体都是以三维的形式存在的，而区域光是最具有体积形态的一种光源，因此它是比较符合自然界的照明形式的。

图 8-14 所示为在 Hypershade 窗口中显示出来的区域光的图标。图 8-15 所示为用区域光进行照明的一个场景，注意观察它的阴影，可以发现它的阴影不但透视感很强烈，而且具备衰减特性。衰减是指阴影由于光线的变化，在离物体越近的地方阴影越重，离物体越远的地方阴影越淡，并渐渐消失。

图 8-14

图 8-15

6. 体积光

体积光是一种比较特殊的灯光类型，可以用于模拟照亮特定的体积范围，还可以对灯光的衰减进行较强的控制，这对于使用灯光雾的特效是极其有用的。体积光很适合和灯光雾配合，模拟比较昏暗的光源发散出来的光的效果。图 8-16 所示为在 Hypershade 窗口中显示出来的体积光的图标。图 8-17 所示为体积光和灯光雾配合，模拟蜡烛发出的比较昏暗的光的效果，可以注意光的衰减情况。

图 8-16

图 8-17

视频教程

8.2　灯光的基本属性

在上一节中，我们介绍了 Maya 的六种灯光类型，在这一节中，我们介绍它们的属性。一般情况下，仅仅创建一个灯光对场景进行照明是远远不够的。因为每个场景都有特定的照明需要，所以通常先创建一个基本的灯光类型，再对灯光属性进行调整，以满足场景的照明需要。

由于这六种灯光类型的属性有很多共同点，所以在这一节着重阐述参数比较全面的聚光灯的常用属性，了解了它的属性就等于了解了绝大部分 Maya 基本灯光类型的属性。

先创建一盏聚光灯，在属性编辑器中会看到各种属性参数，下面详细介绍。

1．类型

在属性编辑器最上面的“聚光灯属性”卷轴栏下，单击“类型”下拉菜单右侧的小三角符号，里面列出了这六种基本灯光类型，可以选择一种基本灯光类型作为聚光灯的替代品。也就是说，如果对场景中创建的灯光类型不满意，而灯光已经移动到了自己认为适当的位置时，为了避免再次对灯光进行移动，可以在这里重新选择一种基本灯光类型替代原先创建的灯光，这也是 Maya 提供的一个很方便的命令。

2．颜色

在“聚光灯属性”卷轴栏下，“类型”属性的下面有一个“颜色”属性，在这里可以对灯光发散出来的基本颜色进行调整和控制。图 8-18 和图 8-19 所示为调整了聚光灯基本颜色前、后的样子。

对比这两张图可以看出，这两张图表现出的氛围截然不同，这仅仅是因为调整了灯光的基本颜色属性。图 8-19 所示的灯光颜色被调节为橘红色，因此渲染出来的效果偏向橘红色调。

“颜色”属性的默认设置是纯白色，但在现实生活中基本没有纯白色的光，如果仔细观察就会发现，光一般都是有颜色的，比如，灯泡发出的是黄色的光。即便有白色的光，也会因为色温等一系列因素变得不再是纯白色。因此，“颜色”属性对模拟真实效果有普遍意义。

图 8-18

图 8-19

还可以单击“颜色”属性后的黑白格子贴图按钮，创建一个基本贴图来模拟特别的光。

3. 强度

这是一个控制灯光强度的属性。灯光强度是指灯光发散出来的光线强弱。图 8-20 和图 8-21 所示为将“强度”分别调整为 1 和 0.3 的效果。

图 8-20

图 8-21

“强度”的默认值是 1，这是系统设定的默认值，如果灯光需要更强，则可以不断地加大这个数值，还可以将其调整为负数。

4. 衰减速率

“衰减速率”是用来选择灯光的衰减类型的，共有四种不同的衰减类型供操作者选择。这四种衰减类型都被放置在“衰减速率”的下拉菜单里，分别是：无衰退、线性、二次方和立方，它们要配合“强度”属性来使用。在现实世界中，光一般都是被“二次方”的规律控制的，但由于 Maya 内部的一些局限，在作图时使用最多的一般是“线性”衰退。

图 8-22 和图 8-23 所示分别为采用“无衰退”和“二次方”的效果。值得注意的是，使用了“二次方”的图片的“强度”是 80。

5. 圆锥体角度

这个属性是聚光灯独有的。

“圆锥体角度”属性是可以控制灯光照射范围的属性，在视图中对已经创建的聚光灯进行观察，调节“圆锥体角度”，聚光灯的照射范围会不断发生改变。图 8-24 和图 8-25 所示为“圆锥体角度”为 40 和 80 的聚光灯形态。

“圆锥体角度”的默认设置是 40，可以调节的数值范围是 0.006～179.994。

图 8-22

图 8-23

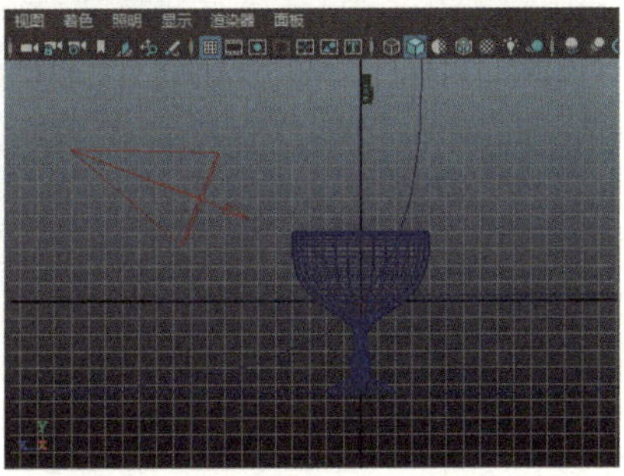

图 8-24

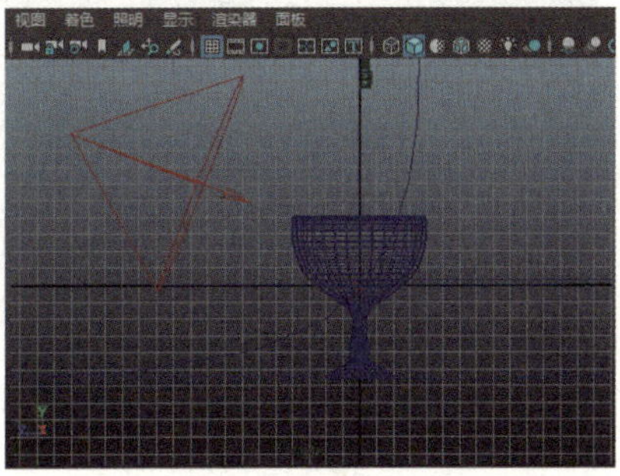

图 8-25

6．半影角度

这也是聚光灯独有的属性。

“半影角度”属性用来控制聚光灯的投射光线边缘羽化。这个属性的存在，使聚光灯在模拟现实世界的光影效果时有着极其重要的作用。

当“半影角度”为 0 的时候，光线投射区域的边缘就极锐利，如图 8-26 所示。图 8-27 所示为调节“半影角度”为 20 以后的效果。

图 8-26

图 8-27

在调节“半影角度”的时候要注意，它的值不仅可以调节为正数，还可以调节为负数。该值为正数的时候，灯光是由内向外羽化的；该值为负数的时候，灯光则是由外向内进行羽化的。“半影角度”可调节的数值范围是-189.994～189.994。

7. 衰减

“衰减”也是控制灯光区域向周围扩散的属性，这与“半影角度”相似，不同的是：“半影角度”控制灯光区域的边缘，而“衰减”控制整个灯光。

当“衰减”为0的时候，聚光灯向场景内投射的灯光强弱是一致的，但当数值变大的时候，照射区域的亮度由中心向四面八方逐渐变弱，“衰减”的值越大，光线向四周变弱的程度越大。

图8-28所示为“衰减”为0时的效果，图8-29所示为“衰减”为20时的效果，从中可以观察到灯光区域的衰减效果。

图8-28

图8-29

“衰减”在Maya中的默认值是0，但光在自然界中是存在衰减的，如果想要对自然界中的真实光线进行模拟，最好在“衰减”属性中将其参数进行调节，调节范围是0～无穷大。

8. 阴影颜色

单击打开聚光灯属性编辑器中的“阴影”卷轴栏，这是控制灯光打出来的阴影的属性控制面板。

在“阴影”卷轴栏的最上面会看到“阴影颜色”属性，该属性用于调节灯光投影的颜色，单击它的颜色框，在弹出来的颜色调节器中进行调节控制，也可以单击它后面黑白格子标志的贴图按钮，使用一张贴图纹理对其进行特殊操作，以显示不一样的效果。

图8-30所示为“阴影颜色”的调节处，图8-31所示为调节以后的阴影。

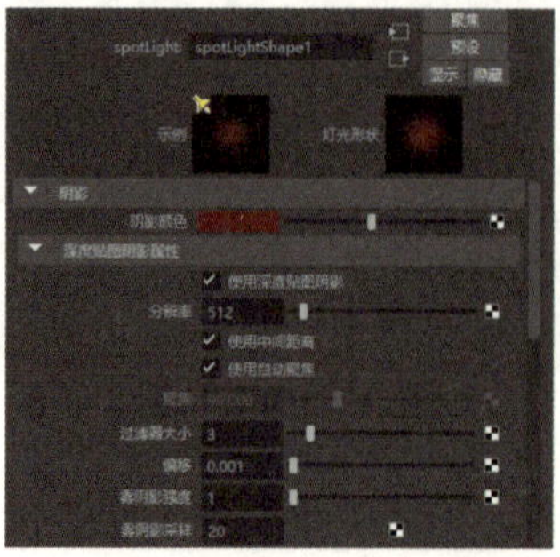

图8-30

图8-31

9. 使用深度贴图阴影

“阴影”卷轴栏下面有一个“深度贴图阴影属性”卷轴栏，将其打开，在最上方会看到“使用深度贴图阴影”复选框，用于选择是否使用这样的贴图阴影类型。

其实，Maya 提供的基本阴影类型一共有两种：“深度贴图阴影”和“光影跟踪阴影”，这两者不兼容，选择了一项就不能选择另外一项。图 8-32 和图 8-33 所示为“深度贴图阴影”和“光影跟踪阴影”两种阴影方式渲染出来的效果。

图 8-32

图 8-33

从上面两张图可以看到，这两种阴影方式是差不多的，但仔细对比就会发现：使用了“深度贴图阴影”的边缘似乎有锯齿，“光影跟踪阴影”却极其平整。

仔细观察还会发现，“光影跟踪阴影”有一些地板的颜色融在里面，这是“深度贴图阴影”没有的。“光影跟踪阴影”将在下面的篇幅中进行深入介绍。

10. 分辨率

“分辨率”是用于调节灯光阴影渲染精度的参数，也可以将其看作调节阴影分辨率大小的参数。分辨率变大，阴影才会在画面整体变大的时候不出现马赛克之类的锯齿。“分辨率”的默认值是 512，可以适当将其调高，数值依据要渲染的图片尺寸而定。一般情况下，最好将值调节为偶数，以避免出现问题。另外要注意，这里的参数调节在 IPR 渲染中不能够被实时显现出来。

11. 过滤器大小

这个属性用来控制“深度贴图阴影”的边缘虚化程度，值越大，边缘越虚，反之则越尖锐。图 8-34 和图 8-35 所示就是将“过滤器大小”分别调节为 5 和 20 的效果。

图 8-34

图 8-35

从图中可以看到，“过滤器大小”调节为 20 时，阴影变得更加柔和了。

在很多情况下，深度贴图阴影都存在锯齿，用这种方法去除锯齿比较合适，数值不宜太高，个位数就可以了。

12．偏移

“偏移”是一种很特殊的属性，调节它可以产生很特别的现象，即阴影似乎被东西遮挡住了。图 8-36 和图 8-37 所示分别为将“偏移”调节为 0.07 和 0.1 的效果。

图 8-36

图 8-37

13．使用光线跟踪阴影

在“阴影”卷轴栏里，还有一个“光线跟踪阴影属性”卷轴栏，将其打开，在最上方会看到“使用光线跟踪阴影”复选框，勾选该复选框即可产生光线跟踪阴影效果。

这是 Maya 中带有复选框的另一种阴影类型。它的特点是可以根据周围的环境进行物理学计算，从而渲染阴影应该有的颜色，这是比较高级的阴影类型。但是使用它的缺点是渲染会变得较慢。使用它进行渲染的时候，要在全局渲染面板中勾选“光线跟踪”复选框，这样才能渲染出光线跟踪阴影，如图 8-38 所示。否则，渲染后将没有任何阴影存在。

图 8-38

视频教程

8.3 灯光的布置技巧

在这一节中，我们将对布光的规律和使用技巧进行介绍，需要提醒读者：Maya 的功能再强大，也只是操作者创作的工具，如果只有工具却没有自己的思维和想法，则难以创作出好作品。

在布光方面，要先考虑照亮物体，只有照亮了物体，才能够对其进行调节，以显现更适合场景的气氛。因此，照亮物体是布光的基础。“照亮”并不是将物体照得很亮，例如，有时候为了突出扑朔迷离的效果，往往只显示物体的大致轮廓，这也是一种照亮方式。

一般，正常的布光应该如图 8-39 和图 8-40 所示。

图 8-39

图 8-40

在很多情况下，正面侧上方的光会产生一种“光明感”，这也是做动画甚至静帧时需要注意的。从下面打上来的光会给人一种“阴暗感”。对反面人物的照明效果、布光数量及位置如图 8-41 和图 8-42 所示。

图 8-41

图 8-42

为了烘托气氛，会在被照明的物体两边各打上一个不同颜色的灯光，使物体的两面显示不同色调的颜色。较早的好莱坞电影海报中经常使用这样的技法，图 8-43 所示为用这样的技法渲染后的一张图，它的两边分别打上了一盏红色的灯和一盏蓝色的灯，使角色产生不一样的效果，图 8-44 所示为布光图。

图 8-43

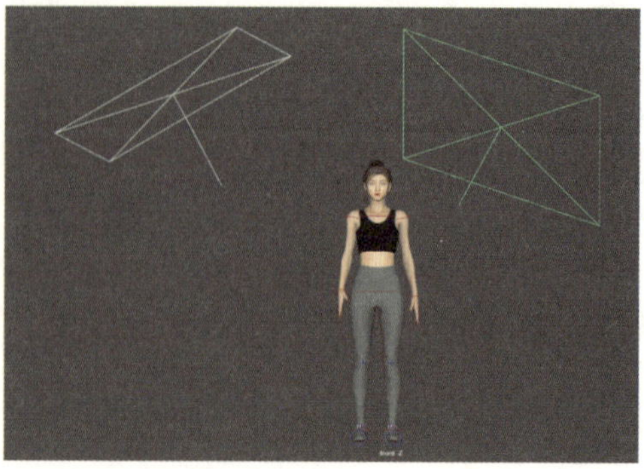

图 8-44

8.4 示范实例——布光模拟全局渲染

视频教程

本实例的场景和最终效果如图 8-45 所示。

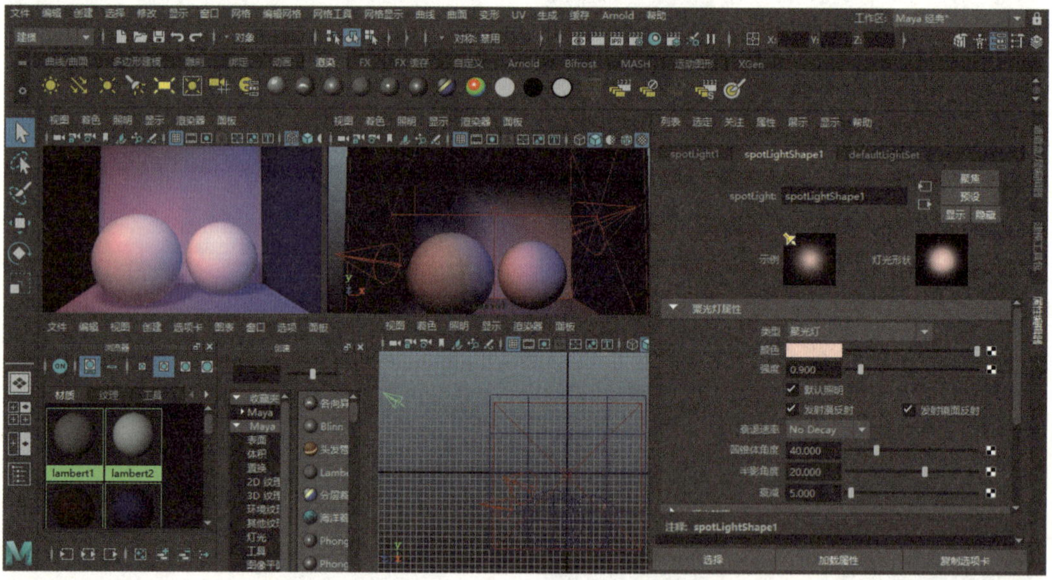

图 8-45

需要说明，本例虽然模拟的是一个简单场景，但涉及的概念却是通用的，建议读者熟练掌握相关概念，之后遇到比较复杂的场景时，也可以按照类似的方式进行处理。

（1）打开配套资源中的 8-4-Spheres.mb，里面有一个被删除了一个面的正方体，作为两个球体的场景，正方体的两个面已经被分别指定了深红色和深蓝色的 Lambert 贴图，两个球体也被指定了浅灰色的 Lambert 贴图，并创建了一台摄影机，架设在整个场景的左前方，如图 8-46 所示。

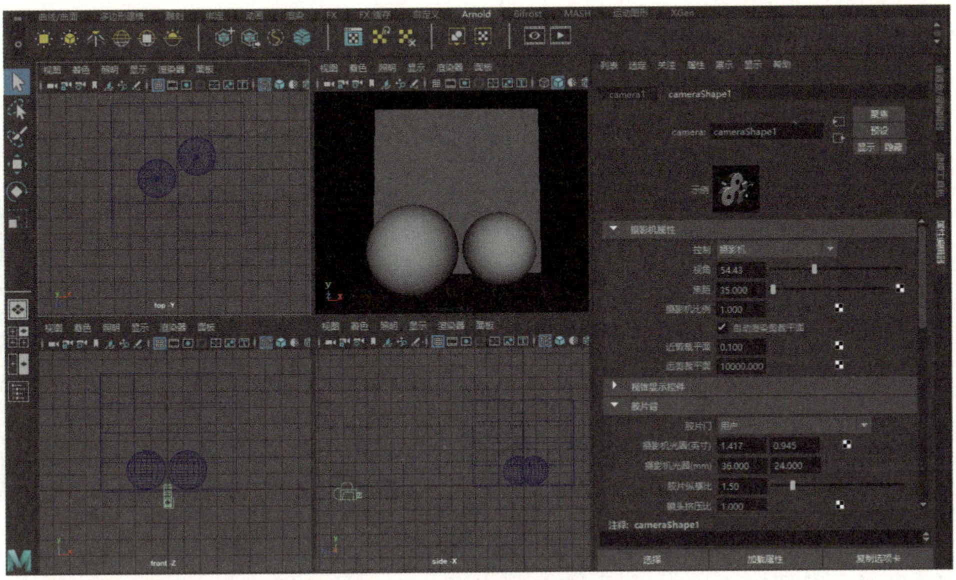

图 8-46

（2）创建一盏聚光灯，将位置调节到如图 8-47 所示位置。

在视图中选中刚刚创建的聚光灯，进入它的属性编辑器，将“颜色”改为浅红色，参考的 HSV 值为 2、0.2、1；将“强度”调节为 0.9；调节“半影角度”为 20，使照射区域的边缘羽化；调节“衰减”为 5，尽量和现实中的灯光有一样的规律。

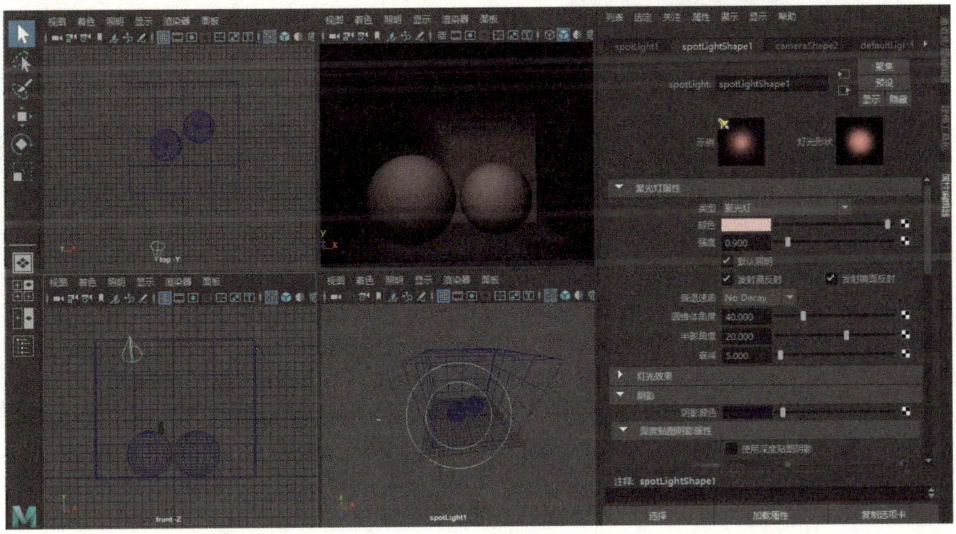

图 8-47

打开“阴影”卷轴栏，调节“阴影颜色”为深紫色，因为两面的墙壁分别是红色和蓝色，这是为了中和这两种颜色设置的一种颜色。勾选“使用深度贴图阴影”复选框，将场景的阴影打开。将“分辨率”设置为 1024，使阴影的精度更高。调节“过滤器大小”为 15，使阴影变得柔和，因为光线漫反射次数多的时候阴影是很柔和的，如图 8-48 所示。图 8-49 所示为当前的调节效果。

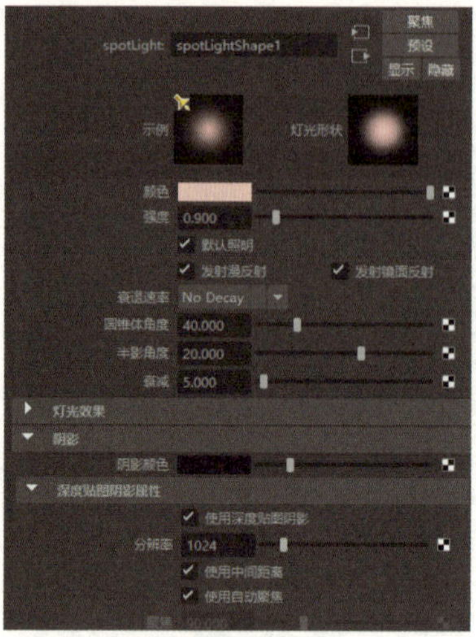

图 8-48

图 8-49

（3）创建一盏环境光，可以不调节它的位置，在属性编辑器中把灯光颜色调节为淡紫色，参考 HSV 值为 280、0.2、1。调节“强度”为 0.5，“环境光明暗处理”为 0.1，如图 8-50 所示。图 8-51 所示为调节后的效果图，可以看到场景被整体加亮了，这样主灯光就创建完毕了，可以开始对气氛进行调节了。

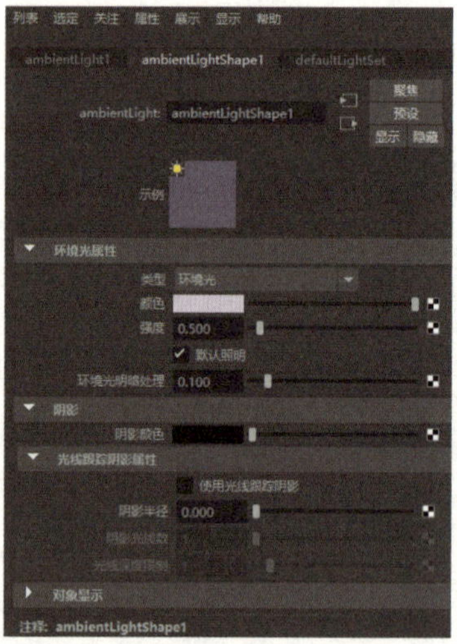

图 8-50

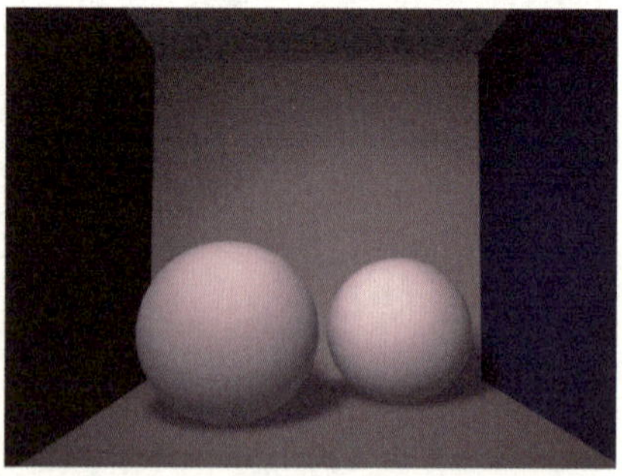

图 8-51

（4）创建一盏区域光，先将它沿 *X* 轴进行 90°旋转，然后移到正方体最下方的面上边，从下往上照射场景中的两个球体，将“强度”调节为 0.01，如图 8-52 所示。

单击区域光属性编辑器中“颜色”后面的贴图按钮，在弹出的面板中单击创建一个“渐变”纹理，将“类型”改为 U Ramp（U 轴向渐变），渐变的颜色设置为两个，上面的为纯蓝色，HSV 值为 240、1、1；下面的颜色为纯红色，HSV 值为 360、1、1。这是因为两面墙壁颜色不一样，要根据墙壁的颜色来设置，如图 8-53 所示。选择这个角度也是为了照亮很暗的阴影部分，并且强度调节得很低，不会影响很大，主要是为了给两个球体添加环境色，渲染出来的效果如图 8-54 所示。

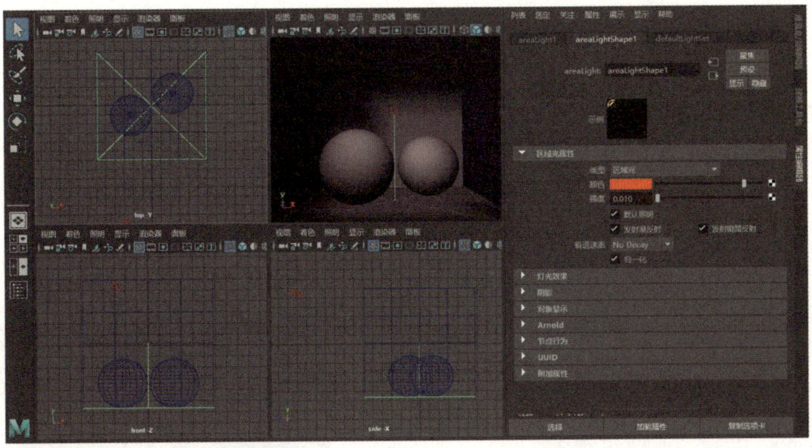

图 8-52

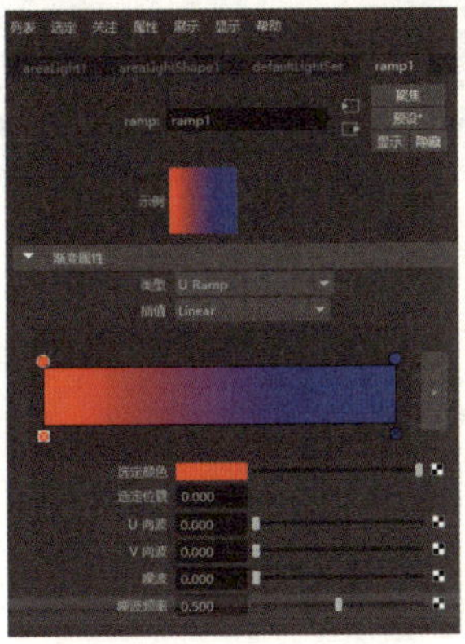

图 8-53

图 8-54

从图 8-54 可以看出，在两个球体底部已经有了漫反射产生的有色光，开始染上周围物体的一些颜色了。

（5）再创建两盏区域光，将它们旋转并移动到左侧红色和右侧蓝色的墙壁上，使它们都照射到场景中的物体，如图 8-55 所示。

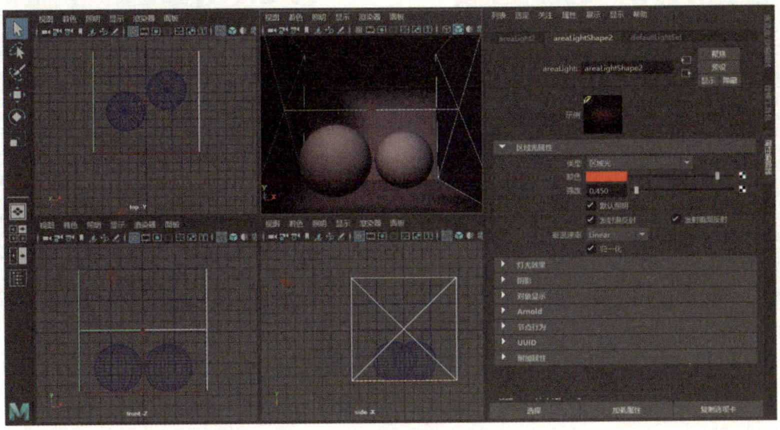

图 8-55

将靠近红色墙壁的那盏区域光调节为纯红色，HSV值为360、1、1；另一盏区域光则调节为纯蓝色，HSV值为240、1、1，这是为了模拟两面墙壁的漫反射效果。由于暖色调红色的发散性比冷色调蓝色更强一些，所以在调节灯光强度时将红色调暗一些，为0.45；蓝色则调强一些，为0.75。两盏灯的“衰退速率”都调节为“Linear”，这也是为了更好地模拟现实中的灯光发散规律，如图8-56所示，图8-57所示为调节后的渲染效果图。

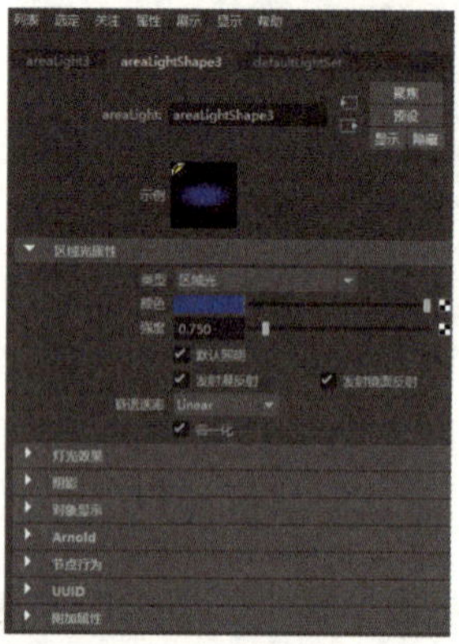

图8-56

图8-57

（6）观察渲染的效果可以看出，墙壁上的漫反射效果已经有了，而且效果还不错，但球体上的漫反射效果有点像灯光打上去的，而不是真正的漫反射。

现在对灯光进行调节，既然达不到对球体漫反射的效果，那么就不让灯光对球体进行照射，重新设定其他灯光就好了。

执行主菜单的“窗口”→“关系编辑器”→“灯光链接”→“以灯光为中心”命令，将“关系编辑器”打开，在左边的场景灯光中选中这两盏区域光，会发现右侧物体列表中的各项都显示为灰色，如图8-58所示，这表明灯光照射到场景中的每个物体。分别选择两盏区域光，单击右侧物体列表中的两个球体，将它们以正常的模式显示出来，这样就将两个球体从这两盏灯光的照射范围中摒弃了，如图8-59所示。

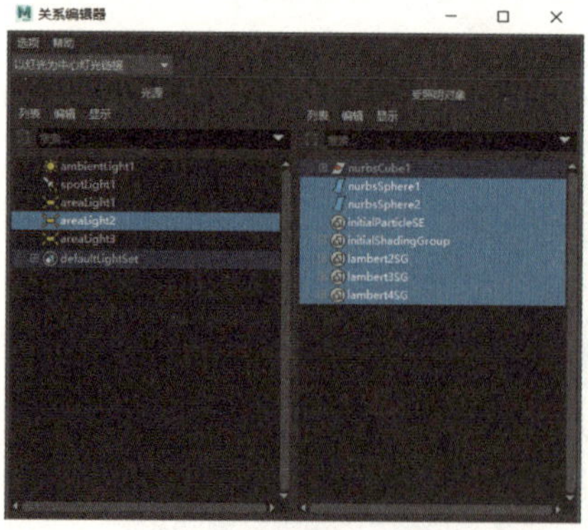

图8-58

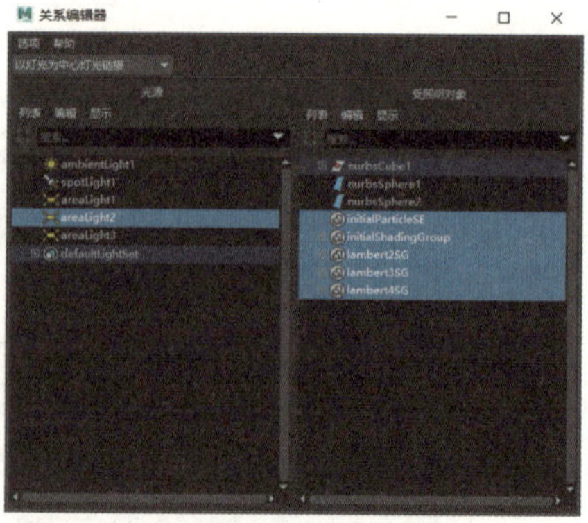

图8-59

调整后的渲染效果如图8-60所示。目前，一共有五盏灯光对场景进行照明和气氛的衬托，如图8-61所示。

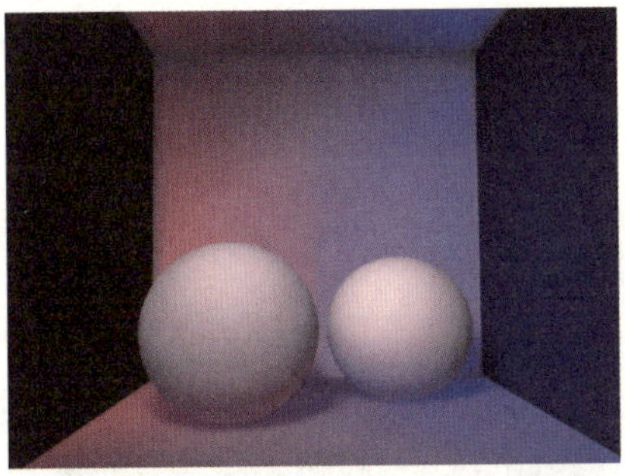

图 8-60

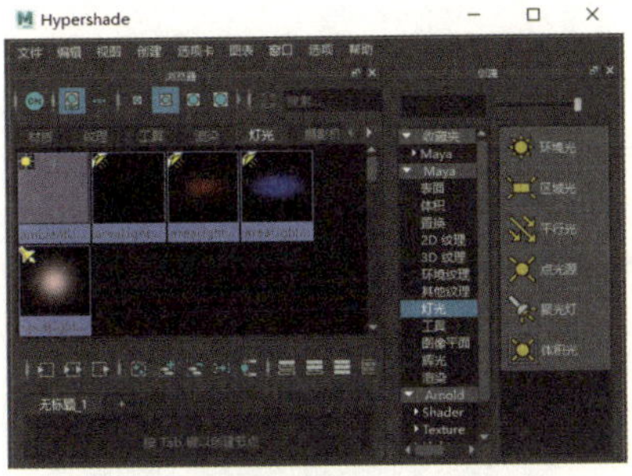

图 8-61

（7）下面针对两个球体接收漫反射的效果进行灯光的创建和布置。创建两盏聚光灯，可以执行视图菜单的“面板”→“沿选定对象观看”命令，将它们的位置分别调节至如图 8-62 和图 8-63 所示位置，分别照射场景的两边，聚焦到两边的球体上面。

这两个灯光在场景中的位置如图 8-64 所示。

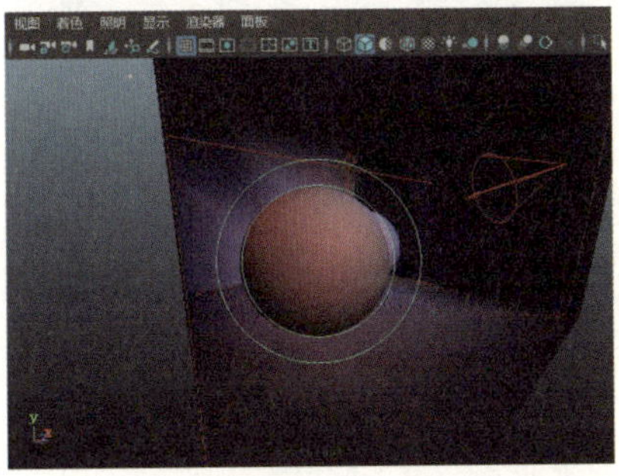

图 8-62

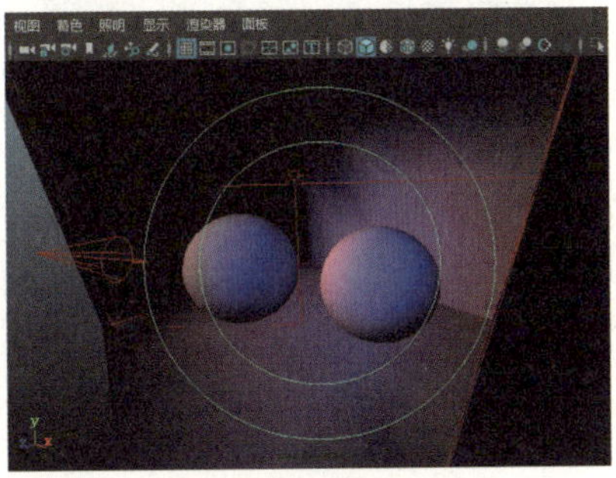

图 8-63

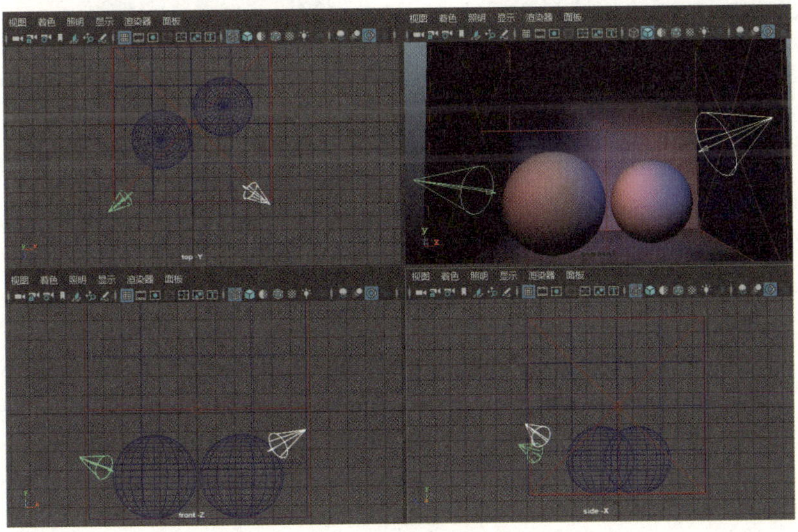

图 8-64

在属性编辑器中将两边的灯光属性进行调整，左侧灯的灯光调节为纯红色，右侧灯的灯光调节为纯蓝色，以模拟两边墙壁的漫反射效果。由于暖色调的发散性比冷色调更强，所以在调节灯光强度时将红色调低一些，为 0.3；蓝色则调高一些，为 0.5。将“半影角度”

调节为 12，“衰减”调节为 5。可以依据照射角度适当地将“圆锥体角度”调大，如图 8-65 所示。渲染的效果如图 8-66 所示。

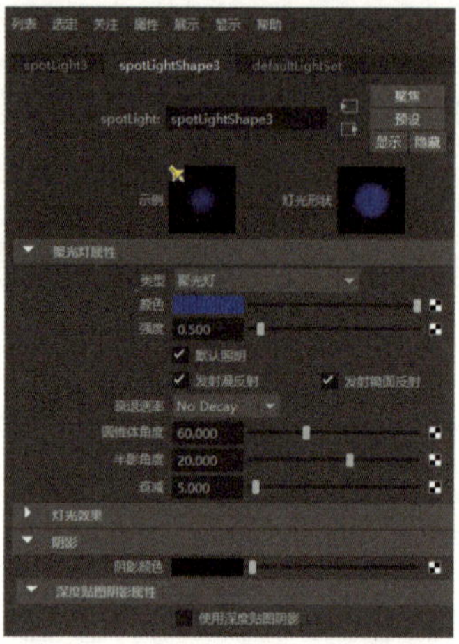

图 8-65

图 8-66

从图 8-66 可以看到，尽管没有把墙壁从这两盏聚光灯灯光的照射范围中摒弃，但是由于它们自身的强度较弱，形不成太大变化，相反还对气氛的渲染起到积极作用，所以在两个球体上接收到的漫反射效果也显现出来了。

本例的源文件是配套资源中的 8-4-Spheres-ok.mb。

8.5 示范实例——室外回廊场景的布光

视频教程

本节介绍回廊灯光的设定方法，将通过一部纯三维 MTV 的动画宣传海报介绍具体的灯光设定方式和技巧，最终效果如图 8-67 所示。

图 8-67

本节的重点是主光源阴影的设定，以及和辅助光源的配合。可以直接打开配套资源中的文件 8-5-building.mb，场景是一个长长的回廊，它的尽头有一个穿红裙子的女孩。

场景中没有打灯光，图 8-68 所示是场景在 Maya 中的显示，以及默认灯光下渲染出来的效果。

图 8-68

8.5.1　灯光设置

视频教程

（1）创建一盏聚光灯作为主光源，并进入灯光视图，使灯光从场景的侧上方打下来，并且将整个场景都放置在灯光范围内，如图 8-69 所示。

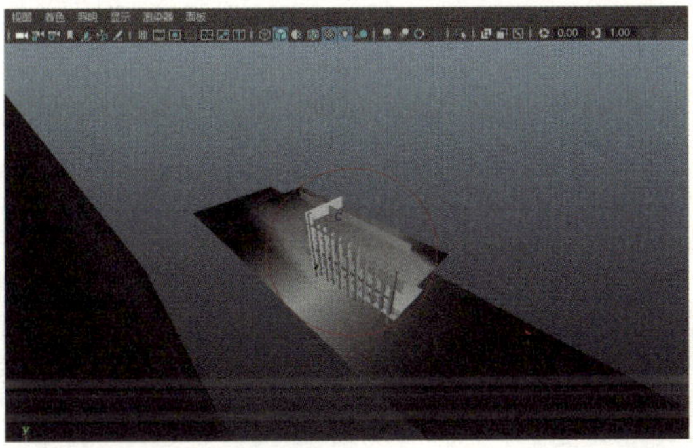

图 8-69

（2）保持灯光的选择，按 Ctrl+A 组合键，打开灯光的属性编辑器，对灯光的参数进行设定。由于是模拟真实的太阳照射效果，所以设置灯光的“颜色”稍偏蓝色，并将灯光的“强度”设定为 1.5，如图 8-70 所示。

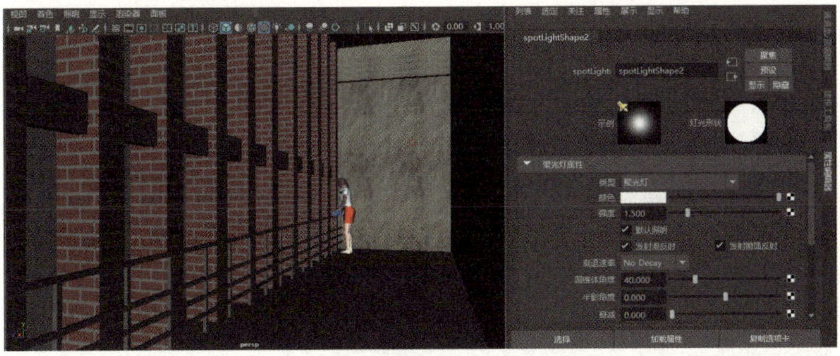

图 8-70

（3）再创建一盏环境光，不改变它的位置，打开属性编辑器，调整“环境光明暗处理”为 0，这样可以保证场景的每个角落都被照射到，不会出现死角。由于是辅助光源，所以“强度”可以设置得低一些，这里设置为 0.3。灯光的颜色也可以设置为很浅的黄色，这样可以保证画面中冷暖色调的结合，如图 8-71 所示。

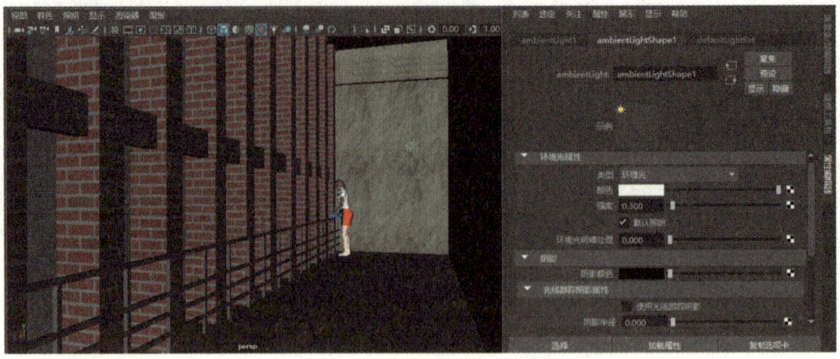

图 8-71

（4）在三维作品中，有立体感是很重要的一个要素，而强调物体立体感的关键，就是使不同受光面的明暗程度有所区别。图 8-72 所示就是立方体真实受光效果，三个面的受光强度是有区别的。

在场景中，砖柱的受光面和背光面区分得比较明显，立体感突出了，但是三面墙的受光太均匀，下面处理这个问题。

再创建一盏聚光灯，并进入灯光视图，使它平行照射整个回廊，如图 8-73 所示。

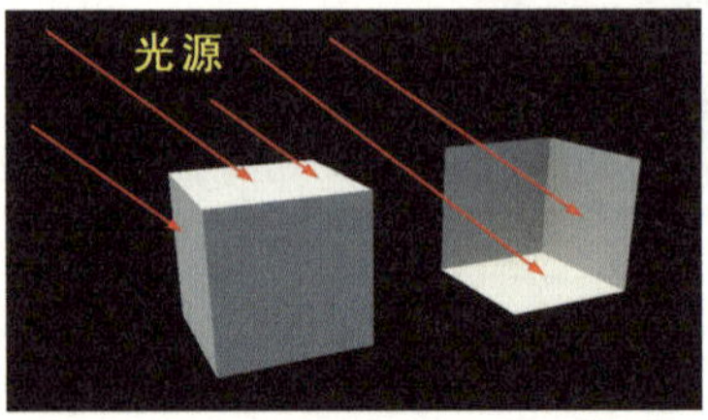

图 8-72

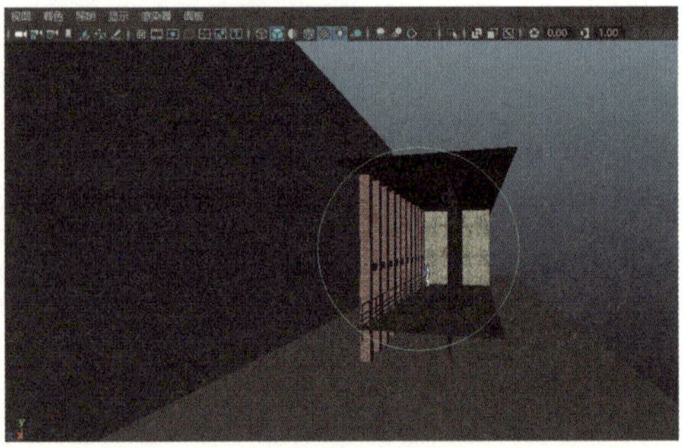

图 8-73

（5）因为这盏聚光灯是辅助光源，所以它的强度值不能超过主光源，设置“强度”为 0.4。渲染后可以发现，墙壁三个面的层次感已经出来了，如图 8-74 所示。

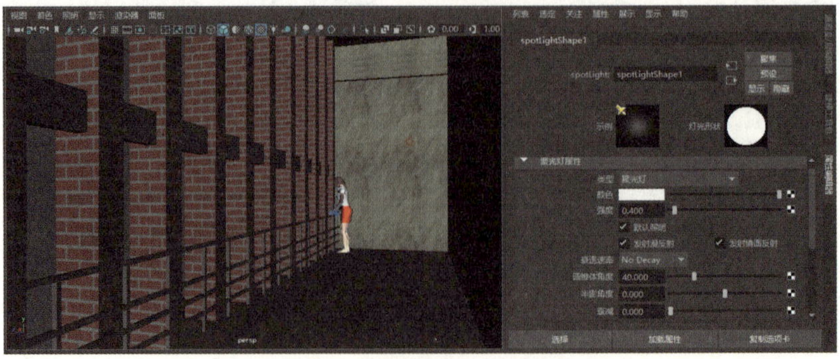

图 8-74

（6）把天空提亮。回廊外部有一个 NURBS 平面，用于模拟天空，在材质上也加了自发光效果，只是效果不是很强烈，需要光源的照射。

再创建一盏环境光。由于只想照亮模拟天空的 NURBS 平面，所以要用灯光链接编辑器进行设置。按 F6 键进入 Maya 的“渲染”模块，执行主菜单的“照明/着色”→“灯光链接编辑器”→“以灯光为中心”命令，打开灯光链接编辑器。在左侧选中刚刚创建的环境光，在右侧的列表中只选择“wuding”、“wuding1”和“nurbsPlane33”三个物体，其他都取消选择，如图 8-75 所示。

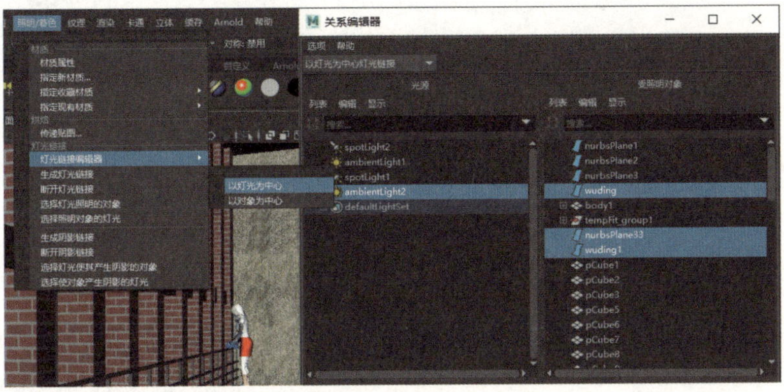

图 8-75

（7）调整环境光的“环境光明暗处理”为 0，“强度”为 0.4，再次进行渲染，天空的效果出来了。这样简单的布光就完成了，如图 8-76 所示。

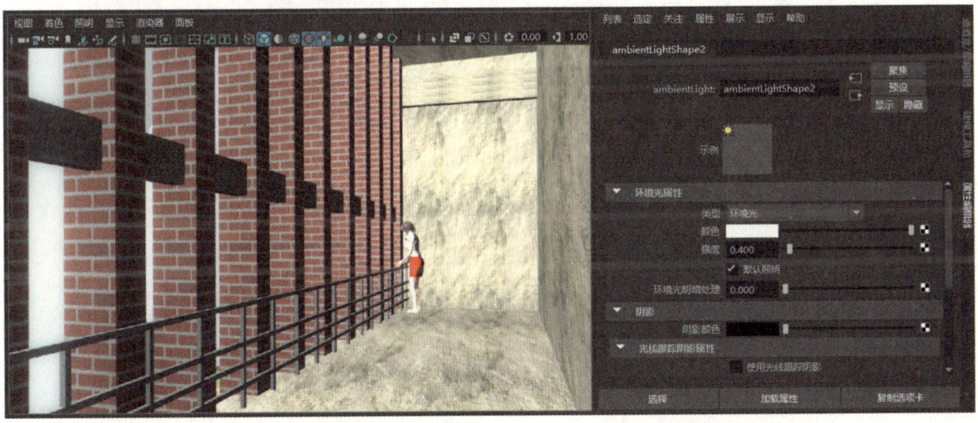

图 8-76

8.5.2　阴影设置

视频教程

（1）为回廊增加阴影效果。目前，场景内有四盏灯，如果希望表现比较强烈的阴影效果，最好只有一盏灯设置阴影，其他三盏灯的阴影都不要打开。

选择最开始创建的主光源，在它的属性编辑器中，勾选“使用深度贴图阴影”复选框，直接渲染会看到较强烈的阴影效果，如图 8-77 所示。

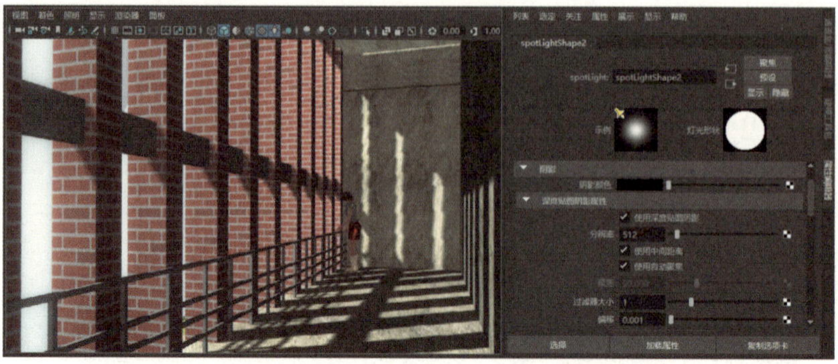

图 8-77

（2）目前的阴影有两个地方表现得很不好，一是阴影太重，使人物完全陷入阴影中，根本看不清楚；二是阴影过于粗糙，能看到大块的锯齿。

先解决第一个问题。单击“阴影颜色”后面的黑色小方块，在弹出的色彩选择框中将颜色设置得浅一些，再渲染会看到阴影减淡，如图 8-78 所示。

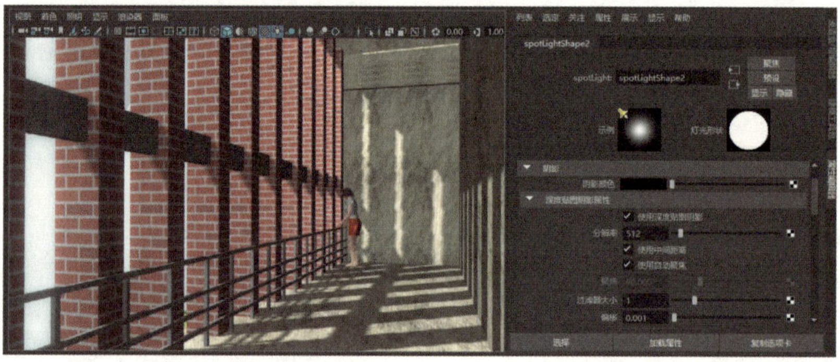

图 8-78

再解决阴影的锯齿问题。设置“分辨率”为 2048，这样渲染出来的阴影几乎看不出锯齿。当然，数值越高，渲染时间就会越长，如图 8-79 所示。

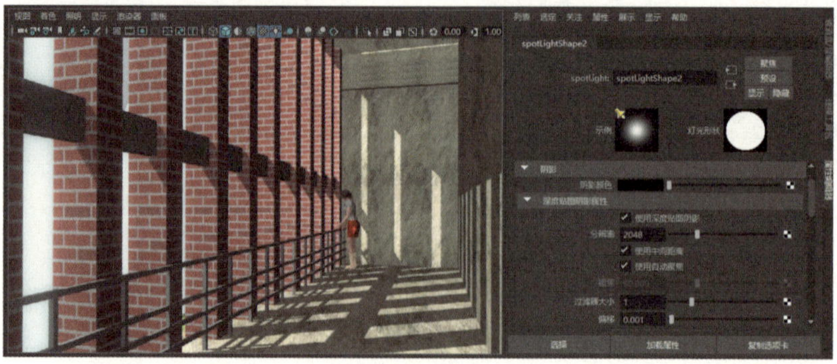

图 8-79

由于深度贴图阴影的精细程度取决于分辨率，所以锯齿依然存在，只是是否明显的问题。如果仔细看渲染的图片，则发现墙壁相交处的透光比较严重，柱子连接处的阴影也出现严重的透光现象，如图 8-80 所示。

图 8-80

再次进入主光源的属性编辑器，在阴影卷轴栏中勾选“使用光线跟踪阴影”复选框，这时“使用深度贴图阴影”复选框自动取消勾选，因为两种阴影只能使用一个，不能同时使用。

如果这个时候进行渲染，会发现场景中根本没有阴影。如果要使用光线跟踪阴影，就需要在渲染设置面板中打开光线跟踪选项，而在默认情况下，这个选项是关闭的。

打开渲染设置面板，在“Maya 软件”面板中，勾选“光线跟踪质量”卷轴栏下的“光线跟踪”复选框，并将渲染品质设置为产品级质量，再次进行渲染，如图 8-81 所示。

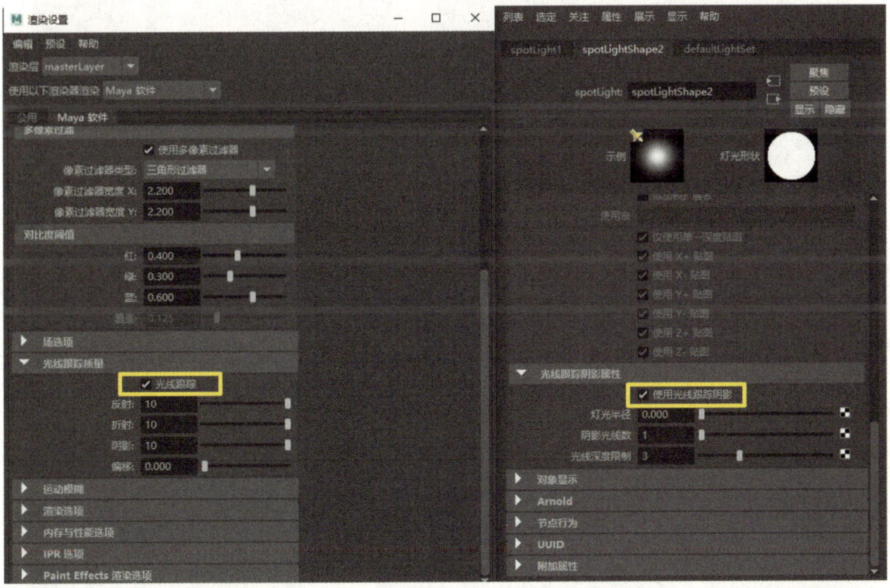

图 8-81

这次渲染后会看到，透光现象彻底解决了。由于光线跟踪阴影采用真实的阴影计算方法，虽然渲染时间会延长，但锯齿问题彻底不存在了。

当然，按照惯例，渲染出来的图片会在 Photoshop 中进行曲线、对比度、色相、色彩平衡等调整，同时加入柔光效果，图 8-82 所示是直接渲染出来的图片和用 Photoshop 处理过的图片的对比。

图 8-82

调整完毕的场景是配套资源中的 8-5-building-ok.mb 文件。

视频教程

8.6 示范实例——魔法师的辉光特效

打开配套资源中的 8-6-Light Effects.mb 文件，场景中有一个巨大的球体，球体里有一头高举着魔法棒的小奶牛，如图 8-83 所示。

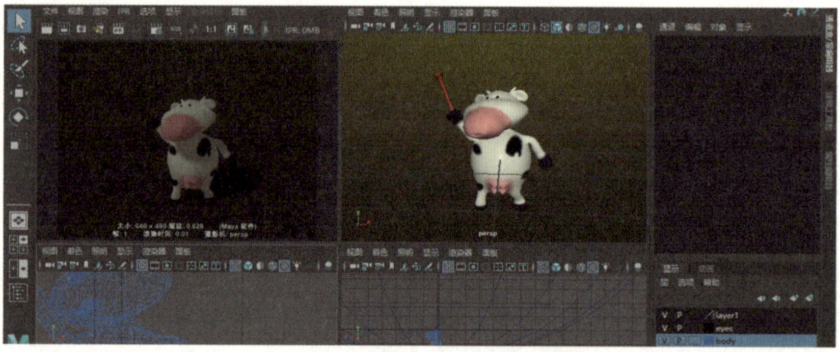

图 8-83

（1）执行“创建”→“灯光”→“点光源”命令，创建一盏点光源，并将它移到魔法棒的顶端，渲染后点光源将整个场景照亮了，如图 8-84 所示。

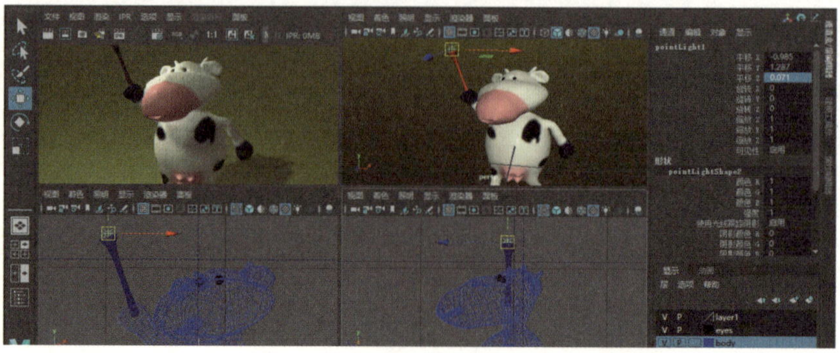

图 8-84

（2）选中点光源，进入属性编辑器，在“灯光效果”卷轴栏中，单击“灯光辉光”属性后的贴图按钮，点光源周围出现一个大圈，渲染后点光源发出耀眼的辉光，如图 8-85 所示。

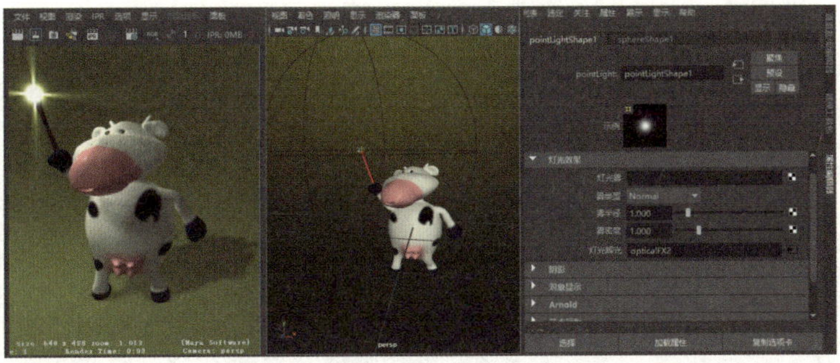

图 8-85

（3）单击“灯光辉光”属性后的贴图按钮，进入辉光的属性编辑器，在“辉光类型”选项中，“无”是没有效果，其他五种选项是五种辉光效果，属性栏最上面的“示例”中有一个小图标显示它们的效果，如图 8-86 所示。

图 8-86

选择不同的辉光效果，在场景中渲染观察，效果如图 8-87 所示。

图 8-87

卷轴栏中的“光晕类型”也有六种效果，将光晕设置为红色，并将辉光设置为指数类型，观察不同的光晕效果，如图 8-88 所示。

图 8-88

（4）将“星形点”设置为 8，并将“旋转”设置为 15，渲染后辉光增加到 8 条，并且有点旋转，如图 8-89 所示。

“星形点”属性用于设置辉光散发的光条数，“旋转”属性用于设置辉光的旋转度数，两个属性都可以设置为 0～无穷大，但“旋转”属性最好别超过 360。

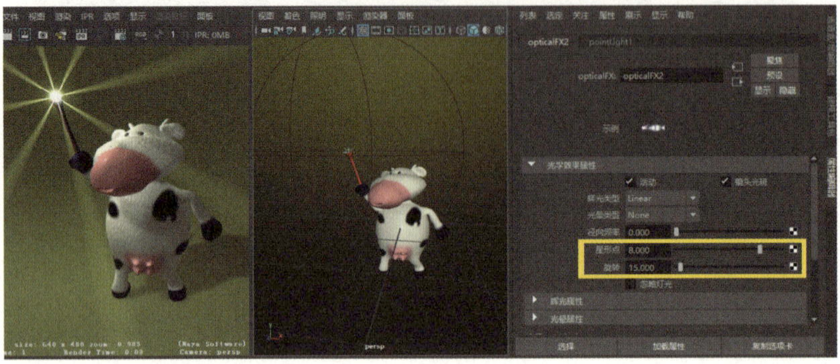

图 8-89

（5）将“辉光类型”设置为线性，“径向频率”设置为 5。打开“辉光属性”卷轴栏，将“辉光颜色”设置为淡紫色，将“辉光强度”由 1 调整为 3.6，如图 8-90 所示。

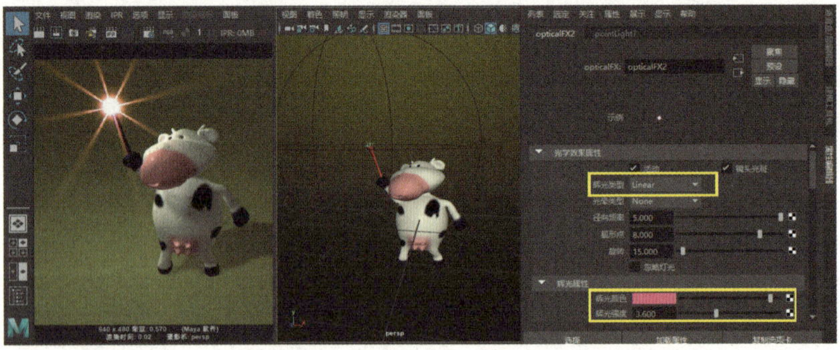

图 8-90

（6）将“辉光噪波”由 0 调整为 0.4，“辉光径向噪波”由 0 调整为 0.6，再渲染就会看到光束变细，而且发射出来的光线随机，不再一样长，如图 8-91 所示。

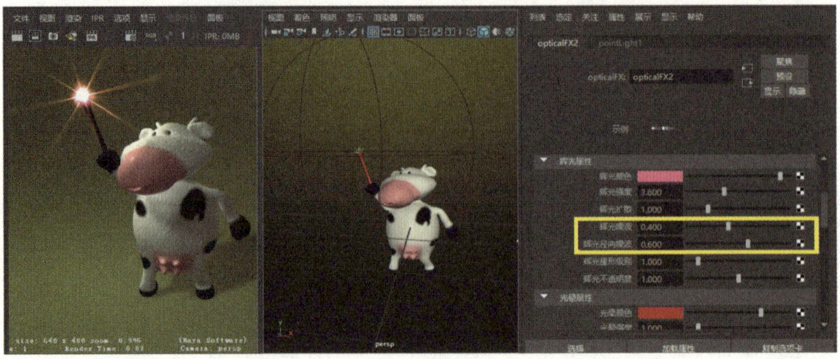

图 8-91

（7）将“辉光星形级别”设置为 1，“辉光不透明度”设置为 1，渲染的时候就会看到每条光束都多出很多小光束，使细节增多，光束也更漂亮，如图 8-92 所示。

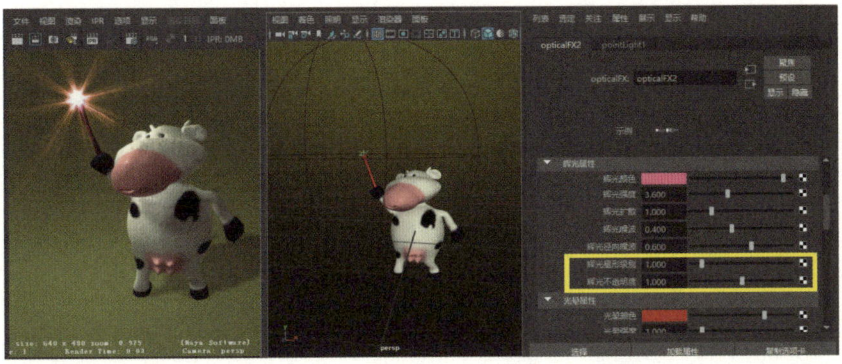

图 8-92

（8）将辉光的属性栏拉至最上方，勾选“镜头光斑”复选框，渲染会看到辉光产生一长串的镜头光斑效果，如图 8-93 所示。

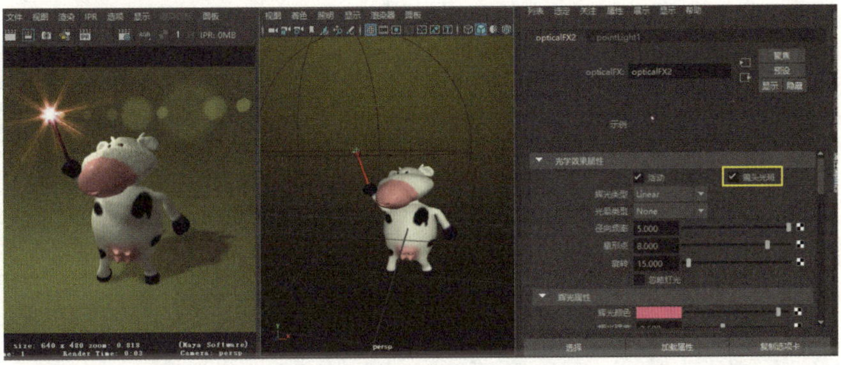

图 8-93

（9）此时镜头光斑的角度偏上，我们希望镜头光斑能从小奶牛的脸部穿过。将辉光的属性栏向下拉，打开“镜头光斑属性”卷轴栏，修改“光斑垂直”为 0，渲染后镜头光斑的角度改变了，如图 8-94 所示。

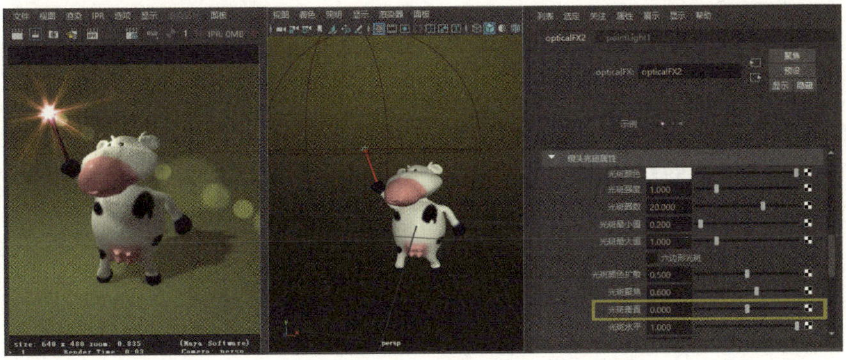

图 8-94

（10）将“光斑水平”修改为 0.2，“光斑长度”修改为 3，镜头光斑就可以向中间集中，并且光斑之间的距离也会拉长，如图 8-95 所示。

图 8-95

（11）将“光斑颜色”设置为浅蓝色，“光斑强度”修改为 2。设置“光斑最小值”为 0.1，“光斑最大值”为 1.5，光斑的尺寸就会在这两个数值之间随机变化。勾选“六边形光斑”复选框，使光斑呈六边形显示，如图 8-96 所示。

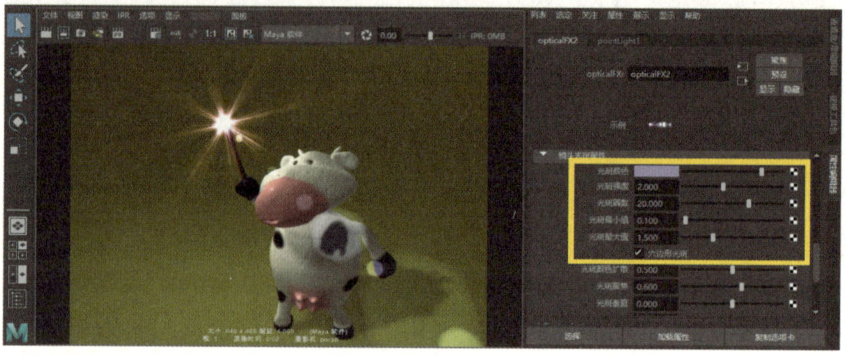

图 8-96

最终完成的文件是配套资源中的 8-6-Light Effects-ok.mb 文件。

本章小结

本章以实例的形式介绍 Maya 中灯光的使用方法，需要注意的是，只掌握 Maya 的灯光类型是不够的，还要掌握布光技巧，这样才能从容地使用其他三维动画制作软件，而不必重新学习相关内容。

实际上，从技术层面讲，灯光的技术难度并不高，难点和重点是技术以外的内容，如布光技巧、反光板设置等，建议读者阅读有关摄影方面的书籍，充实自己。

作业

1. 认真观察周围的物体，对特别醒目的光线的照射角度进行仔细观察。

2．制作一组室内静物的光照效果图，注意打出静物的轮廓，并烘托一定的气氛。

3．创作一张以“追光”为主题的静帧作品，要求场景中出现可见光，如手术灯、灯笼、地板反光、星光等。

图 8-97 所示为郑州轻工业大学动画系 18 级的同学们，在学习完本章内容后，以“追光”为主题创作的作品，创作时间为一星期。

图 8-97

第9章 Maya 的摄影机

9.1 摄影机设置

视频教程

摄影机是 Maya 的一项基本设置，在每个新建文件中，Maya 会自动给该场景创建四台摄影机。这四台摄影机在场景中组成了文件的四个视图：前视图、顶视图、侧视图和透视图。这四台摄影机如图 9-1 所示。

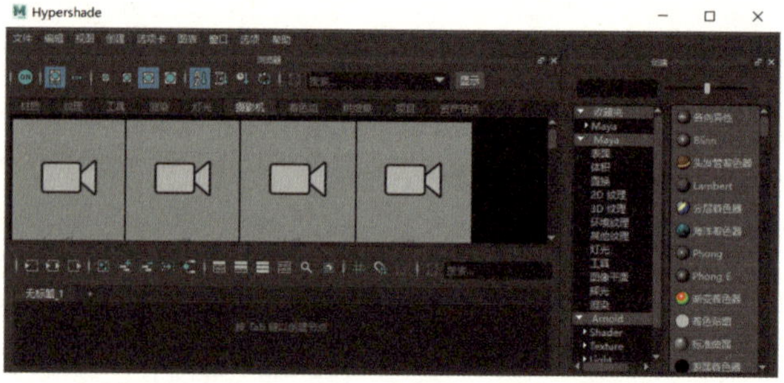

图 9-1

Maya 中的摄影机和现实中的摄影机的用途基本是一样的。现实中的摄影机一般都是用来记录视频图像的，如果不按“开始摄像”按钮，那么它只起到观察、定位而非记录的作用。Maya 中的摄影机也是这个用途，一般，在调节物体的模型、材质甚至灯光时，它会在待机状态，只起到让操作者观察、定位的作用，当操作者打开它的“动画设定”按钮以后，就会按照操作者设定的意图进行动画记录。

Maya 视图中创建的摄影机符号就是摄影机的线框图，而且创建的摄影机有多个类型可供选择，要按照不同的摄像要求来决定类型，如图 9-2 所示。

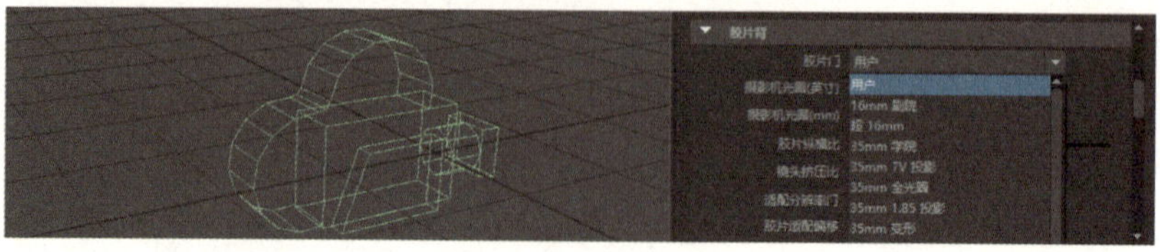

图 9-2

渲染的时候经常会发现，本来在视图中的场景，渲染出来有一部分却跑到图片外面，如图 9-3 所示。

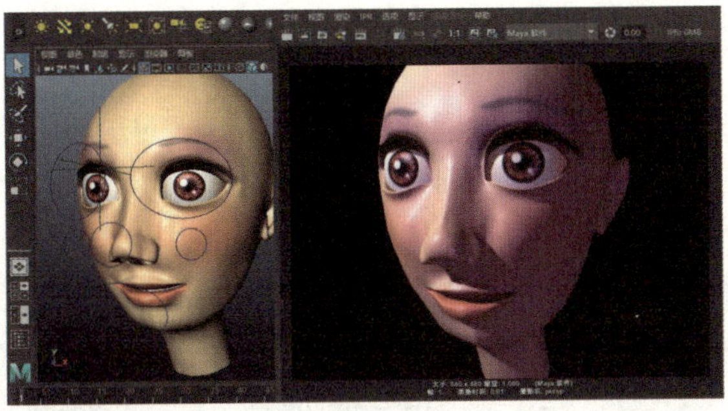

图 9-3

如果需要准确对位，执行视图菜单“视图”→“摄影机设置”→“分辨率门”命令，将摄影机的分辨率框打开，框内就是渲染的范围，如果在渲染设置中修改渲染图片大小，则分辨率框也随之改变，如图 9-4 所示。

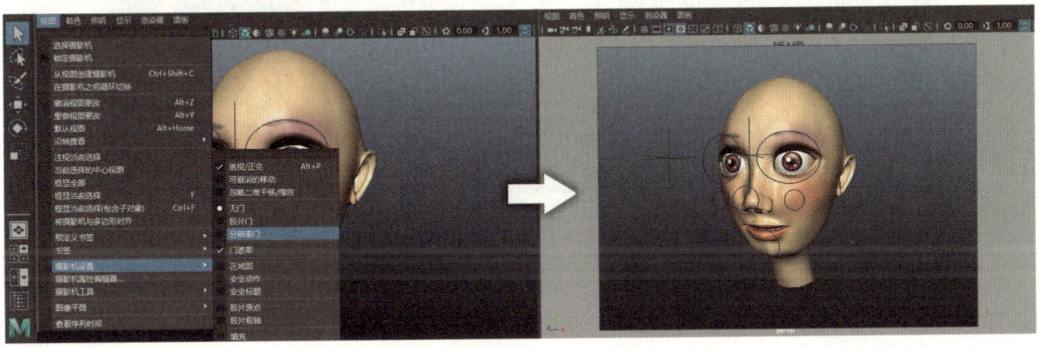

图 9-4

9.2　示范实例——摄影机景深特效实例

景深是摄影技术中常见的名词。一般，摄影机和照相机都有聚焦范围，也就是在某个距离段上的物体是清晰的，不在这个距离段上的物体则不清晰。这种效果被称为照相机或摄影机的景深（Depth of Field），如图 9-5 和图 9-6 所示。

图 9-5

图 9-6

图 9-5 和图 9-6 是郑州轻工业大学动画系 03 级王莹拍摄的作品，这两张图片都把聚焦点设置在了前景，因此，越向后，图片越模糊，这就是典型的景深效果。

在本节中，我们通过一个摄影机景深特效实例，介绍 Maya 中摄影机的作用和功能。此外，该实例还涉及一些常用的知识点。

（1）打开配套资源中的 9-2-Camera.mb 文件，其中有四个排成一排的杯子，为以后做景深特效使用；还为整个场景打上了两盏灯光，并且创建了一台“摄影机和目标”类型的摄影机，如图 9-7 所示。

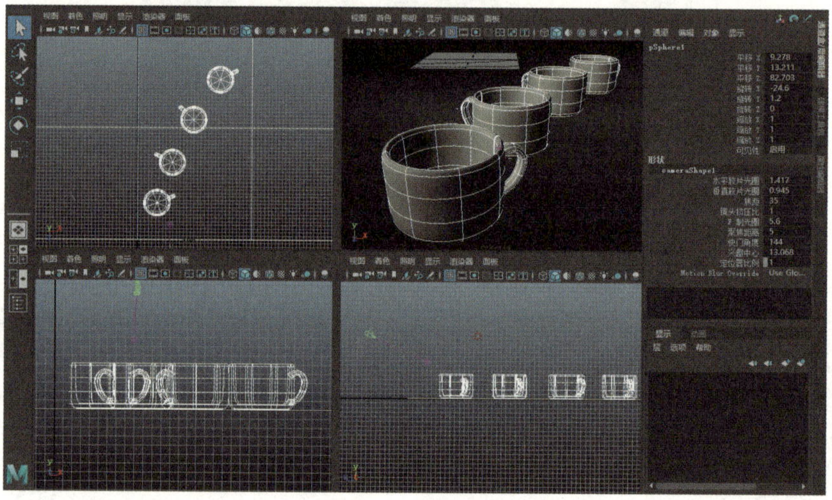

图 9-7

单击选中文件中的摄影机，或者在摄影机视图中执行“视图”→“选择摄影机”命令，打开摄影机的属性编辑器，勾选“景深”卷轴栏中的“景深”复选框，打开景深效果，如图 9-8 所示，渲染出来的效果如图 9-9 所示。

从图 9-9 可以看到，由于已经打开了景深特效开关，所以景深特效出现了。但是焦点没有对准位置，因此出现了一片模糊的景象。

如果只调节摄影机属性面板中的景深特效参数，一旦物体变动，则需要重新调节。属性面板中的参数不是直观的，调节只能很模糊地进行，不能根据场景中的变化进行精确调整，因此，必须使用另外的方法对摄影机的聚焦点进行精确定位。

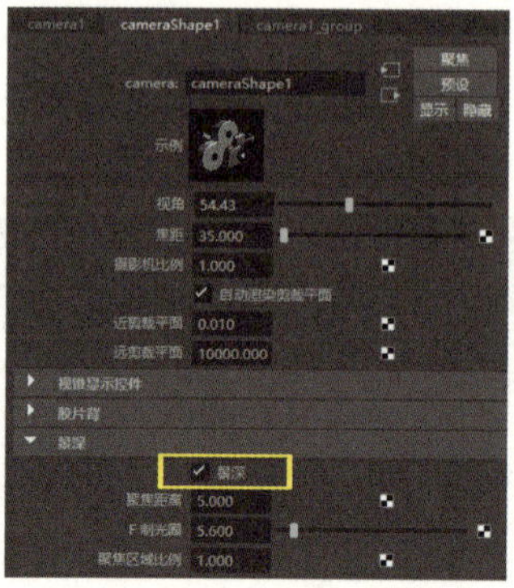

图 9-8

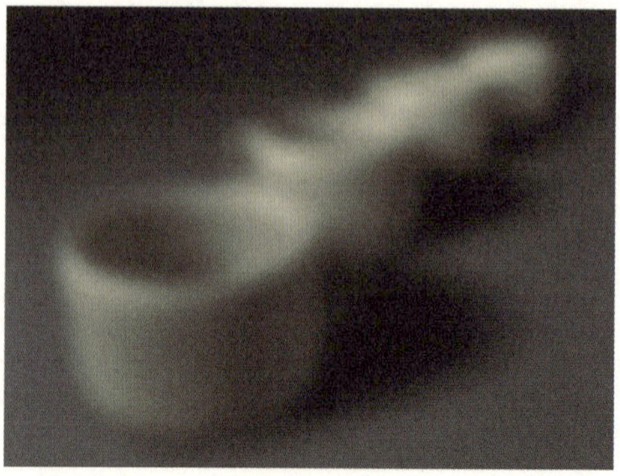

图 9-9

（2）执行主菜单“创建”→“测量工具”→“距离工具”命令，先后在摄影机和摄影机前面的目标点上单击，创建出两个点的距离工具，如图 9-10 所示。

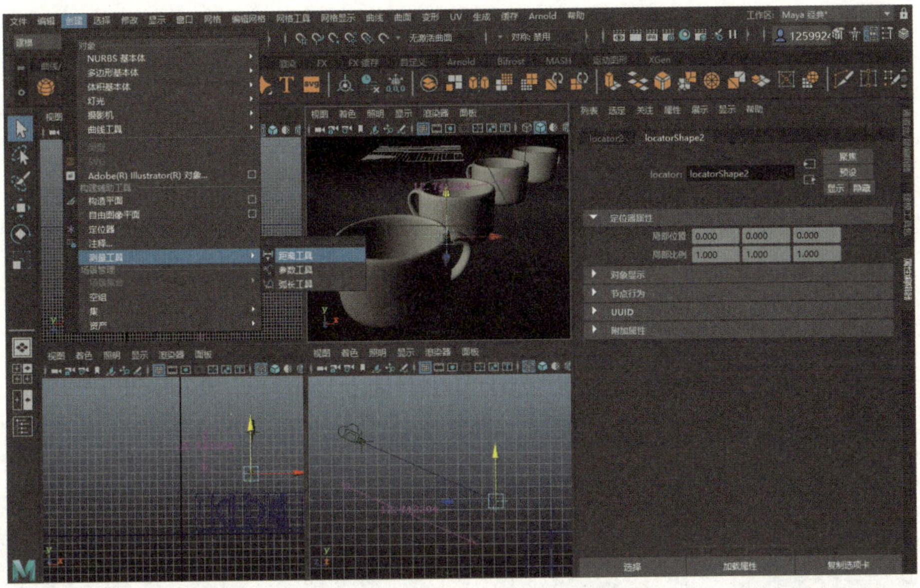

图 9-10

（3）打开“大纲视图”，单击 camera1_group 前面的小加号，使 camera1_group 组全部展开。用鼠标中键将刚刚创建的距离工具中靠近摄影机的 locator1 拖动到 camera1 上，将靠近目标点的 locator2 用鼠标中键拖动到 camera1_aim 上，使两个 locator 点分别成为 camera1 和 camera1_aim 的子物体，如图 9-11 所示。

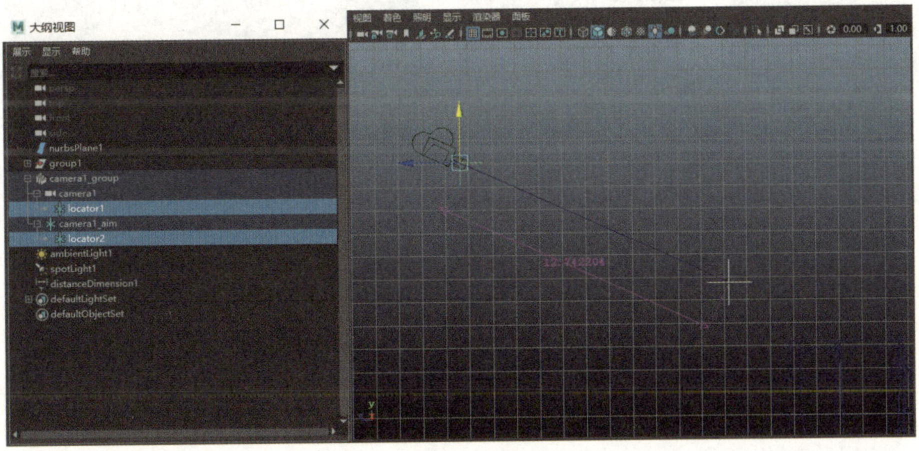

图 9-11

子父物体是 Maya 中常用的命令，它的作用是把两个或多个物体组成附属关系，即把两个物体进行子父物体的设置以后，子物体随着父物体的变动而变动，父物体去哪里，子物体也去哪里，但子物体的变动不会影响父物体。

刚才对摄影机的设置就是将距离工具中的两个 locator 点分别设置为摄影机两个控制点的子物体，让 locator 物体随着摄影机镜头的拉伸进行位置上的变化。但是在聚焦上，

locator 点位置的变更会影响摄影机聚焦点的变化，即这个实例就是把 locator2 变化的位置作为摄影机聚焦点的位置，使摄影机的聚焦点变得直观，操作一目了然。

（4）在打开的“大纲视图”窗口中执行“展示”→“形状”命令，勾选“展示”面板中的“形状”复选框，这样在“大纲视图”窗口中一直隐藏的物体节点就显露出来了，图 9-12 和图 9-13 显示了执行命令前、后“大纲视图”窗口的变化。

（5）执行“窗口”→“常规编辑器”→“连接编辑器”命令，打开“连接编辑器”窗口，可以看到两边的栏里面都是空的。

打开“大纲视图”窗口，单击 distanceDimension1 前面的“+”号，将 distanceDimension1 组全部展开，单击 distanceDimensionShape1 节点，在 Connection Editor（连接编辑器）中单击左上方的“重新加载左侧”按钮，被选中的 distanceDimensionShape1 节点的全部属性就在“连接编辑器”左侧窗口中展开了。

使用相同的方法，将“大纲视图”窗口中的 camerashape1 节点选中，单击“连接编辑器”右上方的“重新加载右侧”按钮，将其属性全部展开，如图 9-14 所示。

图 9-12

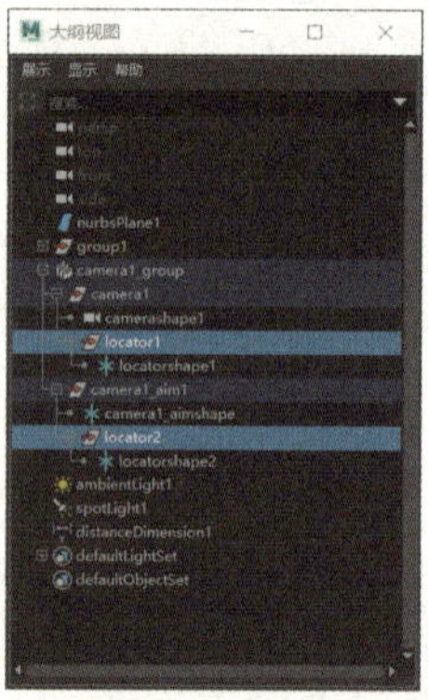

图 9-13

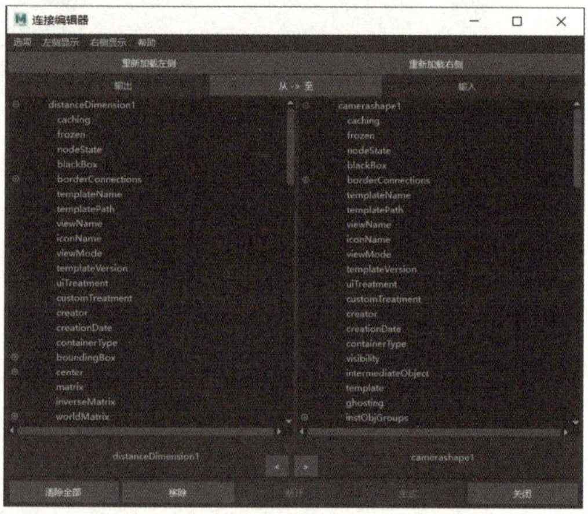

图 9-14

（6）在已经分别引入了 distanceDimensionShape1 节点和 camerashape1 节点的“连接编辑器”中，选择左侧 Outputs 栏中的 distance 属性及右侧 Inputs 栏中的 focus Distance 属性，它们以斜体的方式在“连接编辑器”中显示，这说明这两个不同节点的属性已经被关联在一起，如图 9-15 所示。

这时创建的“距离工具”已经派上用场了，因为它创建出来的 locator 点已经被作为聚焦的控制点，下面就可以自由地对视图中的摄影机聚焦点进行直观且精确的定位了。

（7）在“大纲视图”窗口中单击 locator2，使用移动工具将其移动到想要作为聚焦点的位置，这里将其移动到第二个杯子处。

这时虽然摄影机的目标点没有移动，但实际上聚焦点已经被 locator2 点定位好了，定位的位置如图 9-16 所示。

（8）打开摄影机的属性编辑器，勾选“景深”卷轴栏中的“景深”复选框，并调节“F 制光圈”为 1.2，如图 9-17 所示。现在可以进行最终渲染了，渲染效果如图 9-18 所示。

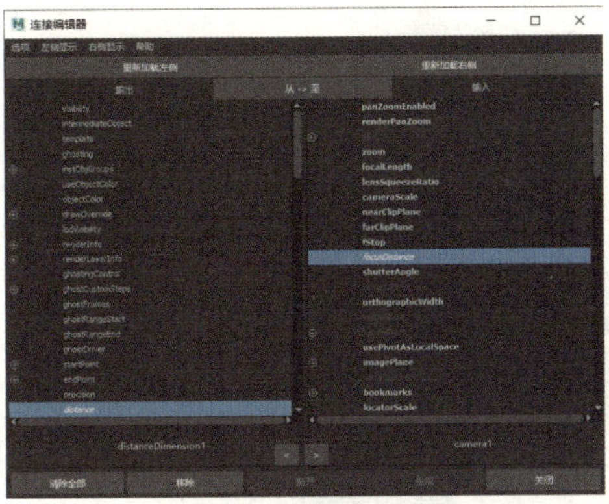

图 9-15

图 9-16

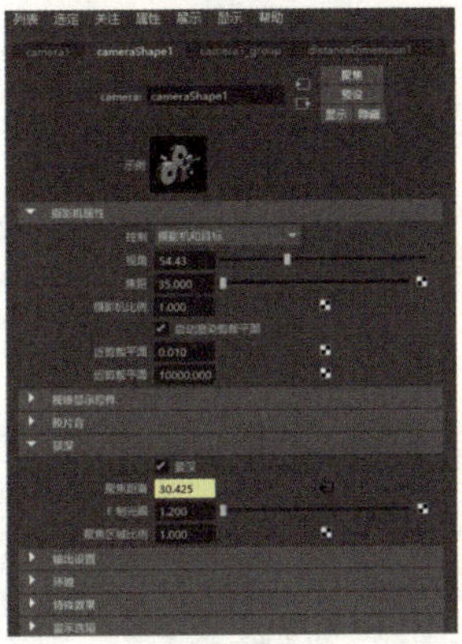

图 9-17

图 9-18

“F 制光圈”是调节焦距大小的参数，参数值越小，焦距越短，反之焦距则越长。

本实例的最终源文件是配套资源中的 9-2-Camera-ok.mb 文件。

视频教程

9.3　摄影机运用技巧

关于 Maya 中的摄影机，我们经常用到的参数比较少，内容也比较简单。但是除了参数，仅就摄影机的使用技巧而言，要学习的内容是比较难的。

一部优秀的动画作品是由很多优秀的镜头组成的，镜头是指从一个角度连续拍摄的画面，也就是说，从摄影机开机拍摄到它被关闭，这段时间获得的影像就是一个镜头。

什么样的镜头才是优秀的镜头？优秀的镜头不仅包含构图、景别、运动、角度、节奏等基本内容，还对整部片子起到点睛的作用。下面就简单地介绍 Maya 中的摄影机的使用技巧。

9.3.1　镜头景别

视频教程

景别主要指摄影机与被摄对象的远近，从而造成画面中形象的大小变化。一般情况下，景别大致可以分为远景、中景、近景、全景、特写等。

远景镜头：基本涵盖要在画面中显示的所有场景内容，告知观众故事发生的环境。如图 9-19 所示，观众可以从镜头中被告知这是办公环境，桌子上有成堆的文件。

图 9-19

远景是一个相对概念，比如，在图 9-19 中，镜头到办公桌的实际距离可能只有 10 m，但是发生的所有故事都会在这个场景中展开，因此这已经是场景中最远的距离了。

在《星际争霸 II》这款游戏的虫族 CG 视频中有一段大规模进攻的动画，这应该是比较远的远景效果，如图 9-20 所示。

图 9-20

全景镜头：出现人物全身形象或场景全貌的镜头，比远景镜头距离角色更近。全景镜头非常适合表现肢体动作或场景中要发生的事件，如图 9-21 所示。

图 9-22 所示为《星际争霸 II》中人族制造机枪兵的 CG 动画，全景表现出制造的全过程，以及场景中各种机械运动的效果。

图 9-21

图 9-22

中景镜头：显示人物臀部以上（或以下）形象的镜头，摄影机与角色之间保持充分的距离，以便看清楚角色及周边环境。它比全景镜头距离角色更近，能够使观众更清楚地看到角色上半身（或下半身）的动作。图 9-23 所示充分表现了主角拼命工作的状况。

图 9-23

在动画片《超级无敌掌门狗》中，由于居民夸张的惊讶动作只有上半身动作，所以使用的是中景镜头，如图 9-24 所示。

图 9-24

近景镜头：显示人物肩部或胸部以上形象的镜头，可以更加深入地刻画角色的情感，比较适合表现头部动作。图 9-25 所示表现了主角叹气、摇头的动作。

图 9-25

在动画片《怪物公司》中，近景镜头很好地表现了面部动作，如图 9-26 所示。

图 9-26

特写镜头：显示人物面部表情的镜头，可以细致地表现人物面部表情的细节，常用于刻画人物情绪，极近的镜头也拉近了观众与角色之间的距离，使观众能够更加充分地感受角色的情绪，如图 9-27 所示。

图 9-27

在动画片《超级无敌掌门狗》两个主角对话的场景中，使用特写镜头就很好地反映了两个主角截然不同的心情，如图 9-28 所示。

图 9-28

9.3.2 镜头角度

视频教程

常用的镜头角度可以分为仰视、平视、俯视、倾斜和鸟瞰五种。

仰视镜头：把摄影机放在低于被摄物体的位置，并把摄影机头部稍稍抬起，由下向上进行拍摄，如图 9-29 所示。

图 9-29

当一个角色出场的时候，经常会使用仰视镜头，这可以突出表现角色。仰视的角度也会让观众产生敬畏的感觉。图 9-30 所示就展示出一名战士在上战场之前的精神状态。

平视镜头：使摄影机和被摄物体处于水平位置，如图 9-31 所示。

这是一种中性镜头，由于观众和角色处于同一水平线，并且直接对着眼睛，所以让观众感觉和角色处于同一地位。这也是使用最频繁的镜头角度。

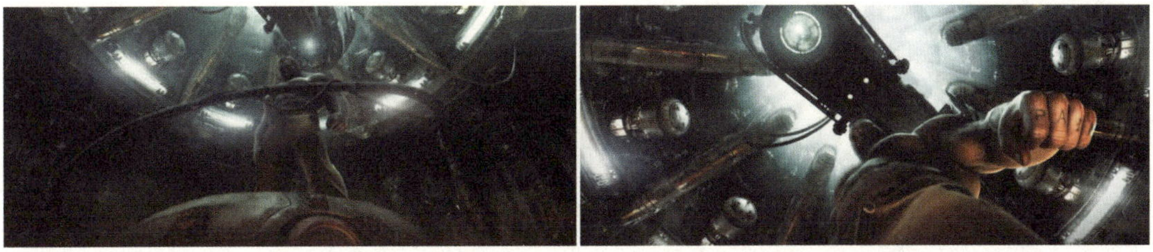

图 9-30

俯视镜头：使摄影机高于被摄物体，从上往下进行拍摄，如图 9-32 所示。

图 9-31

图 9-32

使用俯视镜头表现人物，经常暗示人物的卑微和面对世界的渺小。战争片中有很多这样的镜头，表现士兵在战争中的地位，如图 9-33 所示。

图 9-33

倾斜镜头：一种比较特殊的镜头类型，也被称为“荷兰镜头”或“香港镜头”，通过让摄影机镜头倾斜，画面水平线不再保持平行，从而使画面效果具有更多的戏剧性。图 9-34 所示就表现出一名工作者的巨大工作量。

图 9-34

以上介绍的都是常用的镜头，如果希望深入学习镜头运用知识，可以参考关于导演方面的书籍。

本章小结

本章介绍了 Maya 中的摄影机的基本操作及镜头运用技巧。

在日常教学过程中，大多数学生会把精力放在建模、材质、灯光、动作等技术上，在输出影片的时候，往往会随便架设一架摄影机，这样可能导致影片的最终效果大打折扣。因此，希望学生学完本章内容后，能够在镜头设计方面有所提高。

作业

1．请挑选自己在前几章作业中制作的场景，为场景运用摄影机，并使用本章介绍的知识进行设置。

2．为一个室外场景设置景深。

3．根据 9.3 节介绍的摄影机运用技巧，重新设置自己的三维动画短片的镜头。

图 9-35 所示为郑州轻工业大学动画系 15 级的胡宇，在学习完本章内容后创作的动画短片《末日追寻》，该作品获“2019 新光奖国际原创动漫大赛”的最佳动画短片奖。

图 9-35

第10章 基础动画

笔者在给其他专业的学生授课时发现，每当演示动画效果时，哪怕只是让角色眨一下眼睛，都会听到学生们的阵阵惊呼声。动画的魅力就在于让人物或物体动起来，不动的人物或物体只能被称为角色设定、场景设定。

本章主要介绍在 Maya 中制作动画的方法，在学习之前，请读者记住动画大师格里穆·乃特维克的一句话：动画的一切皆在于时间点（Timing）和空间幅度（Spacing）。

这句话说明了动画的本质。动画中最重要的两个因素就是“空间”和“时间”。

对于动画制作，尤其是软件操作人员来说，动画最基本的依然是软件的制作工序。

制作动画时，最基本的要素一定是“Key”，即“关键帧”。动画中最基本的组成部分就是帧，一帧就是一幅画面，1 秒要播出 24 帧以上才会使眼睛感觉运动是流畅的。那么，什么是“关键帧”呢？

“关键帧”指角色、物体运动或变化时关键动作所处的那一帧，关键帧与关键帧之间的动画可以由软件创建，称为过渡帧或中间帧。如图 10-1 所示，球体运动的起始点和结束点被设置为关键帧，这两个关键帧之间的过渡帧就可以被 Maya 自动创建出来。

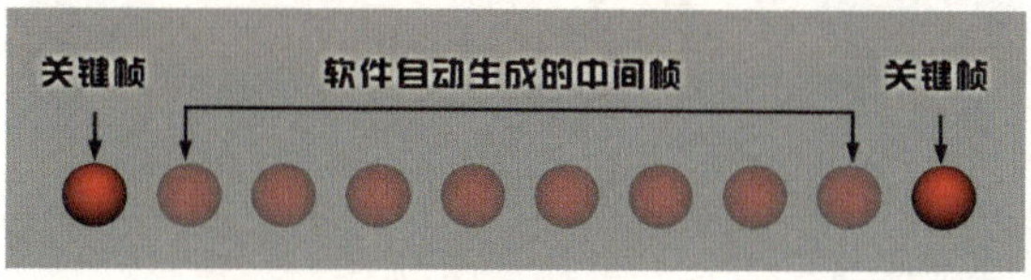

图 10-1

如果希望物体运动复杂一些，关键帧就要设置得多一些，如图 10-2 所示。

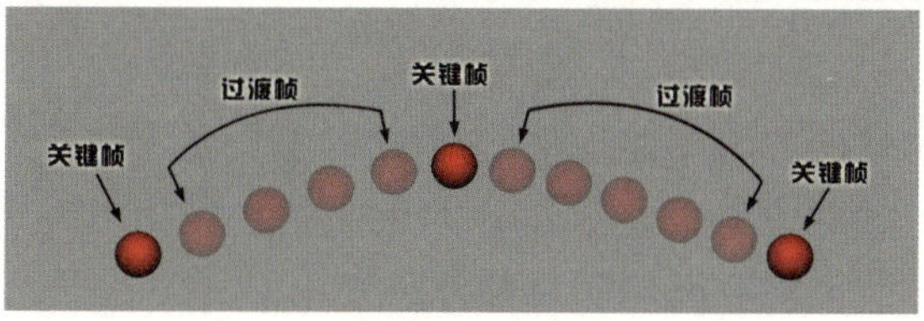

图 10-2

下面将通过一个简单的例子进行阐述。

10.1 示范实例——使用关键帧制作小球弹跳动画

（1）在场景中创建一个球体和一个作为地面的平面，将球体放置在地面的一侧，选中球体，执行“修改”→“冻结变换”命令，或者直接单击“多边形建模”工具栏中的“冻结变换”按钮，将球体的所有数值全部清零，如图 10-3 所示。

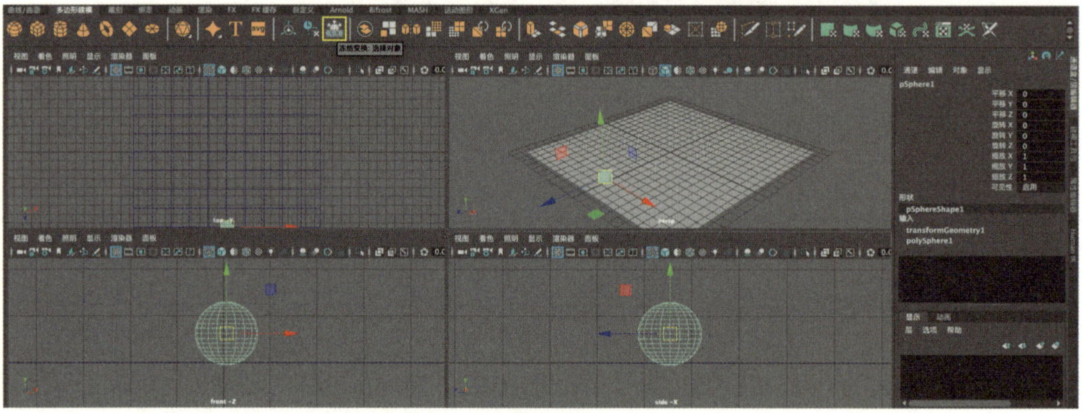

图 10-3

（2）Maya 最常用的创建关键帧的方法有三种：方法一，选中物体，在“动画”模块中，执行“关键帧”→“设置关键帧”命令；方法二，选中物体，按 S 键；方法三，右击物体属性栏，在弹出的快捷菜单中选择“为选定项设置关键帧”命令，如图 10-4 所示。

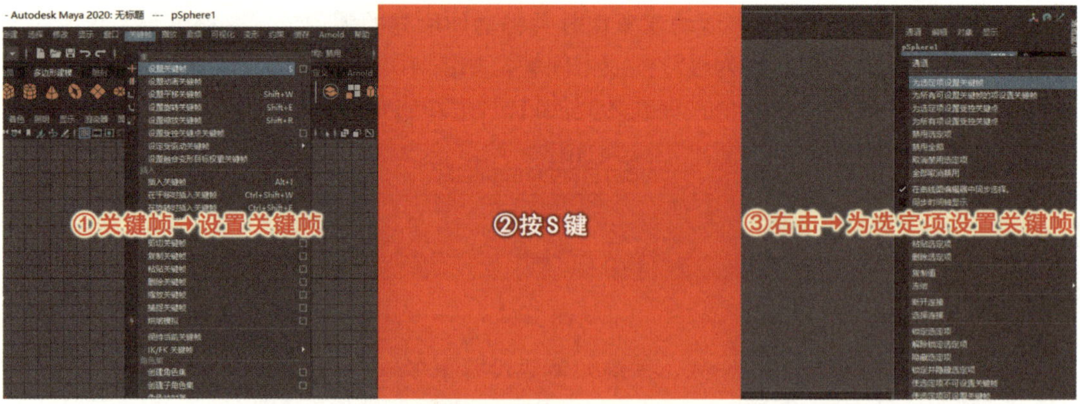

图 10-4

设定关键帧之前需要做准备工作：选中球体，按住 D 键不放，移动它的轴心点到球底中心，放开 D 键，这样做是为了后面制作缩放动画，如图 10-5 所示。

（3）在界面右下方，设置时间轴的总帧数为 60。

下面设定小球的弹跳关键帧。由于要设定的属性较多，所以可以通过按 S 键来设定。将时间滑块放置在第一帧，按 S 键，设定一个关键帧。通道栏中的小球的所有属性都变成浅红色，时间轴第一帧的位置也出现了一条红色的线，表明关键帧设置成功，如图 10-6 所示。

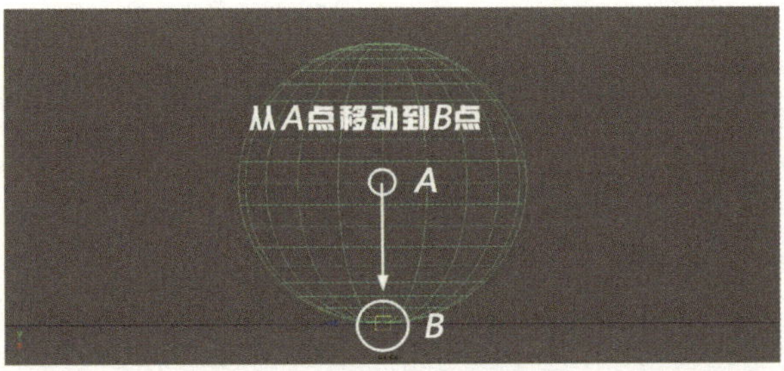

图 10-5

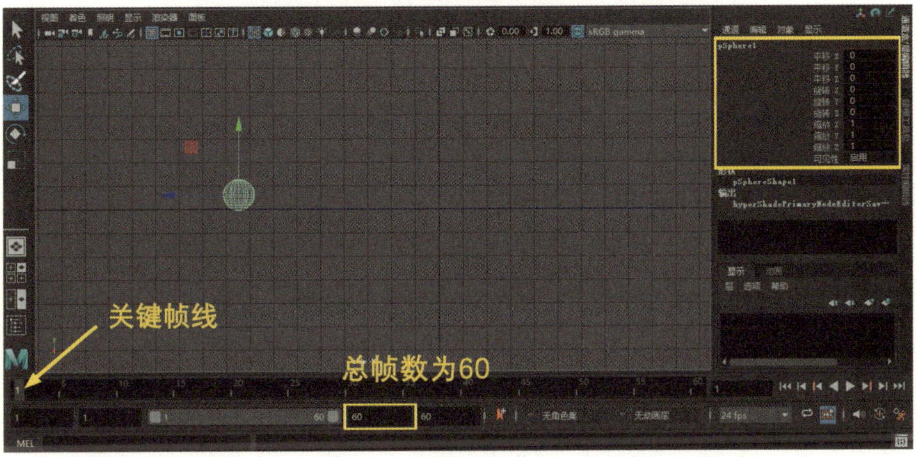

图 10-6

这时可以将小球随意移动，但是一拖动时间轴，就会看到小球迅速回到设定关键帧的位置。

（4）继续设定下面的关键帧。将时间轴上的滑块拖动到第 10 帧，把小球向上并向右移动，按 S 键打上关键帧；在第 20 帧，把球向右并向下移动到地面的位置，按 S 键打上关键帧。这样拖动时间滑块，会看到小球已经开始跳动，如图 10-7 所示。

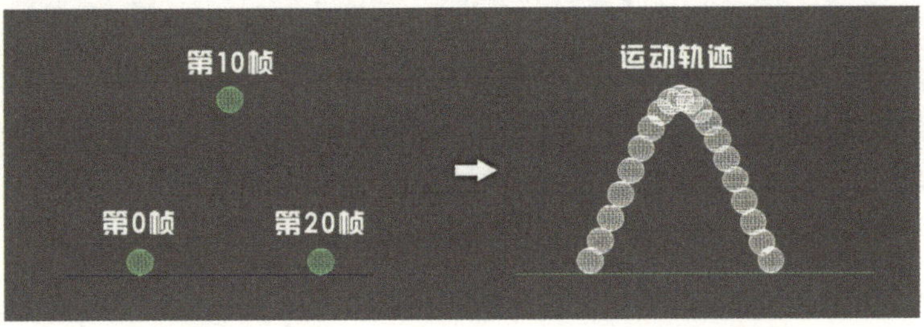

图 10-7

查看的时候也可以把运动轨迹打开：选中小球，打开“可视化”→“创建动画快照”命令设置面板，将“时间范围”修改为“时间滑块”，单击“应用”按钮，可以显示小球的运动轨迹，按 Ctrl+Z 组合键回到显示运动轨迹之前，再进行后面的调整。

（5）设定第二次跳跃，它应该比第一次跳跃的力度小，因此在第 28 帧处调整位置，高度比第 10 帧低，距离也比第一次跳跃短，并设定关键帧；在第 36 帧处也调整位置，并设定关键帧。第二次跳跃用 16 帧完成，比第一次跳跃少 4 帧，如图 10-8 所示。

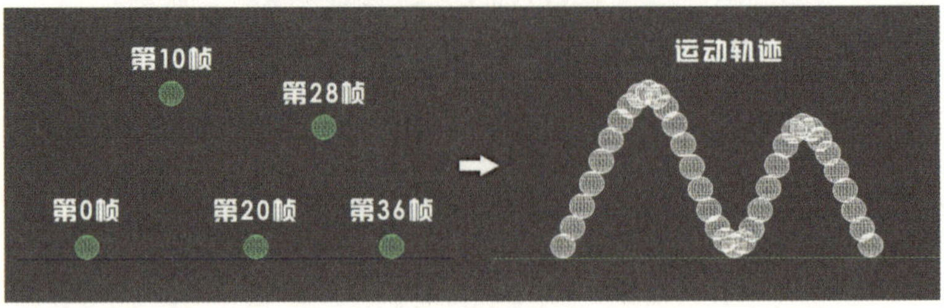

图 10-8

（6）设定第三次跳跃。分别在第 42 帧和第 49 帧处调整小球的位置，跳跃的高度和距离要比第二次跳跃小，并设定关键帧，使其运动轨迹如图 10-9 所示。

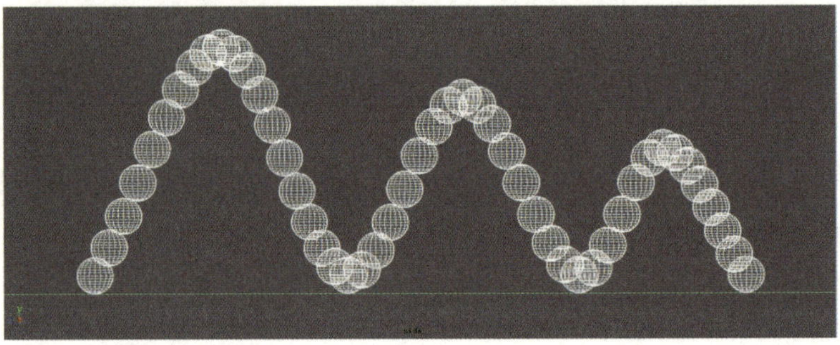

图 10-9

（7）设定第四次跳跃。分别在第 54 帧和第 59 帧处调整小球的位置，跳跃的高度和距离要比第三次跳跃小，并设定关键帧，使其运动轨迹如图 10-10 所示。

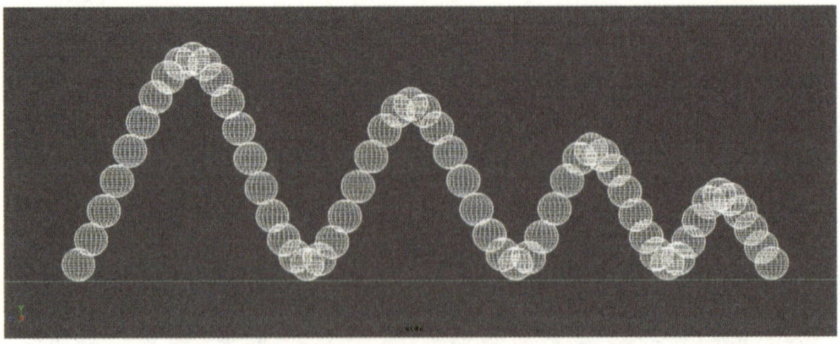

图 10-10

（8）单击时间轴右侧的播放键观看运动效果，由于 Maya 中的运动速度显示并不准确，所以如果希望看到真实的运动效果，可以在时间轴上右击，在弹出的快捷菜单中选择“播放预览”命令，这样 Maya 就会在所在的视图中，将物体的运动以抓屏捕捉的方式生成一段视频，并自动弹出播放，这样可以看到场景中物体的真实运动速度，如图 10-11 所示。

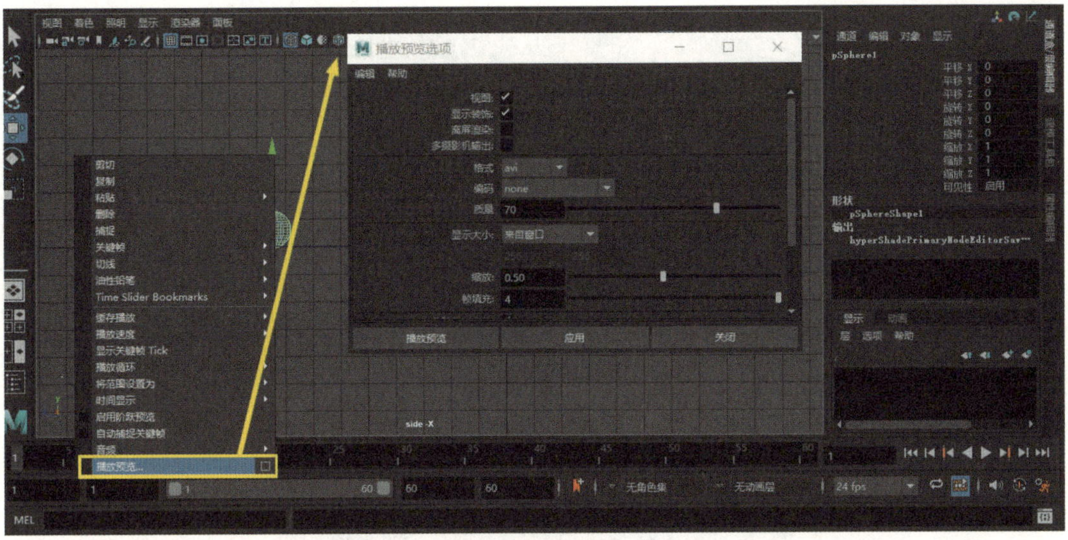

图 10-11

（9）此时的小球运动看起来软绵绵的，这是运动过于匀速造成的。如果认真观察真实的小球跳动就会发现，小球离开地面和即将到达地面时的速度是最快的，而到达最高点时速度会变慢。

接下来调整速度。选中小球，执行“窗口”→“动画编辑器”→“曲线图编辑器”命令，打开设置窗口，按 A 键，将所有的曲线显示出来。

在窗口中能够看到四条曲线，每单击一条曲线，左侧的窗口就会跳转到该曲线的属性上，如图 10-12 所示。

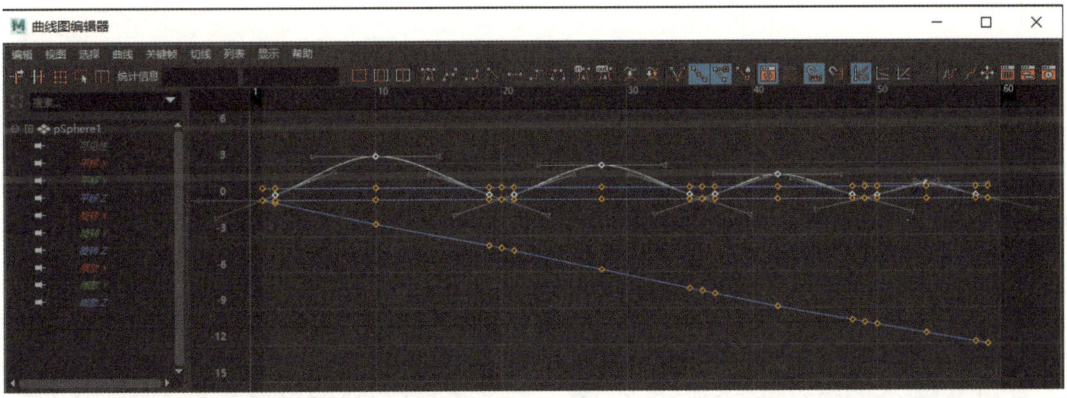

图 10-12

（10）由于需要调整的是在 Y 轴上移动的数值，所以在左侧栏中单击平移 Y，使右侧窗口只显示平移 Y 的数值变化曲线。

选择最下面的一排点，即小球落地的五个关键帧，单击上方的尖角按钮，使它们由平滑的曲线变为较大的转折，如图 10-13 所示。

（11）观察小球运动轨迹的变化，由于调整了小球落地时的关键帧，所以小球落地后弹起较快，如图 10-14 所示。

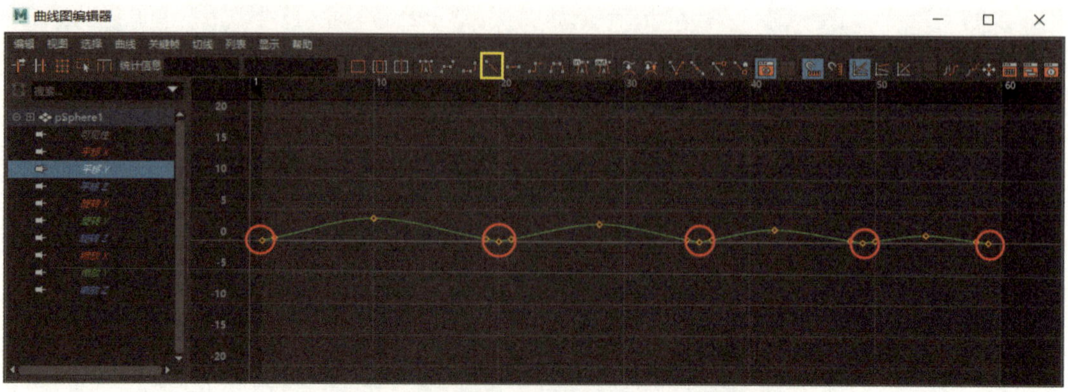

图 10-13

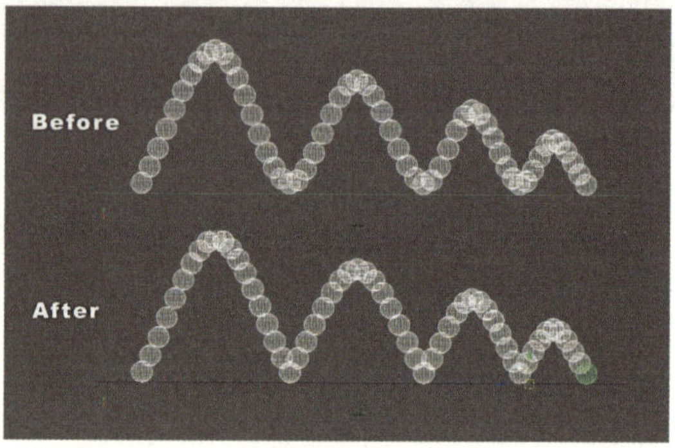

图 10-14

（12）实际上，目前的小球只能算一个硬球，如果希望把它做成一个皮球，还需要调整。

皮球是软的，由于惯性，落地的时候它会被挤压变形。

在时间轴上将时间滑块拖至第 20 帧，使用缩放工具将小球压扁，并按 S 键设定关键帧，这样小球在第一次落地的时候会有被挤压变形的效果，如图 10-15 所示。

（13）分别设定第 1 帧、第 20 帧、第 36 帧、第 49 帧、第 59 帧时小球被挤压的效果，运动轨迹如图 10-16 所示。

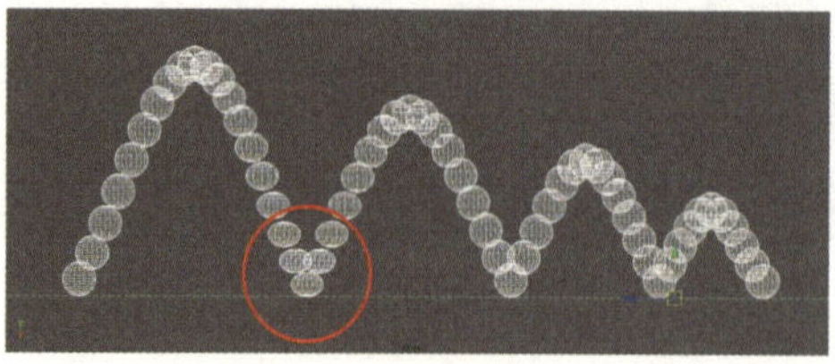

图 10-15

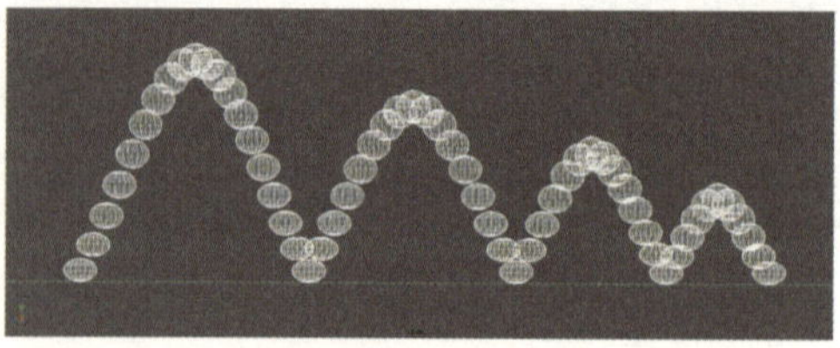

图 10-16

（14）虽然小球落地有了被挤压的效果，但运动起来还是感觉很古怪，因为小球只有落地的那一帧是被压扁的，而即将落地和被弹起的时候都是被拉伸的。

依然在小球第一次落地的位置进行调整。小球落地是在第 20 帧，分别在设置第 19 帧和第 21 帧的时候，使用缩放工具将小球向上拉伸，并按 S 键将它们打上关键帧，运动轨迹如图 10-17 所示。

（15）分别在第 2 帧、第 19 帧、第 21 帧、第 35 帧、第 37 帧、第 48 帧、第 50 帧、第 58 帧处将小球向上拉伸，并按 S 键将它们打上关键帧。再次播放会看到小球的弹性好多了，运动轨迹如图 10-18 所示。

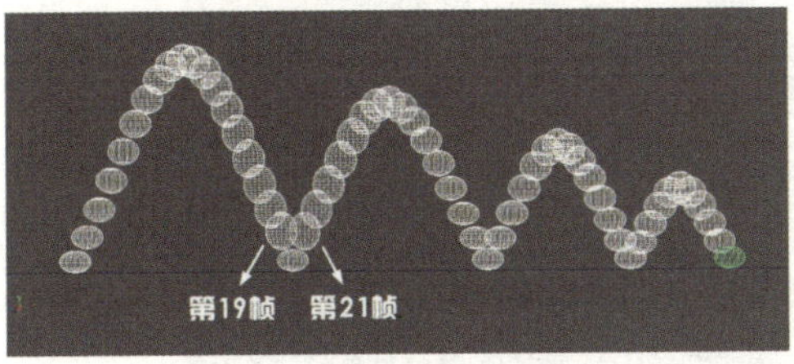

图 10-17

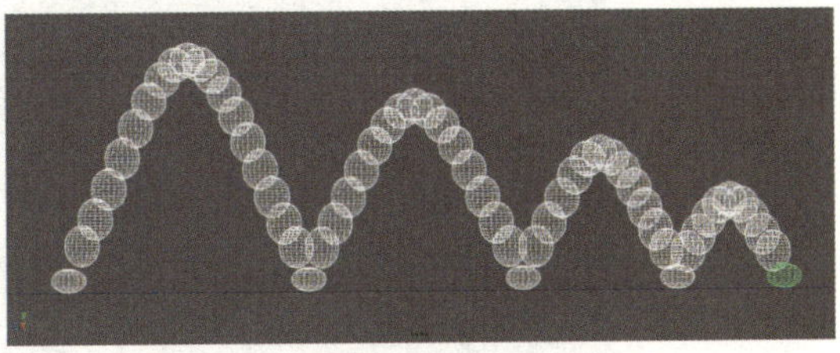
图 10-18

（16）继续为动画添加细节。分别在第 19 帧、第 35 帧、第 48 帧、第 58 帧处，将小球向左旋转 15°；在第 2 帧、第 21 帧、第 37 帧、第 50 帧处，将小球向右旋转 15°，并按 S 键将它们打上关键帧。再次播放会看到小球的弹跳有了更多方向性，运动轨迹如图 10-19 所示。

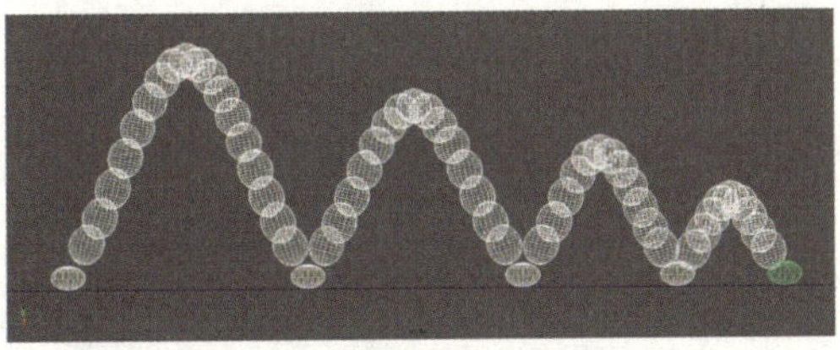
图 10-19

这样，小球跳跃动画就制作完成了。完成的动画源文件是配套资源中的 10-1-ball.mb 文件。

虽然这个实例比较简单，却是每个动画人都做过的练习，也是我们了解 Maya 动画的第一步，下面的实例会给我们带来更多乐趣。

10.2　示范实例——使用摄影机动画制作炮弹飞向敌营

在本例中，我们将制作一段动画，使摄影机跟随在空中飞行的炮弹一起飞向敌营，效果如图 10-20 所示。

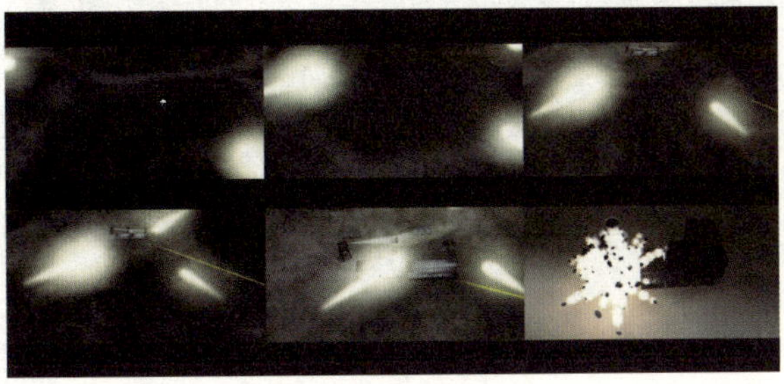
图 10-20

打开配套资源中的 10-2-war.mb 文件，视图中有一个很大的场景，并在一角有一处敌营（建筑物），如图 10-21 所示。

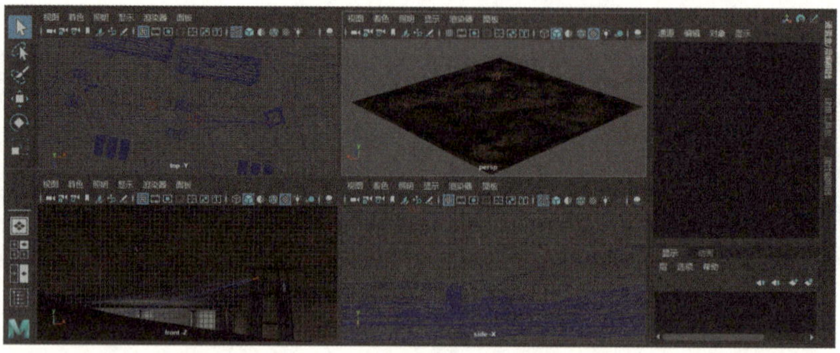

图 10-21

（1）执行“创建”→“摄影机”→“摄影机”命令，创建一个摄影机，并在视图菜单中执行“面板”→“透视”→Camera1 命令，切换到摄影机视图。

执行视图菜单中的“视图”→“摄影机设置”→“分辨率门”命令，打开摄影机视图的分辨率框，框中显示的部分是将被渲染出来的。

我们希望炮弹能够飞得远一些，因此操纵摄影机视图，使其位于场景中敌营的对角位置，如图 10-22 所示。

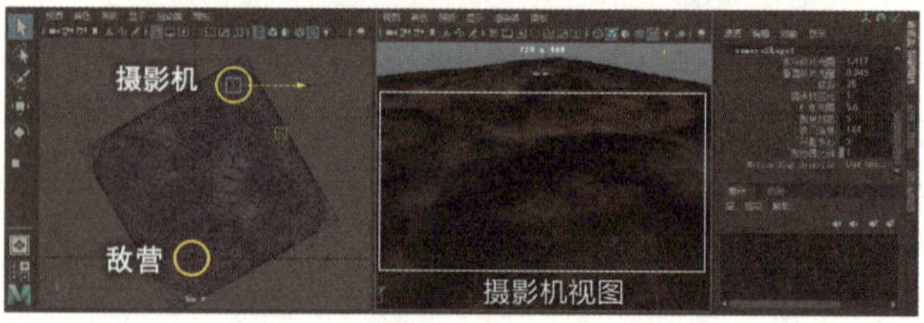

图 10-22

（2）在摄影机视图中直接为摄影机打上关键帧。

先调整时间轴长度为 200 帧，在摄影机视图中，执行视图菜单中的“视图”→“选择摄影机”命令，这样视图中的分辨率窗口就会呈白色显示，即视图的摄影机被选中。

在第 1 帧的位置直接按 S 键设定摄影机的关键帧，如图 10-23 所示。

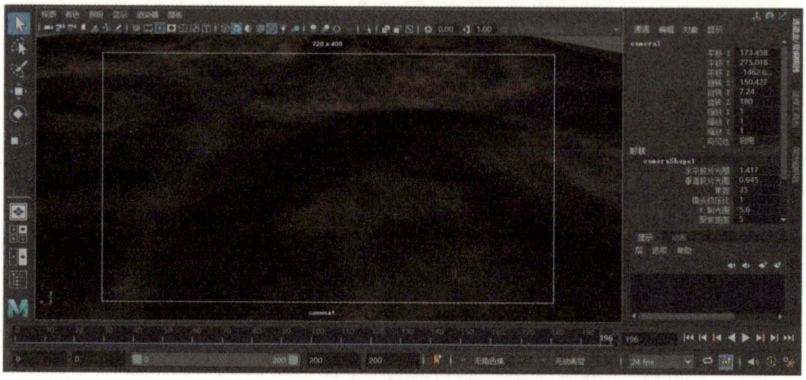

图 10-23

（3）由于这个镜头主要表现远程炮弹从较远的位置向敌营开炮，炮弹经过长时间的空中飞行直扑敌营的效果，所以希望炮弹在空中停留的时间长一些。

在时间轴上将时间滑块拖动到第 159 帧，将摄影机视图移动到敌营上方，按 S 键打上关键帧，如图 10-24 所示。

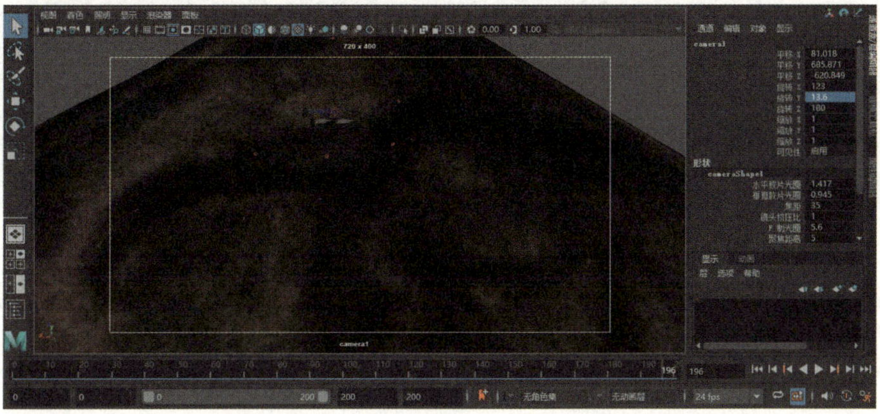

图 10-24

（4）炮弹飞行到敌营上方后下落，因为受到重力的影响，下落速度会加快，同时快速地下降也会有视觉上的冲击。

将时间滑块拖动到第 200 帧，操纵摄影机视图指向敌营中间的弹药箱上，这样，仅有的 60 帧时间能够很好地表现炮弹急速下落的过程，如图 10-25 所示。

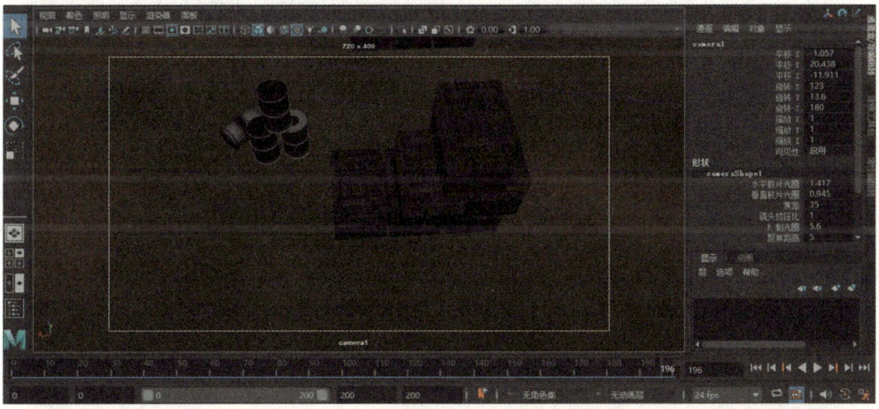

图 10-25

（5）保持摄影机的选择，执行“窗口”→“动画编辑器”→“曲线图编辑器”命令，打开“曲线图编辑器”，在左侧选中“平移 Y”和“平移 Z”，使右侧窗口中只显示这两项的动画曲线。

将这两项的倒数第二个关键帧分别向上和向下移动，这样可以使炮弹下落速度更快，视觉冲击更强。

在如图 10-26 所示右侧窗口中，蓝、绿色曲线部分是调整之前的速度，白色曲线部分是调整之后的速度。

（6）调整炮弹部分。新建一个多边形球体，进入点级别，将它调整为前面大、后面小，类似于流星的形状。调整完毕后，如果转折太大，可以执行“网格”→“平滑”命令，对其进行光滑处理。

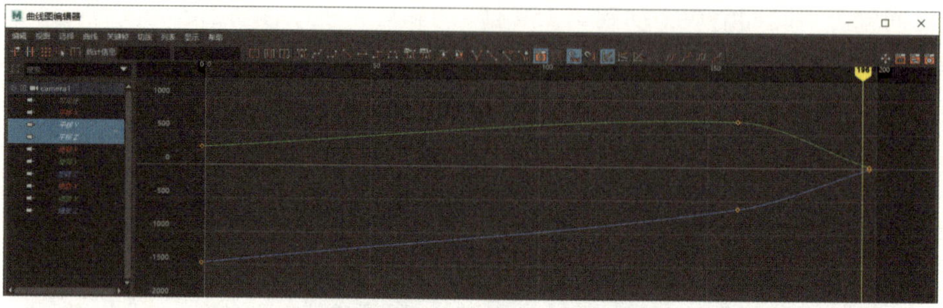

图 10-26

执行“窗口”→“渲染编辑器”→Hypershade 命令，在 Hypershade 窗口中新建一个 Lambert 材质，修改颜色为橘黄色。

在“特殊效果”卷轴栏中，将“辉光强度”修改为 4，使模型自发光效果强烈，并勾选“隐藏源”复选框，把模型隐藏起来，只保留自发光的效果，如图 10-27 所示。

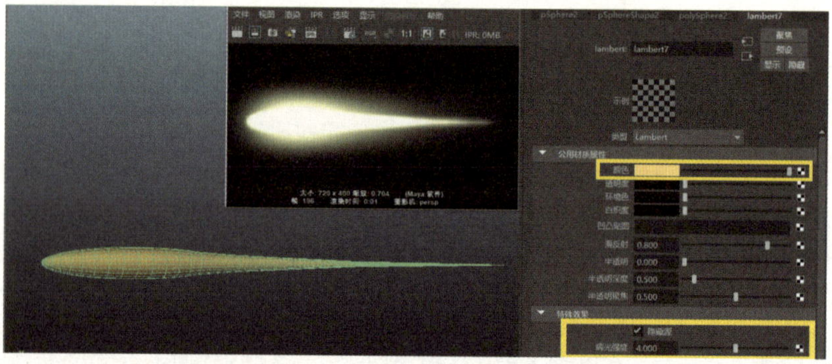

图 10-27

（7）由于场景太大，如果重新调整炮弹飞行的线路，并使其位置与摄影机完全保持一致，则难度较大，所以，在第 1 帧调整炮弹位于摄影机视图内，打开“大纲视图”窗口，将炮弹模型作为摄影机的子物体，这样炮弹的运动轨迹就调整好了。播放动画，炮弹模型始终处于摄影机视图内，如图 10-28 所示。

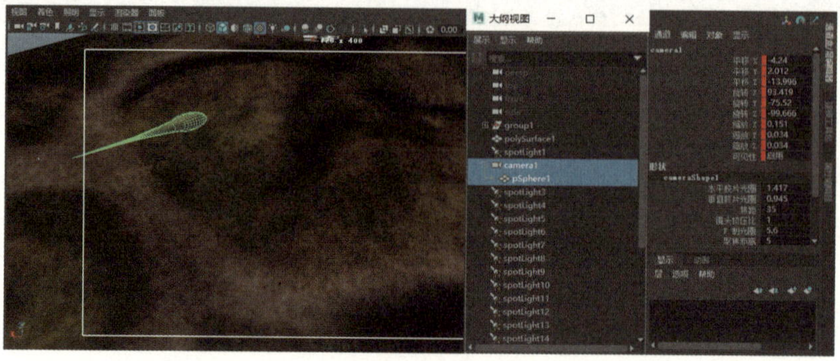

图 10-28

（8）炮弹在视图中的位置从始至终都是完全一样的，这就需要进行微调。

选中炮弹，分别在时间轴的不同帧数上改变位置，并设置关键帧。在炮弹开始下落时进行旋转，使炮弹大头朝下，如图 10-29 所示。

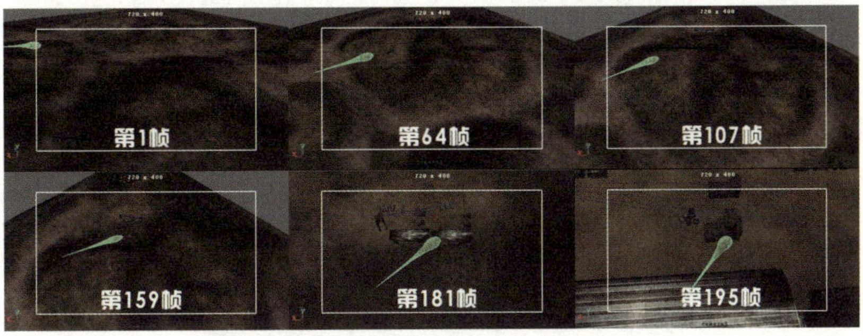

图 10-29

（9）只有一颗炮弹似乎太少了。选中炮弹模型并复制两个炮弹，将它们调整成不同角度，都设置为摄影机的子物体，如图 10-30 所示。

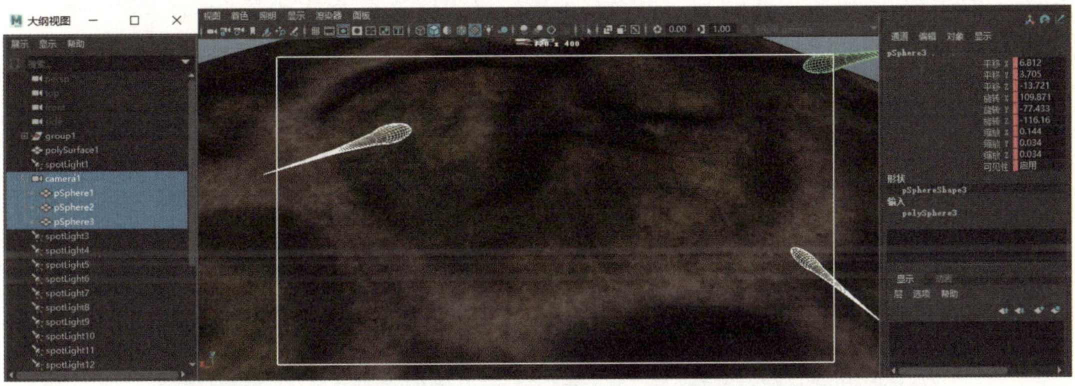

图 10-30

（10）依然在时间轴的不同帧数上调整它们的位置，使三颗炮弹看起来像你追我赶似的，但下落的时候使它们大头朝下，如图 10-31 所示。

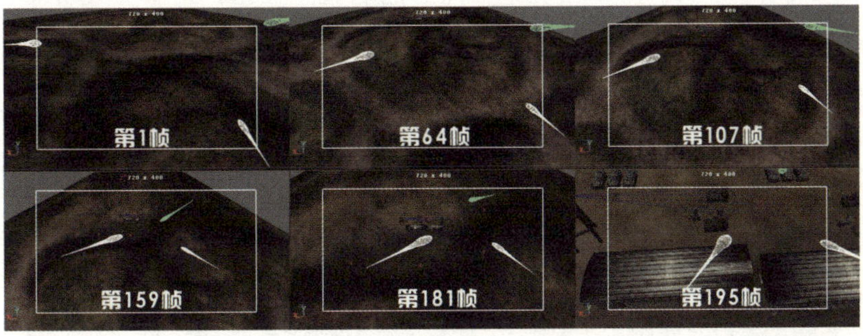

图 10-31

这样，动画就基本完成了，可以渲染出视频格式观看。制作好的文件为配套资源中的 10-2-war-ok.mb 文件。

10.3 示范实例——材质动画制作变脸

川剧中的变脸是一门独特的艺术。虽然我们不知道它的原理，但是可以在 Maya 中实现，如图 10-32 所示。

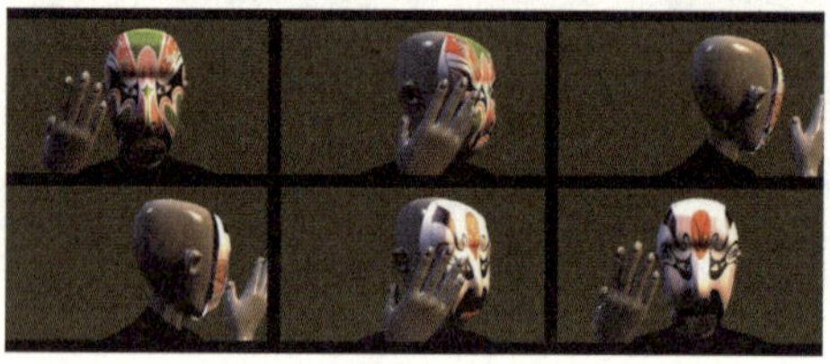

图 10-32

打开配套资源中的 10-3-mask.mb 文件，场景中的人物动作已经调好了，灯光、背景也都设置完毕，角色脸部前面有一个面具，我们将使用这个面具完成变脸的整个过程，如图 10-33 所示。

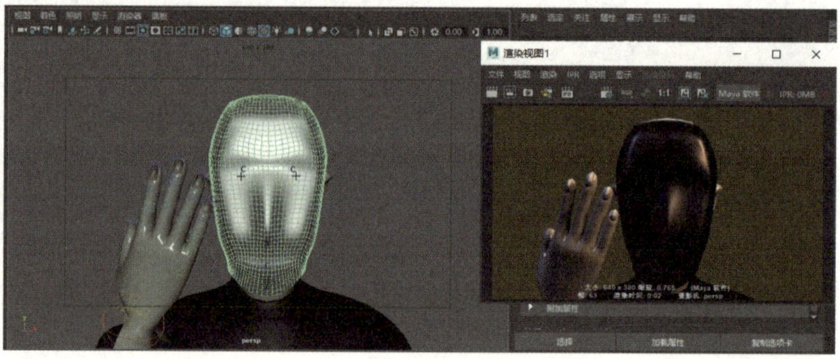

图 10-33

（1）执行“窗口”→“渲染编辑器”→Hypershade 命令，打开 Hypershade 窗口，新建一个 phongE 材质球，单击“颜色”属性后面的贴图按钮，选择“文件”，并选择配套资源中的 12-3-1.jpg 文件，这是一张脸谱。将 phongE1 材质球指定给面具模型，会看到贴图位置出现错误，如图 10-34 所示。

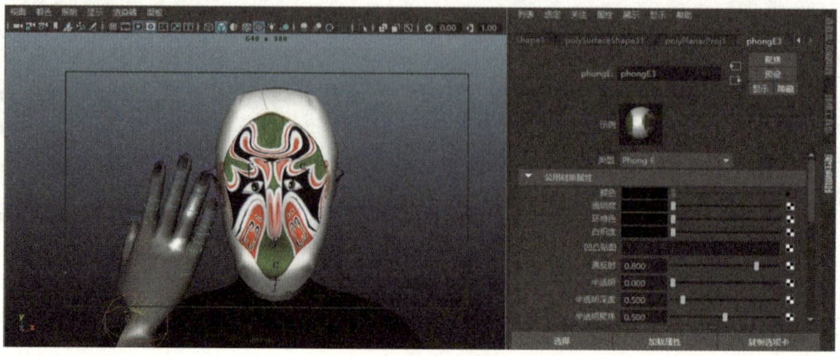

图 10-34

（2）选择面具模型，打开 UV→“平面”命令设置面板，设置“投影源”为 Z 轴，单击“应用”按钮。将平面坐标拉大，使脸谱完全罩住模型，如图 10-35 所示。

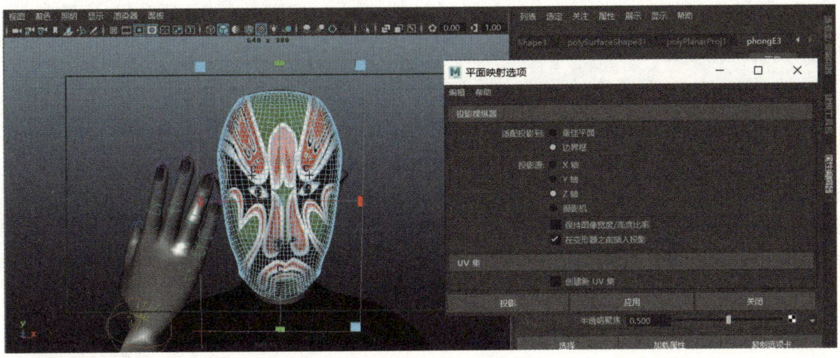

图 10-35

（3）由于贴图的改变是不能做成动画效果的，所以，如果涉及不同的贴图，都需要使用“分层着色器”材质来制作。

在 Hypershade 窗口新建一个“分层着色器”材质球，并打开它的属性面板，使用鼠标中键，将刚才做好的 phongE1 材质球拖动到它的“分层着色器属性”中，并将前面的绿色材质删除。将设置好的“分层着色器”材质球指定给面具模型，渲染看到与 phongE1 材质球的效果没有任何区别，如图 10-36 所示。

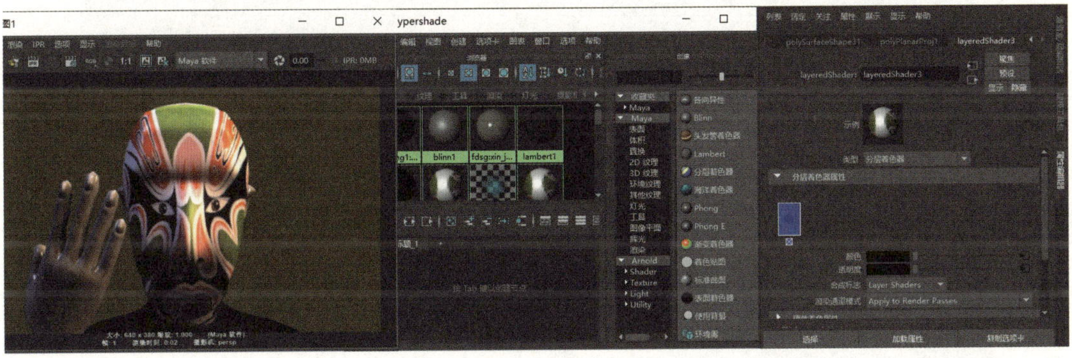

图 10-36

（4）在 Hypershade 窗口中选中 phongE1 材质球，执行“编辑”→“复制”→“着色网络”命令，复制出一个 phongE2 材质球，并双击打开它的属性面板，将配套资源中的 12-3-1.jpg 文件重新指定给“颜色”属性，这是另外一张脸谱图片，如图 10-37 所示。

（5）选择 phongE2 材质，用鼠标中键将其拖动到“分层着色器”材质球的层级面板中，位于 phongE1 材质的后面，如图 10-38 所示。

（6）设置材质的动画效果。拖动时间轴，观察角色的动作，发现角色是在第 40～50 帧将头背过去，在第 51～55 帧不动，在第 56～60 帧将头转过来，那么材质的动画就需要在第 51～55 帧的时候完成。

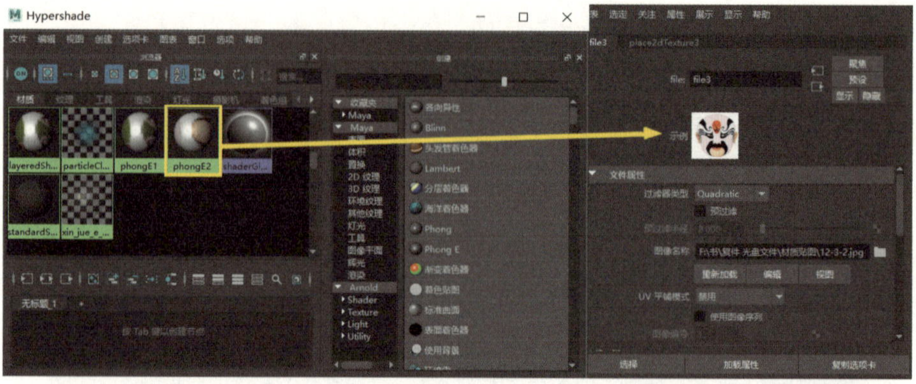

图 10-37

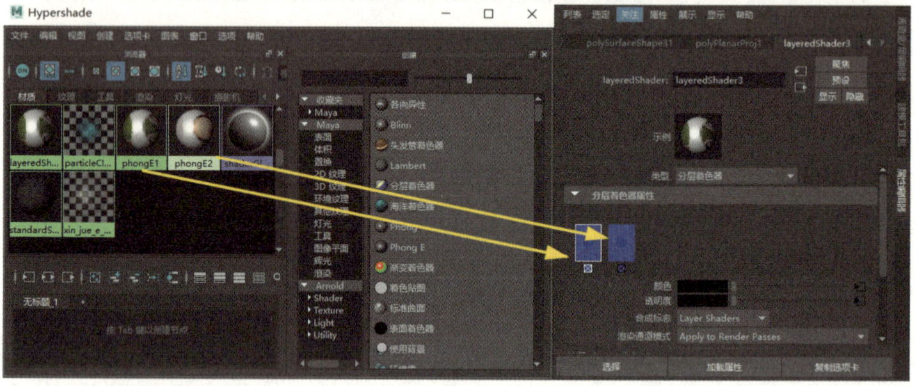

图 10-38

材质的动画就是调节“分层着色器”材质球靠前层级的透明度，以使下面层级的材质显示出来，现在 phongE1 材质球在最顶层，所以面具模型显示的就是 phongE1 的材质，接下来调整它的透明度，使下一层级的 phongE2 材质球显示出来，如图 10-39 所示。

图 10-39

（7）由于材质球的属性极多，所以不能直接按 S 键将所有的属性都打上关键帧。

将时间轴拖动到第 51 帧处，选择 phongE1 材质球，并打开属性面板，在“透明度”属性上右击，选择“设置关键帧”命令，只对透明属性添加关键帧，不对其他属性产生任何影响，如图 10-40 所示。

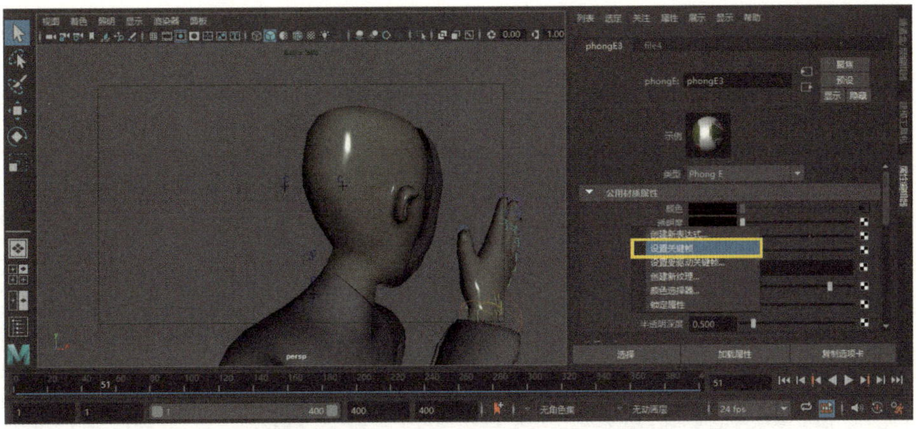

图 10-40

（8）再将时间轴拖动到第 55 帧，将“透明度”属性的颜色设置为纯白色，即完全透明，并使用鼠标右键选择设置关键帧，这样在第 51～55 帧就完成了 phongE1 材质的逐渐完全透明，并透出 phongE2 材质的动画，如图 10-41 所示。

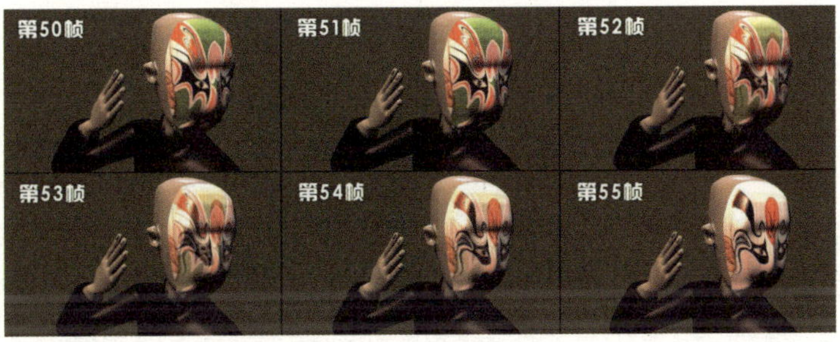

图 10-41

配套资源中一共提供了五张脸谱图，感兴趣的读者可以制作变脸五次的动画，一定会很有意思的，如图 10-42 所示。

图 10-42

（9）由于希望出现灯光的变化，以烘托气氛，所以要对场景内的光源做动画效果，如图 10-43 所示。

图 10-43

最好的效果就是从角色刚开始转头时，就使灯光开始变弱，因此将时间滑块拖动到第 41 帧处，打开“大纲视图”窗口，选择主光源 spotLight1，并打开属性面板，设置“强度”关键帧，如图 10-44 所示。

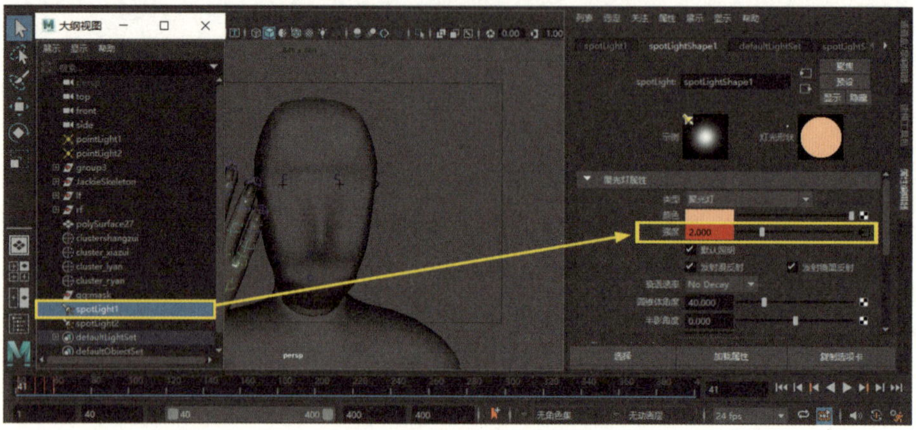

图 10-44

（10）将时间轴拖动到第 50 帧，即角色背过头的时候，设置“强度”为 1，降低灯光强度。在第 55 帧也打上关键帧，这样在第 50～55 帧，灯光强度就保持不变。在第 60 帧，即角色转头回来的时候，将灯光强度调为 2，并设置关键帧，如图 10-45 所示。

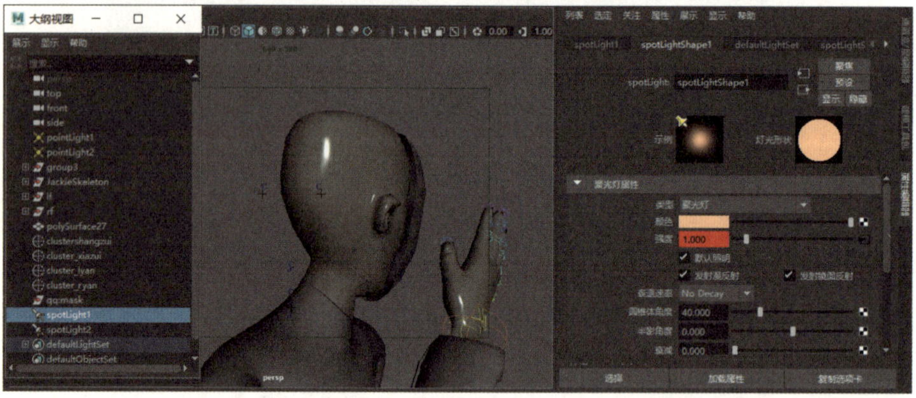

图 10-45

（11）如果多设定几次变脸，那么每变一次脸，灯光的属性就要打一次关键帧。如果不希望操作这么麻烦，则可以将灯光的变化设置成一个循环。

注意观察：发现每变一次脸的时间长度是 60 帧，但灯光的设定是从第 41 帧开始的，到第 60 帧结束，一次循环只有 20 帧。

将时间滑块拖动到第 1 帧，再为灯光强度设定一个关键帧，这样灯光的一个循环就是从第 1 帧开始，到第 60 帧结束，和变脸的时间长度一样。

选中主灯光 spotLight1，执行“窗口”→“动画编辑器”→“曲线图编辑器”命令，打开“曲线图编辑器”，在左侧窗口中选择主光源的“强度”属性，右侧会显示它的变化曲线，如图 10-46 所示。

图 10-46

（12）在“曲线图编辑器”窗口，执行“曲线”→“后方无限”→“循环”命令，灯光强度的变化就会以这 60 帧为一个循环，无限播放，如图 10-47 所示。

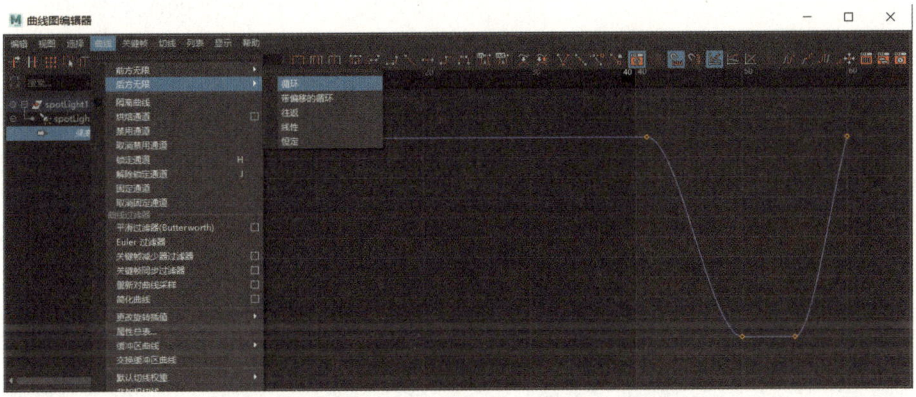

图 10-47

制作完毕的动画源文件见配套资源中的 10-3-mask-ok.mb 文件。

10.4　示范实例——场景逐次出现动画

打开配套资源中的 10-4-meeting.mb 文件，这是一个会议室场景，所有模型都被指定了卡通材质，并按照物体的组成部分进行了群组指定，场景中还有一盏平行光，并打开了阴影效果，如图 10-48 所示。

在本实例中，要制作出场景中的物体逐一出现的动画效果。在制作之前，要规划物体出现的顺序。按照先整体后局部的原则，先出现地板和墙，再出现桌椅等家具，最后出现横幅和文字。因为这只是一个转场，所以整体的动画时间长度为 40 帧。

现在，场景已经完整展现出来了，做动画的时候就需要反向制作。制作过程中要一直打开摄影机视图的“分辨率门”，随时确认物体是否在画面中。

图 10-48

（1）选中地板和正面的墙，先在第 9 帧打上关键帧，确认它们放好的位置，再在第 1 帧将两者一左一右地放在画面外，并打上关键帧，做出在 1～9 帧的时间段中，两者从画面外移动到画面中的动画效果，如图 10-49 所示。

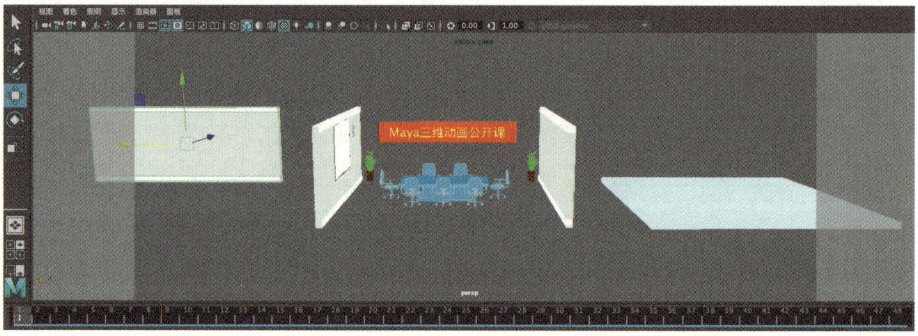

图 10-49

（2）将左、右两堵墙选中，在第 13 帧打上关键帧，再在第 7 帧将它们移出画面，并打上关键帧，做出两堵墙进入画面的动画效果，如图 10-50 所示。

图 10-50

（3）按照同样的方法，在第 13～20 帧，将左侧墙壁上的白板和表也制作出进入画面的动画效果，这样整体的动画部分就制作好了，如图 10-51 所示。

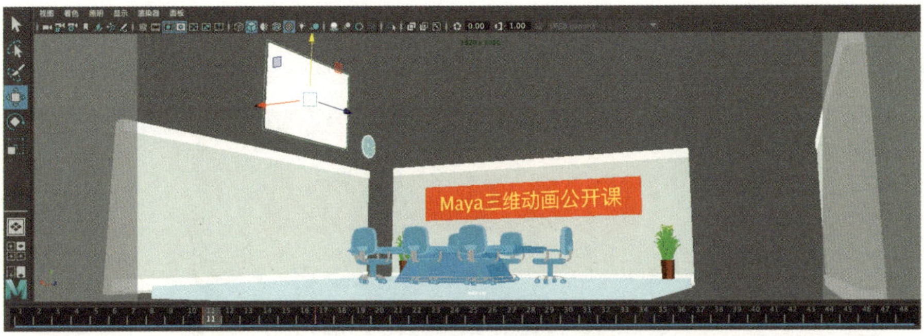

图 10-51

（4）接着就需要逐一制作桌椅的出场动画。先处理体积最大的桌子，在第 15～29 帧制作动画，需要注意的是，为了能做出动画特有的弹性效果，可以使用缩放工具，在桌子最高点处拉长，在桌子落下来的时候压扁，这样的动画效果更富有弹性和趣味性，如图 10-52 所示。

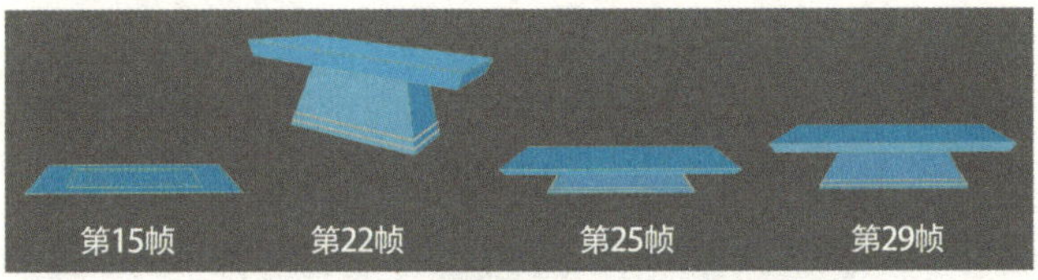

图 10-52

（5）按照同样的制作方法，制作椅子从下到上弹起并落入场景中的动画效果，如图 10-53 所示。

图 10-53

（6）由于椅子有六把，可以将每把椅子的入场时间错开，这样的动画更有节奏感，如图 10-54 所示。

图 10-54

（7）继续把花盆、横幅和文字的动画制作完成，整个场景的动画就制作完毕了。还可以选中摄影机，制作出推镜头效果，画面感和空间感会更强，如图 10-55 所示。

图 10-55

（8）在渲染输出之前，在渲染设置面板中，勾选“运动模糊”复选框，这样在渲染动态物体时，会使物体出现运动模糊效果，动感更强，如图 10-56 所示。

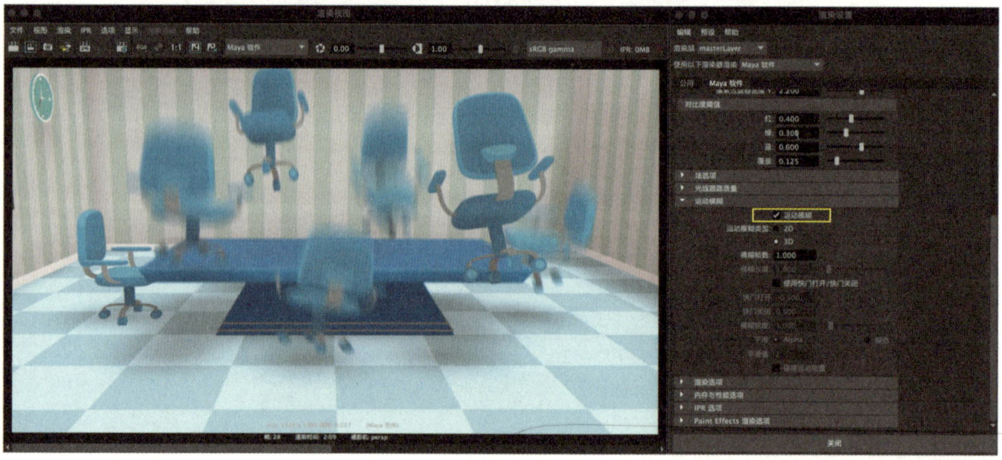

图 10-56

制作完毕的动画源文件见配套资源中的 10-4-meeting-OK.mb 文件。

10.5 示范实例——nCloth 动力学布料碰撞动画

nCloth 是一个快速而稳定的动力学布料解决方法，基本流程是先指定哪些模型是布料，再指定哪些模型是被碰撞的对象，最后通过动力学，如重力、风力等，促使两者产生碰撞动画效果。

在本实例中，制作一段动画，让布料包裹住球体，再被风吹走，如图 10-57 所示。

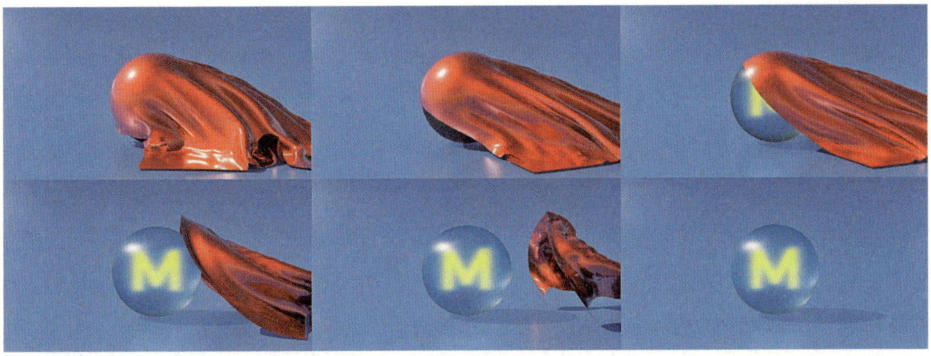

图 10-57

打开配套资源中的 10-5-ball.mb 文件，场景中有一个多边形球体，设置好灯光，并架好摄影机，用 Arnold 渲染器渲染，如图 10-58 所示。

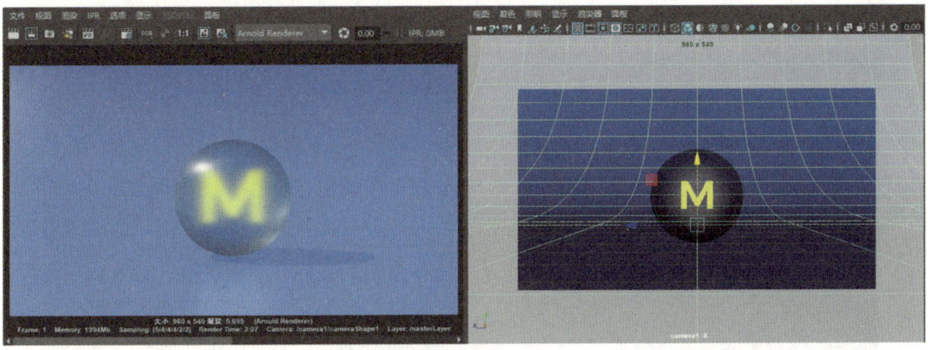

图 10-58

（1）创建一个多边形平面模型，因为要制作布料变形，所以要把精度设置高一些，调整“细分宽度”和“高度细分数”都为 50，将布料放在球体的正上方，注意不要在摄影机视图中出现，如图 10-59 所示。

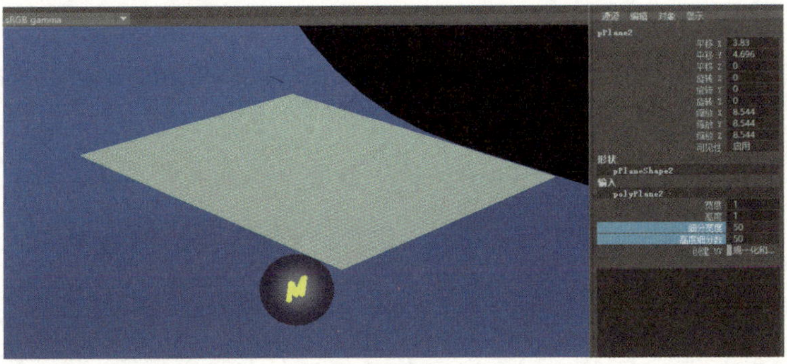

图 10-59

（2）选中多边形平面模型，切换到“FX”模块，执行菜单的 nCloth→“创建 nCloth”命令，将平面模型设置为 nCloth 布料，这时大纲窗口中也会增加 nucleus1 和 nCloth1，这是作为解算布料系统出现的，如图 10-60 所示。

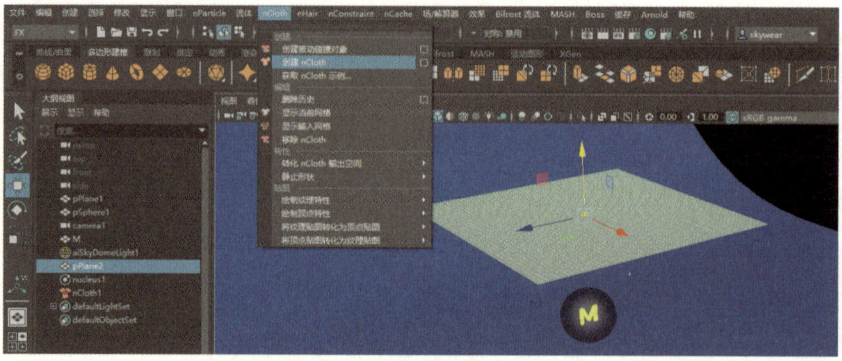

图 10-60

（3）有了布料，就需要有和布料进行碰撞的物体。选中场景中的球体和地面模型，执行菜单的 nCloth→“创建被动碰撞对象”命令，将它们设置为和布料进行碰撞的物体，如图 10-61 所示。

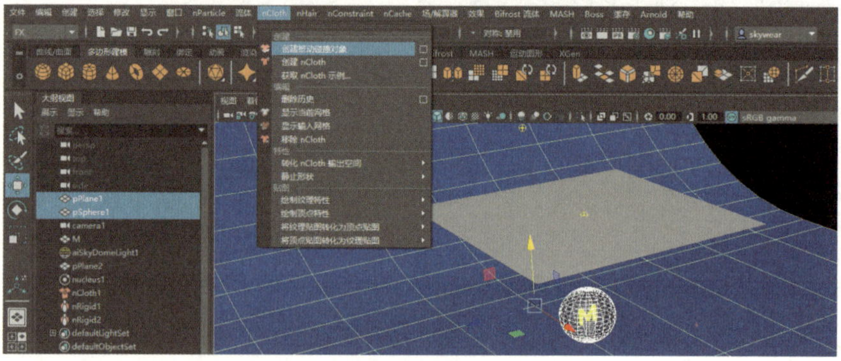

图 10-61

（4）单击时间轴上的播放键，会看到平面模型在第 1 帧就开始下落，在第 40 帧盖住了球体。仔细观察，布料并没有完全落在地面上，因为地面模型作为被动碰撞对象，碰撞的厚度太大，如图 10-62 所示。

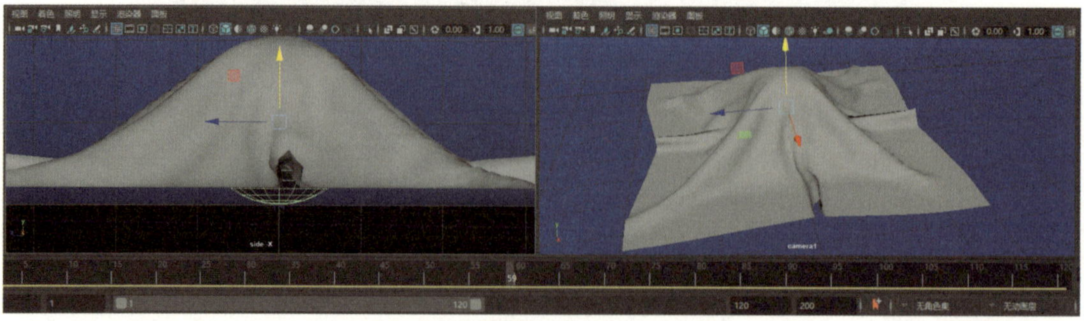

图 10-62

（5）选中地面模型，进入属性编辑器，将“碰撞”卷轴栏的“厚度”参数降为 0.01，从头播放动画，布料和地面之间就碰撞在一起，如图 10-63 所示。

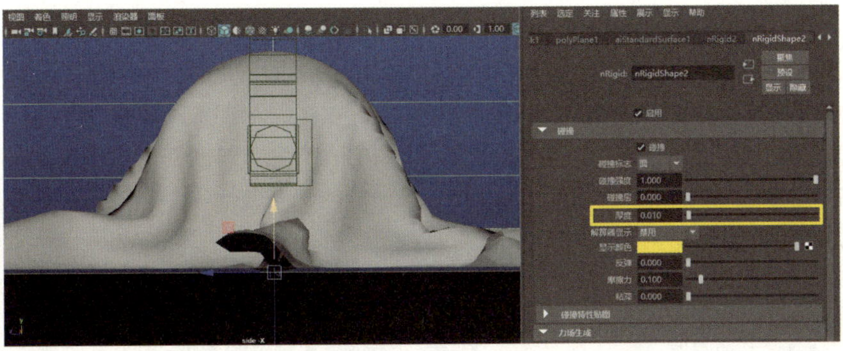

图 10-63

（6）制作布料被风吹走的动画效果。先选中作为布料的多边形平面模型，在“FX”模块下，执行菜单的“场/解算器”→“空气”命令，在场景中新建一个空气场，这样空气场和布料模型就能关联上，将空气场放在场景的左侧，让风从左向右刮，把布料刮向右侧，如图 10-64 所示。

但是播放动画时会发现，风是从右向左刮的，和预想的相反，如图 10-65 所示。

图 10-64

图 10-65

（7）在场景中选中“空气场”，打开属性编辑器，修改“方向”后面的第三个数值为 -1，也就是沿 Z 轴向刮风，再次播放动画，布料已经朝着正确的方向飘动了，如图 10-66 所示。

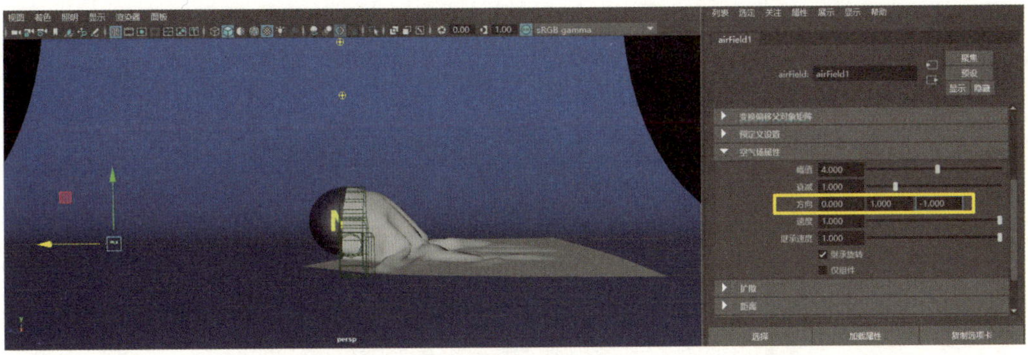

图 10-66

方向虽然正确了，仔细看还是有问题。我们希望布料先正常落下来，然后刮风，而且风力逐渐加大，并把布料刮走，这就需要使风力由弱变强。

（8）在布料落下完全盖住球体以后的第 100 帧，将空气场的“幅值”设置为 0，并打上关键帧，在第 120 帧，将“幅值”设置为 20，也打上关键帧。这样空气场的风会从第 100 帧开始出现，并逐渐增强风力，在第 120 帧的时候将布料刮走，如图 10-67 所示。

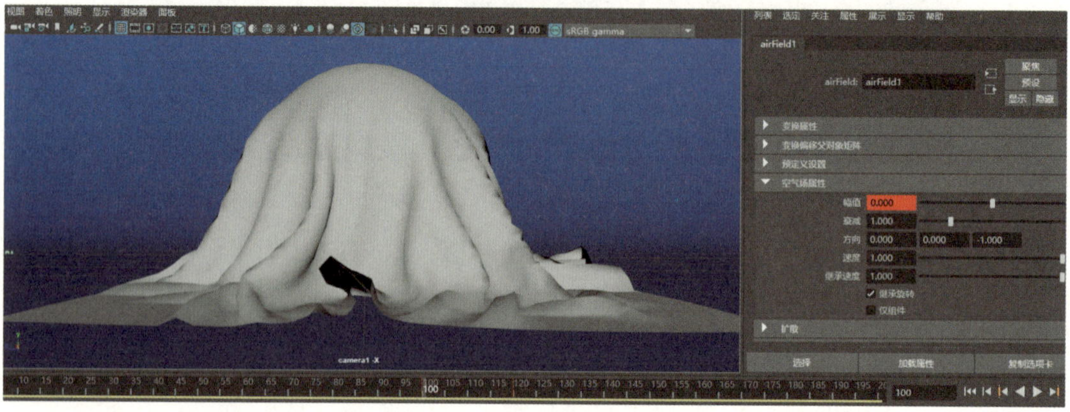

图 10-67

（9）如果遇到空气场效果不明显，可以在大纲视图里选中 nucleus 文件，进入属性编辑器，将“重力和风”卷轴栏下的“风速”值调高，如图 10-68 所示。

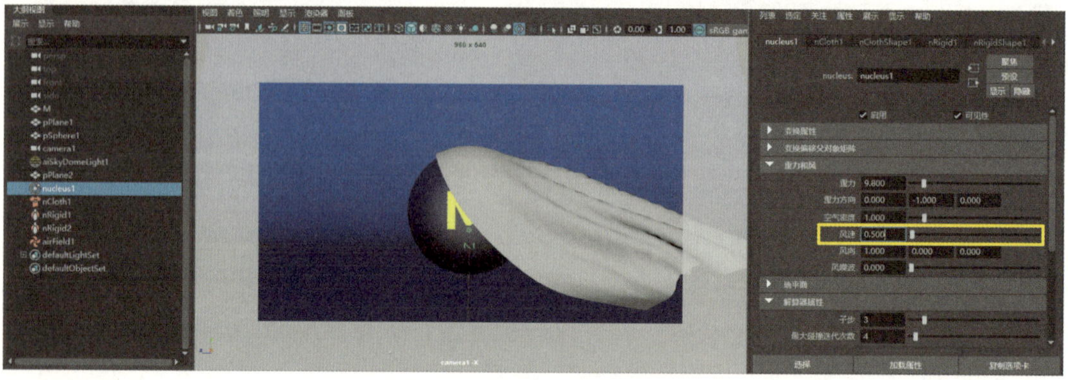

图 10-68

全部设置完毕以后，可以给布料添加材质，再进行渲染输出。如果只需要布料被风刮走的动画，也可以从第 100 帧开始渲染。

制作完毕的动画源文件见配套资源中的 10-5-ball-OK.mb 文件。

本章小结

本章对 Maya 的动画部分进行了简单介绍，并列举了几个重要动画设置方法，实际上，动画调整主要在于关键帧和曲线的调整，希望读者不要满足书上的实例，还要学会举一反三，尝试对不同属性进行变化，以丰富知识，增强能力。

作 业

1．创作一个小球跳动的动画，这是动画制作人员必须掌握的运动规律，因此要熟练掌握。

2．为一个室外场景创建一个摄影机动画，该摄影机围绕场景进行 360° 旋转。

3．为一个静物创建一个材质动画，要求该静物逐渐显示出三种以上的材质效果。

4．将其他属性也进行动画设置，看看能够发生哪些变化，并能够运用到哪方面的制作中。

图 10-69 所示为郑州轻工业大学动画系 16 级的琚玉娟，在学习完本章内容后创作的动画广告短片《娃哈哈 AD 钙奶》，该作品在“2019 第十一届全国大学生广告艺术大赛”动画组中获得国家级优秀奖、省级一等奖。

图 10-69

第11章 面部表情系统

对动画中的角色来说，模型和材质部分只是它的外表，而性格、行为部分才是起决定作用的，这就是一些角色的设定很一般，但在动画中的表现很出色，从而受到欢迎的原因。

笔者负责讲授动画类专业的课程，也曾去过很多所高校对动画类专业进行考察。笔者发现国内部分院校的角色设计课程有一个普遍误区，即只重视角色的外观设计，包括体型、五官、服饰等，往往忽略角色的性格、语言、行为方面的设计，这也是国内动画角色不能深入人心的一个重要原因。因此，对角色来说，怎样表现它的性情，就需要通过动画解决。

一个人的情绪可以有喜、怒、哀、乐等，这些细微的情绪变化在大多数情况下都能够通过脸部表情反映出来，脸部表情的变化主要由嘴、眼睛和眉毛来体现。另外，角色说的话也是通过嘴来表现的，如图 11-1 所示。

图 11-1

本章主要介绍 Maya 的表情系统部分，读者可以用在前几章实例中制作的角色完成本章的任务。

目前，表情动画可以通过以下几种方法实现。

（1）使用摄影机录下一段真人表情动作，通过外部软件进行识别，将真实的表情数据运用到模型中，这种方法的优势是可以在短时间内完成表情和口型的动画，缺点是夸张程度不够。

（2）在 Maya 中，使用骨骼、簇等方式制作表情动画，优点是可以把表情做得很细致，缺点也显而易见，即大量的骨骼、簇会使场景复杂。

（3）在 Maya 中，将头部模型复制出来，先将每个头部模型调为一种表情和口型，再使用“形变编辑器”将这些表情指定给原始模型，并配合线控等控制器调整细节。这是目前主流的一种制作方法，可以在较短的时间内调整出较好的表情动画，而且在指定为表情后，大量的表情模型即可删除，不会给场景带来更多的模型，从而达到节省系统资源的目的，如图 11-2 所示。

图 11-2

方法（3）也是本章要学习的内容，用这种方法制作表情动画，需要掌握的命令很少，只有 4～5 个，因此技术难度并不高，关键是对表情及表情动画的掌握，在制作的时候，可以拿一面镜子摆在自己面前，边做动画边看真实的表情是什么样的。

11.1　示范实例——基础表情设定

在制作表情的时候，无关的模型，如身体、头发、牙齿、舌头、眼球等都可以暂时隐藏起来，以免对制作造成影响，

（1）打开没有光滑之前的低精度模型，按 Ctrl+D 组合键，复制出一个模型，并将其移到旁边，如图 11-3 所示。

（2）进入点级别，先调整微笑的表情。要注意的是，先调整一侧的嘴角，另外一侧的嘴角会通过另一种方法调整。进入模型的点级别，调整嘴角的点的位置，使一侧的嘴角微微上翘，这里可以使用软选择的方式进行调整，如图 11-4 所示。

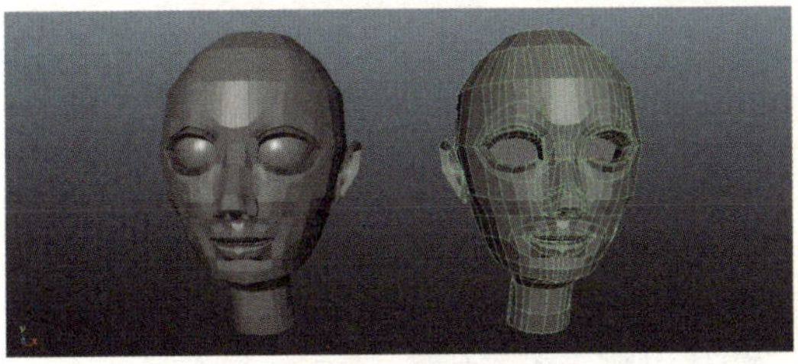

图 11-3

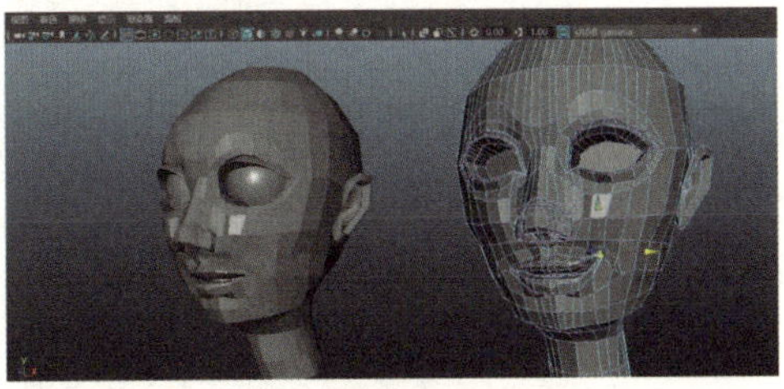

图 11-4

（3）再复制一个原始模型，调整另一侧的嘴角。之所以要将一个微笑的表情分为两个模型来调整，因为在后面的动画制作中，有可能出现只翘一侧嘴角的撇嘴表情。两个嘴角分开调整，不但可以完成两侧的撇嘴表情，而且在两边的嘴角同时翘的时候，只需要两个参数一起调整即可。

（4）使用同样的方法，将两个眨眼的表情也制作出来。如果认真观察会发现，眨眼一般是上眼皮落下来，下眼皮基本保持不动，因此在制作的时候主要调整上眼皮，下眼皮运动的幅度较小，如图 11-5 所示。

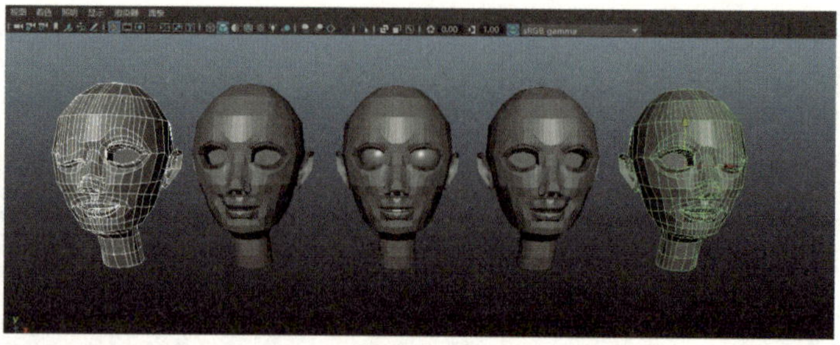

图 11-5

（5）继续制作其他表情，实际上有一些表情是没有办法左右分开做的，如张嘴，这些表情就可以单独用一个模型制作。

目前主要制作嘴部和眼睛的动作，除了按照表情，也可以按照说话的口形来制作。制作要求很高的动画，角色的表情模型可达四五十个之多，如果是一般的动画，二十个左右表情模型就完全够用了，如图 11-6 所示。

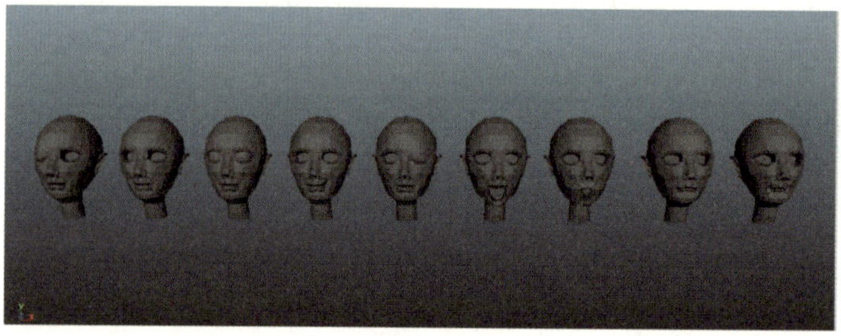

图 11-6

在调整表情的时候，可以对照镜子，自己做出相应的表情和口形，并进行调整。也可以找一些参考书籍，例如，美国的马克·西门所著的《面部表情大全》就收录了很多表情。

按照口形动画调整模型时，可以参考下面的口形对照表进行制作，如图 11-7 所示。

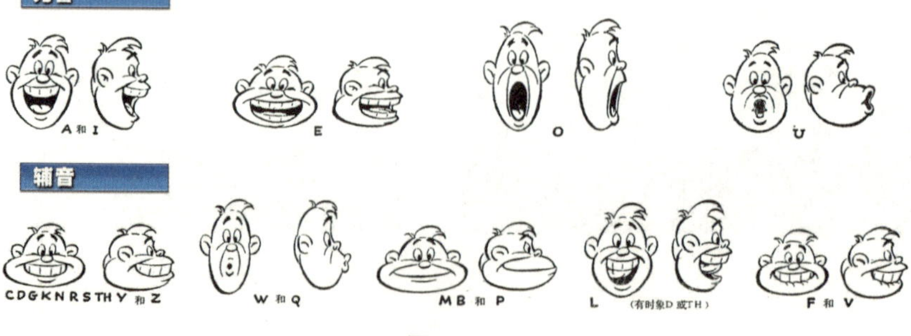

图 11-7

另外，表情的夸张也是动画的一部分，尤其是美式动画中表情的夸张非常强，这样往往能产生较强烈的喜剧效果，如图 11-8 所示。

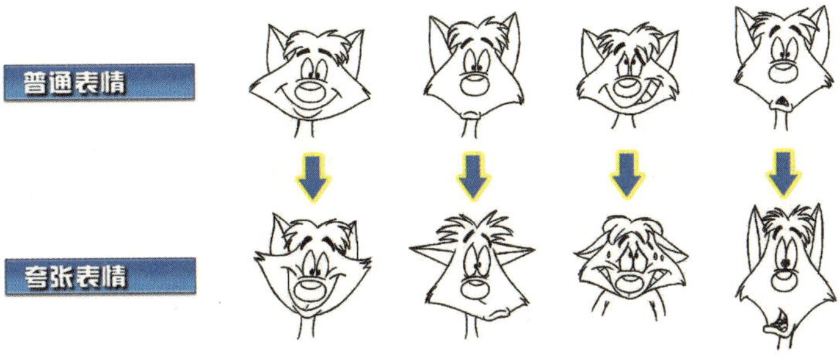

图 11-8

（6）表情模型完成后，就可以进行表情动画的设定。在这之前，需要对所有表情模型进行重命名，因为生成的表情就是按照模型的名字来命名的。

分别在“大纲视图”窗口中选中模型，双击名称修改文件名。由于 Maya 不支持中文命名，所以需要使用数字和字母来命名，自己能够看懂就可以。

先选中所有的表情模型，按 Shift 键，再选中原始模型，在“动画”模块下执行“变形”→“融合变形”命令，如图 11-9 所示。

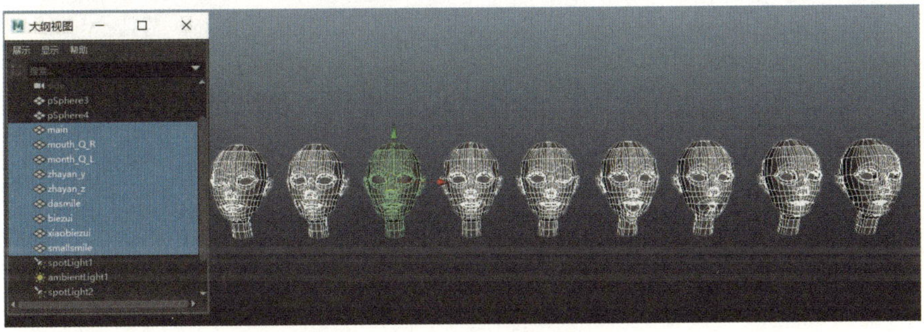

图 11-9

（7）执行“窗口”→“动画编辑器”→“形变编辑器”命令，打开“形变编辑器”控制面板，可以看到各个表情的杠杆，拖动杠杆，原始模型即可做出该表情。

将表情模型全部删除，只留下原始模型。对原始模型进行光滑处理，依然可以使用“形变编辑器”控制面板调整各表情，需要注意的是，此时不能再删除原始模型的历史记录，否则融合变形的表情数据将会丢失。

同时调整多个杠杆，让角色在大笑的同时挤眼睛，如图 11-10 所示。

图 11-10

11.2 示范实例——线控的使用

在 11.1 节中，我们学习了“形变编辑器”的使用方法，这已经可以满足基本的表情动画了，如果希望在此基础上进行更细致的调整，需要添加更多的控制，下面介绍如何设定更细致的表情调节。

本节内容只有一个命令，即“线条”，现在可以把隐藏的牙齿、眼珠、材质等都显示出来，便于在细微调整的时候做参考。

（1）设置嘴部的线控。创建一个圆形曲线，放置在角色嘴部的前面，并使用缩放工具使形状和嘴部吻合，如图 11-11 所示。

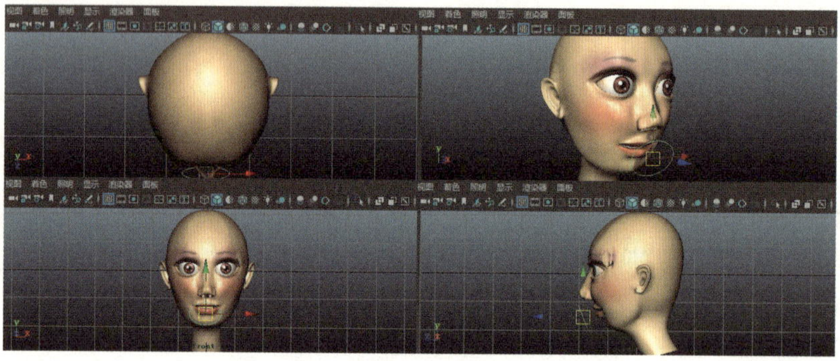

图 11-11

（2）在视图的空白处单击，取消所有选择。在“动画”模块下，执行“变形”→创建下面的“线条”命令，使鼠标指针变成十字光标，先单击选中头部模型，按 Enter 键，再单击选中创建的圆形曲线，按 Enter 键。这时可以使用移动或缩放工具，对曲线进行调整，模型发生相应变化。进入曲线的点级别，对点的位置进行调整，模型也会产生相应变化，这就是“线条”的作用，如图 11-12 所示。

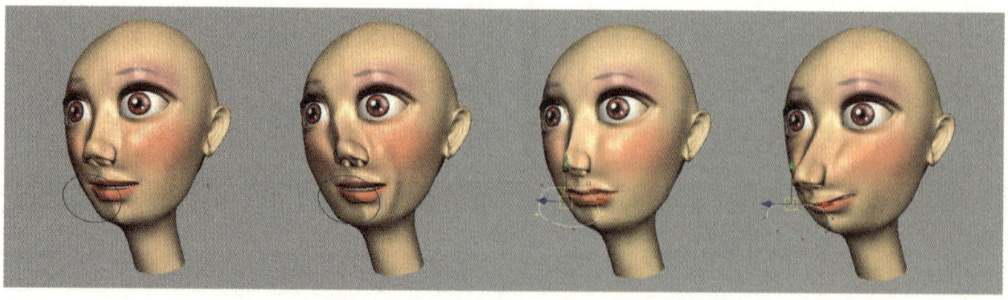

图 11-12

如果操作完毕发现调整曲线无法控制模型，或者控制的部位有问题，则可以使用 Ctrl+Z 组合键，回到“线条”操作以前，对曲线的位置进行调整，例如，使曲线距离模型近一些，并进行“线条”的设置，直至正确为止。

（3）对曲线的控制范围进行调整。选中模型，在“动画”模块下，打开“变形”→绘制权重下面的“线条”命令设置面板，模型变成全白色，鼠标指针也变成笔刷的显示方式。

模型的白色表明曲线控制的范围，用鼠标将不想被控制的区域刷成黑色。在命令设置面板中，“半径(U)”是控制笔刷半径的，“不透明度”是控制笔刷强度的，“轮廓”是不同的笔刷类型，如图 11-13 所示。

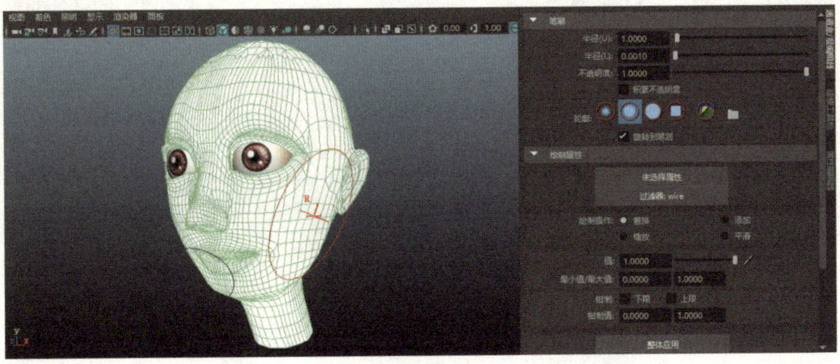

图 11-13

（4）在“线条”命令设置面板，将“绘制操作”设置为“替换”，在模型上进行涂抹发现没有任何改变。将“值”设置为 0，再涂抹就会看到模型相应部分变黑了。如果将“值”设置为 1，涂抹的部分又会变白。

除了嘴部，其他部分全部涂抹为黑色。在涂抹细部的时候可以将笔刷设置得小一些，另外，对于一些死角，例如，耳根、鼻孔、眼皮等处要认真地涂抹为黑色。涂抹完毕，将“绘制操作”设置为“平滑”，在黑白交汇处涂抹，使控制范围的边缘变得柔和，如图 11-14 所示。

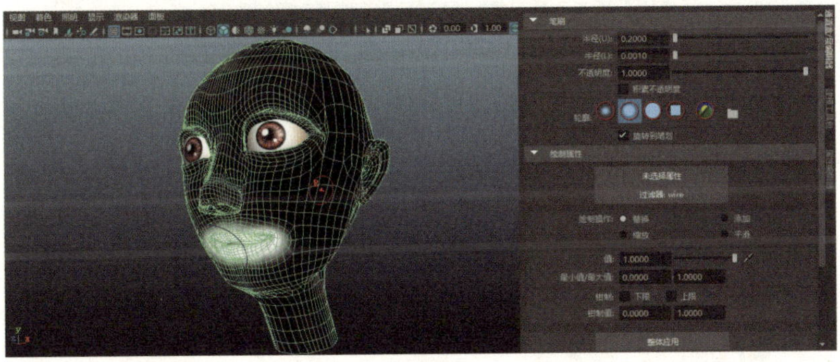

图 11-14

涂抹完毕，使用移动工具调整控制曲线的位置，看设置是否正确。如果有问题，可以再次选中模型，重复上一步操作进行修改。

（5）使用同样的方法为鼻子添加线控，需要注意的是：如果一个模型上添加了多个线控，在绘制权重的时候，需要在“线条”命令设置面板中选择绘制该控制线的权重，如图 11-15 所示。

（6）可以根据需要添加其他线条。添加的时候要注意，不要一次全部设置，应该一个一个设置，确定添加的线条位置没有问题以后再绘制权重，否则容易出错。

在两边的腮部和眼部添加四个线控，一共六个线条，权重关系如图 11-16 所示。

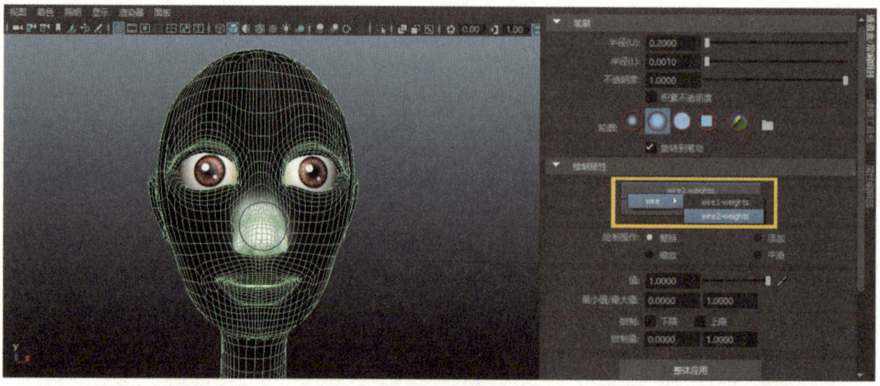

图 11-15

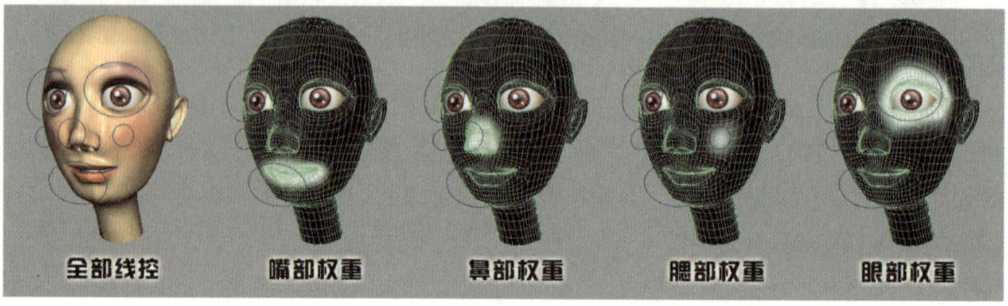

图 11-16

11.3 示范实例——眼部细节的设定

在面部表情中，眼睛和嘴巴占的比例是最大的，嘴巴已经通过“形变编辑器”完成了口形的设定，并使用线控对细节进行调整，这在一般的动画中已经足够了。

下面进行对眼球的动画设置，以及设置眼球和头部模型的关系。

（1）设定对眼珠转动的控制。执行“创建”→“定位器”命令，创建一个定位器。定位器是不会被渲染出来的，在这里使用它作为眼珠转动的控制器。

将创建的定位器放置在左眼前部，距离线控稍远一点，不要互相干扰。选中定位器和眼珠模型，执行“修改”→“冻结变换”命令，将所有数值清零，如图 11-17 所示。

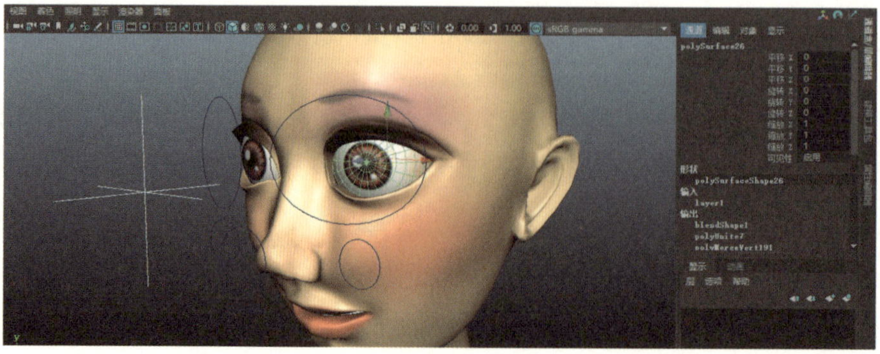

图 11-17

（2）选中定位器，按 Shift 键选中左眼眼球模型，在“动画”模块下，打开“约束”→“点”命令设置面板，勾选“保持偏移”复选框，单击“应用”按钮。选择定位器并移动，眼球会跟着定位器进行转动，如图 11-18 所示。

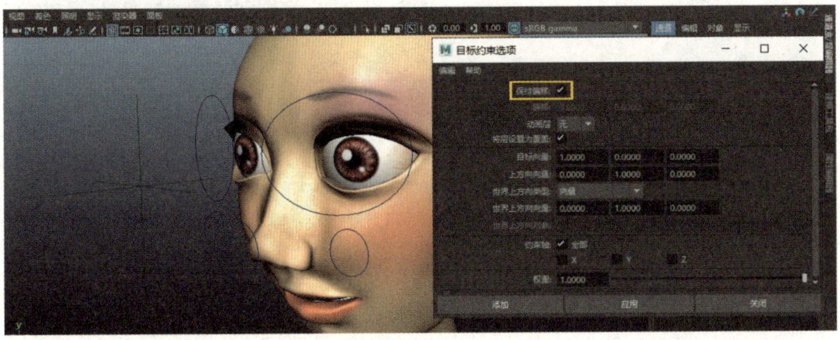

图 11-18

再新建一个定位器，使用同样的方法，将另一个眼球模型和新建的定位器进行设置。

（3）找一面镜子，自己对着镜子观察眼睛，眼球向上的时候，会发现眼部周围的肌肉跟着向上移动，眼球向下、向左、向右的时候也是如此。接下来，设定这部分动画效果，会涉及函数设定。

重新给场景中的各个物体命名，主要是眼部的线性控制器和两个定位器物体。名字可以随意设定，只要自己和合作伙伴能明白就行。

实例中设置左眼的线性控制器名称为 eye_L_L，右眼的线性控制名称为 eye_R_L；左眼的定位器名称为 eye_L_Locator，右眼的定位器名称为 eye_R_Locator。

执行“窗口”→“动画编辑器”→“表达式编辑器”命令，打开“表达式编辑器”主界面，在下方的“表达式”栏中输入函数：

eye_L_L.ty=eye_L_Locator.ty/20；

eye_L_L.tx=eye_L_Locator.tx/100；

注意，后面的分号“；”一定不要省略，否则会出错。

这两行函数的意思就是左眼的线性控制器（eye_L_L）的 ty（Translate Y，即 Y 轴的平移值）=左眼的定位器（eye_L_Locator）的 ty 除以 20。

左眼的线性控制器（eye_L_L）的 tx（Translate X，即 X 轴的平移值）=左眼的定位器（eye_L_Locator）的 tx 除以 100。

单击“创建”按钮。选中定位器并移动，眼部周围的肌肉会跟随眼珠的转动发生轻微改变，如图 11-19 所示。

使用同样的方法设定右眼的控制，右眼的函数为：

eye_R_L.ty=eye_R_Locator.ty/20；

eye_R_L.tx=eye_R_Locator.tx/100；

只要能看明白函数的意思，读者也可以根据自己的模型情况进行设定。但要注意眼部周围肌肉的运动是很轻微的，所以是眼球数值的 5%和 1%，设定完以后进行检查，眼球转动的时候不要和头部模型发生穿帮现象。

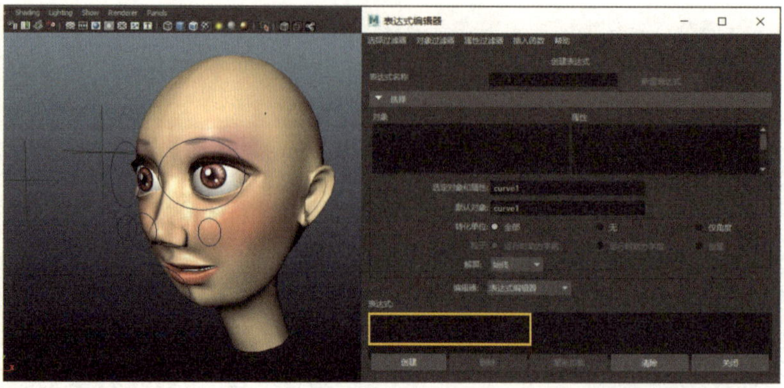

图 11-19

（4）面部表情的设置基本完成，剩下的就是根据剧本需要调节表情和口形的动画。

目前依然有两个问题，一个问题是这么多控制器摆放在场景中，在调节其他动画的时候容易造成混乱。这个问题较好解决，新建一个图层，将这些控制器都添加在这个图层中，不用的时候将图层隐藏就可以。

另一个问题是：如果现在移动头部模型，则会发现模型移动到别处了，而眼球模型和所有的控制器还在原处。接下来，将眼球模型、控制器和头部模型绑定，一般是在骨骼设定完毕以后，将这些绑定在骨骼上的，但是现在绑定也可以。

先选中左眼球模型，再选中头部模型，执行“编辑”→“建立父子关系”命令，或者直接按 P 键，再移动头部模型，眼球会跟着移动了。依次将另一侧的眼球、牙齿、定位器绑定在头部模型上，如图 11-20 所示。

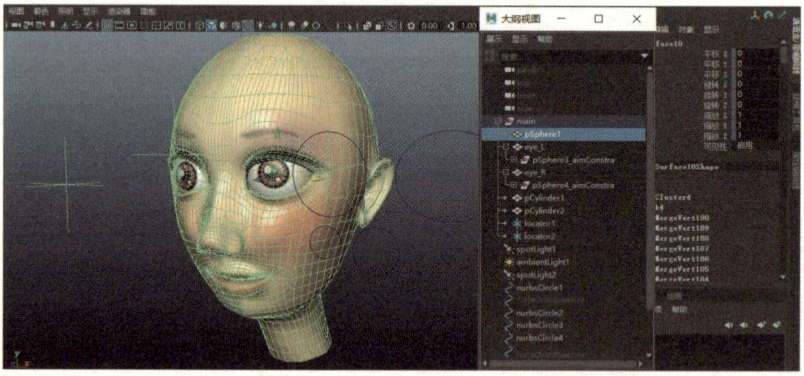

图 11-20

（5）线条暂时不绑定，如果线条随头部模型移动，模型会出现撕扯现象，如图 11-21 所示。

由于线条移动会使平移的数值发生变化，导致控制的模型区域做出相应变化。解决办法也很简单，新建一个摄影机，并重新命名为 Face，将其放在线条组的前面，使线条组正好在这个摄影机视图的正中间，如图 11-22 所示。

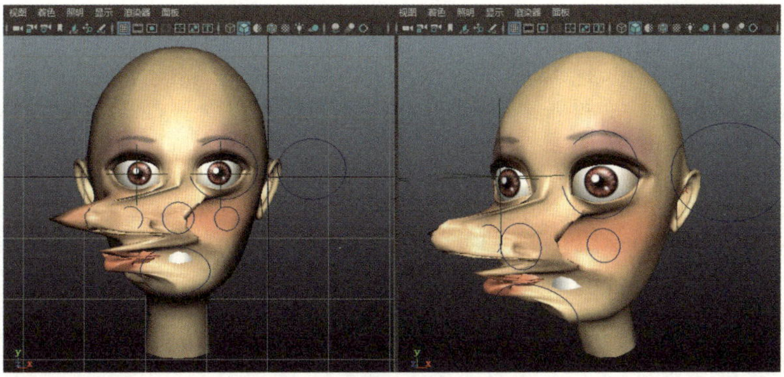

图 11-21

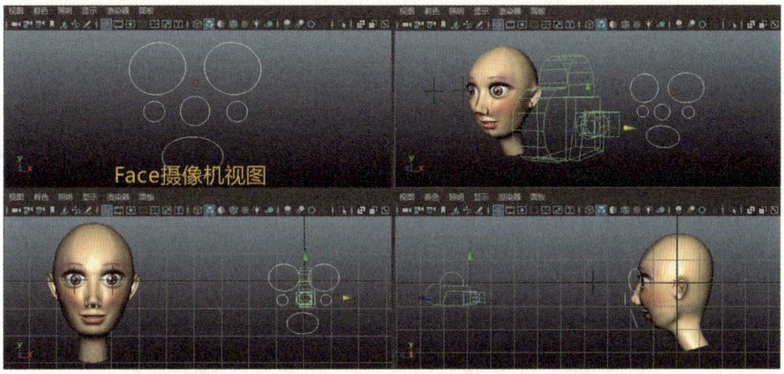

图 11-22

再需要调整面部表情细节的时候，只需将任意一个视图切换到 Face 视图，就可以对线条进行调整，如图 11-23 所示。

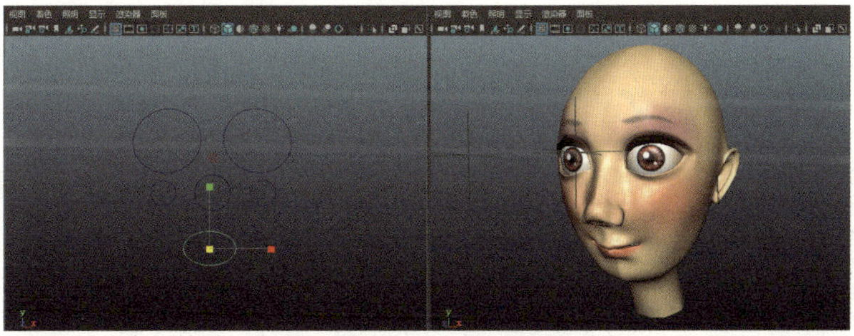

图 11-23

11.4　示范实例——面部动画的制作

面部动画可以分为两种，即表情动画和口形动画。

表情动画的调整，可以根据剧情的需要，配合“形变编辑器”、“线条”等进行制作，技术难度并不大，只是对动画师把握表情动画的能力要求很高，这方面的书籍可以参考理查德·威廉姆斯的《原动画基础教程——动画人的生存手册》。

口形动画涉及和音频文件的配合，流程也复杂一些。通常的做法都是制作人员先简单地配置对话，并将音频文件保存为 wav 格式，再导入 Maya，边听边调整，输出动画后找专业的配音演员配音。当然，也可以先让专业的配音演员配好音，然后在 Maya 中边听边调整。

在导入 Maya 之前，要对音频文件进行剪辑，最好一个镜头的配音单独保存一个文件，并把音量调至最高，这样可以保证在 Maya 中音频文件的波峰能显示清楚。

处理音频文件的软件较多，如 Goldwave 和 Adobe 公司的 Audition 等。

wav 格式的音频文件名中不能有中文和数字，必须用字母，保存的路径中也不能有中文。

下面将介绍 wav 格式的音频文件是怎样运用在 Maya 中的。

下面要导入的是放置在桌面的一个名为“wish.wav”的音频文件。在 Maya 的时间轴上右击，在弹出的快捷菜单中选择“音频”→“导入音频”命令，将计算机中的音频文件导入 Maya，就会在时间轴上显示声音的波形效果，同时，在时间轴上拖动也可以听到声音。我们可以根据这些调整相应的口形动画，如图 11-24 所示。

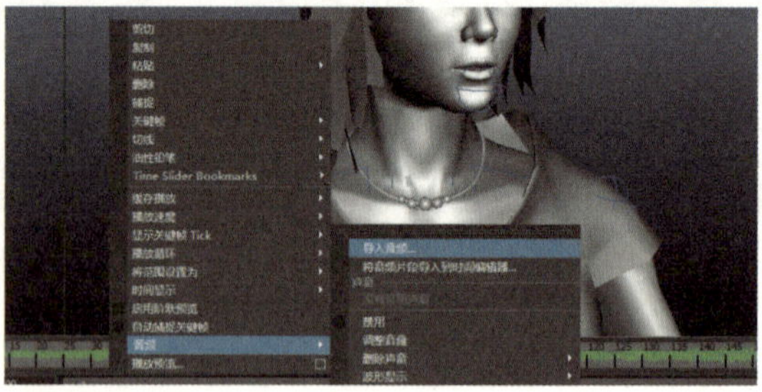

图 11-24

先在“形变编辑器”中打上关键帧，“曲线图编辑器”的左侧会显示所有打过关键帧的表情，再逐一选中进行调整即可，如图 11-25 所示。

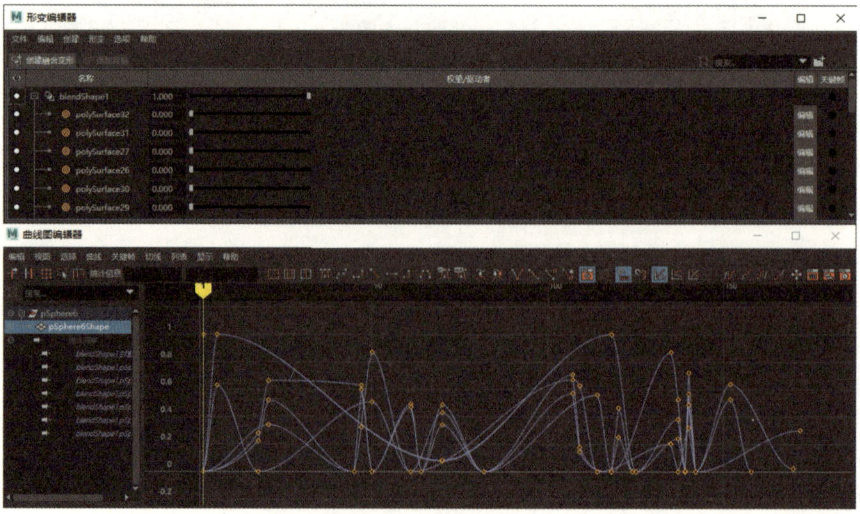

图 11-25

调整口形动画的时候，如何使动画效果真实、可信，除了口形准确，对时间的细微把握也很重要。

由于光速大于声速，调节口形动画也一样，我们的眼睛会先看到嘴巴的运动，然后耳朵才能听见声音，虽然这之间的时间差极微小，但观众却能感受到。所以，口形动作要早于声音，一般提前 1～2 帧就可以。

本章小结

本章对 Maya 的面部表情系统做了详细阐述，从中可以看出，Maya 的面部表情设定并不复杂，但是，读者应当对人物的面部表情有较深刻的理解。

作　业

1．为一个角色创建基本口形。

2．使用线条控制的方式为角色创建控制线。

3．使用前面制作过的角色模型调节一段唱歌的口形动画，并随着歌词变化添加各种表情效果。

图 11-26 所示为郑州轻工业大学动画系 18 级的同学们，在学习完本章内容后，为自己的动画角色创作的表情系统，制作时间为两天。

图 11-26

第12章 骨骼系统

本章我们将学习如何让一个角色做肢体运动。

肢体运动是角色动画中最重要、最复杂的内容，它可以分为两个阶段，一个阶段是角色绑定，另一个阶段是动画调节。

角色绑定就是使用 Maya 中的骨骼系统对模型进行绑定，并通过骨骼控制模型。这项工作对制作者的逻辑关系能力要求较高，一般分为下面几个阶段。

（1）骨骼设定：把一个角色的骨架搭建起来，并设定好骨骼与骨骼之间的关系。

（2）蒙皮：把搭建好的骨骼和角色模型进行绑定，可以使用骨骼操纵模型。

（3）权重：将每段骨骼控制模型的部分设定清楚。

其中最重要也最复杂的就是骨骼设定阶段，复杂实际上是指工作量较大，以及对逻辑关系能力要求较高，仅就技术难度而言，用到的命令有 10 个。

动画调节阶段技术难度不高，主要靠制作人员对角色运动规律的把握和夸大的能力。

本章将重点学习角色绑定阶段，在 Maya 的骨骼系统中，最常用也最重要的命令有两个，一个是“创建关节”，另一个是“创建 IK 控制柄”。

12.1 示范实例——双节棍的骨骼设定

为了让读者在学习专业的角色绑定之前了解这两个命令的作用，先来做一个小练习。

（1）在场景中创建三个圆柱体，并对它们进行旋转和位移操作，排列成如图 12-1 所示效果。

（2）在“绑定”模块下，执行“骨架”→“创建关节”命令，在侧视图中，由下往上、由左往右，分别在三段骨骼的起始点、交接处和结束点单击四下，创建出四节骨骼，如图 12-2 所示。

打开“大纲视图”窗口，展开 joint1 前面的加号，将所有的骨骼展示出来，会发现骨骼有四个，而场景中的骨骼只有三段。实际上，“大纲视图”窗口中体现的只是骨骼节点，前三个节点分别对应三段骨骼，最后一个节点用处不是很大，这四个骨骼节点分别对应场景中的骨骼节点，如图 12-3 所示。

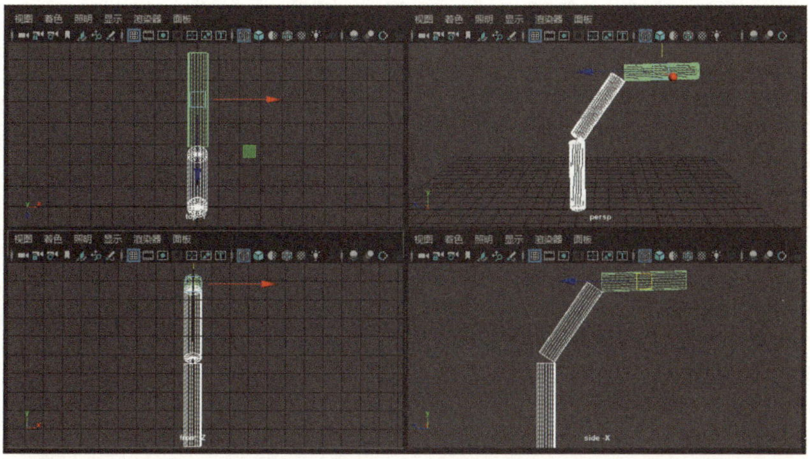

图 12-1

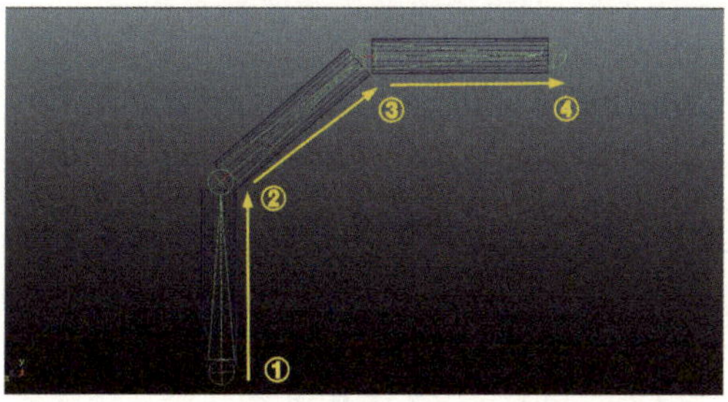

图 12-2

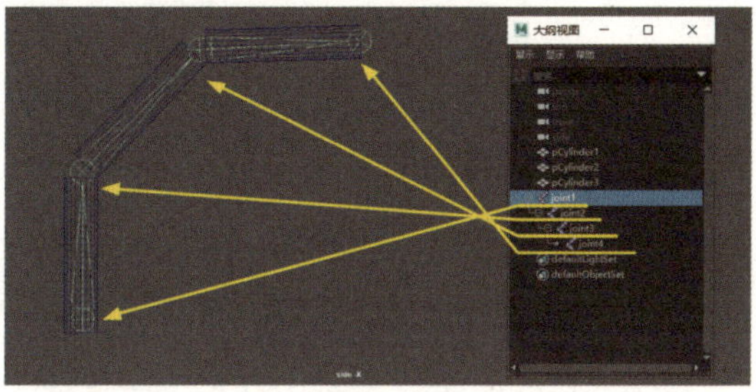

图 12-3

骨骼之间有严格的层级关系，即先创建的骨骼控制后创建的骨骼，例如，选择最先创建出来的 joint1，则后三段骨骼也被选中；而选择 joint2，则 joint3 和 joint4 都会被选中，joint1 不会被选中；选择最后创建的 joint4，则没有其他骨骼被选中。

（3）下面介绍使用骨骼对模型进行简单绑定。所有操作在“大纲视图”窗口中完成。

选中第一个圆柱体，也就是“大纲视图”窗口中显示的 pCylinder1，使用鼠标中键，将它拖动到 joint1 上面，这样 pCylinder1 就会成为 joint1 的子物体，并受其控制。同样，将 pCylinder2 和 pCylinder3 分别拖动到 joint2 和 joint3 上。这样，在视图中选中骨骼并操作，会看到模型已经被骨骼控制，如图 12-4 所示。

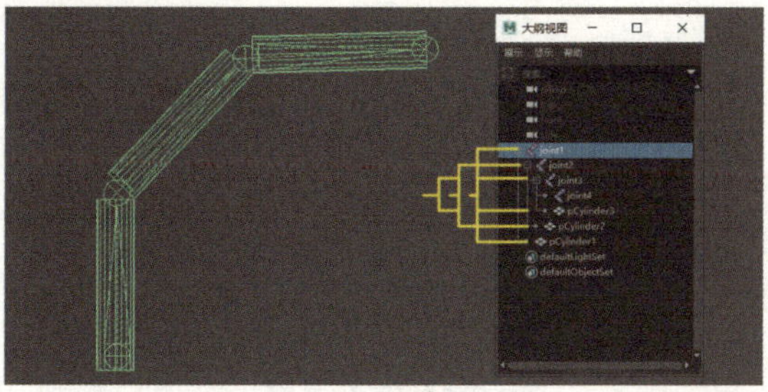

图 12-4

（4）虽然进行了绑定，但模型的动作依然很难调节。执行“骨架”→“创建 IK 控制柄”命令，先在 joint1 处单击，再在 joint4 处单击，两节骨骼之间出现一条连接线，joint4

中出现一个手柄。选中手柄并进行移动，模型开始扭动起来，如图 12-5 所示。

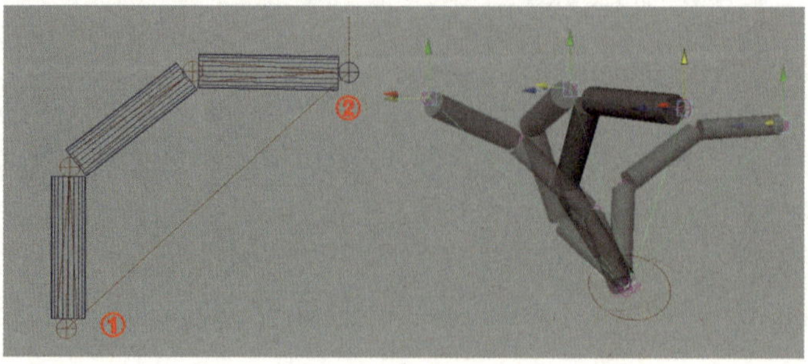

图 12-5

“创建 IK 控制柄”命令的作用，就是在两段骨骼之间创建一条连接线，这条连接线就像橡皮筋一样，随着两端骨骼距离的变化而变长或变短，从而控制两段骨骼和它们之间的骨骼运动。

理解了这两个命令，相当于理解了骨骼系统约一半的内容。下面介绍专业的骨骼系统。

12.2 示范实例——角色骨骼搭建

在设定角色骨骼系统的时候，几乎每个动画制作人或团队的习惯都不一样，每个公司或团队都有一套针对性很强的规定，大到骨骼的装配位置，小到每个骨骼的命名，都有较大区别。因此，本章的实例起铺垫作用，读者应掌握基本技能，学会举一反三。

（1）创建骨骼前，需要对模型进行处理。由于衣服要和身体绑定，所以先选中衣服和身体的模型，在“建模”模块下，执行菜单“网格”→“结合”命令，将它们合并在一起。

由于模型比较复杂，为避免创建骨骼的时候发生误选，将模型添加到图层中，并把图层的模式改为“T”，使模型处于灰色不被选择状态，如图 12-6 所示。

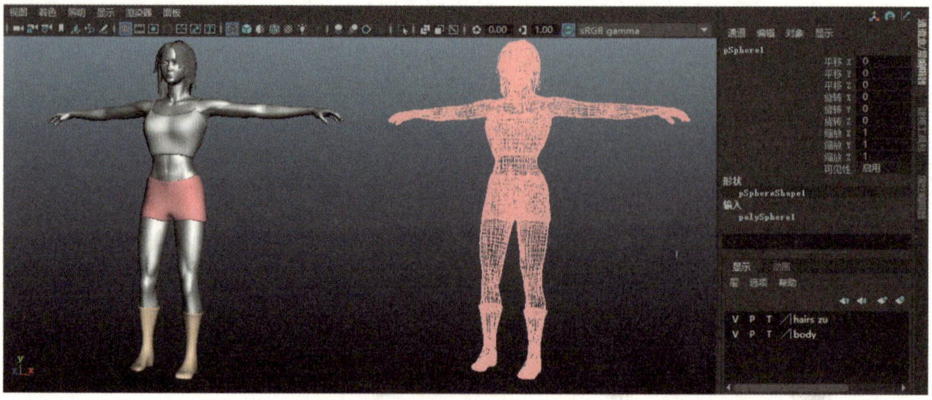

图 12-6

（2）在“绑定”模块下，打开“骨架”→“创建关节”命令设置面板，确认“对称”为“禁用”，在侧视图中，由下往上，分别在胯部、腰部、肋部、胸部、腋部、肩部、下巴、头顶单击，创建出骨骼，按 Y 键重复创建骨骼，先单击下巴的骨骼，再单击嘴部，创建出一段骨骼。

如果骨骼在视图中显示过大或过小，则可执行“显示”→“动画”→“关节大小”命令，调整数值即可，如图 12-7 所示。

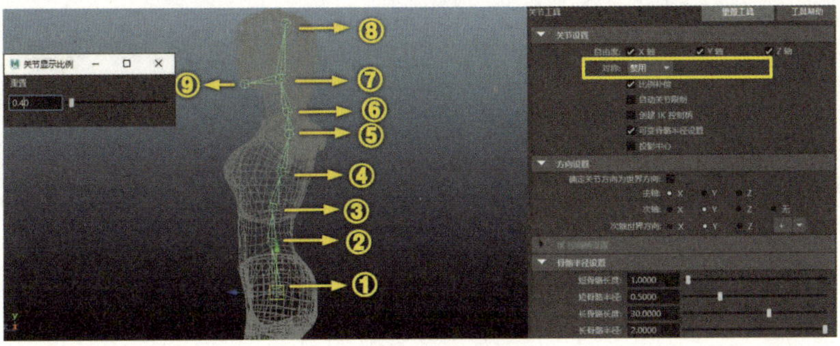

图 12-7

如果发现某段骨骼的位置不太准确，想进行调整，会发现子骨骼也跟着移动，如图 12-8 所示。

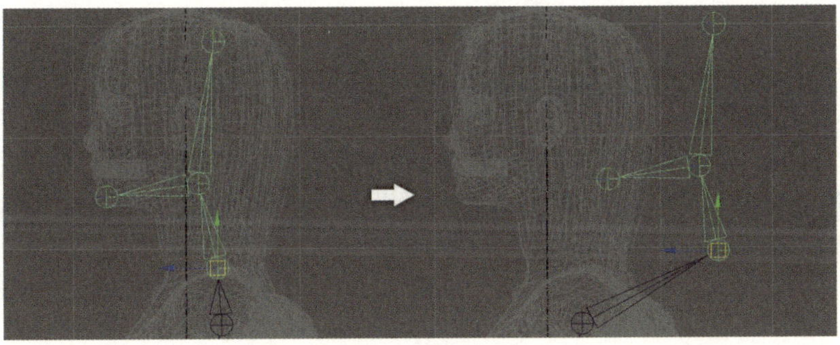

图 12-8

正确的移动方法如下：选中希望移动的骨骼点，按住 D 键不放，这时移动控制器显示会发生变化，中心点出现一个圆圈，再对骨骼进行移动，子骨骼就不会跟着移动，调整完毕以后松开 D 键，移动控制器就显示正常了，如图 12-9 所示。

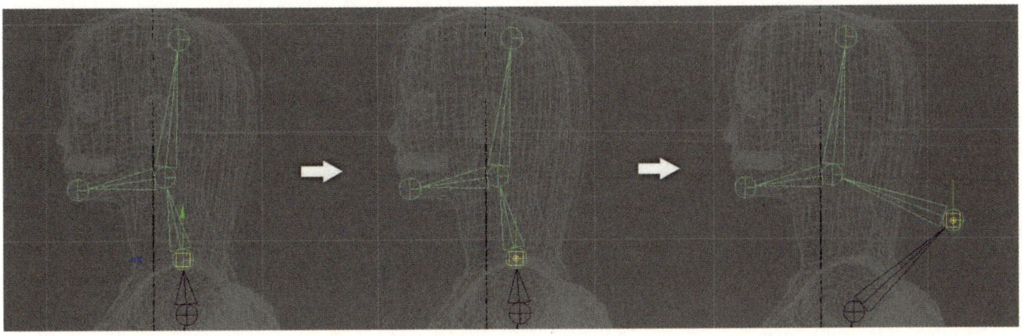

图 12-9

（3）在顶视图中，创建手臂部分骨骼。由左向右，分别在肩膀、肘关节和手腕部分单击两次，共创建出六个骨骼节点。在顶视图调整位置以后，再进入前视图调整骨骼位置，如图 12-10 所示。

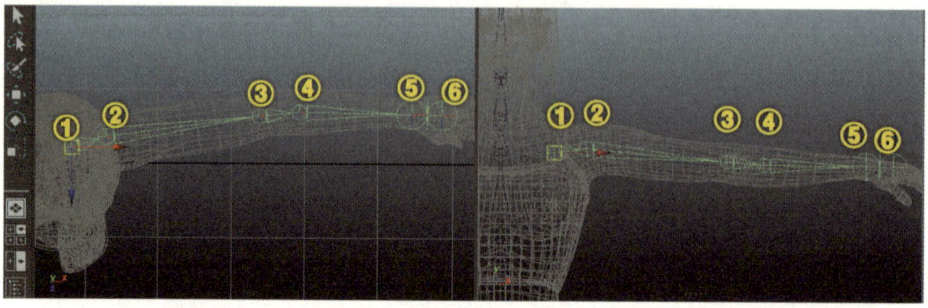

图 12-10

（4）创建五根手指的骨骼。由于手部结构复杂一些，为了避免出现混乱，可再次执行“显示”→“动画”→“关节大小”命令，将骨骼的显示尺寸变小。

另外，手指并不在一条水平线上，所以需要在顶视图和前视图中切换进行调整。创建大拇指的骨骼，从手腕处开始，先分别在大拇指的根部、关节部、指尖部单击，再在两个视图中调整位置，如图 12-11 所示。

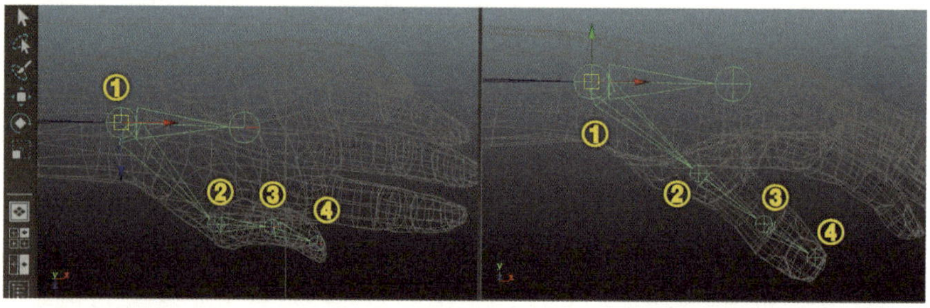

图 12-11

（5）继续创建食指的骨骼。由于其他四根手指都比大拇指多出一个关节，所以它们的骨骼数也要多一段。

这次从手掌开始，先分别在食指根部、第一关节处、第二关节处、指尖处单击，再在其他视图中进行位置调整，如图 12-12 所示。

图 12-12

（6）使用同样的方法，将手指的骨骼全部创建并调整好，如图 12-13 所示。

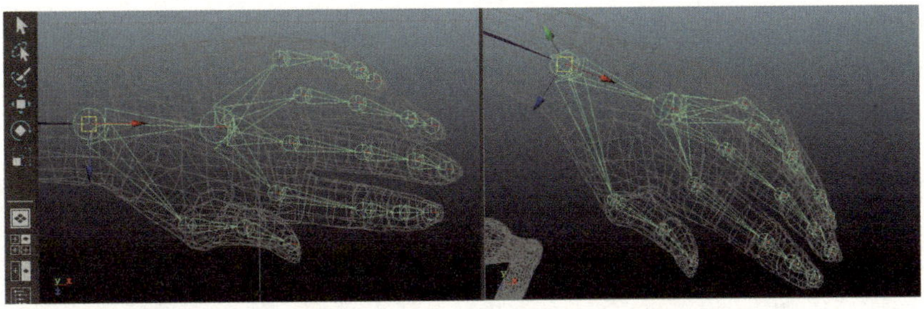

图 12-13

（7）执行“骨架”→“创建 IK 控制柄”命令，先在肩膀处单击，再在手腕处单击，完成胳膊骨骼的 IK 手柄创建，并进行测试。

如果 IK 手柄显示过大，则可以执行“显示”→“动画”→“IK 控制柄大小”命令，调整大小，如图 12-14 所示。

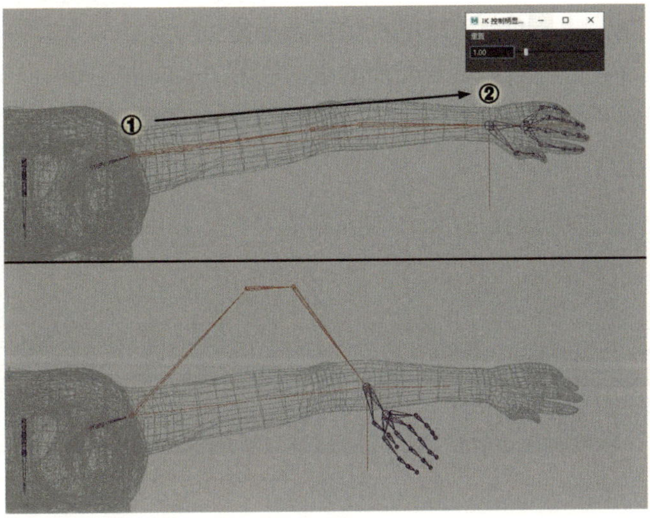

图 12-14

（8）将手臂骨骼与身体骨骼连接在一起。先选中手臂的根骨骼，再按 Shift 键，选中身体部分与手臂对应的骨骼节点，按 P 键，使手臂骨骼成为它的子骨骼，如图 12-15 所示。

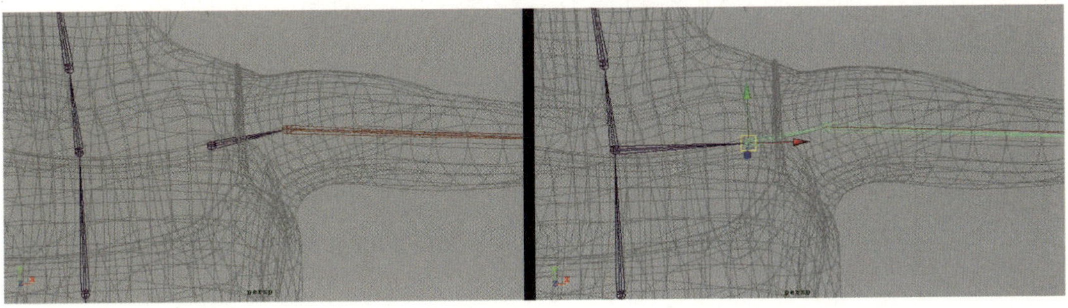

图 12-15

（9）另一条手臂的骨骼可以使用镜像骨骼命令制作出来。选中手臂的根骨骼，需要注意的是，和身体连接的那段骨骼不被选中。打开“骨架”→“镜像关节”命令设置面板，选择正确的镜像轴，单击“应用”按钮。

有可能镜像出来的位置稍微有点问题，使用旋转工具调整位置，将 IK 手柄创建出来，如图 12-16 所示。

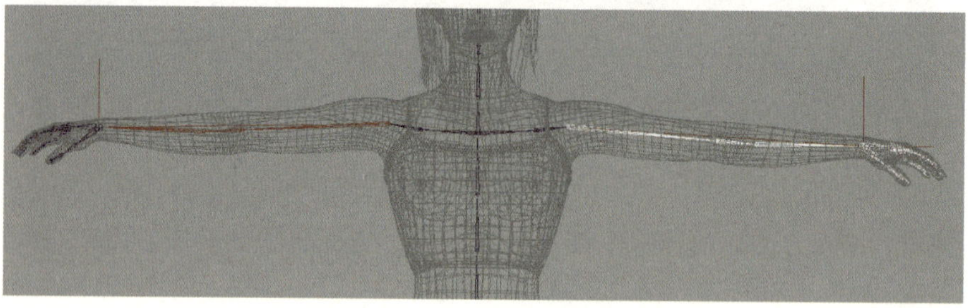

图 12-16

（10）创建腿部的骨骼。先不要和身体骨骼进行连接，在侧视图中，由上向下，分别在大腿根部两次、膝关节处两次、脚踝、脚跟、脚面、脚尖处单击。在前视图中先不要调整位置，等腿部全部设置完成以后再进行调整，如图 12-17 所示。

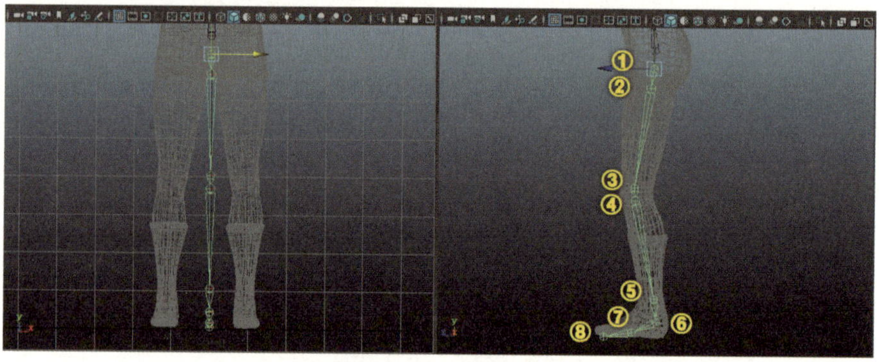

图 12-17

（11）使用 IK 手柄工具，分别在大腿处和脚踝处单击，创建出腿部的 IK 手柄，如图 12-18 所示。

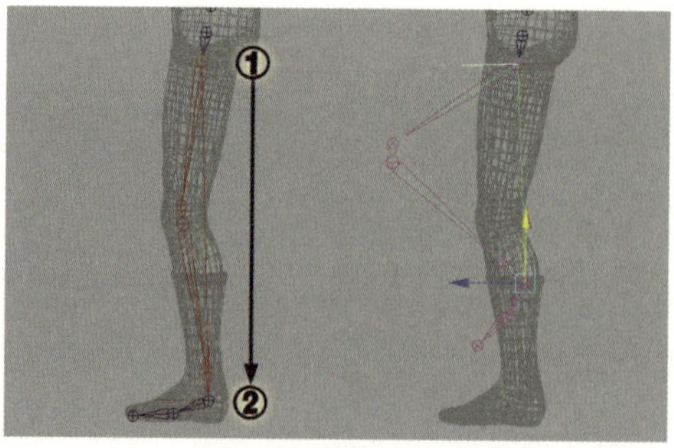

图 12-18

（12）设定腿部的反转脚，这个操作比较复杂。在侧视图中，使用骨骼工具，先在脚部的右下方单击，创建新的骨骼；然后单击顶部菜单栏的捕捉点按钮，打开点捕捉；再依次在创建好的腿部骨骼的脚尖、脚面和脚跟处单击，创建出反转脚骨骼；最后取消点捕捉，把反转脚骨骼整体向下移动，如图 12-19 所示。

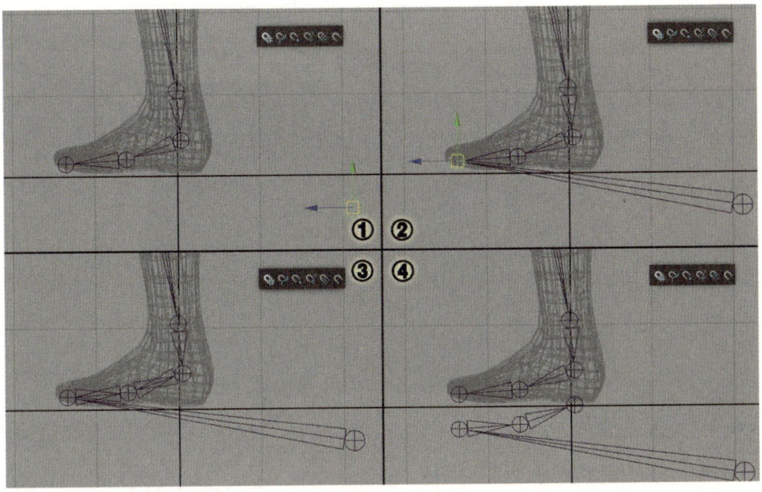

图 12-19

（13）先选中反转脚的脚跟，按住 Shift 键，选中腿部骨骼的 IK 手柄，执行“约束”→“点”命令，将 IK 手柄约束在反转脚的脚跟处。

先选中反转脚的脚面骨骼，再选中腿部骨骼的脚跟，执行“约束”→“方向”命令，使两段骨骼的方向统一。

先选中反转脚的脚尖骨骼，再选中腿部骨骼的脚面，执行“约束”→“方向”命令，如图 12-20 所示。

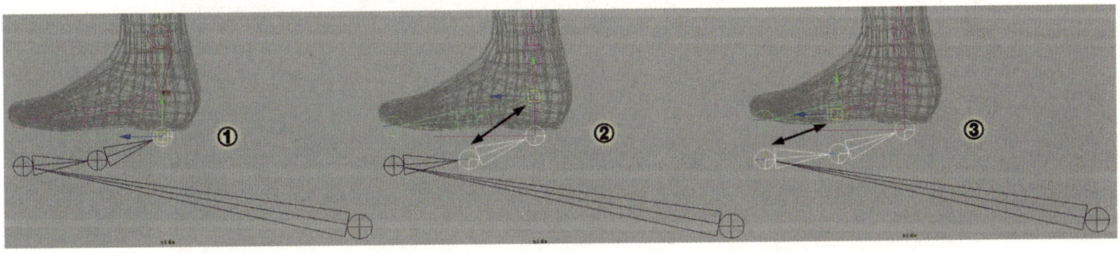

图 12-20

（14）选中反转脚的根骨骼，将整个反转脚向上提，腿部骨骼已经基本被反转脚控制。反转脚在整个骨骼中可以起到一个地面的作用，即脚部到反转脚的位置就不再继续往下落，膝盖也自然弯曲，如图 12-21 所示。

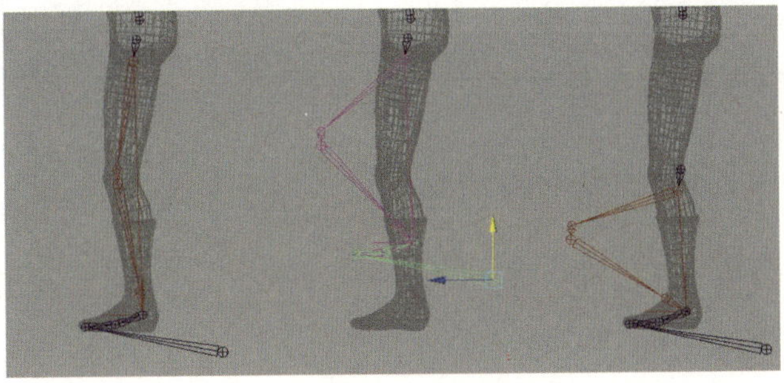

图 12-21

（15）在“大纲视图”窗口中选中腿部骨骼、反转脚骨骼和腿部骨骼的 IK，在前视图中将它们移动到腿部的位置，如图 12-22 所示。

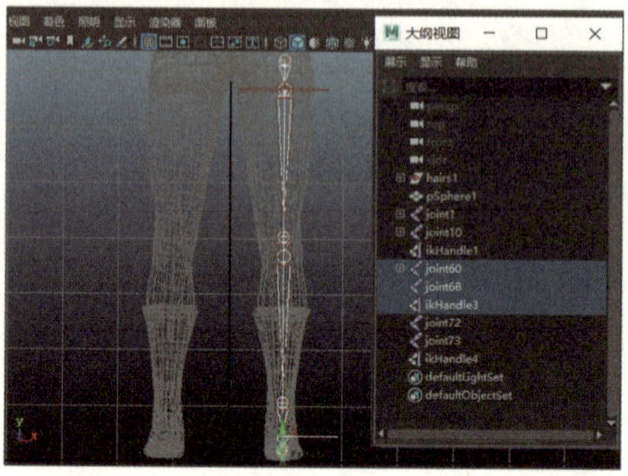

图 12-22

（16）由于腿部骨骼设置较复杂，而且还有独立的反转脚骨骼，所以不能直接使用“镜像关节”命令复制另一侧的腿部骨骼。这里使用复制选项里面的“复制输入连接”属性进行复制。

保持腿部骨骼及其 IK，以及反转脚骨骼的选择，打开“编辑”→“特殊复制”命令设置面板，勾选“复制输入连接”复选框，单击“应用”按钮，并将复制的所有腿部骨骼移动到另一条腿的位置，如图 12-23 所示。

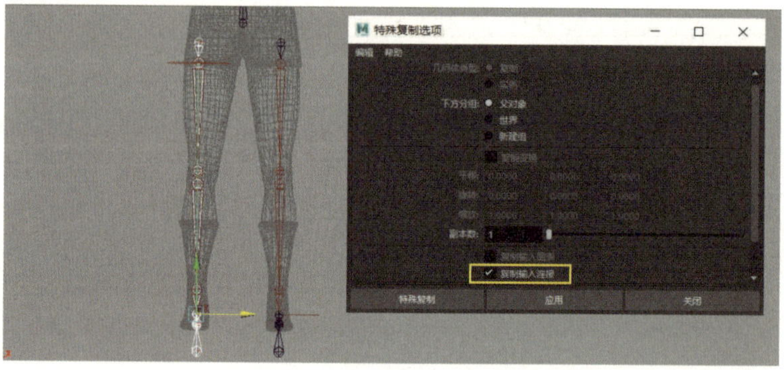

图 12-23

（17）先选中一侧腿部的根骨骼，再选中身体的根骨骼，按 P 键连接，另一侧腿部也使用相同方法。这样，一套完整的骨骼系统就创建完毕了，如图 12-24 所示。

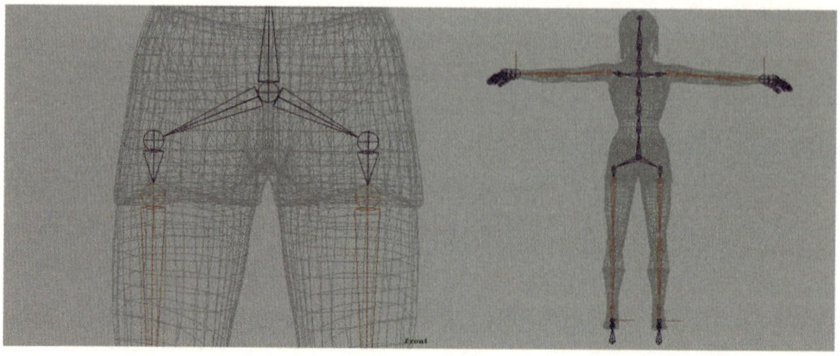

图 12-24

本节演示的骨骼系统仅涉及基础操作，在后面的小节中，我们将为这套骨骼系统添加更多的控制器，会涉及大量函数，这些内容也是专业的动画公司常用的操作。

12.3　示范实例——蒙皮和权重

我们先解释蒙皮和权重的概念。

蒙皮：模型和骨骼绑定的过程，只需执行命令即可，绑定效果的好坏由前期骨骼的架构和后期权重的调节来决定。

权重：调整骨骼和模型绑定效果的过程，即调整每段骨骼控制模型的范围。

在 Maya 中，蒙皮主要涉及“绑定蒙皮”命令，下面来看它的操作过程。

（1）选中模型，按住 Shift 键，选中身体骨骼的根骨骼（选择的前后顺序不影响绑定效果），在绑定模块下，执行“蒙皮”→“绑定蒙皮”命令，这时骨骼会变得五颜六色。移动骨骼，会看到模型跟着一起动，如图 12-25 所示。

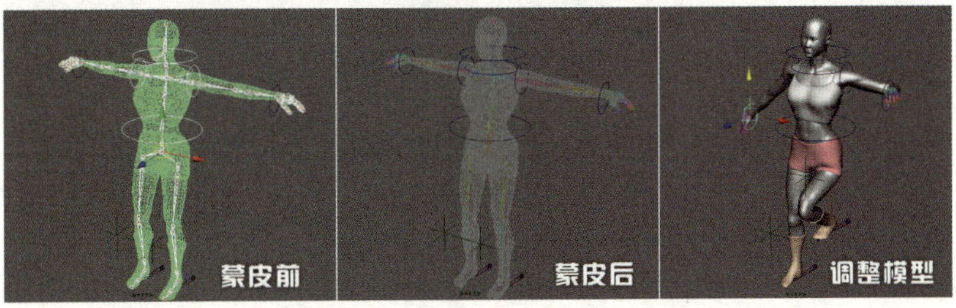

图 12-25

（2）绑定是一个让人激动的过程，看着自己亲手做的角色动起来，是每个动画人都兴奋的事情。但是在让模型做某些动作的时候，模型的一些地方会出现撕扯现象，这就需要用权重进行调整，如图 12-26 所示。

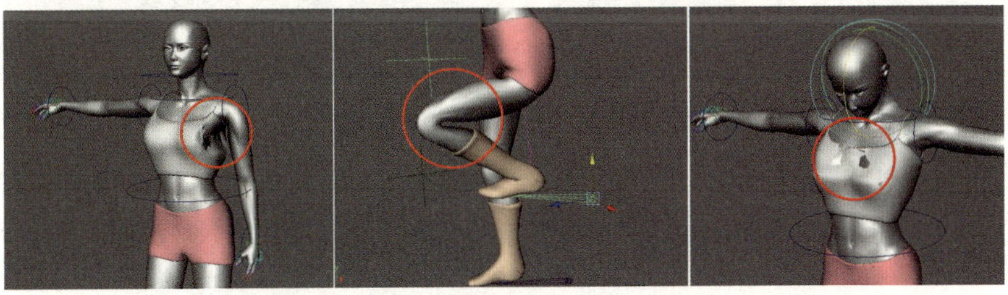
图 12-26

（3）选中模型，打开“蒙皮”→“绘制蒙皮权重”命令设置面板，“笔划”卷轴栏下的“半径(U)”是画笔的大小，面板上面“影响物”卷轴栏中的“不透明度”是画笔的强度值。

控制画笔大小也可以按住 B 键不放，使用鼠标左键在视图中左右拖动，就可以更加直观地调整画笔大小。

“影响物”中是每节骨骼的名称，选中某节骨骼，模型上会显示该骨骼的控制范围，白色是被控制部分，黑色则是不被控制部分。由于我们没有特意对骨骼命名，所以不能够直接找到相应部位的骨骼，这时就显示出对骨骼命名的重要性了，因此，正规的动画公司对骨骼的命名都有专门规定。

在绘制权重的时候，直接绘制出来的颜色是白色，这是被骨骼控制的范围。按住 Ctrl 键绘制出来的是黑色，这是绘制不被骨骼控制的范围。按住 Shift 键绘制，则是对选择边缘进行柔和处理。需要提醒读者注意的是，“值”为 0，则绘制出来的颜色是黑色；“值”为 1，则绘制出来的颜色为白色，如图 12-27 所示。

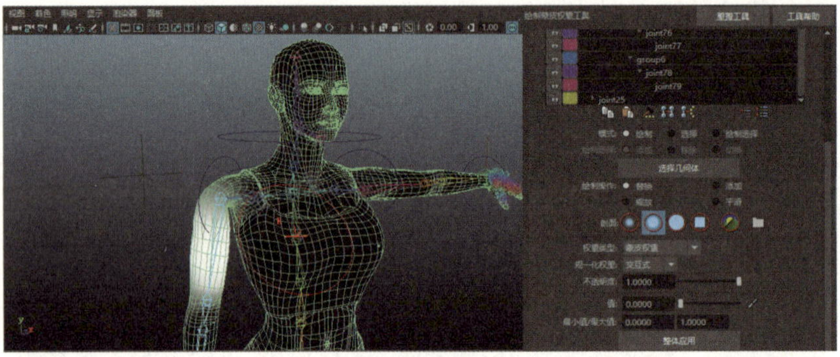

图 12-27

（4）以手臂部分的权重调节为例。将手臂放下来，腋部出现较大拉扯。打开绘制权重的命令设置面板，分别选中肩部和手臂根骨骼查看，这两节骨骼的控制范围都含有腋部，而这并不应该由它们来控制，如图 12-28 所示。

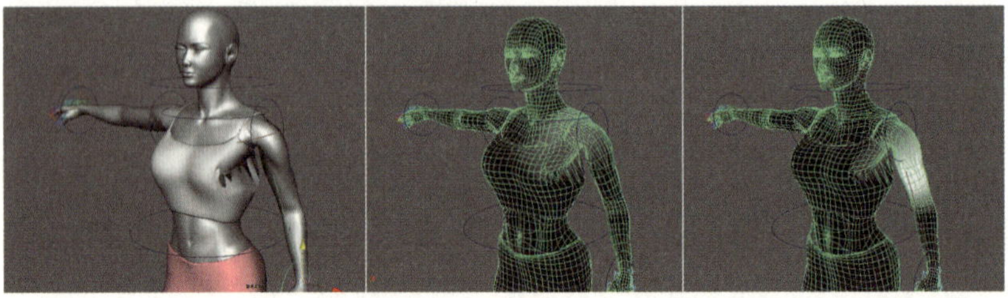

图 12-28

（5）使用绘制权重工具，分别选择肩部和手臂根骨骼，将它们控制的腋部模型涂为黑色，这样腋部的拉扯就解决了，如图 12-29 所示。

图 12-29

（6）调整完每个骨骼以后，可以执行“蒙皮”→“转到绑定姿势”命令，先将骨骼重新调整至绑定的姿势，再调整另一处骨骼权重。

“蒙皮”菜单中的“镜像蒙皮权重”是可以将模型的权重进行镜像的命令，这样调整完一侧的权重以后，就可以执行此命令，把这一侧的权重镜像到另一侧，但实际使用起来效果并不太好，如果模型建得不标准，经常会出现问题，如图 12-30 所示。

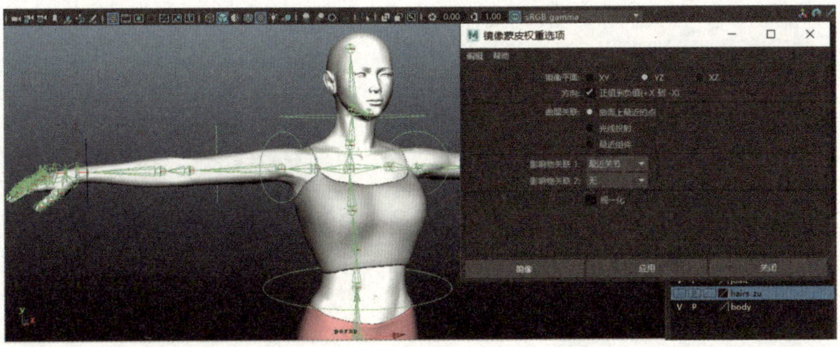

图 12-30

“平滑蒙皮权重”命令可以将权重的边缘进行羽化处理，也较为常用。

实际上，使用蒙皮和权重的绘制过程就是一步步绘制每节骨骼，因此，这一过程也被称为“体力活”。这部分内容需要读者掌握的命令不多，但绘制过程比较占用时间。

12.4　示范实例——Human IK 角色系统

Human IK 是 Maya 自带的一套角色骨骼系统，可以快速、方便地为角色创建整套骨骼。单击 Maya 界面右上角的“切换角色控制”按钮，将 Human IK 的控制面板打开，如图 12-31 所示。

如果界面中没有 Human IK，也可能是没有被加载进来，可以执行“窗口”→“设置/首选项”→“插件管理器”命令，勾选 mayaHIK.bundle 后面的“已加载”和“自动加载”复选框，如图 12-32 所示。

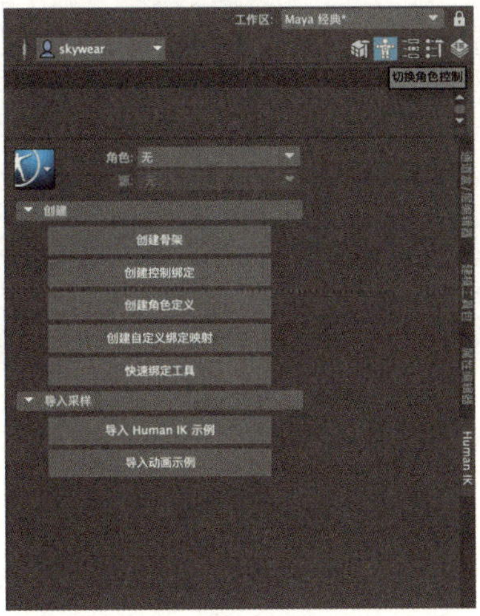

图 12-31

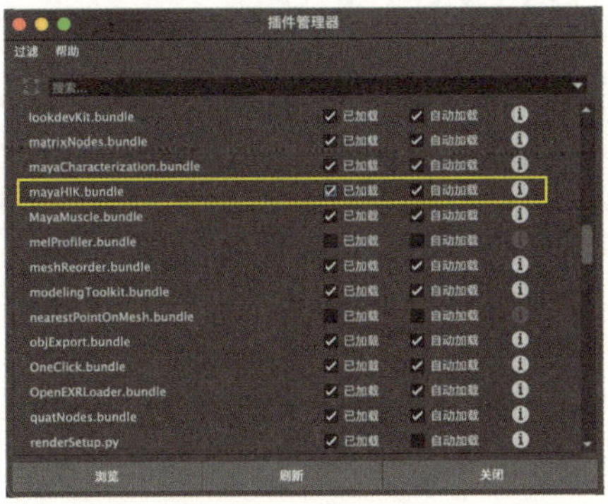

图 12-32

打开配套资源中的 12-4-girl.mb 文件，这是一个卡通造型的女孩，本案例将使用该模型进行骨骼系统的创建，如图 12-33 所示。

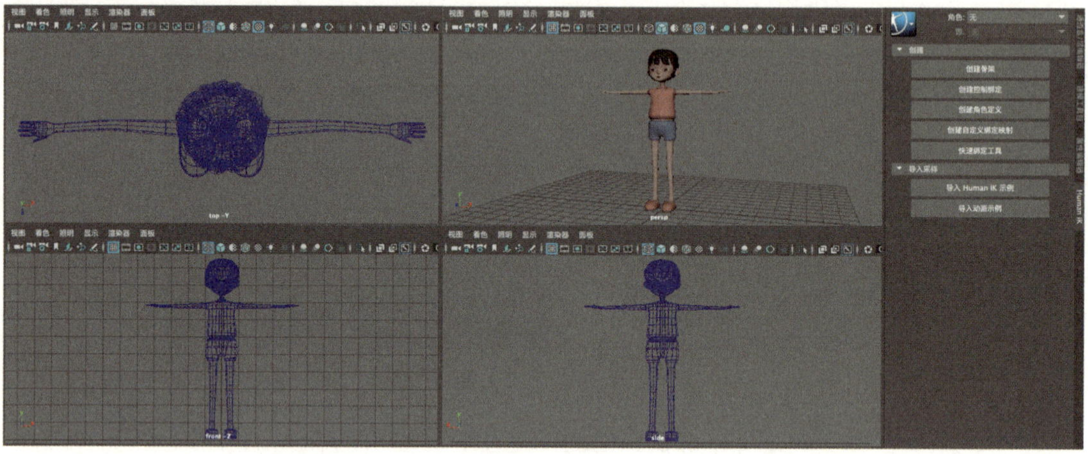

图 12-33

需要注意，Human IK 只支持呈 T 形站姿的角色，也就是双脚并立、双臂伸展的姿势。

12.4.1 Human IK 的快速绑定工具

（1）在顶部的工具栏中，进入“绑定”工具栏，单击第五个“快速绑定”图标，或者在 Human IK 的属性面板中单击“快速绑定工具”，弹出“快速绑定”工具面板，根据提示选择角色的所有模型，如图 12-34 所示。

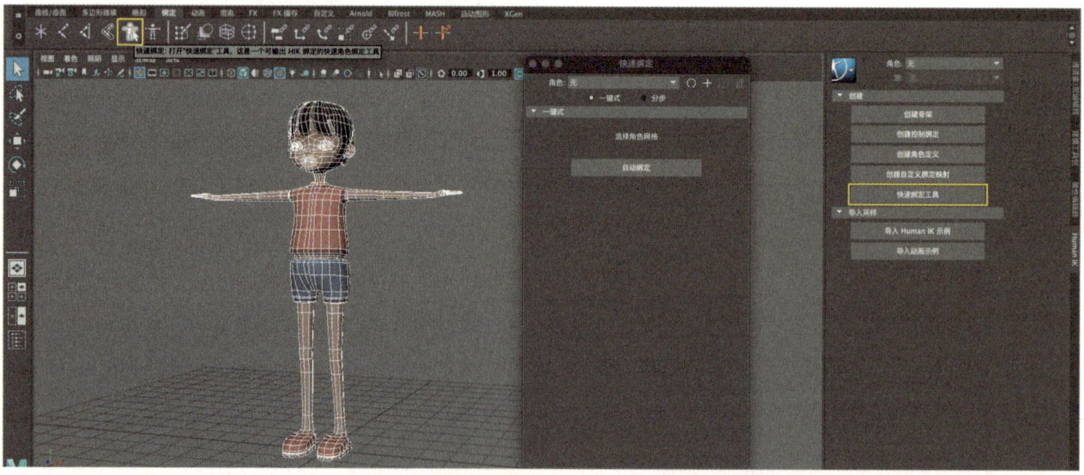

图 12-34

（2）在“快速绑定”工具面板中，选择“一键式”，在所有角色模型都被选中的情况下，单击“自动绑定”按钮，经过短暂的计算，就给角色模型装配好了所有骨骼和控制器，并自动绑定完成和刷好了权重。选中控制器，对角色进行动作调整，如图 12-35 所示。

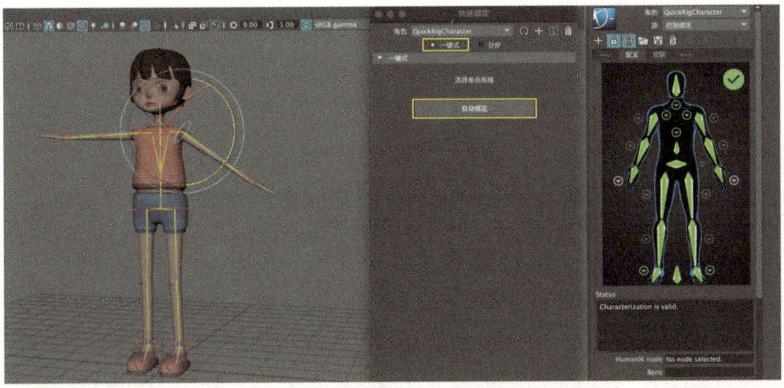

图 12-35

这套角色骨骼工具看起来十分便捷，但这毕竟是系统对模型的判断，不一定完全准确。仔细观察就会发现，手腕、脚踝位置的骨骼不太准确，另外，“快速绑定”工具是不包含手指骨骼的，这也是该工具的局限性。如果需要较精准的对位，需要使用“快速绑定”工具中的“分步”进行制作，如图 12-36 所示。

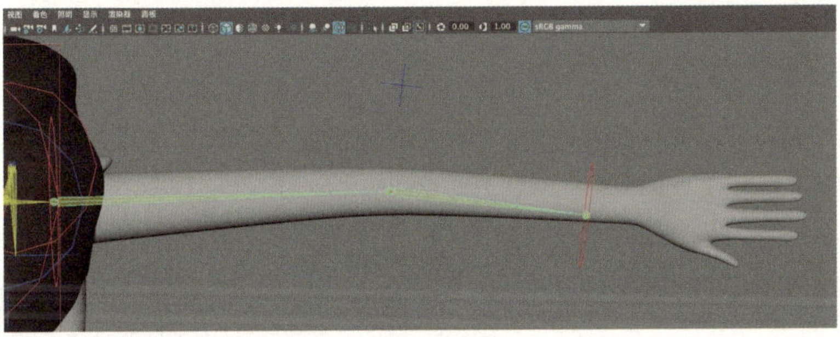

图 12-36

（3）删除通过“快速绑定”工具创建的骨骼系统。在 Human IK 的属性面板中，单击上方的垃圾桶图标，将之前创建的骨骼系统删除，如图 12-37 所示。

（4）重新打开“快速绑定”工具面板，单击“分步”，再单击“分步”按钮右侧的“创建新角色”图标，如图 12-38 所示。

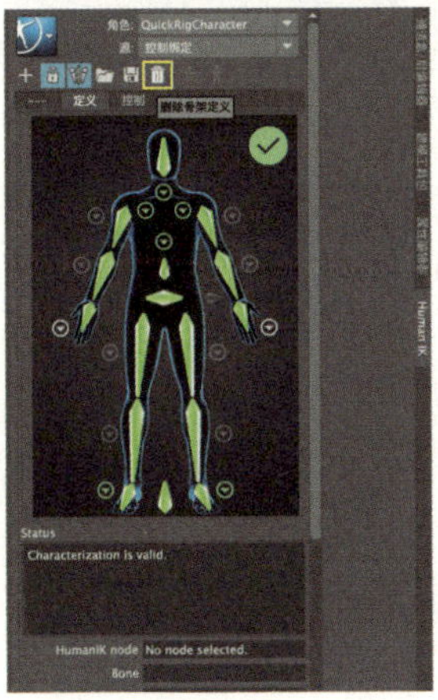

图 12-37

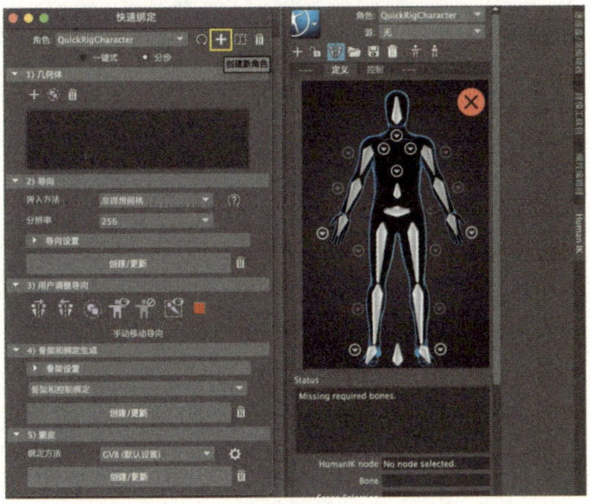

图 12-38

（5）选中所有角色模型，在“快速绑定”工具面板中，单击“几何体”下面的加号，将模型加载进来。如果模型较复杂，可以将“分辨率”调高，脊椎、颈部、肩部/锁骨的骨骼数量也可以调整，单击“创建/更新”按钮，角色模型的各个关节处就会出现多个骨骼点，如图 12-39 所示。

图 12-39

（6）选中位置不准确的关节，使用移动工具，将它们移动到准确位置，调整完一侧后，可以单击“快速绑定”工具面板中的向左或向右镜像命令，使两侧的关节点位置保持统一，如图 12-40 所示。

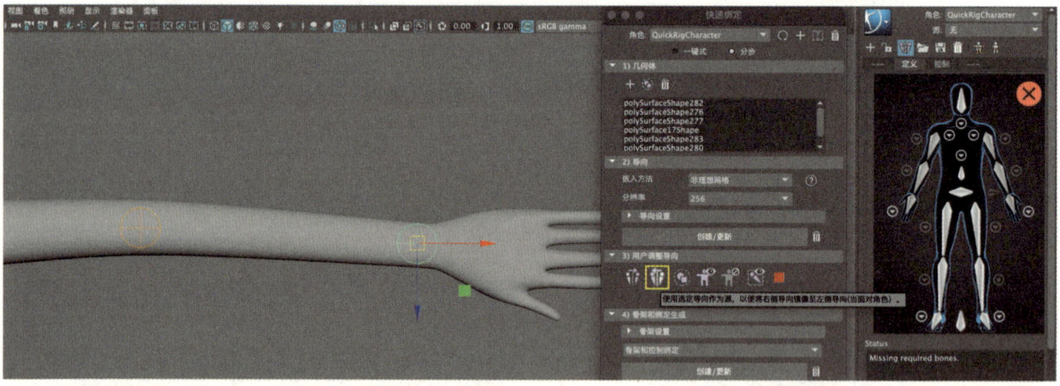

图 12-40

（7）调整好所有关节点的位置以后，依次单击“骨架和绑定生成”和“蒙皮”中的“创建/更新”按钮，创建角色的骨骼系统并蒙皮，这时就可以对角色的姿势和动作进行调整，如图 12-41 所示。

使用“快速绑定”工具虽然很方便，但是它最大的问题是不能创建手指和脚趾的骨骼，因此只适合给没有手指的卡通角色使用，如哆啦 A 梦等，如果需要有手指的骨骼，就使用 Human IK 中的“自定义骨架”。

本例的最终效果可以参照配套资源中的 12-4-girl-quickrig.mb 文件。

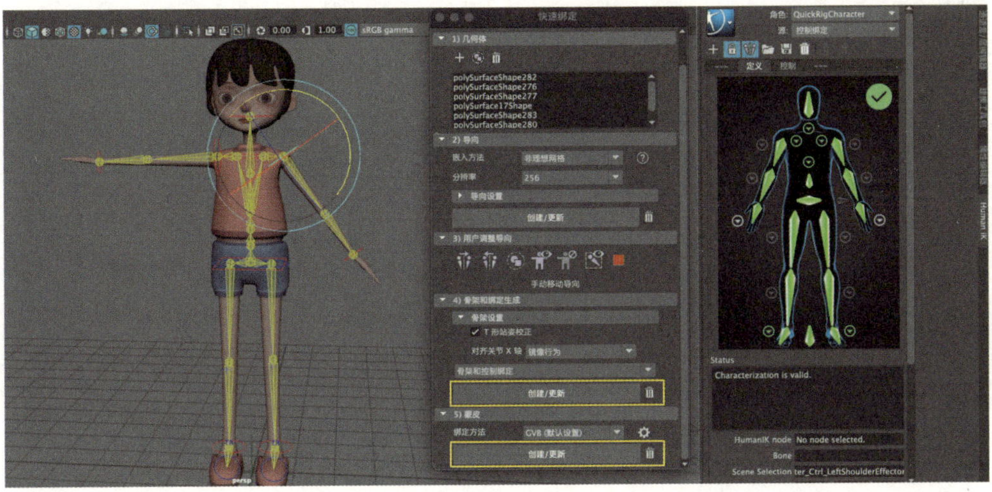

图 12-41

12.4.2　Human IK 的自定义骨架

（1）使用配套资源中的 12-4-girl.mb 文件，在 Human IK 的属性面板中单击“创建骨架”按钮，如图 12-42 所示，场景中会出现一个巨大的双足角色骨架，如图 12-43 所示。

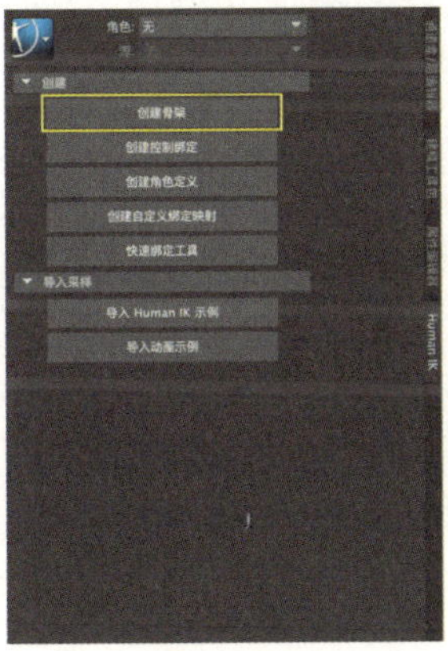

图 12-42

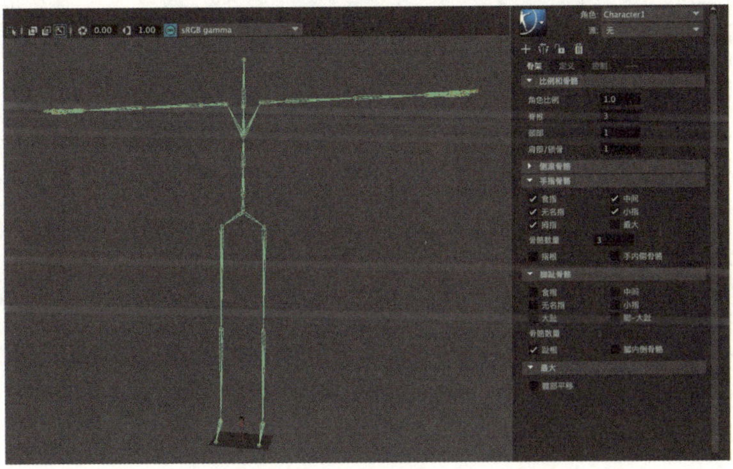

图 12-43

（2）该骨架不能直接使用缩放工具调整，需要在 Human IK 的属性面板中调整“角色比例”后面的参数，需要注意的是，每次调整完比例后，该数值都会自动恢复为 1.0，本案例是将比例调整为 1/15 左右，如图 12-44 所示。

（3）使用移动工具，逐一对骨架中的骨骼位置进行调整，使之匹配模型的位置，调整完以后，可以使用 Human IK 属性面板上的镜像工具，使两侧骨骼保持一致。在调整手部骨骼的时候，可以调整每根手指的骨骼数量，本案例是卡通造型，所以将每根手指的骨骼数量由 3 改为 2，如图 12-45 所示。

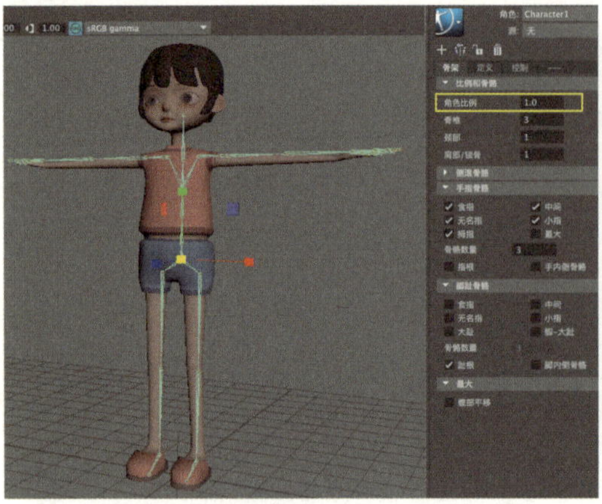

图 12-44

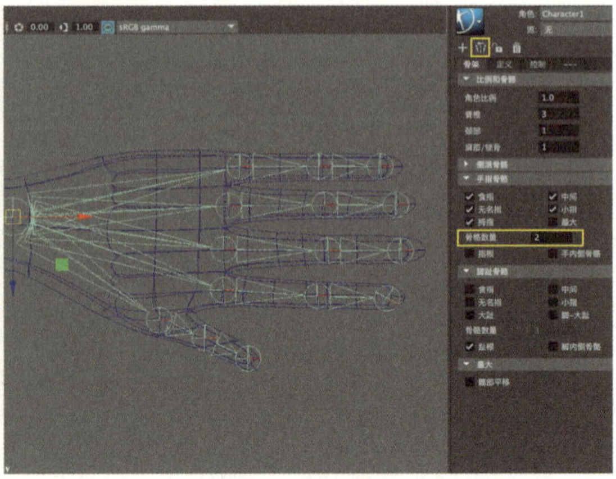

图 12-45

在自定义骨架中，可以决定每根手指和脚趾的骨骼是否保留，本案例的角色穿了鞋子，因此没有生成脚趾的骨骼。

（4）单击 Human IK 属性面板上的“创建控制绑定”按钮，如图 12-46 所示，骨架自动生成相应的控制系统，选择控制曲线进行调整，发现骨架虽然完成了，但是还没有进行蒙皮，无法控制模型，如图 12-47 所示。

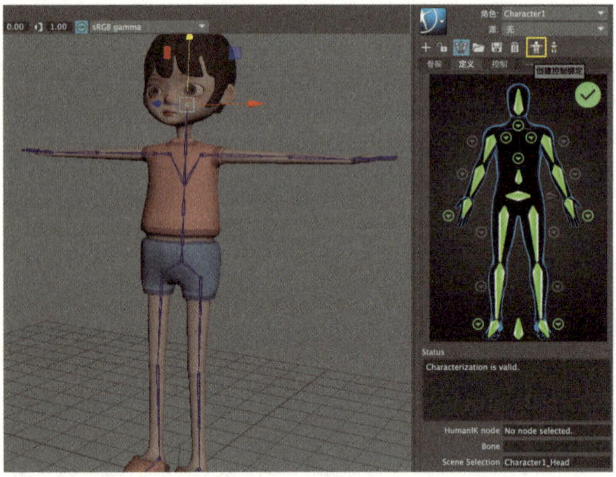

图 12-46

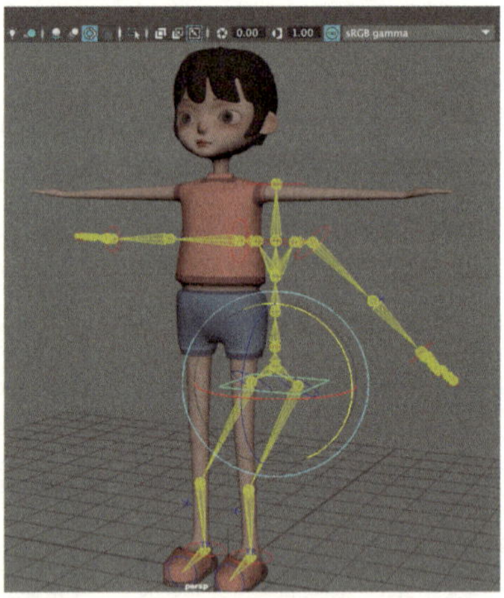

图 12-47

（5）当前在场景中显示的都是骨架的控制系统，如果需要蒙皮，先把真正的骨骼显示出来，切换到 Human IK 属性面板的“控制”面板，单击“显示/隐藏骨架”按钮，同时关闭“显示/隐藏 IK”和“显示/隐藏 FK”按钮，场景中就只显示真正的骨骼了，如图 12-48 所示。

（6）在大纲视图中选中所有角色模型，按住 Shift 键，选中骨骼，执行“绑定”模块的“蒙皮”→“绑定蒙皮”命令，将模型和骨骼绑定，如图 12-49 所示。

（7）绑定蒙皮后，把“显示/隐藏 IK”和“显示/隐藏 FK”按钮打开，就可以使用骨架控制模型的姿势，如图 12-50 所示。

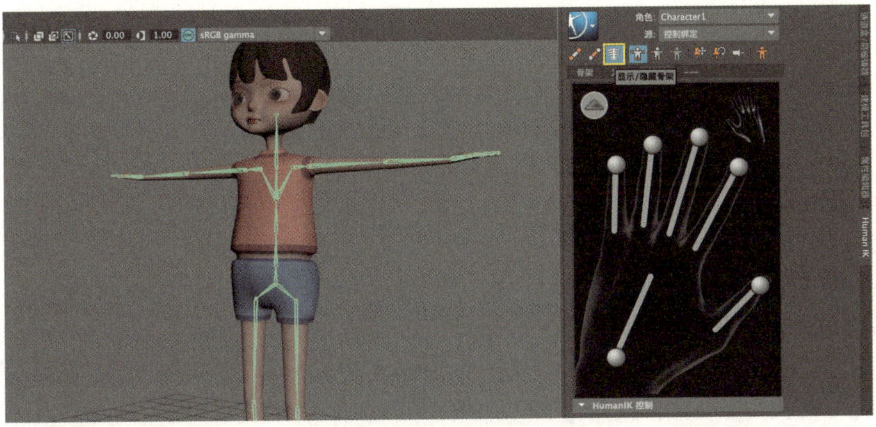

图 12-48

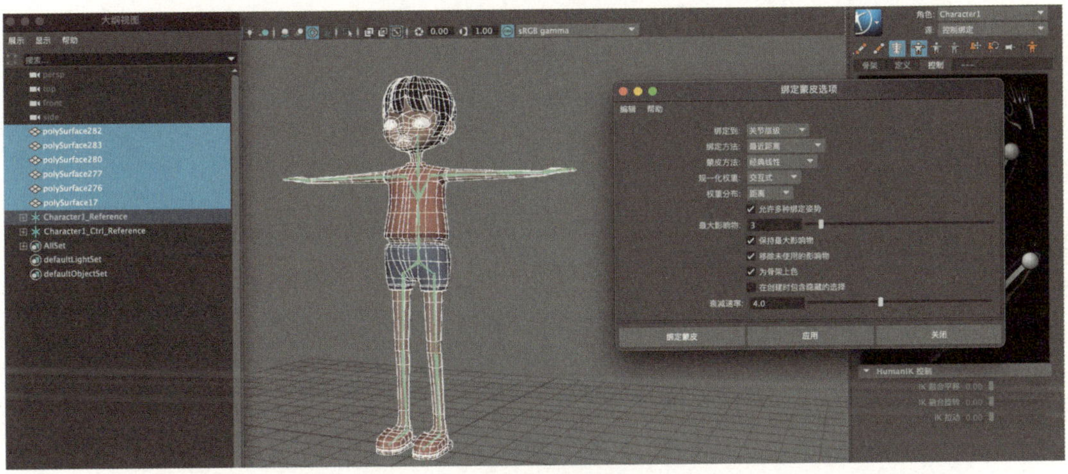

图 12-49

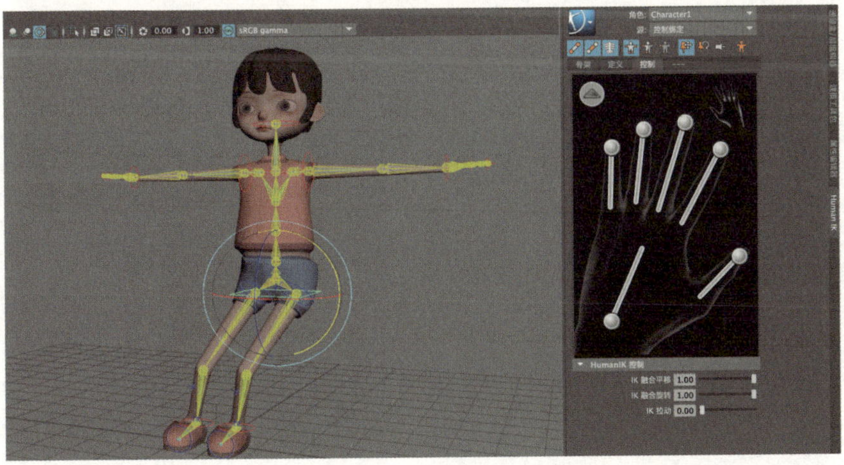

图 12-50

绑定好的源文件是配套资源中的 12-4-girl-character.mb 文件，读者可以自行打开观看。

12.5 示范实例——骨骼插件 Advanced Skeleton

Advanced Skeleton 是一款 Maya 的免费骨骼插件，应用范围很广泛，不但有常用的双足角色的骨架，还有鸟、虫、猫、龙、鱼等多种生物的骨架，而且操作简便，功能强大，下面介绍该插件的使用方法。

插件下载网址：https://www.animationstudios.com.au/advanced-skeleton-download。

下载并解压后，将“install.mel”文件直接拖曳到 Maya 的视图中，对应的工具栏右侧会出现 Advanced Skeleton 的四个图标，单击最左侧的图标，Maya 界面左侧就会出现 Advanced Skeleton 的工具面板，如图 12-51 所示。

图 12-51

（1）在 Advanced Skeleton 的工具面板中，点开 Body（身体）→Fit（适合）卷轴栏，在 FitSkeletons 的下拉菜单中选择 biped.ma（两足生物），如果绑定的模型是其他生物，也可以在下拉菜单中选择 cat.ma（猫）、horse.ma（马）、fish.ma（鱼）等，单击 Import（导入）按钮，就会在场景中间生成只有一侧的骨骼，如图 12-52 所示。

该骨骼只是帮助制作者进行定位，而且没有脚趾部分，如果需要加入脚趾的骨骼，可以在 extra limbs 的下拉菜单中选择 foot.ma（脚部），并单击右侧的 Import（导入）按钮，原骨骼的脚部位置会添加脚趾的骨骼。甚至还可以在下拉菜单中选择 tail.ma（尾巴）来添加尾巴的骨骼，如图 12-53 所示。

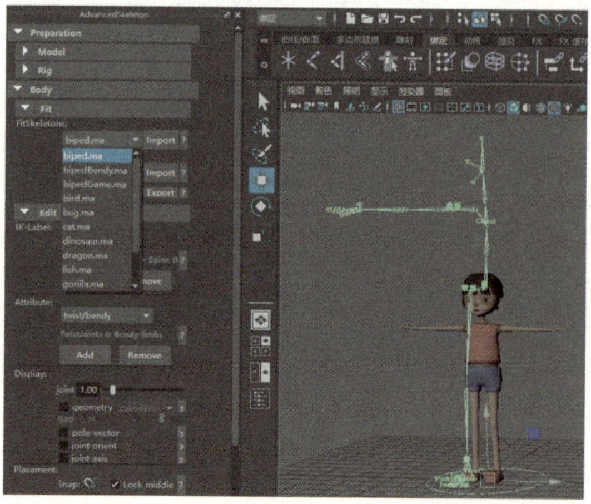

图 12-52

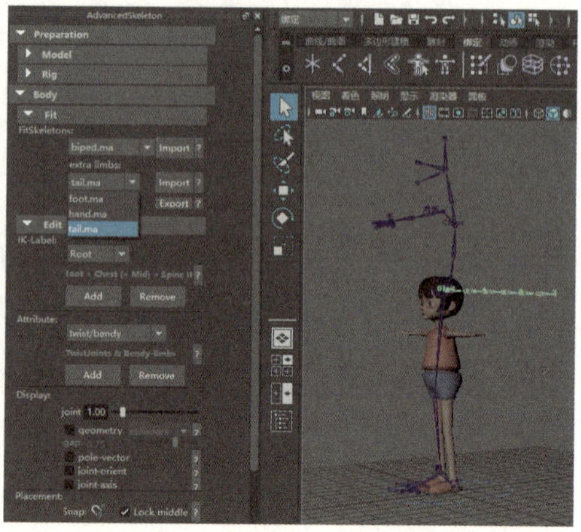

图 12-53

（2）选中该骨架下面的圆环，这是整个骨架的总控制，使用缩放工具，将整个骨架缩小到和模型一致，如图 12-54 所示。

（3）使用移动工具，逐一调整骨架中骨骼的位置，将其放在角色模型的各个关节处，如图 12-55 所示。

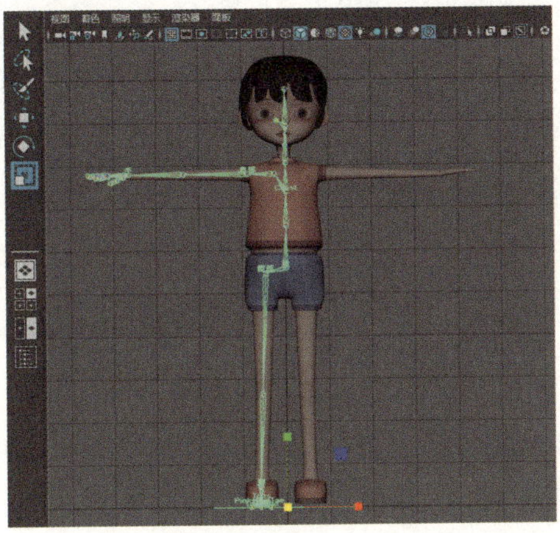

图 12-54

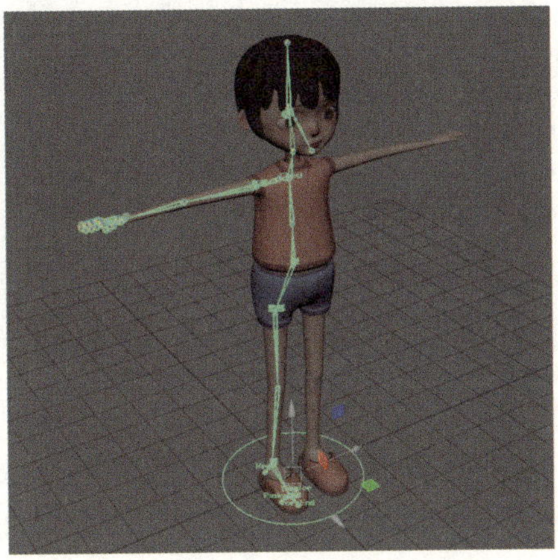

图 12-55

（4）在 Advanced Skeleton 的工具面板中，点开 Body（身体）→Build（创建）卷轴栏，单击 Build AdvancedSkeleton（创建高级骨架）按钮，如图 12-56 所示。

这时 Advanced Skeleton 开始根据刚才参考骨架的位置，自动创建角色高级骨架和控制器，创建完成后的效果如图 12-57 所示。

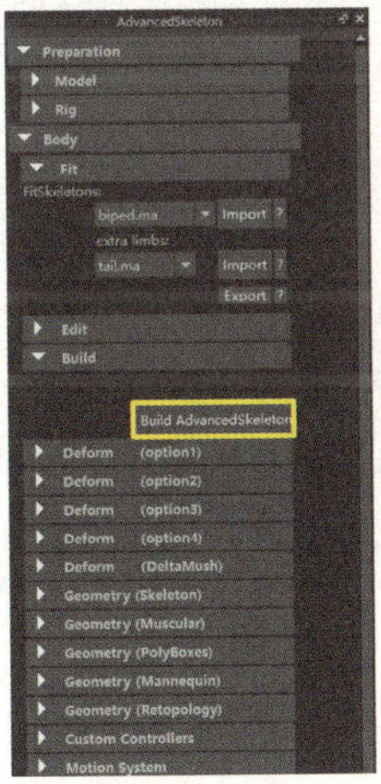

图 12-56

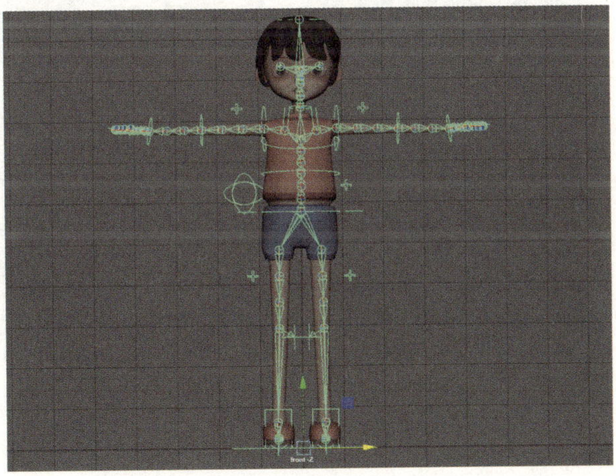

图 12-57

（5）选中角色的所有模型，在 Advanced Skeleton 的工具面板中，点开 Body（身体）→Deform（变形）卷轴栏，先单击+Select DeformJoints（添加变形骨骼）按钮，将骨骼选中，这时模型和骨骼都处于被选择状态，再单击 set Smooth Bind Option（设置平滑绑定参数）按钮，就会弹出 Maya 的“绑定蒙皮”命令的设置窗口，其中的所有参数都是 Advanced Skeleton 设置过的，可以直接单击“应用”按钮进行蒙皮绑定，如图 12-58 所示。

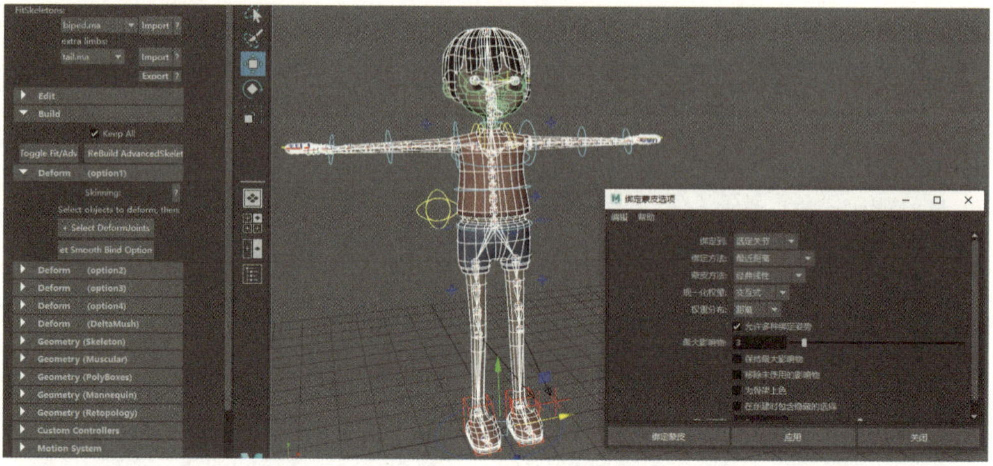

图 12-58

（6）绑定蒙皮以后，可以使用骨架控制器控制角色模型，如果发现骨骼的控制出现问题，也可以使用之前学习过的调节权重的方法，将骨骼与模型的权重调整好，如图 12-59 所示。

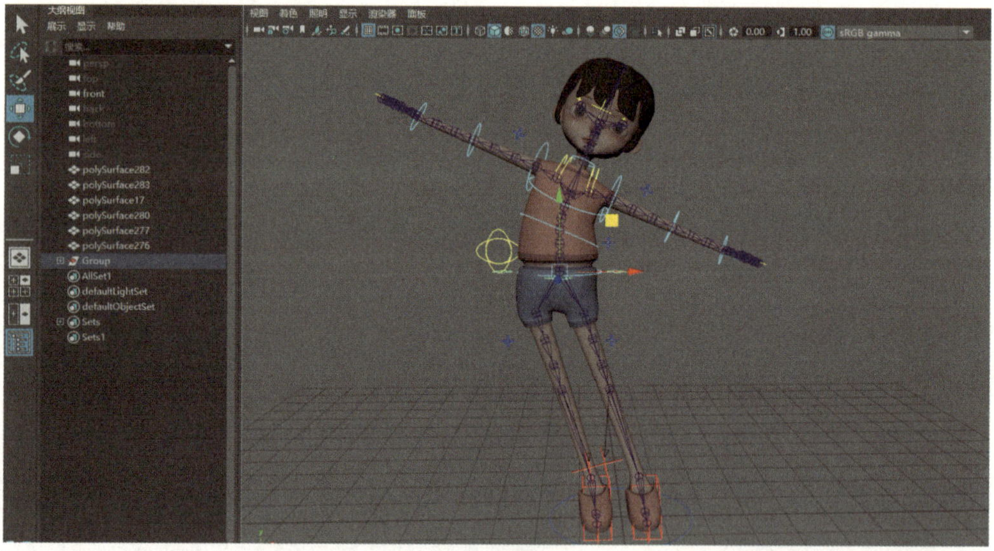

图 12-59

（7）Advanced Skeleton 也提供了绑定效果的测试，在工具面板中，点开 Tools（工具）卷轴栏，单击 WalkDesigner 按钮，会弹出相应的面板；单击 Start 按钮，会自动给角色模型添加走路的循环动画，供制作人员检查绑定蒙皮的问题。测试完毕以后，单击浮动面板下面的 Cancel and Close 按钮，就可以取消测试并关闭面板，如图 12-60 所示。

（8）在 Advanced Skeleton 骨架中，有很多设置选项能帮助制作人员方便地制作动画，例如，选中骨架手部的控制器，“通道盒”面板中有每根手指的参数，可以控制手指的弯曲、张开、握拳等动作，如图 12-61 所示。

图 12-60

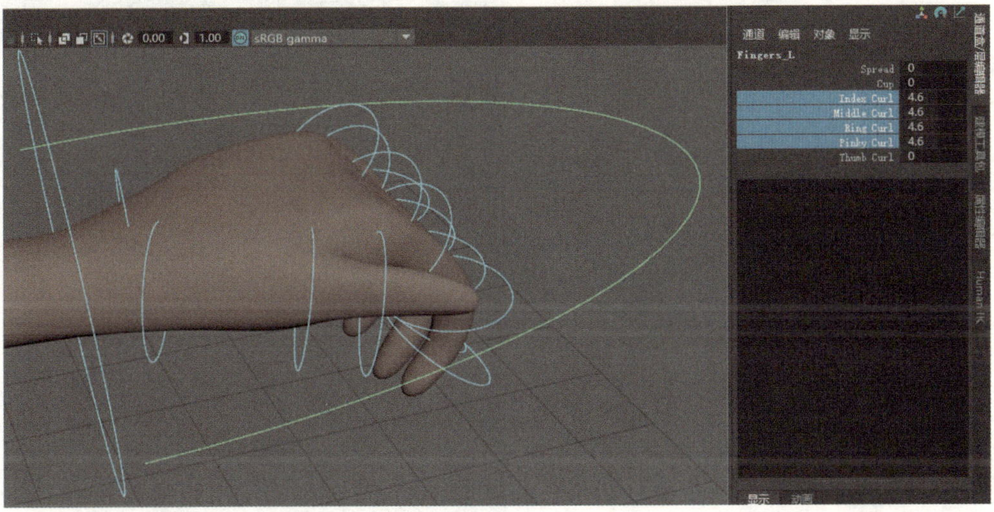

图 12-61

测试完成后，如果角色的姿势发生变化，也可以单击 Advanced Skeleton 工具面板最下面的 Go to Build Pose（返回原始姿势）按钮，让角色回到最初绑定的姿势。

本例的最终效果可以参照配套资源中的 12-5-girl-OK.mb 文件。

本章小结

对美术专业的学生而言，骨骼系统的设定是一件很困难的事情，毕竟这是一项对逻辑能力要求很高的工作。如果想制作优秀的角色动画，这是无论如何也避免不了的，因此，除了耐心学习，没有其他捷径可以走。

作　业

1．耐心地为自己的角色创建一套完整的骨骼系统。

2．调整一个完整的走路循环动作，要求动作流畅、真实。实际上，把动作调整得很流畅并不是一件容易的事情，大多数学生为角色创建一个简单的走路动作，往往需要练习 1～3 个月，因此耐心是最重要的。

3．结合相关的企业试题、比赛，以市场需要为导向，制作一个完整的角色，包括建模、UV、贴图、骨骼的全部流程。

图 12-62 所示为郑州轻工业大学动画系 17 级的同学们，在学习完本章内容后，为参加“腾讯游戏第六届高校美术创意大赛”3D 角色组创作的作品，制作时间为两星期。

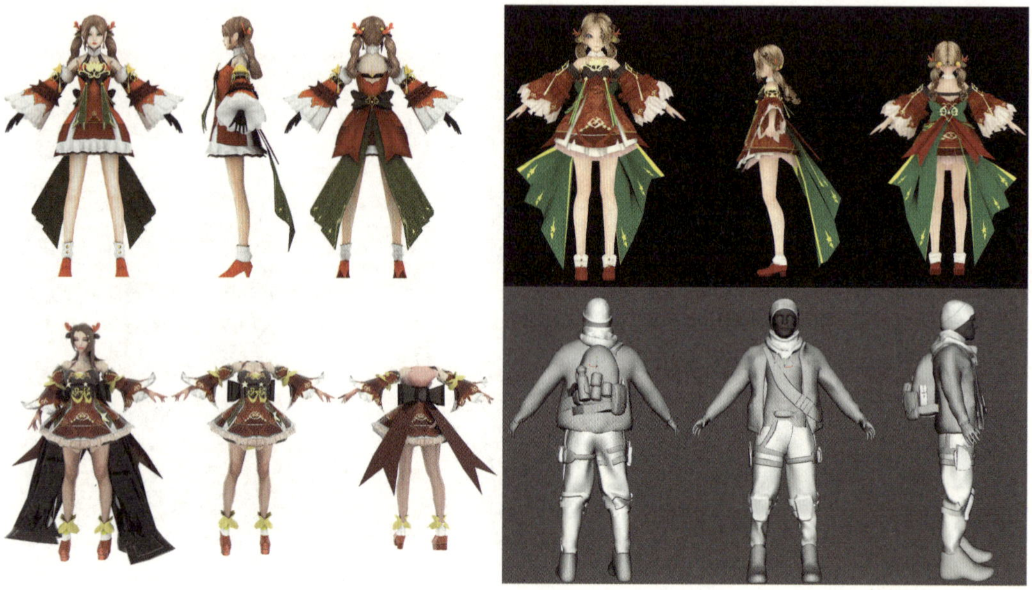

图 12-62

第13章 Arnold 渲染器

Arnold（阿诺德）渲染器是基于物理算法的电影级别渲染引擎。2016 年，Arnold 渲染器被 Autodesk 公司收购，之后，Maya 升级为 2017 版时吸纳了 Arnold 渲染器，取代了之前的 Mental Ray 渲染器，从此 Maya 进入了一个崭新的发展时代。

对于每位三维行业的人员来说，制作照片级别的作品始终是追求目标，而 Arnold 渲染器的强项就是真实地模拟现实世界中的光影、质感等，图 13-1 和图 13-2 所示为使用 Arnold 渲染器得到的效果图。

图 13-1

图 13-2

13.1 Arnold 渲染器简介

13.1.1 Arnold 的发展历史和特点

Arnold 渲染器的开发团队解释，Arnold 这个名字的灵感来自著名影星阿诺德·施瓦辛格（Arnold Schwarzenegger）。

Arnold 的开发团队 Solid Angle 的历史可以追溯到 1997 年。2004 年，索尼影业 Imageworks 将源代码授权给 Arnold，与 Marcos 合作开发，并采用 Arnold 作为 Imageworks 的主要渲染器。

目前，Arnold 已经确立了自己的解决方案，团队已经发展到 30 人，大多数领先的 VFX

和动画公司都选择 Arnold 作为首选渲染解决方案。

2016 年 2 月，Solid Angle 加入 Autodesk，成为 Autodesk 的全资子公司。至此，Arnold 开始与 Maya 和 3ds Max 进行捆绑。

Arnold 主要针对几何体和纹理，是大规模制作、高投资的一线电影特效设计的渲染器，特点是通过极优化的数据存储方式，有效渲染海量数据。

Arnold 目前已经可以提供全新 GPU 加速功能，为创意专业人士带来创作所需的速度和交互性，帮助他们更快地迭代项目、缩短审查和批准周期，按时完成工作。

Arnold 的全局照明效果非常优秀，而且参数的设置非常简单，只需要简单几步，就能够做出照片级别的照明效果，如图 13-3 和图 13-4 所示。

图 13-3

图 13-4

到目前为止，Arnold 已非常成熟，使许多电影成功实现了视觉特效。在近几年推出的几部特效大片，如《复仇者联盟》《地心引力》《饥饿游戏》《X 战警》《爱丽丝梦游仙境》等中都可以看到它的影子，如图 13-5 和图 13-6 所示。

图 13-5

图 13-6

Arnold 的光线追踪算法优化得非常好，即使不使用它的新功能，也可以用它代替 Maya 默认的渲染器。在渲染大量反射、折射物体的场景时，它的速度要比默认渲染器快 30%，置换贴图和运动模糊的运算速度也远远快于默认渲染器，而这些恰恰是 Maya 的弱点。

Arnold 适合表现金属、玻璃等折射强的物体，对毛发和人物皮肤的 3S 效果的表现也很强大，如图 13-7 和图 13-8 所示。

图 13-7

图 13-8

除了这些应用场景，在一些 Q 版形象的游戏、动画中，Arnold 的表现也同样优秀，如图 13-9 和图 13-10 所示。

图 13-9

图 13-10

13.1.2　Arnold 和 Maya

Maya 升级到 2017 版的时候，吸纳了 Arnold 渲染器，取代了 Mental Ray 渲染器。当用户在场景中进行渲染的时候，会默认使用 Arnold 进行渲染。如果需要切换渲染器，需要打开“渲染设置”面板，在“使用以下渲染器渲染”一栏中进行选择。如果需要调节 Arnold 的渲染精度，需要在“渲染设置”面板中的“Arnold Renderer”中进行设置，如图 13-11 所示。

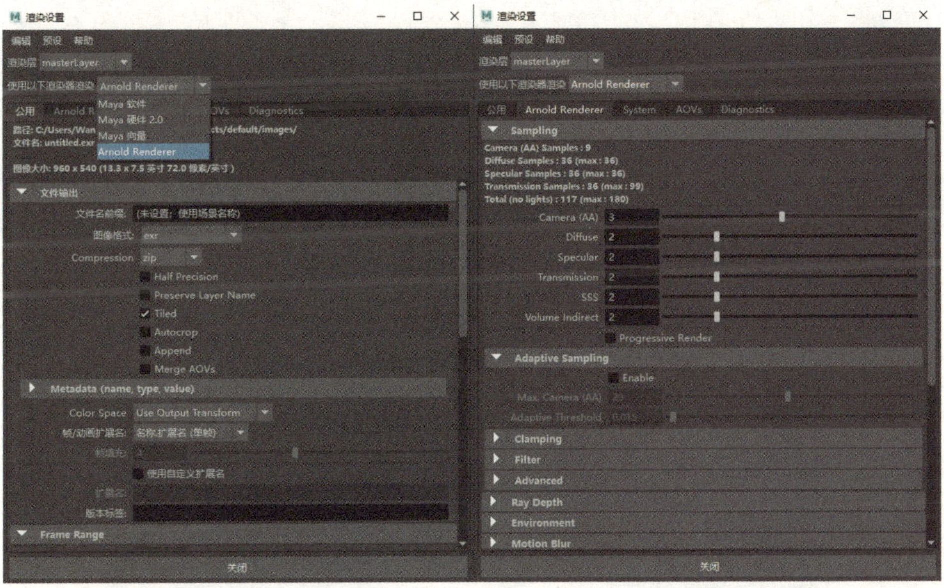

图 13-11

如果在“渲染设置”面板中找不到 Arnold 渲染器，可能是它没有被加载进来，可以执行“窗口”→“设置/首选项”→“插件管理器”命令，勾选“mtoa.mll”后面的“已加载”和“自动加载”复选框即可，如图 13-12 所示。

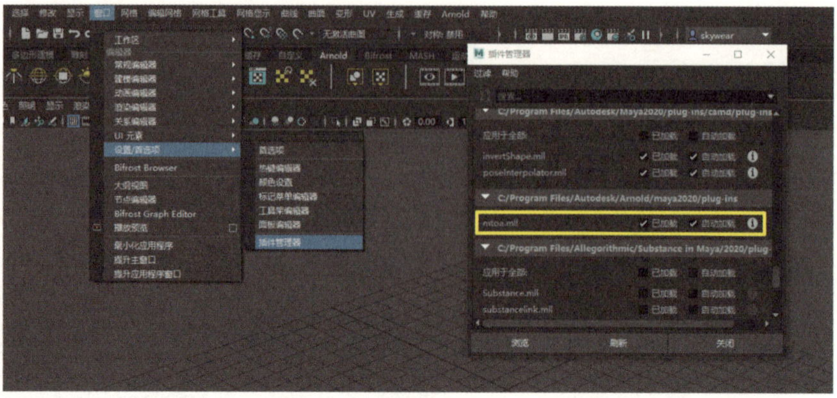

图 13-12

在 Hypershade 窗口中，还有专门的 Arnold 材质可以直接使用，最常用的就是“aiStandardSurface”阿诺德标准材质，如图 13-13 所示。

图 13-13

每个模型、灯光、材质的属性设置面板中都有 Arnold 的设置项，便于对每个物体进行调整，这使 Arnold 经过简单的设置就可以渲染出照片级别的效果，如图 13-14 所示。

图 13-14

在下一节中，我们将对 Arnold 渲染器的各种优秀效果进行阐述。

13.2 示范实例——照片级产品照明

我们已经学习了 Maya 中的各种灯光，但是想要做出照片级的真实照明和质感是非常困难的，需要用各种方法模拟，但是在 Arnold 中，只需把灯光放在对应的位置，剩下的交给 Arnold 进行运算即可。

Arnold 也有各种灯光，在本案例中，我们将带领读者使用几种常见的 Arnold 灯光制作一张照片级的电商产品展示图，如图 13-15 所示。

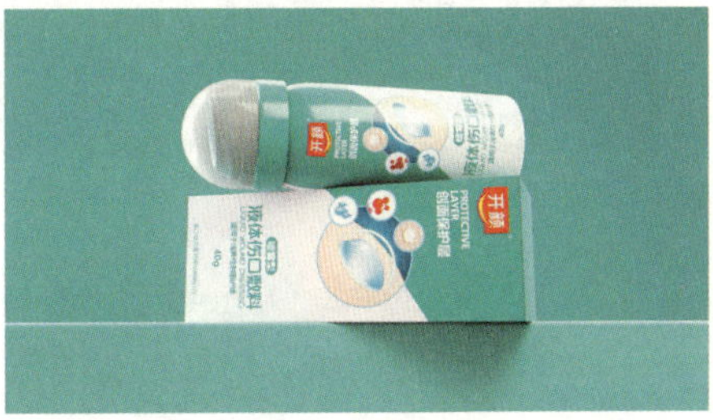

图 13-15

（1）打开配套资源中的 13-2-bottle.mb 文件，场景中有已经摆好的产品和外包装，也都指定了 Maya 的基本材质，并架好了一台摄影机。摄影机在第 16 帧处打了关键帧，一旦机位发生变化，拖动时间轴就能恢复原先的机位。场景中没有任何灯光，如果直接用 Arnold 渲染，整个场景都是黑色的，用 Maya 软件渲染器进行渲染，效果也比较差，如图 13-16 所示。

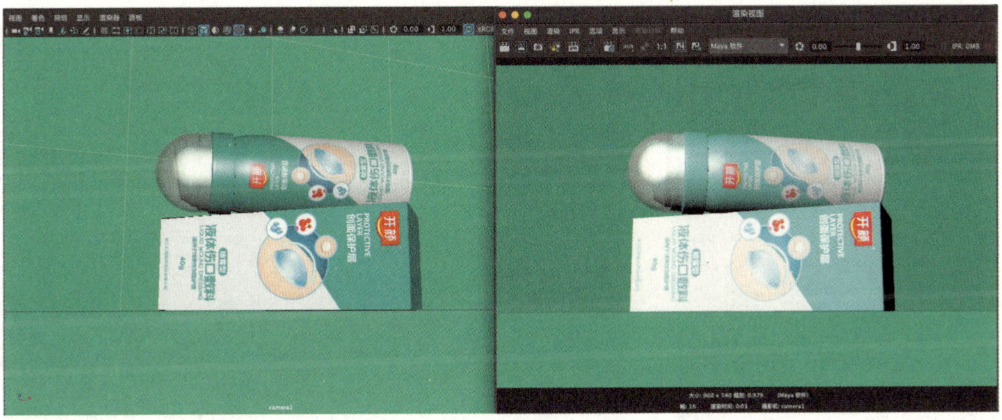

图 13-16

接下来，我们将使用“三点光照法”，为场景布置灯光。

（2）为场景创建一个基础 Arnold 灯光，进入顶部的 Arnold 工具栏，单击第四个按钮，也可以执行“Arnold”→“Lights”→“Skydome Light”命令，在场景中创建球面的天光。在“渲染设置”面板，在“使用以下渲染器渲染”一栏中选择“Arnold Renderer”，渲染后的效果如图 13-17 所示。

（3）观察整个渲染图，上面的瓶子色彩非常灰，饱和度很低。瓶子的材质是 Blinn，如果想进一步调整，可以将它转换为 Arnold 的材质，这样调节参数会多一些，而且和 Arnold 的配合也会更好。在“属性编辑器”的 blinn1 面板中，单击“类型”属性后面的下拉菜单，由 Blinn 改为 Ai Standard Surface，这也是 Arnold 的标准材质，如图 13-18 所示。

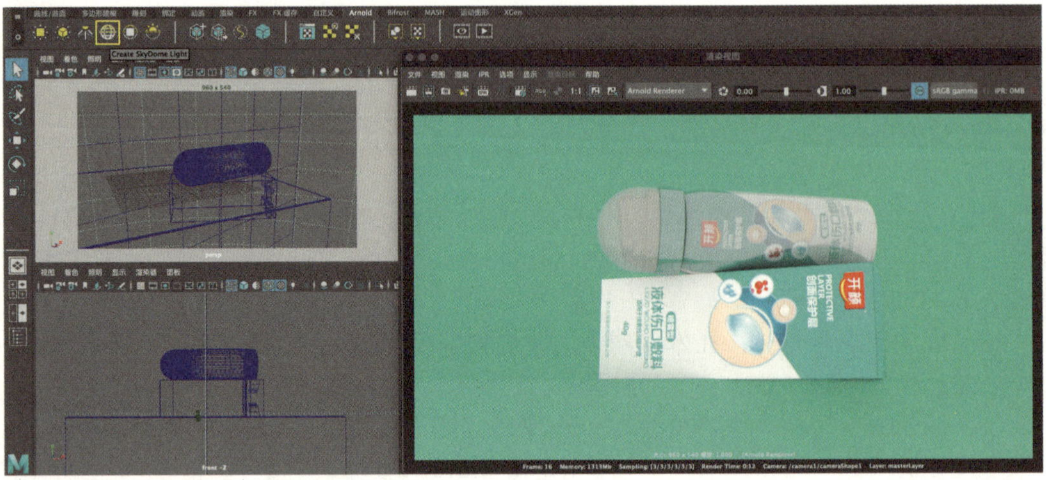

图 13-17

需要注意的是，Arnold 在 Maya 中并没有被汉化，所有的界面都是英文显示。

（4）这时会发现，材质的贴图已经丢失了，可以打开 Ai Standard Surface 属性编辑器，单击 Color（颜色）属性后面的贴图按钮，在弹出的菜单中选择“文件”，找到提供的 13-1-1.png 贴图文件，并指定给模型，这时再对场景进行渲染，会发现瓶子的材质显示已经正常，如图 13-19 所示。

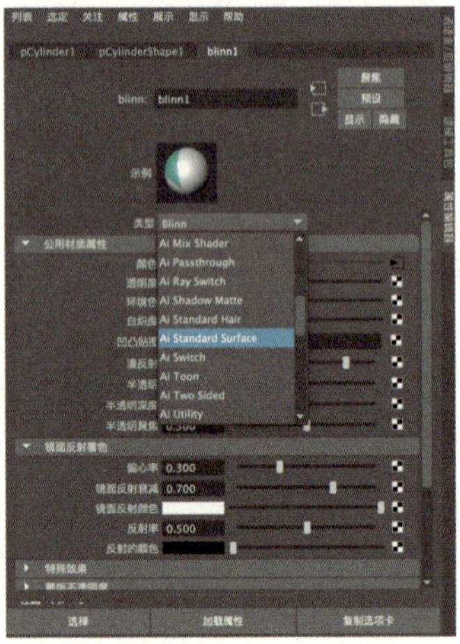

图 13-18

图 13-19

（5）只有天光是不够的，接下来为场景创建一个主光源。在顶部的 Arnold 工具栏，单击第一个按钮，也可以执行“Arnold”→“Lights”→“Area Light”（区域光）命令，使用缩放工具将新创建的区域光源放大一些，并将它放在场景的右上方，使其对着瓶子进行照射。在它的属性编辑器中，调整 Color（颜色）为浅黄色，打出暖光的效果。调整 Intensity（强度）为 12，Exposure（曝光）为 8.6，增加灯光的照射强度，如图 13-20 所示。

Arnold 灯光的参数较多，但最重要的是以下三个参数。

- Color（颜色）：控制灯光照射的颜色。
- Intensity（强度）：控制灯光的强度，数值越高，灯光越亮，反之则越暗。

- Exposure（曝光）：控制灯光的曝光强度，数值越高，曝光越强，灯光就越亮，反之则越暗。

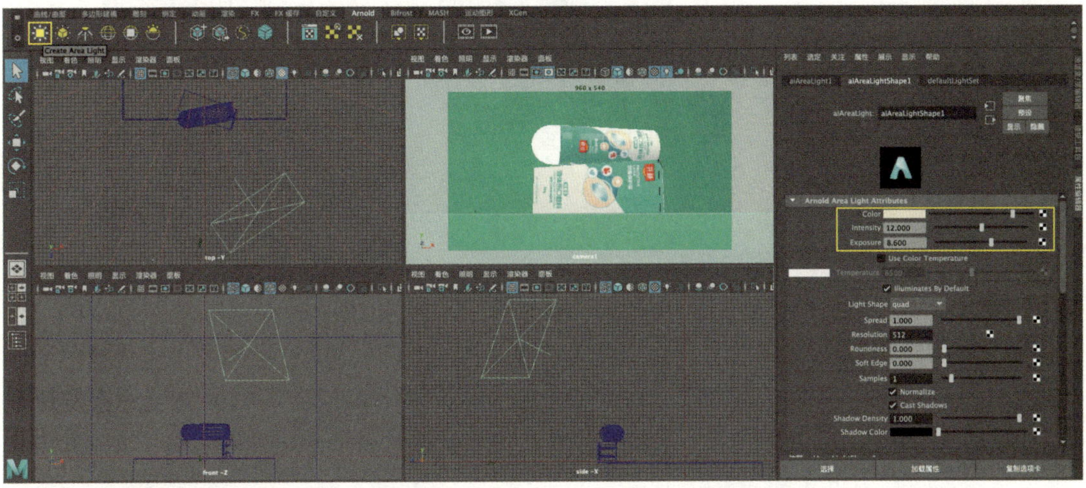

图 13-20

（6）渲染之前观察效果，发现整个场景有点太亮了。选中之前创建的天光，在属性编辑器中，将它的 Intensity（强度）降低到 0.5，再渲染，场景的效果已经很好了，瓶子的身上还多出了一道高光，这是主光源反射出来的效果，如图 13-21 所示。

图 13-21

仔细观察渲染出来的效果，会看到左侧的背光面有些暗，尤其是瓶子顶部的盖子没有任何质感，这就需要打一盏补光，将场景的背光面照亮。

（7）创建一盏“Area Light”（区域光），放大后将它放在场景左侧偏后一点的位置，照射场景的背光面。调整 Color（颜色）为浅蓝色，与主光源的黄色互补；调整 Intensity（强度）为 2.8；调整 Exposure（曝光）为 12，渲染后场景背光的部分已经照亮了，而且瓶盖上出现了一道高光，轮廓也更加清晰了，如图 13-22 所示。

瓶盖的轮廓有了，但是整个瓶子还没有轮廓。这就需要再打一盏背光，也可以称之为轮廓光，目的是把瓶子的轮廓照射出来。

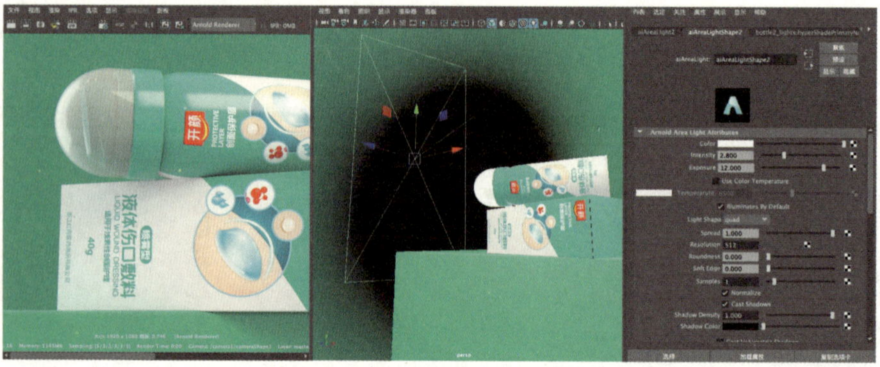

图 13-22

（8）创建一盏“Area Light”（区域光），放大后将它放在瓶子的背面。照射瓶子最上面的部分，打出轮廓光的效果。调整 Color（颜色）为浅黄色，Intensity（强度）为 2，Exposure（曝光）为 8，如图 13-23 所示。

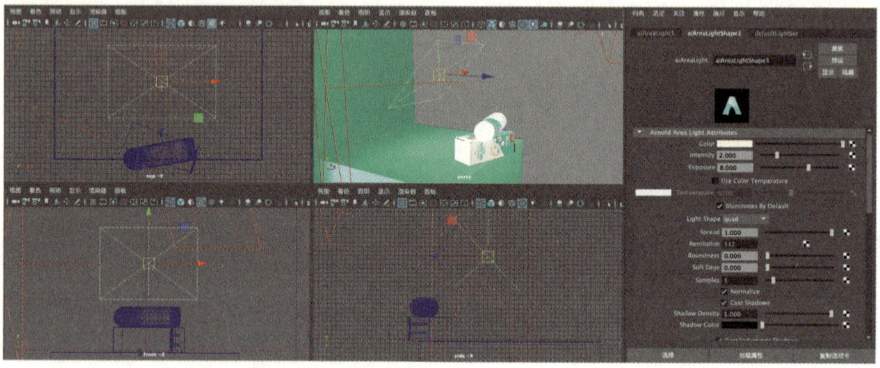

图 13-23

（9）最终渲染输出之前，要先打开“渲染设置”面板中的“Arnold Renderer”，设置“Sampling”（采样数）卷轴栏下的 Camera(AA)为 5，Diffuse（漫反射）为 3，Specular（镜面反射）为 3，这样渲染出来的画面精度较高，如图 13-24 所示。

图 13-24

“Sampling”（采样数）是控制画面精度的，采样数越多，抗锯齿质量就越高，但渲染时间也越长。

- Camera(AA)：对将从摄影机跟踪的每像素光线数的超级采样控制。
- Diffuse（漫反射）：控制物体表面漫反射的采样数值。
- Specular（镜面反射）：控制物体高光和反射的采样数值。
- Transmission（透射）：控制物体透明度和半透明的采样数值。

最终完成的文件是配套资源中的 13-2-bottle-OK.mb 文件。

13.3 示范实例——建筑动画的 HDR 照明和渲染

高等动态范围图像（简称 HDRI）照明技术在刚推出的时候，曾被誉为三维业内的又一场照明革命的新技术。

标准的颜色范围为 0～255（或 0～1），而目前的 HDR 图像提供了超过这个数值范围的、更宽的颜色值。例如，一种颜色定义为 RGB=0.7，0.2，34.34，它会显示为纯白色，但真正的颜色是“极强的”蓝色。普通的渲染只能表现出白色，而不是蓝色。

13.3.1 HDR 照明

本节介绍使用 HDR 照明技术进行无灯照明，效果如图 13-25 所示。

图 13-25

（1）打开配套资源中的 13-3-buildings.mb 文件，这是一个 5 秒钟的建筑动画，展示的是一个园区内的建筑逐个出现的效果，所有的模型都被指定了 Maya 的 Lambert 材质，场景中没有任何灯光，如图 13-26 所示。

（2）执行“Arnold”→“Lights”→“Skydome Light”命令，在场景中创建出球面的天光。直接渲染，天光照射出来的场景比较灰暗，没有任何色彩感，受光面和背光面的亮度也比较一致，场景的立体感不强，如图 13-27 所示。

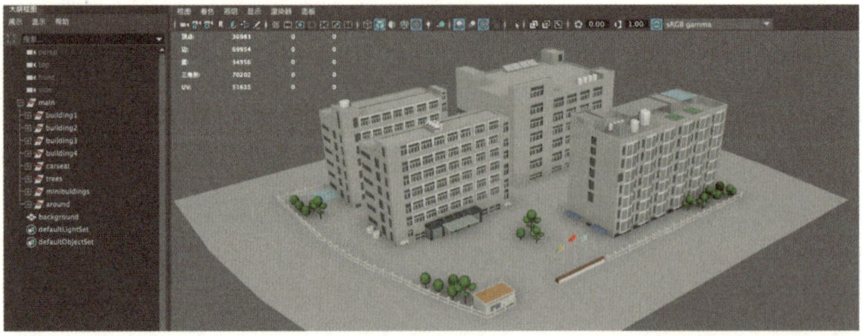

图 13-26

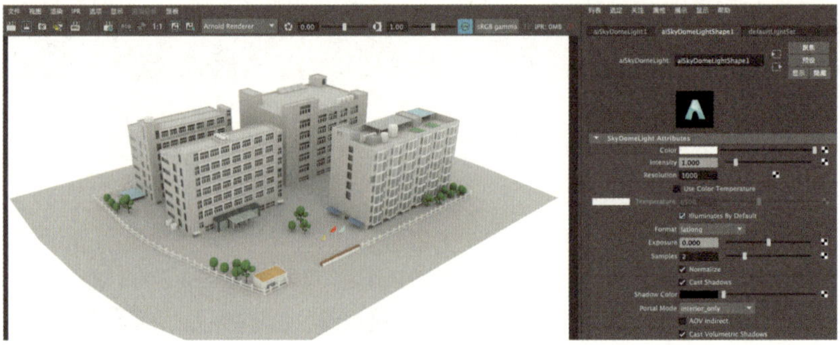

图 13-27

（3）进入属性编辑器的“天光”面板，单击 Color 属性后面的贴图按钮，在弹出的面板中单击“文件”，将配套资源中的 13-2-1.hdr 文件指定上去，如图 13-28 所示。

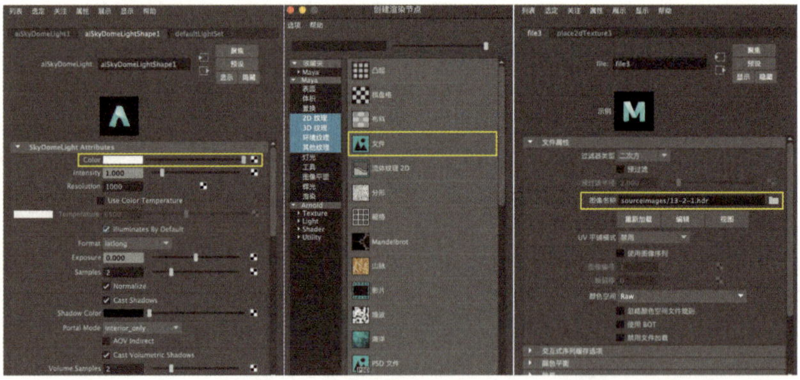

图 13-28

这是一张天空的 hdr 文件，有天空、白云和太阳，以及被太阳染红的云彩，使用它进行照明，还可以将该文件上的色彩传达给场景，如图 13-29 所示。

图 13-29

（4）在视图中按 7 键，进入“使用所有灯光”模式，场景有些曝光，这就需要将天光的“Intensity”（强度）值调至 0.55，再进行渲染，整个场景的照明效果好了很多，立体感增强了，而且也有了很多色彩，这正是 hdr 贴图的强大之处，如图 13-30 所示。

图 13-30

配套资源还提供了多张不同的 hdr 天空贴图，可以尝试使用不同 hdr 贴图产生的照明效果，如图 13-31 所示。

图 13-31

13.3.2　运动模糊和动画渲染

运动模糊（Motion Blur）是物体快速移动造成的明显模糊拖动痕迹。在运动较快的画面中添加运动模糊效果，可以使画面动感更强，运动更流畅。

Maya 的默认渲染器中有运动模糊的设置，但是 Arnold 的运动模糊参数与其不兼容，因此需要在 Arnold 的“渲染设置”面板中单独进行运动模糊的设置。

在“渲染设置”面板的“Arnold Renderer”选项卡中，点开“Motion Blur”（运动模糊）卷轴栏，勾选第一个“Enable”复选框，打开运动模糊的渲染，将时间轴上的滑块拖动到第 79 帧，或者其他物体发生运动的时间，直接对场景进行渲染，运动模糊效果出现了，如图 13-32 所示。

Arnold 的运动模糊参数不多，最重要的是“Length”（长度），也就是运动模糊的拖尾长度，参数越高，模糊效果越强烈，图 13-33 所示是在第 57 帧处，无运动模糊、默认运动模糊参数、Length 值为 2 的不同效果。

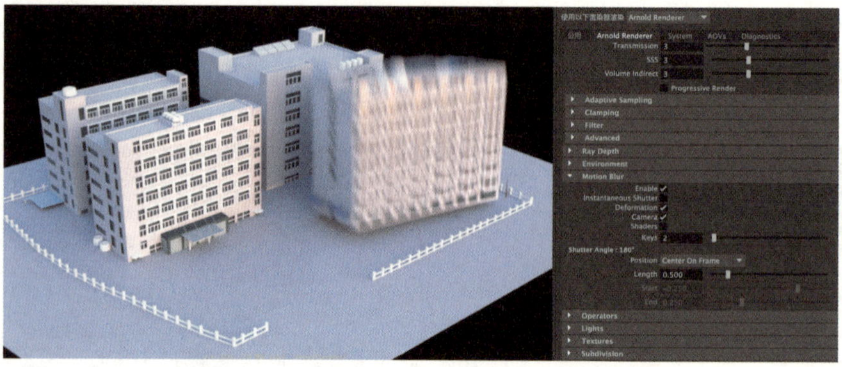

图 13-32

图 13-33

使用 Arnold 渲染动画，也是推荐直接渲染序列图，由于 Arnold 没有自己的序列图渲染设置，所以相关参数还是使用“渲染设置”面板中的“公用”选项卡板调整，如果需要后期调整景深效果，可以使用“exr”的图像格式，设置好“开始帧”和“结束帧”以后，切换到“渲染”模块，执行“渲染”→“渲染序列”命令进行渲染输出，如图 13-34 所示。

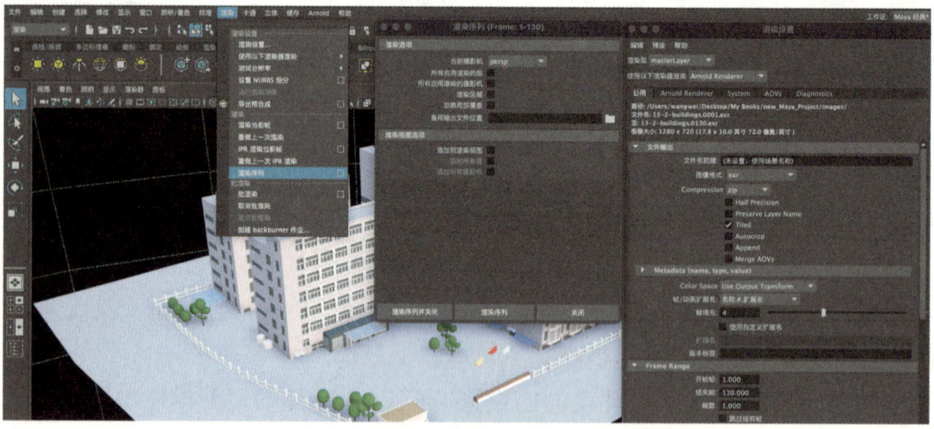

图 13-34

最终完成的文件是配套资源中的 13-3-buildings-OK.mb 文件。

13.4 示范实例——户外场景的夜景照明

视频教程

在三维软件中，夜景照明是一个很复杂的工程。因为在夜间，月亮的自然光相对较弱，主要依靠各种人造光进行照明。本节学习如何布置夜间灯光、模型的自发光、灯光雾，以及渲染时的景深制作等，如图 13-35 所示。

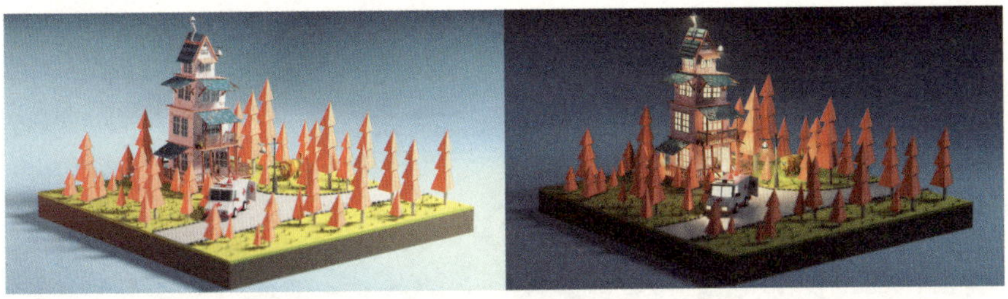

图 13-35

该实例的建模、材质和日景照明制作过程，请扫码观看视频教程。

视频教程

13.4.1 基础照明的布置

（1）打开配套资源中的 13-4-forest.mb 文件，这是一个在森林里的户外场景，有一栋房子作为主体，旁边还有一辆救护车和一只狮子，场景中没有任何灯光，如图 13-36 所示。

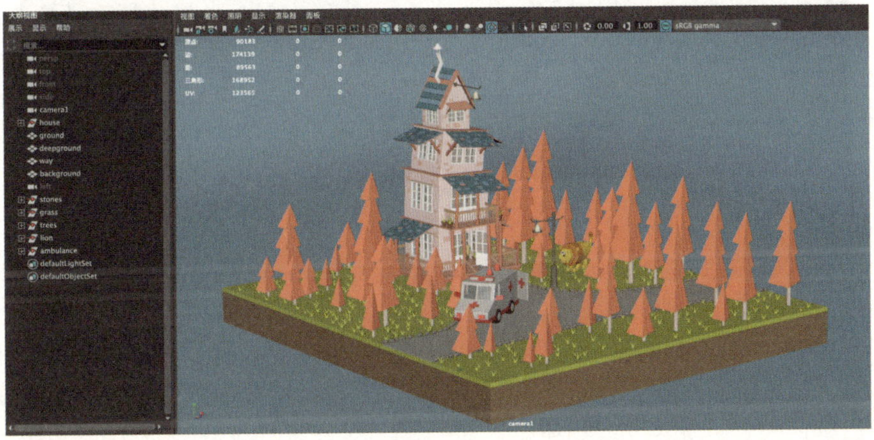

图 13-36

先对整个场景的照明进行分析，除了整体的主光源和补光，还有房子门前的路灯、房子顶部的灯作为照明，此外，房间的窗户也可以作为光源向外放射光线，救护车的车灯也需要设置发光效果。

这样，房子作为主体，又有许多窗户作为光源，理所应当是最明亮且光源布置最复杂的，所以照明的方案应该围绕主体物——房子设计。

（2）在顶部的 Arnold 工具栏，单击第一个按钮，也可以执行“Arnold”→“Lights”→“Area Light”（区域光）命令，将该区域光放大，放在场景的右上角，模拟月亮的光，调整 Color（颜色）为浅蓝色的冷光，Intensity（强度）为 6，Exposure（曝光）为 10，并把 Shadow Density（阴影强度）降低到 0.85，如图 13-37 所示。

（3）新建一个 Area Light（区域光），放在场景的左后方作为补光，调整 Color（颜色）为浅红色的暖光，和主光源的冷光相呼应，Intensity（强度）为 6，Exposure（曝光）为 9，稍微比主光源弱一点，并把 Cast Shadows（投射阴影）复选框取消勾选，只留主光源产生阴影效果，如图 13-38 所示。

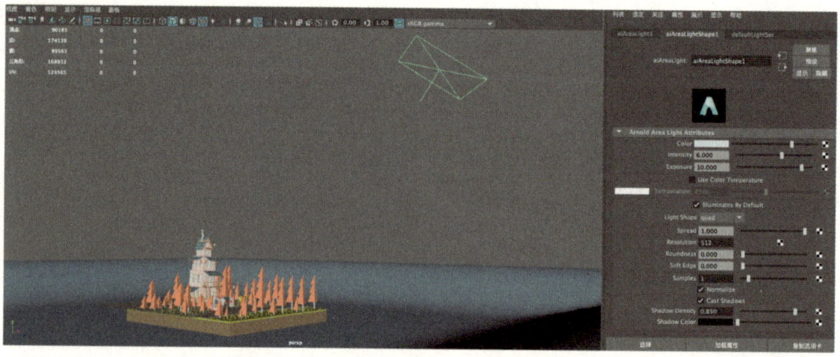

图 13-37

图 13-38

渲染之前观察效果，发现场景的后面太暗，导致主体物和暗处混在一起，这就需要把后面的暗部提亮，把主体物突出。

（4）新建一个 Area Light（区域光），照射整个场景的后方，调整 Color（颜色）为浅蓝色的冷光，Intensity（强度）为 1，Exposure（曝光）为 10，取消 Cast Shadows（投射阴影）复选框的勾选，如图 13-39 所示。

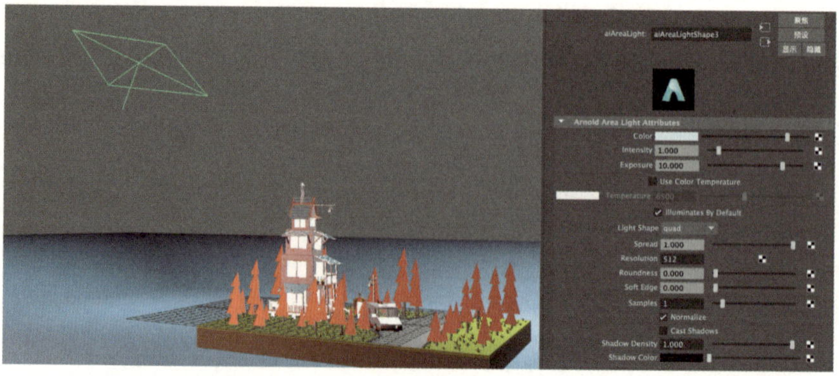

图 13-39

到这里，针对场景的整体照明就结束了。需要注意的是，后续要加大量的小光源，所以场景的照明不宜太亮，如图 13-40 所示。

图 13-40

（5）将场景中的人造主光源打出来，场景中有两盏灯的模型，这就需要有相应的灯光配合照明。新建一个 Area Light（区域光），在该光源的属性编辑器中，调整 Light Shape（灯光形状）为 disk（圆盘），这样灯光就变成了圆形，调整其大小和位置与路灯一致，Color（颜色）为浅黄色的暖光，Intensity（强度）为 1，Exposure（曝光）为 6.8，渲染后路灯已经将房子的门口照亮了，如图 13-41 所示。

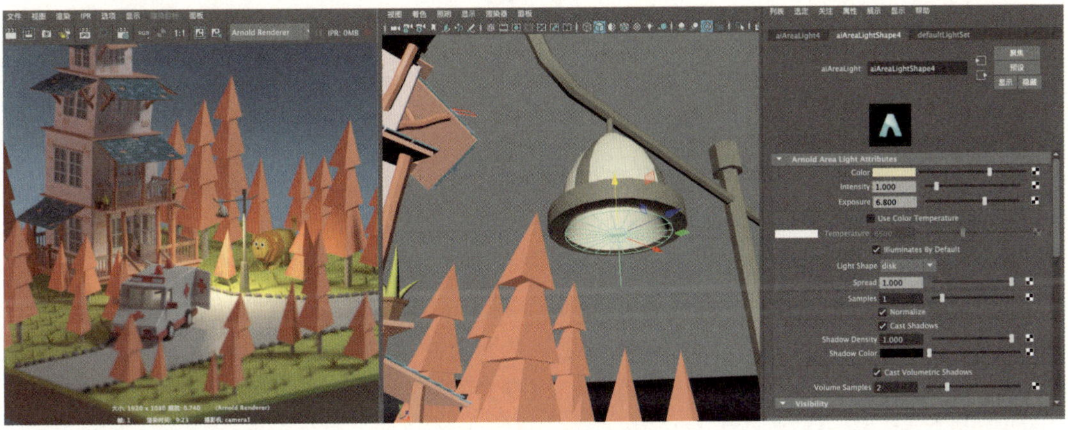

图 13-41

（6）将刚才的圆形区域光复制一份，放在房子顶楼的灯的位置，由于这盏灯距离房子很近，所以把 Exposure（曝光）降低至 5，如图 13-42 所示。

图 13-42

（7）再复制一份刚才的圆形区域光，放在房子顶部的烟囱位置，将房顶的位置提亮。这样，主体物就形成了一条由上而下的照明带，使主体物在较暗的画面中更加突出，如图 13-43 所示。

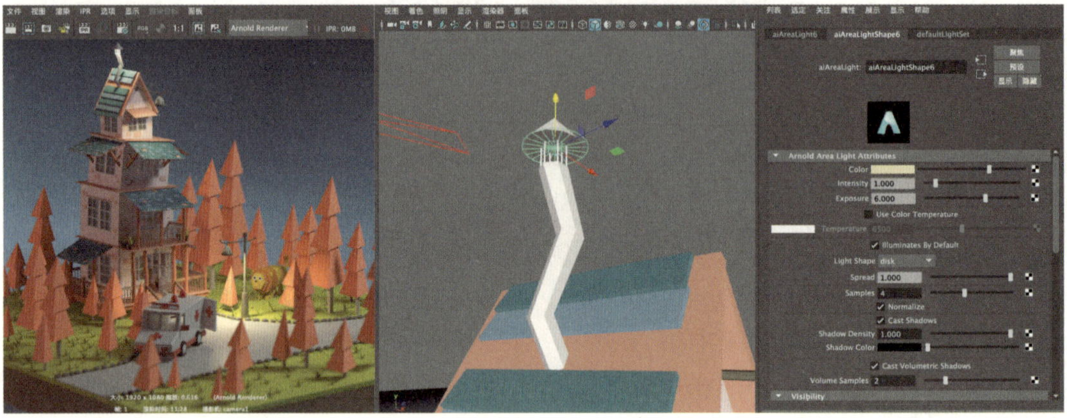

图 13-43

13.4.2 Arnold 的自发光照明

视频教程

仔细观察已完成的渲染图，会发现很多问题，例如，路灯在照明时，路灯本身却不亮，这就需要使用 Arnold 的 Emission（自发光）设置。但是该参数只能在 Arnold 的材质中使用，所以制作之前，需要把相关材质转换为 Arnold 材质。

（1）选中路灯模型，在属性编辑器中，将 lambert15 材质类型转换为 Arnold 的 Ai Standard Surface 材质。点开 Emission（自发光）属性卷轴栏，将 Weight（权值）设置为 3.6，Color（颜色）设置为偏暖的浅黄色，渲染会发现，两个路灯已经可以自己发亮了，如图 13-44 所示。

图 13-44

（2）调整房子窗户的自发光，以模拟室内灯光的效果。

选中窗户的玻璃模型，将该 Blinn 材质类型转换为 Arnold 的 Ai Standard Surface 材质。

这时玻璃已经不透明，因为转换为 Arnold 材质后，所有的参数都将被重置。在属性编辑器中，可以将 Specular（镜面反射）卷轴栏下的 Weight（权值）改为 0，这样就将透明板降至完全透明。

将 Emission（自发光）属性卷轴栏中的 Weight（权值）设置为 1.2，Color（颜色）设置为家庭中常见的暖黄色灯光，渲染就能看到房子灯火通明的效果，如图 13-45 所示。

图 13-45

仔细观察渲染出来的效果，会发现虽然窗户亮了，但是对窗户旁边的物体并没有明显的照明效果，因为自发光的照明效果较差，需要添加其他灯光模拟窗户灯光的照明效果。

（3）因为窗户是方形的，所以可以使用方形的 Area Light（区域光）进行模拟。将 Area Light（区域光）缩放到窗户大小，旋转并移动到窗户的位置，Color（颜色）为暖黄色，Intensity（强度）为 1，Exposure（曝光）为 5。这里需要注意，要将其放置在窗户靠外的位置，不要被窗框挡住灯光，渲染就会看到，窗户外的房檐和树上已经有了照明效果，如图 13-46 所示。

图 13-46

（4）将刚才调整好的 Area Light（区域光）大量复制，对应放在每个窗户上，如图 13-47 所示。

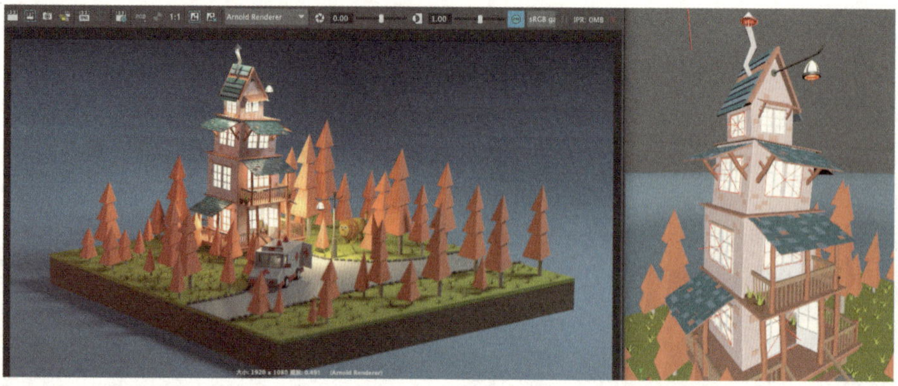

图 13-47

（5）使用同样的方法，将救护车的车灯、窗户设置为自发光效果；为两个前车灯和两个车顶灯添加 Area Light（区域光），车顶的区域光可以把 Light Shape（灯光形状）调整为 cylinder（圆柱），将车顶灯包裹起来，如图 13-48 所示。

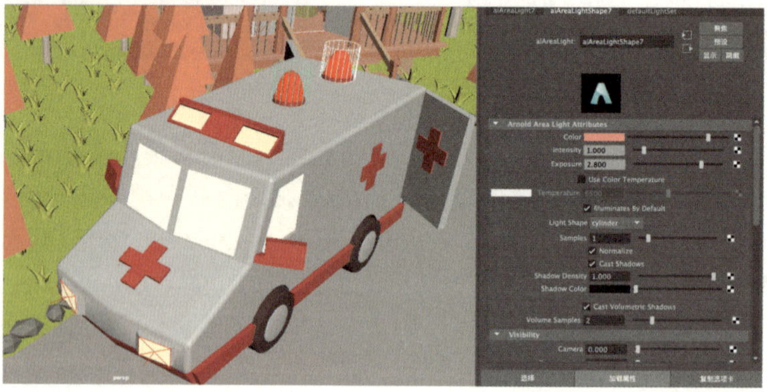

图 13-48

进行整体渲染，可以看到夜景照明的效果基本呈现了，如图 13-49 所示。

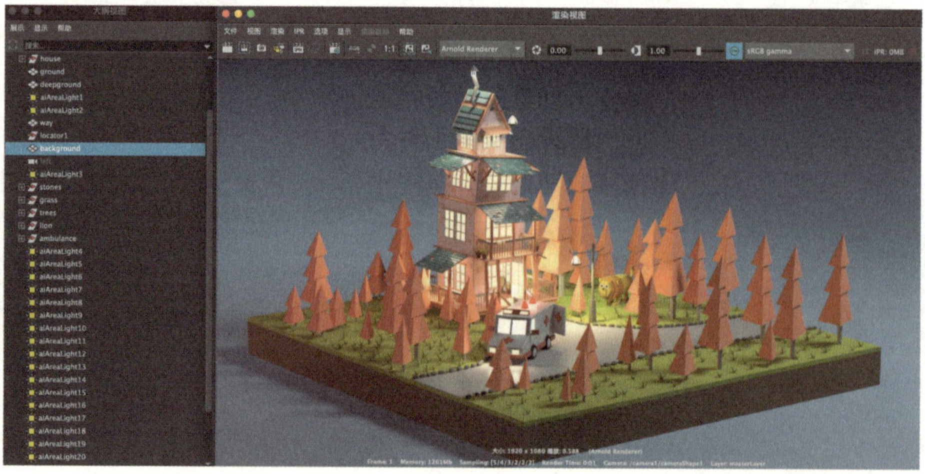

图 13-49

13.4.3　Arnold 的体积光和景深

视频教程

体积光指光线由于烟雾或灰尘的散射而产生可见的体积感，在 Arnold 中，可以通过设置实现这一现象。

（1）在渲染设置的 Arnold Renderer 面板中，点开 Environment（环境）卷轴栏，单击 Atmosphere（大气）后面的贴图按钮，在弹出的菜单中单击 Create aiAtmosphereVolume（创建大气体积），这样渲染时就会自动给光源加入体积光的效果，如图 13-50 所示。

渲染之前观察效果，发现画面中没有任何变化，因为在体积光的默认参数中，Density（强度）是 0，也就是没有任何体积光效果，如图 13-51 所示。

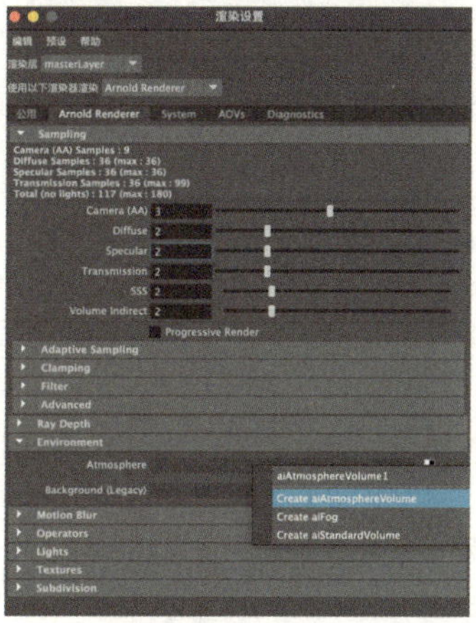

图 13-50

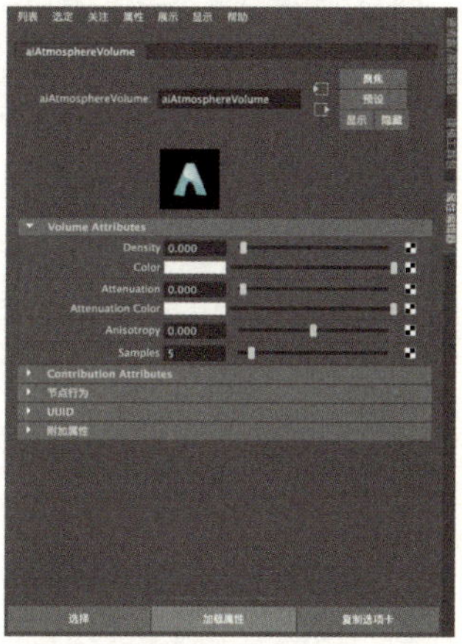

图 13-51

（2）将体积光的 Density（强度）设置为 0.012，颜色调整为和室内光一样的暖黄色，Attenuation（衰减）为 0.4，渲染就会看到画面中已经有体积光的效果了，如图 13-52 所示。

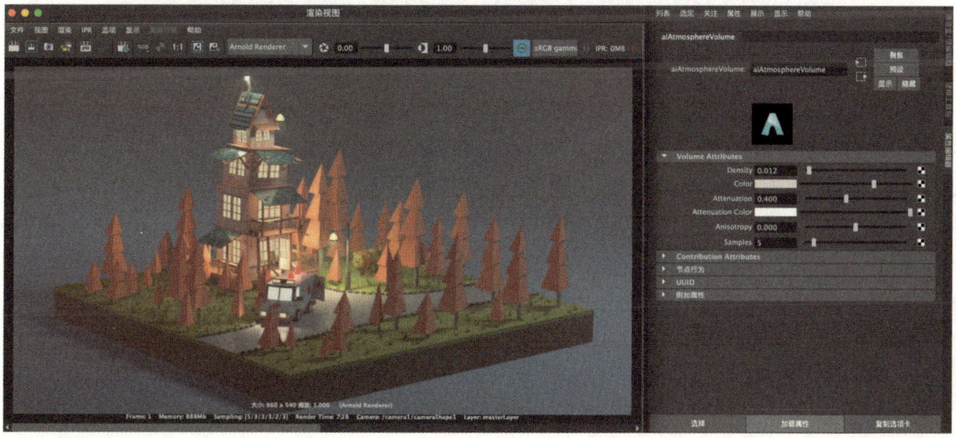

图 13-52

当前画面的雾气太重，这是由于整个场景的主光源和补光源也在发散体积光，Arnold 默认所有灯光都产生体积光，这就需要把整体照明的三盏灯光的体积光关掉。

（3）逐一选中整体照明的三盏灯光，在属性编辑器中，打开 Visibility（能见度）卷轴栏，把 Volume（体积）参数改为 0，关闭它们的体积光效果，再次渲染，整个场景变清晰了，如图 13-53 所示。

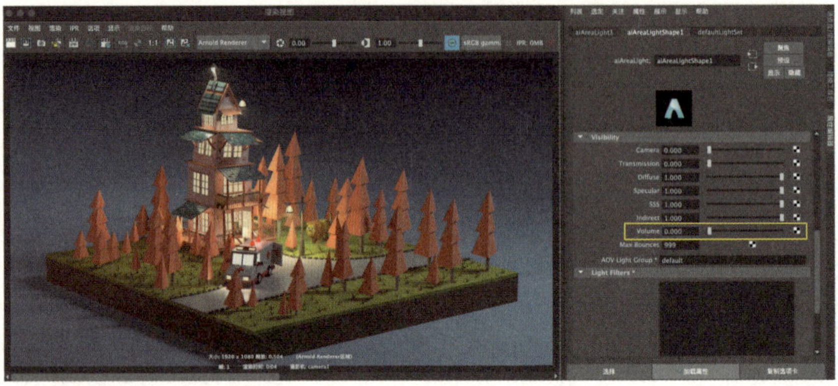

图 13-53

最后，可以添加一些景深效果烘托气氛。Arnold 的景深设置与 Maya 的设置并不兼容，这就需要在摄影机的 Arnold 相关参数中进行调整。

（4）测出摄影机到主体物的距离，执行主菜单的“创建”→“测量工具”→“距离工具”命令，在视图中分别单击摄影机和房子大门，在场景中就会显示出两者之间的距离是 103.376486，如图 13-54 所示。

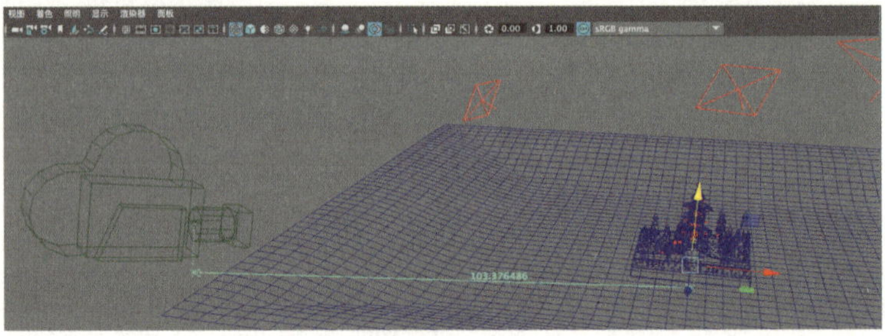

图 13-54

得到数据以后，测量工具就没有用了，记下数据后可以把它删除。

（5）在摄影机视图菜单，执行“视图”→“选择摄影机”命令，在右侧的属性编辑器中，打开 Arnold 卷轴栏，勾选 Enable DOF（启用景深效果）复选框，设置 Focus Distance（聚焦距离）为 103.376，也就是刚才测量的数据，再把 Aperture Size（光圈大小）设置为 1，需要注意的是，光圈越小，图像越清晰（景深越浅）。光圈为 0 的时候，不会产生任何景深效果。再进行渲染，就会看到景深效果已经出现了，如图 13-55 所示。

（6）由于该场景中的灯光较多，而且还有大量的体积光，所以在最终渲染输出高清图的时候，需要设定的参数比较多。

在渲染设置的 Arnold Renderer 面板中，除了 Camera(AA)、Diffues、Specular 等采样数要设置高一些，因为有体积光的存在，也需要把 Volume Indirect（体积间接）的采样数设置高一些。

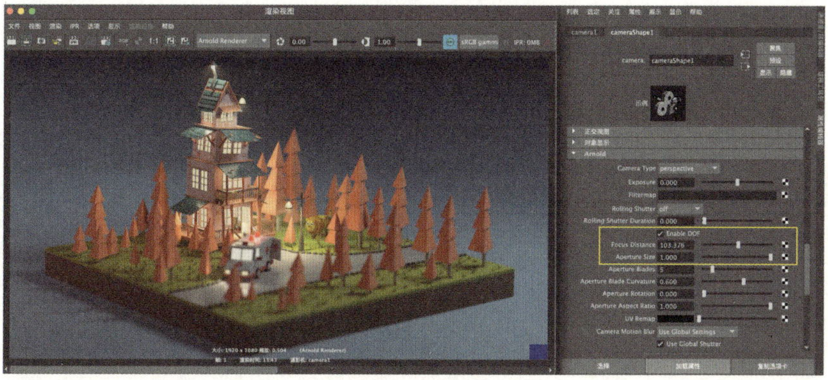

图 13-55

在进行主要照明灯光的属性编辑器中，把灯光的 Samples（采样数）调高，可以使照射出来的效果更加精细和准确，细节也更丰富。

有体积光效果的灯光，需要在属性编辑器中，把它们的 Volume Sample（体积采样数）调高，使体积光的效果更精细，如图 13-56 所示。

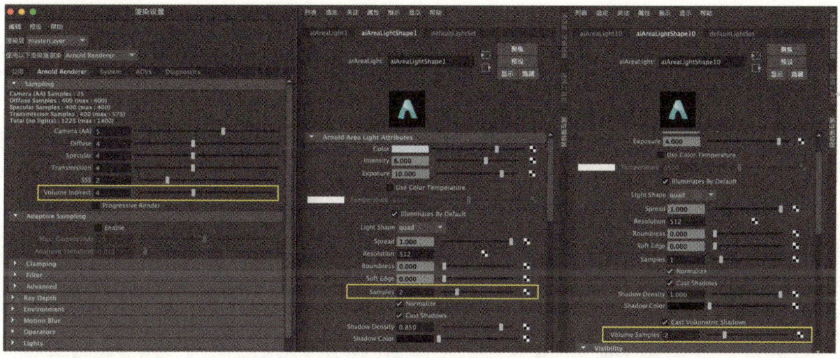

图 13-56

（7）最终的渲染图可以导入 Photoshop 中，进行整体的调色和锐化处理，让主体物更突出，如图 13-57 所示。

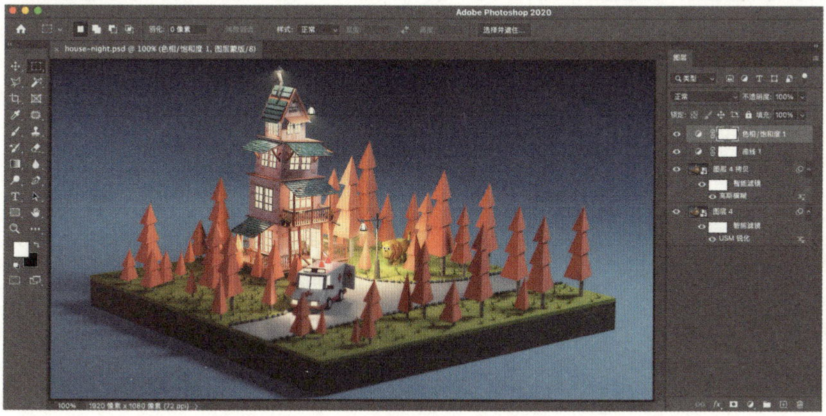

图 13-57

最终完成的文件是配套资源中的 13-4-forest-OK.mb 文件。

本章小结

本章介绍了 Maya 中的 Arnold 渲染器，以及一些特殊效果的渲染方式，读者应该对 Arnold 渲染器的强大功能有了深刻认识。实际上，Maya 的 Hypershade 窗口中也有很多 Arnold 材质，读者也可以尝试使用。

作业

1. 使用 Arnold 渲染器的无灯照明技术，为自己制作的场景进行设置，在不打灯光的情况下完成照明。

2. 使用 Arnold 渲染器对以前制作的场景进行重新设置，分别制作出日景和夜景的效果。

图 13-58 所示为郑州轻工业大学动画系 18 级的同学们，在学习完本章内容后，使用 Arnold 渲染器为同一个场景创作的日景和夜景的效果，制作时间为三天。

图 13-58